★　　　공감은 마음 이론이라든가 조망 수용이라든가 황금률이라든가 하는 인지 능력이 요구되는 일이라고 생각하기 쉽다. 공감이 인간에게 한정된 능력이며, 우리 안에서도 지켜내기 어려운 현상이라는 관점이다. 프란스 드 발은 수십 년에 걸쳐 그런 관점이 틀렸음을 명쾌하게 보여주는 자료와 견해를 만들어냈다. 이 훌륭한 책에서 드 발은 어째서 인류가 그러한 인지 능력의 요소들은 가진 유일한 존재가 아닌지, 공감이 인지적인 만큼이나 얼마나 감정에 관계된 것인지, 인류의 공감 능력이 얼마나 인간보다 더 깊은 뿌리를 가지고 있는지를 보여준다.

로버트 새폴스키(신경내분비학자, 영장류학자)

★　　　리처드 도킨스가 줄리언 헉슬리의 지적 계승자라면, 드 발은 크로폿킨의 계승자다. 정의로운 사회를 건설하는 데 생물학이 별로 도움이 안 된다는 게 도킨스의 생각이라면, 드 발은 인간이 자신의 본성과 적대 관계라는 데 크게 동의하지 않는다. 오히려 그는 자발적 이타주의의 사례들을 어떤 식으로든 부자연스러운 것으로 여기는 추세가 이상하다고 여긴다.

에릭 마이클 존슨(진화인류학자)

★　　　영장류학의 개척자 프란스 드 발은 침팬지에게서 우리가 가진 선한 면, 그중에서도 특히 공감 능력을 발견해낸다. 드 발 박사의 이 연구는 타인의 고통에 공감하는 우리의 능력이 인류의 기원에 이미 깊이 뿌리박혀 있다는 증거를 풍부하게 보여준다.

〈월스트리트 저널〉

★　　　드 발은 훌륭한 안내자로서, 자신의 전문 분야 외에도 학식이 풍부해서 철학과 인류학적 지식까지 논의에 유려하게 버무렸다. 그는 산뜻하게 고집을 부릴 줄도 안다. 마치 칼럼니스트의 포부를 지닌 듯, 미국 정치와 도덕성에 관한 잦은 여담들은 〈뉴욕타임스〉 사설란의 상용구처럼 읽히기도 한다.

〈글로브 앤드 메일〉

★　　　저명한 영장류학자인 드 발은 연구 영역을 몸소 체험하는 학자다. 그의 글은 명료하고 그의 연구는 공정하다. 그는 자신에게 제기된 가장 강력한 반대 주장을 상대하고, 기민하게 복잡성을 인정한다. 이 책은 탁월한 대중 과학서이며, 우리의 행동을 설명하겠다며 최근 쏟아져 나온 '다윈 결정론' 책들보다 훨씬 뛰어나다.

〈북포럼〉

★　　　비즈니스적 생존 투쟁이 당연한 경쟁 사회의 속성을 고려할 때, 탐욕은 틀렸고 공감이 맞다는 드 발의 메시지에 우리 모두가 응답해야 할지도 모른다.

〈사이콜로지 투데이〉

★　　　드 발은 동물이 '인간적'이라고 불리곤 하는 특징들을 결여하고 있다는 인간주의적 가정을 축소시키는 놀랍고도 방대한 연구를 펴냈다. 그는 '인간 논리의 우월성'에 도전하며 동물을 인간과 비슷한 행동 기반을 가지고 있다고 여기는 최근의 여러 동물 행동 연구 사례를 인용한다. 이 책에서 드 발은 우리의 친척이라고 할 수 있는 야생 포유류와 비슷하게 행동하는 것이 어떻게 인간성을 수호하는지 설명한다. 철학적 사유와 함께 동물들 사이의 정서적 유대를 발견할 수 있는 매력적인 에피소드들로 채색된 드 발의 논의는 인간이 동물이기 때문에 탐욕스럽거나 공격적인 것은 아니라고 설득력 있게 설파한다.

〈퍼블리셔스 위클리〉

★　　　'경제 발전과 인간적인 사회의 결합'이 가능한지 아닌지의 문제에 대해 드 발은 확신에 차서 가능하다고 대답한다. 드 발은 공감 능력이 '진화론적으로 유서 깊음'을 들어 '사회는 제2의 보이지 않는 손, 즉 타인에게 뻗은 손에 의존한다'고 주장한다. 우리의 선한 본성에 대한 호소력 짙은 예찬론이다.

〈커커스 리뷰〉

★　　　드 발의 명료한 설명과 논증은 여덟 권의 전작들을 계속해서 더 읽게 만들었고, 굉장히 실증적인 사진과 도판을 계속해서 보게 만들었으며, 이번에도 그는 기대를 저버리지 않는다.

〈북리스트〉

★　　　생물학적으로 인간은 이기적인 동물이 아니다. 심리학 교수인 드 발은 동물들 역시 이기적이지 않으며, 군집 생활을 하는 다른 생물들과 마찬가지로 인간 역시 타인에게 공감하도록 진화해왔다는 확증을 제시한다. 우리는 비명 소리를 그저 듣지 않는다. 비명 소리는 우리를 몸서리치게 만든다. 누군가가 미소 지으면, 우리는 똑같이 미소로 답한다. 《공감의 시대》는 소위 냉정한 현실주의자들에게 충고를 전한다. '당신 안의 유인원을 발견하라.'

〈오프라 매거진〉

★　　　'동물'이라는 용어를 이기적이고 공격적인 행동과 동일시하고, 진화란 적자생존이 전부라고 믿는 사람들에게 《공감의 시대》는 훌륭한 해독제이다.

〈네이처〉

★　　　《공감의 시대》는 인간과 동물의 경계를 흔들어놓을 뿐만 아니라, '공생하는 사회'에 대한 뜨거운 호소이기도 하다.

〈르몽드〉

★　　　매우 시사적이다. 인간을 포함한 모든 동물이 철저히 이기적이고 무정하다는 생각을 바로잡는다.

〈이코노미스트〉

공감의
시대

공감의 시대

1판 1쇄 발행 2017. 8. 31.
1판 5쇄 발행 2020. 3. 26.
2판 1쇄 발행 2024. 11. 27.

지은이 프란스 드 발
옮긴이 최재천·안재하

발행인 박강휘
편집 이승환 디자인 조명이 마케팅 고은미 홍보 박은경
발행처 김영사
등록 1979년 5월 17일(제406-2003-036호)
주소 경기도 파주시 문발로 197(문발동) 우편번호 10881
전화 마케팅부 031)955-3100, 편집부 031)955-3200 | 팩스 031)955-3111

값은 뒤표지에 있습니다.
ISBN 978-89-349-2160-8 03470

홈페이지 www.gimmyoung.com   블로그 blog.naver.com/gybook
인스타그램 instagram.com/gimmyoung   이메일 bestbook@gimmyoung.com

좋은 독자가 좋은 책을 만듭니다.
김영사는 독자 여러분의 의견에 항상 귀 기울이고 있습니다.

다정한 사회를 만들기 위해
자연에서 배울 수 있는 것

The Age of
Empathy

공감의
시대

프란스 드 발 | 최재천·안재하 옮김

김영사

공감은 길러지는 게 아니라
무뎌지는 것이다

저자가 오바마 대통령 얘기로 그의 서문을 시작한 것처럼 역자인 저도 대통령 얘기로 제 서문을 시작하렵니다. 하지만 그가 희망과 기대를 얘기한 것과 달리 저는 실망과 암울을 얘기해야 할 것 같습니다. 우리는 최근 짧은 민주주의 역사에도 불구하고 대통령 탄핵이라는 엄청난 시련을 겪었습니다. 2017년 3월 10일 헌법재판소는 "국민으로부터 직접민주적 정당성을 부여받은 피청구인을 파면함으로써 얻는 헌법 수호의 이익이 대통령 파면에 따르는 국가적 손실을 압도할 정도로 크다고 인정된다"고 밝혔습니다. 국가 최고 권위의 대통령 위에 국민이 직접 선출하지도 않은 태통령太統領이 군림했었다는 사실에 경악을 금할 수 없었습니다. 하지만 특검은 끝내 세월호 침몰 당시 7시간 동안 대통령의 행보에 대해서는 이렇다 할 결정적 증거를 찾아내지 못했고, 헌법재판소는 그에 따라 "세월호 참사로 많은 국민이 사망하였고 그에 대한 피청구인의 대응 조치에 미흡하고 부적절한 면이 있었다고 하여 곧바로 피청구인이 생명권 보호 의무를 위반하였다고 인정하기는 어렵다"며 "세월호 참사 당일 피청구인이 직책을 성실히 수행하였는지 여부는 그 자체로 소추 사유가 될 수 없어 탄핵 심판 절차의 판단 대상이 되지 아니한다"고 판결했습니다.

검찰과 법원은 지금도 여전히 2014년 4월 16일 세월호가 304명의 목숨을 안고 침몰하는 7시간 동안 대통령이 과연 뭘 하고 있었느냐 다그치고 있습니다. 하지만 저는 대통령이 그 시간에 뭘 하고 있었는지를 추궁하는 데 더 이상 시간을 낭비할 필요가 없다고 생각합니다. 그날 그 시간 이 땅의 거의 모든 사람들은 마치 내 아이가 죽어가는 것 같은 고통을 함께 나누고 있었건만 대통령이 아무것도 하지 않았다는 것 자체가 잘못된 것입니다. 탄핵 판결문에 따르면 "피청구인은 11시 34분경 외국 대통령 방한 시기의 재조정에 관한 외교안보수석실의 보고서를 검토하고, 11시 43분경 자율형 사립고등학교의 문제점에 관한 교육문화수석실의 보고서를 검토하는 등 일상적 업무를 수행하였다고 주장하고 있다"고 합니다. 우리는 또 대통령이 그날도 여느 날이나 마찬가지로 저녁 식사를 말끔히 비웠다는 청와대 요리사의 증언도 들었습니다. 박근혜 대통령은 한마디로 공감 능력이 결여된 사람입니다. 그래서 우리는 더 이상 그를 대통령으로 인정할 수 없다며 촛불을 들었습니다. 법 앞에 떳떳한가에 앞서 인간으로서 마땅히 갖춰야 할 최소한의 기본 소양에 심각한 결격 사유가 드러난 것입니다. 국민은 바로 이 점을 이해하기 어렵고 용서할 수 없는 것입니다.

2016년 국립생태원장으로 일하던 시절 저는 어쩌다 사진 한 장으로 제법 큰 화제가 된 적이 있습니다. 그해 6월 15일 국립생태원이 개최한 '우리 들꽃 포토 에세이 공모전'에서 수상한 학생들을 위한 시상식이 열렸습니다. 상을 받으러 단상에 올라온 학생들은 대체로 고등학생들이어서 제가 오히려 올려다보며 상을 줘야 했습니다. 그런데 그 큰 언니 오빠들 사이로 주눅이 든 듯 쭈뼛거리며 서 있는 초등학생 여자아이가 눈에 들어왔습니다. 장려상 시상 순서가 돼도 앞으로 나오기 꺼려하는 그 아이에게 제가 먼저 한 발짝 다가갔습니다. 지금껏 하던 것과 달리 갑자기 시선을 내리깔며 상장을 건네주는 게 왠지 어색했습니다. 그래서 저도 모르게 그 아이 앞에서 무릎을 꿇었습니다. 그러자 우리 둘의 눈높이가 얼추 비슷해졌습니다. 아이는 흠칫 놀라는 표정을 지으며 오히려 뒤로 물러서려다가 제가 활짝 웃자 함께 배시시 따라 웃더군요. SNS 세상에서 저는 졸지에 스스로 권위를 버림으로써 오히려 권위를 얻은 사람으로 한동안 회자됐습니다. 저는 국립생태원장으로 일하는 동안 제 책상에 앉아 결재를 하지 않았습니다. 누구든 결재 서류를 들고 들어오면 언제나 제 자리에서 일어나 소파로 이동해 직원과 마주 앉아 보고도 받고 질문도 하며 결재했습니다. 공감이 동행으로 이어지려면 우선 눈높이를 맞춰야 합니다. 더 이상 우리 사회는 '나를 따르라'며 목청만 높이는 보스boss를 원하지 않습니다. 같이 끌고 밀며 땀 흘리는 리더leader를 원합니다.

이 책을 읽는 독자들이 절대로 피해 갈 수 없는 게 하나 있다면 그건 바로 참으로 다양한 동물들에서 공감 행동이 관찰된다는 사실입니다. 우리는 오랫동안 우리 인간만이 유일하게 남의 마음을 읽고 아픔과 기쁨을 함께 나눌 수 있다고 믿어왔습니다. 하지만 공감은 우리와 유전자의 99퍼센트가량을 공유하는 침팬지는 말할 나위도 없거니와 우리와 진화적으로 그리 가깝지 않은 온갖 동물에서도 다양하게 나타납니다. 이는 동물의 공감이 진화적으로 뿌리가 깊다는 뜻입니다. 그럼에도 불구하고 우리는 박근혜 대통령처럼 남의 아픔에 공감할 줄 모르는 사람들을 그리 어렵지 않게 발견합니다. 공감 능력이 다양한 동물들에 존재하고 진화된 속성이라면 우리 종 즉 호모사피엔스의 구성원에게는 보편적으로 나타나야 할 텐데, 왜 어떤 사람들에게는 넘치도록 우러나고 또 어떤 사람들에게는 원래

부터 없었던 것처럼 메말라 있을까요? 저는 이 책을 번역하며 깨달았습니다. '공감은 길러지는 게 아니라 무뎌지는 것'이라는 걸. 우리는 모두 충분한 공감 능력을 갖추고 태어납니다. 공감 능력은 우리 종을 만물의 영장으로 만들어주는 데 기여했습니다. 이 타고난 습성이 무뎌지지 않도록 사회가 함께 노력해야 합니다. 지금은 우리 역사의 그 어느 때보다 서로 다독이며 상처를 보듬어야 할 때입니다. 선진국 문턱에서 벌써 10년 넘도록 얼쩡거리는 우리에게 가장 필요한 게 바로 공감이라고 생각합니다. 그래서 저는 오래전부터 호모심비우스$^{Homo\ symbious}$를 부르짖어왔으며, 최근에는 《손잡지 않고 살아남은 생명은 없다》라는 책도 썼습니다. "탐욕의 시대는 가고 공감의 시대가 왔다"는 저자의 말에 공감합니다. 이 땅에 '공감 시대'를 여는 데 이 책이 도움이 되리라 확신합니다.

2017년 여름

최재천(이화여대 에코과학부 교수)

차례

The Age of
Empathy

탐욕의 시대는 가고 공감의 시대가 왔다.

2008년 국제금융위기는 새 미국 대통령 선거와 더불어 사회를 뒤흔드는 변화를 가져왔다. 많은 사람들이 악몽에서 깨어난 것 같았다. 거대한 카지노에서 많은 이들이 돈을 잃고, 그들을 아랑곳하지 않은 채 소수의 사람들만 더 부유해지고 만족하는 꿈이었다. 이 악몽은 30여 년 전 미국 레이건Ronald Reagan 대통령과 영국 대처Margaret Thatcher 총리가 적하trickle-down 경제(통화 하향 침투)와 시장은 원래 자기 규제가 잘된다며 달래고 안심시키는 말에서 시작됐다. 이제는 누구도 이 말을 믿지 않는다.

미국 정치는 협동과 사회적 책임을 강조하는 새로운 시대를 맞이할 준비를 마친 듯 보인다. 주안점은 사회를 결속해주는 것과 살 만한 가치를 부여해주는 것이지, 거기서 뽑아낼 수 있는 물질적 부가 아니다. 버락 오바마Barack Obama가 예컨대 시카고 노스웨스턴대학교 졸업생에게 했던 연설 내용에도 담겨 있듯 공감은 우리 시대의 원대한 주제다. "저는 우리의 공감 부족에 대해서 좀 더 얘기해야 한다고 생각합니다. (…) 여러분이 세상을 훨씬 넓게 봐야 비로소 여러분의 진정한 잠재력을 깨닫게 될 것입니다."[1]

《공감의 시대》의 메시지는 인간의 본성이 이러한 노력에 굉장한 도움을 준다는 것이다. 생물학이 보통 이기적 원칙을 기반으로 하는 사회를 정당화하도록 요구받는 것은 사실이지만, 또한 공동체를 함께 묶어주는 접착제 역할도 제공한다는 것을 절대로 잊지 말아야 한다. 이 접착제 역할이 우리에게 작용하는 것은 다른 많은 동물들과 똑같다. 다른 이들과 조화를 유지하고, 활동을 조율하고, 도움이 필요한 이들을 돌보는 것은 우리 종에게만 제한된 것이 아니다. 인간의 공감은 긴 진화적 역사가 뒷받침한다. 이것이 책 제목에서 '시대'가 가지고 있는 두 번째 의미이다.

1장

좌와 우의 생물학

정부란 그 자체가 인간의 본성을
가장 훌륭하게 반영한 것이 아니고 무엇이겠는가?[1]

제임스 매디슨 James Madison(1788)

형제자매는 서로를 지켜주는 존재인가? 그래야 마땅한 것일까? 아니면 그런 일은 우리의 존재 이유와 상충하는 것인가? 경제학자는 우리가 이 세상에 존재하는 이유가 소비하고 생산하기 위해서라고 하고, 생물학자는 살아남고 번식하기 위해서라고 한다. 이 두 관점이 모두 동시대 같은 장소인 영국 산업혁명 중에 나온 말이라는 점을 고려하면 이들이 비슷하게 들리는 것에도 일리가 있어 보인다. 둘 다 '경쟁이 미덕이다'라는 논리를 따르고 있다.

그보다 조금 일찍, 조금 북쪽의 스코틀랜드에서는 생각이 달랐다. 경제학의 아버지 애덤 스미스Adam Smith는 사리사욕을 '동료의식'으로 누그러뜨려야 한다고 생각했다. 그는 이것을 《도덕감정론The Theory of Moral Sentiments》이라는, 그의 후작 《국부론The Wealth of Nations》보다 덜 알려진 책에서 말했다. 그의 첫 저서 《도덕감정론》은 다음과 같은 유명한 말로 시작한다.

인간이 아무리 본래 이기적인 존재라 하더라도, 그 천성에는 분명히 이와 상반되는 몇 가지가 존재한다. 이 천성으로 인하여 인간은 타인의 운명에 관심을 가지게 되며, 단지 그것을 바라보는 즐거움밖에는 아무것도 얻을 수 없다고 하더라도 타인의 행복을 필요로 한다.[2]

프랑스 혁명가들은 '프라테르니테fraternité(형제애)'를 외쳤고, 에이브러햄 링컨Abraham Lincoln은 동정심의 유대에 호소했으며, 시어도어 루스벨트Theodore Roosevelt는 '동료의식'을 "건강한 정치적·사회적 삶을 만드는 데 가장 중요한 요소"라고 하며 극찬했다. 하지만 이것이 사실일진대 이 감성은 왜 종종 '감성적'이라는 이유로 비웃음을 당할까? 최근의 예로 2005년에 허리케인 카트리나가 루이지애나를 덮쳤을 때를 들 수 있다. 이 전례 없는 참사로 미국인들이 경악을 금치 못하고 있을 때, 한 케이블 뉴스에서는 헌법이 실제적으로 재난 구호품을 제공하도록 되어 있는가에 대해 물어보기로 했다. 쇼에 나온 게스트는 다른 사람의 불행은 우리가 알 바 아니라는 주장을 펼쳤다.

제방이 무너졌던 날 나는 애틀랜타에서 앨라배마까지 운전해 내려가 오번대학교에서 강의를 하게 되었다. 앨라배마 중에서도 그 부근은 나무가 몇 그루 쓰러진 것 말고는 거의 피해가 없었지만, 호텔은 난민들로 가득 차 있었다. 사람들이 조부모와 아이들, 고양이, 개까지 데리고 좁은 방들에 빽빽이 모여 있었다. 아침에 일어나보니 완전히 동물원이었다! 생물학자에겐 그리 이상한 곳은 아닐 수도 있지만, 그때가 얼마나 큰 재앙의 순간이었는지를 잘 보여주고 있었다. 그나마 이들은 운이 좋은 사람들이었다. 아침에 배달된 신문에는 "우리는 왜 짐승들처럼 내팽개쳐졌나?"라는 제목 아래 음식과 위생 지원이 끊긴 채 루이지애나 슈퍼 돔에 며칠째 갇혀 있는 사람들의 모습이 실려 있었다.

나는 이 제목에 동의할 수 없었다. '뭘 그렇게 불만스러워하나' 하고 느껴서 그런 것이 아니라, 동물이라 해서 꼭 서로를 내팽개치는 것은 아니기 때문이다. 내 강의는 정확히 이 주제에 관한 것이었다. 결코 알려진 것처럼 냉담하거나 못되지 않은 '내 안의 유인원'이 어떻게 우리 안에 있게 되었는지, 공감empathy이라는 감정이 어떻게 우리 인간 종에게 자연스럽게 나타나는지. 하지만 그렇다고 해서 내가 이런 공감이 항상 존재한다고 주장하는 것은 아니다. 수천 명의 사람들이 노인, 병자, 가난한 사람들을 놔두고 자기 자신만을 위해 돈과 차를 챙겨, 시체가 물에 떠다니며 악어의 먹이가 되고 있던 뉴올리언스를 빠져나갔다.

하지만 또한 재난이 일어나자마자 나라 전체가 크게 당황하며 놀랄 만큼의 지원이 봇물 터지듯 쏟아지기도 했다. 동정심이 실종된 것은 아니었다. 단지 조금 늦었을 뿐이었다. 미국인들은 관대한 사람들이며 아직도 자유시장의 '보이지 않는 손'—앞서 말한 바로 그 애덤 스미스의 비유—이 사회 문제를 해결해줄 것이라는 잘못된 믿음을 갖고 자란 사람들이다. 하지만 그 보이지 않는 손은 뉴올리언스에서 벌어진 끔찍한 '적자생존'의 현장을 막는 데 아무런 소용도 없었다.

경제적인 성공의 추악한 비밀은 그것이 때론 공공자금의 고갈을 수반하며 이루어진다는 것이며, 그로 인해 거대한 최하층 소외 계급이 생겨난다는 것이다. 카트리나는 미국 사회의 가장 취약한 부분을 들춰 보인 사건이었다. 애틀랜타로 운전해 돌아오면서 나는 바로 이 공익이 우리 시대의 가장 중요한 주제라는 생각이 들었다. 우리는 전쟁, 테러의 위협, 세계화, 그리고 사소한 정치 스캔들에 집중하지만 더 큰 문제는 경제적 번영과 인도적 사회를 어떻게 연결할 것인가 하는 점이다. 이는 보건, 교육, 정의, 그리고 카트리나가 예증했듯이 자연 재난에 대한 방어와 관련이 있다. 루이지애나의 제방은 심각하게 방치되어 있었다. 홍수 후 몇 주 동안 언론은 서로 손가락질하기 바빴다. 엔지니어들의 잘못이었나? 자금이 엉뚱하게 쓰였나? 대통령은 휴가를 반납했어야 하는 것 아닌가? 내가 자란 곳에서는 손가락이 제방을 막는 데 쓰인다. 최소한 전설에 따르면 그렇다. 나라 대부분이 해수면에서 6미터나 아래 잠겨 있는 네덜란드에서는 제방은 너무나 신성한 것이어서 정치가들은 말 그대로 감히 언급조차 하지 않는다. 물 관리는 국가 이전에 기술자들과 지역주민위원회의 손에 달려 있다.

그래서 말인데, 이는 또한 정부에 대한 불신을 반영한다. 정부의 규모에 관한 문제가 아니라 많은 정치인들의 근시안적인 생각에 관한 문제인 것이다.

진화 정신

사람들이 사회를 어떻게 구성하는지는 생물학자가 고민해야 할 문제가 아닌 것처럼 보인다. 내가 관여해야 할 것은 상아부리딱따구리나 에이즈와 에볼라 바이러스 확산에 있어서 영장류의 역할, 열대 우림의 소실, 또는 우리 인류가 유인원으로부터 진화했는지 등이다. 물론 마지막 문제는 여전히 논란의 대상이지만, 대중들이 갖고 있는 생물학의 역할에 대한 생각에는 극적인 변화가 있었다. 동물과 인간 행동의 연관성에 대한 에드워드 윌슨Edward Wilson의 강의에 트집을 잡고 비판을 쏟아내던 시대는 지나갔다. 인간과 동물을 유사하게 보는 관점이 개방적으로 바뀔수록 생물학자는 살기 편해진다. 그래서 나는 다음 단계로 나아가 생물학이 인간 사회를 해명하는 데 도움을 줄 수 있는가 알아보기로 했다. 만약 이것이 곧장 정치적인 논쟁으로 뛰어드는 것이라 해도 어쩔 수 없다. 생물학은 애초부터 그것에 관여되어 있었다. 사회와 정부에 관한 온갖 논의들은 인간 본성에 대해 엄청난 억측을 하고 있으며, 마치 그 억측들이 생물학으로부터 비롯한 것처럼 말하고 있다. 하지만 거의 하나도 그렇지 않다.

예를 들면, 자유 경쟁을 추종하는 사람들은 종종 진화를 들먹인다. 진화라는 단어는 심지어 1987년 영화 〈월스트리트Wall Street〉에서 마이클 더글러스가 연기한 무자비한 기업 사냥꾼 고든 게코Gordon Gekko의 악명 높은 '탐욕 연설'에도 슬그머니 사용되었다.

요점은, 신사숙녀 여러분, 더 좋은 단어가 없어 사용하지만 '탐욕'은 좋은 것이라는 점입니다. 탐욕은 정당합니다. 효과가 있습니다. 탐욕은 명료하게 핵심을 파고들어 진화 정신의 진수를 보여줍니다.

진화 정신? 왜 생물학에 관한 가정들은 항상 부정적인 걸까? 사회과학에서는 인간의 본성을 대표하는 홉스Thomas Hobbes의 오래된 격언이 있다. "호모 호미니 루푸스Homo homini lupus(인간은 인간에게 늑대가 된다)"라는 것인데, 다른 종에 대한 잘못된 가정들에 기초한 것으로서 인간에 대해 옳은 진술인지는 의문이다. 이에 따르면 사회와 인간 본성 사이의 상호작용을 탐구하는 생물학자가 하는 일은 전혀 새로울 것이 없다. 딱 한 가지 다른 점은 하나의 특정한 관념 구조를 정당화하려고 노력하는 대신 생물학자들은 인간의 본성이 무엇이고 어디에서 온 것인지에 정말로 관심이 있다는 것이다. 진화 정신은 정말 게코가 주장하는 대로 탐욕에 관한 것뿐일까, 아니면 그보다 더 많은 것을 담고 있을까?

법학, 경제학, 정치학을 연구하는 사람들은 객관성을 가지고 자신의 사회를 볼 방법이 없다. 무엇과 비교해보겠는가? 그들은 인류학, 심리학, 생물학 혹은 신경과학에서 축적된 인간 행동에 관한 막대한 양의 지식을 거의 참고하지 않는다. 이런 분야들을 통해 얻는 결론은 간단히 말해, 우리가 집단을 이루고 사는 동물이라는 것이다. 고도로 협동적이고 불의에 민감하며 때로는 전쟁을 일으키기도 하지만 대개는 평화를 사랑하는 동물이다. 이러한 경향을 간과하는 사회는 이상적인 사회가 될 수 없다. 또한 우리는 이윤을 추구하는 동물로서 신분과 영역, 식량 확보에 관심을 집중하는 동물인 것도 사실이기 때문에 이 경향을 무시하는 사회 또한 이상적인 사회가 될 수 없다. 인간에게는 사회적인 면과 이기적인 면이 함께 있다. 하지만 최소한 서양에서는 후자가 더 보편적인 가정이므로 나는 전자, 즉 공감과 사회적 유대의 역할에 초점을 맞추려고 한다.

이타주의와 공정성이 어디에서 유래했는지에 대한 아주 흥미롭고 새로운 연구가 우리 인간과 다른 동물 모두에서 진행되고 있다. 예를 들어, 두 마리의 원숭이에게 똑같은 일에 대해서 전혀 다르게 보상하면, 부당한 보상을 받는 쪽은 아예 일에 참여하기를 거부한다. 마찬가지로 우리 종의 개인들도 분배가 불공평하다고 생각되면 취득 자체를 거부한다. 조금이라도 수입이 '있는' 것이 아예 아무것도 없는 것보다 나은 것이므로 이는 원숭이와 사람 모두 엄밀히 말해 이득의 법칙에 위배된다는 뜻이다. 불공평을 대하는 이들의 행동은 이득이 중요하다는 것과 불의에 대해 본성적인 반감이 있다는 두 주장을 지지한다.

그럼에도 불구하고 어찌 된 일인지 우리 사회는 점점 결속이란 전혀 찾아볼 수 없고, 많은 사람들이 불리한 보상을 받는 사회가 되어가는 것처럼 보인다. 병들고 가난한 이들을 도우라는 옛 기독교적 미덕으로 이 사회에 대처하는 것은 어리석어 보인다. 대신 피해자에게 화살을 돌리는 것이 하나의 일반적인 방책이다. 가난한 사람을 가난하다는 이유로 비난할 수 있다면 다른 모든 사람들은 부담을 벗는다. 아니나 다를까, 유명한 보수주의 정치가인 뉴트 깅그리치Newt Gingrich는 카트리나 사건 다음 해에 허리케인의 피해를 입은 사람들의 '결여된 시민의식'[3]에 대한 조사를 요구했다.

개인의 자유를 강조하는 사람들은 종종 집단적인 이익을 소녀들과 공산주의자들이나 갖고 있는 낭만적인 개념으로 생각한다. 그들은 '자기 일은 자기가 알아서'라는 논리를 좋아한다. 예를 들면, 제방 건설에 투자하여 지역 전체를 보호하는 데 돈을 쓰는 대신, 모든 사람이 각자 자신의 안전만을 신경 쓰도록 하면 되지 않는가, 하고 말이다. 플로리다에 새로 생긴 한 회사가 바로 이것을 하고 있다. 그 회사는 허리케인의 위협을 받는 지역으로부터 벗어나는 개인용 제트기의 좌석을 임대하고 있다. 이렇게 하면 자리를 임대할 돈이 있는 사람은 나머지 주민들처럼 시속 8킬로미터로 운전해서 탈출할 필요가 없는 것이다.

어느 사회에서든 이와 같은 '나부터me-first' 태도와 맞닥뜨리게 된다. 나는 이런 모습을 매일같이 본다. 그런데 여기서 말하는 것은 사람들을 두고 하는 말이 아니라, 내가 일하는 여키스Yerkes 국립영장류연구센터의 침팬지들을 두고 하는 말이다. 애틀랜타의 북동쪽에 있는 우리 연구소는 커다란 야외 울타리 안에 침팬지들을 수용하고 있는데, 가끔 다 함께 나눠 먹을 수 있는 수박 같은 먹이를 준다. 대부분의 침팬지들은 서로 먼저 먹이에 손을 대려고 하는데, 이는 일단 자신이 가지게 되면 다른 이에게 뺏기는 일이 거의 없기 때문이다. 실제로 소유권은 철저하게 존중되어 서열이 가장 낮은 암컷이라 할지라도 최고 서열의 수컷에게 먹이를 주지 않아도 된다. 먹이의 임자에게는 다른 녀석들이 손을 내밀면서(인간이 달라고 할 때 보이는 보편적인 제스처) 다가온다. 침팬지들은 구걸하고 낑낑거리며 그야말로 상대의 면전에서 칭얼거린다. 만약 먹이 임자가 떼어주지 않으면, 구걸하던 녀석들은 발작을 일으키며 소리를 지르고 굴러다니면서 마치 세상이 다 끝난 듯 행동한다.

내 요점은 소유와 공유 두 가지가 모두 있다는 것이다. 결국에는 대개 20분 내로 집단의 모든 침팬지가 조금씩 먹이를 나눠 갖게 된다. 먹이 주인은 자기의 단짝 친구들과 가족들, 즉 다음번에 똑같이 자신에게 먹이를 공유해줄 잠재적인 먹이 주인들과 먹이를 공유한다. 좋은 자리를 놓고 서로 상당히 밀치락달치락하기는 하지만 꽤나 평화로운 장면이 연출된다. 아직도 기억이 나는데, 공유하는 장면을 녹화하던 카메라맨이 나를 돌아보면서 말했다. "이거 우리 집 애들한테 보여줘야겠어요. 보고 배울 수 있을 거예요."

침팬지는 우리 인간의 전형적인 손짓과 똑같이 손바닥을 내밀며 먹이를 나눠달라고 조른다.

그러니 이제 "삶에 대한 투쟁이 자연의 본질이니 우리도 이렇게 살아야 한다"고 말하는 사람은 누구도 믿지 마시라. 자연 속의 많은 동물들은 서로를 짓밟거나 자기 것만 챙겨 살아남는 것이 아니라 협동하고 공유하며 살아남는다. 이는 무리를 지어 사냥하는 늑대나 범고래, 또한 우리의 가장 가까운 친척이기도 한 영장류에게 가장 확실히 나타난다. 아이보리코스트(코트디부아르 공화국)의 타이 국립공원Taïational Park에서 수행한 한 연구에서 침팬지들은 같은 집단의 친구가 표범에게 공격받아 다치자 그를 보살펴주며 피를 핥고, 조심스럽게 흙을 털어내고, 상처 가까이에 오는 파리들을 쫓아냈다. 이런 모습들이 아주 잘 보여주고 있는 점은 침팬지들이 집단생활을 하는 데에는 그럴 만한 이유가 있다는 것이며, 같은 맥락으로 늑대나 인간 또한 집단생활을 하는 이유가 있는 것이다. 인간이 인간에게 늑대가 된다면 부정적인 면뿐 아니라 모든 면에서 그러하다. 우리 조상들이 서로에게 무관심하고 냉담했다면 인간은 지금 우리가 있는 자리까지 오지 못했을 것이다.

인간 본성에 대한 모든 가정들을 전면적으로 점검할 필요가 있다. 너무도 많은 경제학자들과 정치인들은 끊임없이 투쟁하는 것이 인간 사회의 모범이고 자연에 있는 그대로라고 믿고 있지만, 그러한 생각은 단지 선입견을 투영한 것일 뿐이다. 그들은 마술사의 토끼 마술처럼 먼저 자기네들의 선입견을 자연의 모자에 던져 넣은 다음, 자연 속에서 그것을 다시 꺼내 보이며 자신의 생각이 자연에 얼마나 들어맞는 것인지 증거인 양 제시한다. 이것은 우리가 너무도 오랫동안 속아 넘어갔던 속임수이다. 분명히 경쟁도 우리 모습의 일부이지만, 인간은 경쟁만으로는 살 수 없다.

과잉 사랑을 받는 아이

독일의 철학자 임마누엘 칸트Immanuel Kant는 전 미국 부통령 딕 체니Dick Cheney

가 에너지 보존의 가치를 낮게 평가했던 만큼이나 상냥함의 가치를 낮게 보았다. 체니는 에너지 보존을 두고 "개인적인 덕행의 표현"이라며 안타깝게도 이 지구에는 아무 도움도 되지 않는 것이라고 조롱했다. 칸트는 연민을 두고 "아름다운 것"이라고 칭찬하기는 했지만, 덕이 높은 삶과는 관계가 없는 것으로 생각했다. 중요한 것은 의무뿐인데 온화한 감정이 어디에 필요하겠는가?

우리는 대뇌만 떠받들며 감정을 연약하고 혼란스러운 것이라고 비하하는 시대에 살고 있다. 게다가 감정은 제어하기 어려운 것인데, 자기 제어가 인간을 인간답게 만드는 것 아닌가? 수도자가 인생의 유혹을 견뎌내는 것처럼, 현대 철학자는 인간의 열정에 거리를 두고 대신 논리와 이성에만 전념하려 한다. 하지만 수도자가 아름다운 처녀와의 근사한 식사에 대해 꿈꾸는 것을 피할 수 없는 것과 똑같이 철학자 또한 안타깝게도 육체에 나타나는 인간의 기본적인 욕구, 욕망, 집념들을 피해 갈 수는 없다. '순수 이성'이라는 개념은 순수 허구이다.

도덕성이 추상적인 법칙에서 나온 것이라면 판단은 왜 종종 즉석에서 벌어지는 걸까? 우리는 이에 대해 생각해볼 일이 거의 없다. 사실 심리학자 조너선 하이트Jonathan Haidt는 우리가 직관적으로 판단을 내린다고 믿었다. 그가 피험자들에게 (별 생각 없이 손쉽게 섹스를 하는 남매 같은) 이상한 행동에 관한 이야기를 들려주자 그들은 곧바로 언짢아했다. 그러자 그는 사람들이 근친상간을 반대하기 위해 대는 이유들 하나하나에 이의를 제기하는 일을 사람들이 더 이상 갖다 댈 이유가 없어질 때까지 계속했다. 근친상간으로 나오는 자식에 문제가 있기 때문이라고 할 수 있겠지만, 하이트의 이야기에서는 남매가 확실한 피임을 했기 때문에 이는 문제가 되지 않았다. 대부분의 사람들은 금방 '도덕적으로는 할 말이 없는' 단계에 도달했다. 즉 그 행동이 잘못되었다는 것을 줄기차게 주장했지만 왜 그런

지는 말하지 못했다.

분명히 우리는 종종 직감적으로 도덕 판단을 할 때가 있다. 감정이 먼저 판단한 다음 추리력으로 그럴싸하게 타당한 이유를 만들어내며 스핀 닥터spin doctor처럼 감정의 판단을 따라잡으려 하는 것이다. 인간의 탁월함에 이런 허점이 생기자 도덕성에 대한 칸트 이전 철학자들의 접근법이 되살아나고 있다. 칸트 이전 철학자들은 도덕성을 이른바 감성에 기반을 두는 것으로 생각했는데, 이 같은 견해는 진화론, 현대 신경과학, 그리고 우리 영장류 친척들의 행동과도 잘 들어맞는다. 원숭이와 유인원이 도덕적인 존재라는 말은 아니지만, 다윈Charles Darwin이 《인간의 유래The Descent of Man》에서 인간의 도덕성이 동물의 사회성에서 비롯되었다고 본 것에 동의한다.

> 뚜렷한 사회적 본능을 타고난 동물이라면 어떤 동물이라도 (…) 지적 능력이 사람만큼 혹은 그에 가깝게 발달되자마자 필연적으로 도덕적인 의식이나 양심을 갖게 될 것이다.[4]

이러한 사회적 본능은 무엇일까? 우리가 다른 이들의 행동에 대해서, 아니 일단 다른 이들 자체에 대해서 관심을 가지게 만드는 것은 과연 무엇일까? 도덕적인 판단은 분명히 이보다 더 나아간 것이지만, 그 근본은 다른 이들에 대한 관심이다. 이것이 없다면 인간의 도덕성이 어떻게 있겠는가? 다른 이들에 대한 관심은 나머지 모든 것들이 세워지는 기반이다.[5]

우리가 생각하지 못하는 사이에 우리 몸에는 많은 일이 일어난다. 슬픈 이야기를 들을 때면 우리는 어깨를 떨어뜨리고 머리를 상대와 같이 한쪽으로 기울이고 상대방의 찌푸림을 따라 하는 등의 행동을 한다. 이런 신체 변화로 인해 결국 상대방에게서 감지한 것과 똑같이 우울한 상태가 된다. 우리 머리가 상대방을 이해하기 전에 우리의 몸이 상대의 몸 상태를 가늠한다. 똑같은 이치가 행복해지는 감정에도 적용된다. 어느 날 아침 나는 한 레스토랑에서 나와 걸으면서 내가 왜 혼자 휘파람을 불고 있나 생각하고 있었다. 내가 왜 이렇게 기분이 좋지? 정답은 이것이었다. 레스토랑에서 내 옆에 앉았던 두 남자는 누가 봐도 오랜만에 만난 오래된 친구임이 분명했는데 서로의 등을 두드리며 즐거운 얘기를 나누며 웃고 있었다. 바로 그것 때문에 내가 그들을 알지도 못하고 대화에 끼지도 않았음에도 기분이 들떴던 것이 틀림없다.

표정과 몸짓으로 전해지는 심리 상태는 상당히 강렬한 것으로서 매일같이 이런 일을 반복하는 사람들은 정말로 비슷해지기 시작한다. 오랫동안 함께 산 부부들의 사진으로 이를 실험해보았다. 결혼식 날 찍은 사진들과 그로부터 25년 후에 찍은 사진들을 섞어놓은 후 피험자들에게 사진을 보고 비슷하게 생긴 사람들끼리 짝을 짓도록 요청했다. 사람들은 25년 후의 사진에서는 누가 누구와 결혼하여 살고 있는지를 맞추는 데 아무 문제가 없었지만, 결혼할 때의 사진에서는 영 맞추질 못했다. 부부가 서로 닮은 것은 그들이 자신과 닮은 사람을 사귀기 때문이 아니라 시간이 흐르면서 생김새가 비슷해지기 때문이다. 닮은 정도가 가장 높은 커플이 가장 행복도가 높았다. 나날이 감정을 공유하면 서로가 상대방을 '내면화'하여 결국에는 누가 보더라도 그들이 얼마나 오래 함께 지냈는지를 알 수 있을 정도가 되는 것 같다.

이쯤에서 애완견과 그 주인들 또한 닮을 때가 있다는 말을 하지 않을 수 없다. 그렇지만 이 경우에는 차이가 있다. 개와 주인의 사진을 짝 맞추는 건 개가 순종일 때만 가능하다. 잡종 개일 때는 불가능할 것이다. 순종 개는 당연히 주인이 비싼 금액을 치르고 신중하게 고른다. 우아한 숙녀는 울프하운드를 데리고 다니고 싶어 할 것이고, 고집 세고 강한 사람은 로트와일러를 선호할 것이다. 주인과 개가 함께 지낸 시간이 길어진다고 해서 더 닮게 되는 것은 아니므로 이때 결정적인 요인은 품종 선택이다. 배우자 간의 감정적인 일치와는 분명히 다른 이야기이다.

우리의 몸과 마음은 사회적 삶에 맞게 만들어져 있으며, 그렇지 않은 경우에는 희망을 잃고 낙담하게 된다. 사람에게 죽음 다음으로 가장 심한 벌이 독방 감금인 이유가 바로 이것이다. 유대 관계는 사람에게 아주 유익한 것으로, 사람의 수명을 길게 하는 가장 확실한 방법이 결혼하여 그 상태를 유지하는 것이다. 다른 일면은 우리가 짝을 잃었을 때 처하는 위험이다. 배우자가 사망하면 사람들은 절망에 빠져 생에 대한 의지가 줄어들게 되는 경우가 많으며, 이는 남은 한 사람이 차 사고, 알코올 중독, 심장마비, 암 등으로 사망하는 이유이다. 배우자가 사망하면 이후 반년 동안 사망률이 높게 나타난다. 이는 늙은 사람보다 젊은 사람에게서, 여자보다 남자에게서 더 심한 것으로 나타난다.

동물도 전혀 다를 게 없다. 나는 바로 이런 방식으로 반려동물을 두 마리나 잃은 경험이 있다. 첫 번째는 갈까마귀였는데, 내가 인공 수유로 키운 녀석이었다. 요한Johan은 온순하고 우호적이었지만 내게 아주 의존적이지는 않았다. 그가 일생 동안 사랑한 것은 같은 종의 암컷인 라피아Rafia라는 새였다. 그 둘은 몇 년을 함께 지냈는데, 라피아가 어느 날 실외의 새 우리에서 도망가버렸다(내 생각엔 이웃집 아이가 호기심으로 문의 빗장을 열어 놓은 것 같다). 홀로 남겨진 요한은 며칠 내내 울면서 하늘을 살폈다. 그는 몇 주 만에 죽고 말았다.

또 하나는 세라Sarah라는 샴고양이였는데, 우리 집의 큰 수고양이 디에고Diego는 세라를 새끼로 받아들여 핥아서 씻겨주기도 하고, 새끼 고양이가 젖을 먹을 때처럼 세라가 디에고의 배를 주무르도록 해주었으며 잘 때도 꼭 붙어 있었다. 둘은 거의 10년 동안 단짝으로 지냈는데 어느 날 디에고가 늙어서 죽고 말았다. 그때 세라는 훨씬 젊고 나무랄 데 없이 건강했음에도 불구하고 아무것도 먹지 않았고 디에고가 죽은 지 두 달 후에 수의사도 알 수 없는 원인으로 죽었다.

물론 이런 이야기들은 수도 없이 많이 존재한다. 사랑하는 이를 떠나보내지 않으려고 하는 동물들의 이야기도 있다. 영장류에서는 어미가 죽은 새끼를 뼈와 가죽밖에 남지 않을 때까지 계속 데리고 다니는 경우가 흔히 있다. 케냐의 한 암컷 개코원숭이는 최근에 새끼가 죽었는데 일주일 후에 사바나에서 새끼의 시체를 놓아두었던 덤불을 보자마자 극도로 흥분했다. 암컷은 높은 나무 위로 올라가 주변을 유심히 살피며 구슬픈 울음소리를 냈는데, 이는 본래 개코원숭이가 무리에서 떨어졌을 때 내는 울음소리이다. 코끼리들 또한 죽은 동료의 유골이 있는 곳에 돌아와 햇빛에 바랜 뼈들 주위에 엄숙하게 서 있는 것으로 알려져 있다. 그들은 한 시간씩이나 몇 번이고 조심해서 뼈를 굴리고 냄새를 맡으며 시간을 보내곤 한다. 때로는 뼈를 가져가는 코끼리도 있지만 다른 코끼리들이 '무덤'으로 다시 갖다 놓는 것이 목격되었다.

인간은 동물의 충성심에 감동해서 그들의 동상을 세우곤 한다. 스코틀랜드 에든버러에는 '그레이프라이어스 보비Greyfriars Bobby'의 작은 조각상이 있다. 이 스카이 테리어는 주인이 죽은 1858년부터 주인의 무덤을 떠나지 않았다. 그는 14년 동안 무덤을 지키며 팬들에게 먹이를 얻어먹었고, 죽고 나서 멀지 않은 곳에 묻히게 되었다. 비석에는 "그의 충성심과 헌신이 우리 모두에게 교훈이 되기를"이라고 쓰여 있다. 비슷한 동상이 도쿄에도 있다. 하치코Hachiko라는 아키타견인데, 그는 매일같이 시부야역으로 직장에서 돌아오는 주인을 마중 나갔다. 하치코는 1925년에 주인이 죽은 후에도 계속해서 마중을 나가면서 유명해졌다. 11년 동안 하치코는 정확한 시간에 역에 나와 기다렸다. 그의 이름을 딴 하치코 출구에는 아직도 애견가들이 1년에 한 번씩 모여 그의 충직함에 경의를 표한다.

이는 감동적인 이야기들이긴 하지만 그것들이 인간의 행동과 무슨 상관이 있냐고 물을 수 있다. 내 요점은 우리가 포유동물, 즉 필연적으로 어미의 보살핌을 받아야 하는 동물이라는 것이다. 유대감은 분명히 우리가 생존하는 데 꽤 짭짤한 가치를 지니며, 특히 어미와 자식 사이이 유대가 가장 결정적이다. 어미 자식 간의 유대 관계는 어른들 간의 유대 관계를 포함한 나머지 모든 애착 관계의 진화적인 원형이다. 그러므로 인간이 사랑에 빠지면 부모-자식의 단계로 복귀하려는 경향을 보여, 서로 한 입씩 먹여주며 마치 혼자서는 못 먹는 것처럼 상대를 대하고, 유치한 말을 하며 아기를 대할 때 쓰는 높은 음으로 말하는 것은 그리 놀랄 일도 아니다. 나 역시 어렸을 때부터 비틀스의 사랑 노래를 들으며 자랐다. "당신의 손을 잡고 싶어요I Wanna hold your hand." 또 하나의 회귀이다.

실제로 사람이 다른 사람을 대하는 방식에 매우 크게 현실적인 영향을 미친 동물 연구 분야가 하나 있다. 한 세기 전 양육원과 고아원은 한 심리학 학파의 자문을 따랐는데, 나는 그것이 엄청난 악영향을 끼쳤다고 생각한다. 그 분야는 바로 '행동주의' 연구였는데, 그 이름 자체가 과학이 볼 수 있는 것과 알 수 있는 것은 행동뿐이기 때문에 과학이 대상으로 삼을 것도 역시 행동뿐이라는 신념을 반영한다. 마음은 존재하는 것인지도 모르거니와 만약 존재한다 해도 블랙박스로 남아 있다. 감정은 대체로 이와 상관이 없다. 이러한 태도로 인해 동물의 내면적인 삶을 말하는 것은 금기로 간주되었다. 동물들은 기계처럼 묘사되었고, 동물행동학자들은 의인화가 전혀 없는 용어를 개발해야 했다. 흥미롭게도 이 점은 최소한 하나의 용어에서는 역효과를 냈다. '유대bonding'는 본래 동물을 의인화하지 않으려고 '친구'나 '단짝' 대신에 만든 용어였다. 하지만 이 용어는 사람 간의 관계를 표현하는 데 아주 일반적으로 쓰이게 되었다('남자끼리의 유대'나 '유대감이 든다'처럼). 이제는 동물들에 대해 말할 때 이 말은 그만 써야 하는 것이 아닌가 싶다.

사람도 동물과 똑같이 '효과의 법칙'에 따른다는 것을 명백하게 증명해 보인 사람은 행동학의 아버지[6] 존 왓슨John Watson이었다. 그는 아기에게 털이 많은 물체에 대한 공포증을 학습시켰다. '아기 앨버트Little Albert'는 처음에는 하얀 토끼를 주면 즐겁게 놀았다. 그러나 왓슨이 토끼가 나타날 때마다 가엾은 앨버트의 머리 바로 뒤에서 쇠를 부딪치는 시끄러운 소리를 함께 들려주자 공포라는 결과가 나올 수밖에 없었다. 그때부터 앨버트는 토끼를 볼 때마다(혹은 실험자를 볼 때마다) 두 손으로 눈을 덮고 훌쩍거리며 울었다.

왓슨은 조건 부여의 위력에 지나치게 사로잡혀 감정이라면 진저리를 치게 되었다. 그는 특히 모성애를 위험한 요인으로 여겼고, 모성애에 회의적이었다. 엄마들은 자기 아이에 대해 괜히 안절부절못하며 법석을 떨어 아이들에게 나약함과 두려움, 열등감을 불러일으킴으로써 아이들을 망치고 있다는 것이었다. 그리고 사회는 온정을 줄이고 더 체계화될 필요가 있다고 했다. 왓슨은 과학적인 원칙들에 따라 부모 없이 아이들을 키울 수 있는 '아기 공장baby farm'을 꿈꿨다. 예를 들면, 아이는 굉장히 잘한 일이 있을 때만 만져주되 안아주거나 뽀뽀해주는 것이 아니라 머리를 도닥거려주면 된다는 것이다. 왓슨은 체계화된 신체적 보상이 기적적인 효험을 보일 것이며, 이 방식이 보통의 인자한 엄마들이 하는 감상적인 양육 방식보다 훨씬 뛰어나다고 생각했다.

불행하게도 아기 공장과 같은 환경이 실제로 존재했고, 한 가지 확실한 것은 그것이 치명적이었다는 것이다! 이는 심리학자들이 하얀 천으로 분리된 아기용 침대에서 시각적인 자극과 신체적 접촉이 차단된 고아들을 연구한 결과 분명하게 드러났다. 과학자들의 제안대로, 그 고아들에게는 절대로 속삭이며 말을 걸거나 안아 올리거나 간질여주는 일이 없었다. 아기들은 움직임이 없는 얼굴과 초점 없이 무표정한 눈을 가진 채 마치 좀비와 같은 모습을 하고 있었다. 왓슨이 옳았다면 이 아이들은 무럭무럭 자랐어야 하지만 실제로 아이들은 질병에 대한 저항력이 전혀 없었다. 몇몇 고아원에서는 사망률이 100퍼센트에 달했다

이른바 '과잉 사랑을 받는 아이'를 근절하려던 왓슨의 지나친 노력이나 그에게 엄청난 존경심을 보였던 1920년대의 여론은 오늘날에는 이해하기 어려워 보이지만, 또 다른 심리학자 해리 할로Harry Harlow가 원숭이에게 모성애가 중요하다는 것을 입증하려 한 이유를 설명해준다.[7] 할로는 위스콘신 매디슨에 있는 한 영장류 실험실에서 격리되어 자란 원숭이들이 정신적·사회적으로 장애가 있다는 것을 입증했다. 그들은 집단의 일원이 되었을 때 사교 능력이 좋고 나쁘고를 떠나서 사회적인 상호작용을 하려는 경향을 보이지 않았다. 성체들의 경우에는 교미나 자식 돌보기조차 하지 못했다. 지금 우리가 할로 연구의 윤리성에 대해 어떻게 생각하든 간에 상관없이 그는 신체적인 접촉을 차단하는 것이 포유동물에게 부적합하다는 것을 의심의 여지 없이 증명했다.

시간이 지남에 따라 이런 연구들은 여론의 흐름을 바꾸었고 고아들의 운명을 개선하는 데에도 도움이 되었다. 그러나 루마니아는 예외였다. 니콜라에 차우셰스쿠Nicolae Ceaușescu 대통령은 수천 명의 갓난아기들을 키우는 감정의 강제 수용소와 같은 기관을 만들었다. 철의 장막이 걷힌 후 차우셰스쿠의 고아원이 개방되었을 때 세계는 다시 한번 차단 양육의 악몽을 떠올리게 되었다. 그 고아들은 웃거나 울 줄 몰랐고 하루 종일 태아의 모습으로 구부린 채 자기 몸을 꽉 잡고 흔들고 있었으며(놀랍게도 할로의 원숭이들과 똑같은 모습이었다), 심지어 노는 방법조차 몰랐다. 새로운 장난감은 벽에 던져버렸다.

유대는 우리 종에게 필수적이고 우리를 가장 행복하게 한다. 여기서 내

가 말하는 행복은 기뻐 날뛰는 행복이 아니다. 프랑스의 지도자 샤를 드 골Charles De Gaulle이 "행복은 바보를 위한 것이다"라고 조롱했을 때는 그런 행복을 생각했을 것이다. 미국 독립 선언서에 쓰여 있는 행복추구권에서의 행복은 자신이 살고 있는 삶에 만족하는 상태를 뜻한다. 이 상태는 측

루마니아의 고아들은 감정적인 욕구를 무시하는 '과학적' 원칙들에 따라 키워졌다.

정이 가능하며 연구 결과 일정량의 기본적인 수입만 넘는다면 물질적인 부는 거의 영향을 미치지 않았다. 수십 년간 생활 수준은 지속적으로 증가해왔는데, 그에 따라 우리 행복 지수도 증가했을까? 전혀 그렇지 않다. 오히려 돈이나 성공, 명예보다는 친구나 가족과 함께 보내는 시간이 사람들에게 가장 도움이 되는 것이다.

우리는 사회적인 관계의 중요성을 너무나 당연시해서 그 진정한 가치를 못 보고 지나칠 때가 있다. 우리 영장류 전문가 팀은 이를 더 잘 알고 있었어야 함에도 불구하고 실수한 적이 있다. 침팬지들에게 기어오를 수 있는 구조물을 새로 설치해주었을 때였다. 우리는 물리적인 환경에만 너무 집중했다. 우리 침팬지들이 30년이 넘도록 살았던 환경은 야외에 넓게 개방된 울타리 내에 철제 정글짐이 설치된 곳이었다. 우리는 큰 전신주를 가져와 이어 붙여 더 재미있는 놀이 시설을 만들어주기로 했다. 건설 공사를 하는 동안 침팬지들을 바로 옆에 가둬두었다. 침팬지들은 처음에는 쉬지 않고 시끄럽게 굴었지만 전신주를 설치하는 거대한 기계 소리를 듣자 그 후로는 조용해졌다. 그들도 이것이 만만찮은 작업이라는 것을 알아들은 것이다! 전신주들을 밧줄로 연결하고 잔디도 새로 깔고 배수로도 새로 파서 8일 만에 모든 준비를 마쳤다. 새로 만든 구조물은 이전 것보다

열 배는 높았다.

　서른 명이 넘는 현장 작업자들이 모여 침팬지들을 풀어주는 것을 보았다. 우리는 심지어 어느 침팬지가 가장 먼저 구조물을 건드릴지, 혹은 꼭대기까지 올라갈 것인지를 놓고 내기까지 했다. 이 유인원들은 한참이 지나도록 구조물의 냄새를 맡거나 건드리지 않았다. 어떤 녀석들은 끝까지 건드리지 않았다. 영장류센터 총괄이사는 사람들이 쉽게 상상하듯 서열이 가장 높은 수컷과 암컷을 첫 번째로 짚었지만, 우리는 수컷 침팬지가 그럴 만한 영웅감이 못 된다는 것을 알고 있었다. 그들은 항상 자신의 정치적인 지위를 높이는 데 정신이 없고 그 과정에서는 상당히 위험한 일까지도 감수하지만, 어떤 새로운 일에 부닥치면 두려움에 떨며 그 자리에서 설사를 해댄다.

　탑 안에서 구내를 내려다보며 카메라도 모두 켜놓고 침팬지들을 풀어주었다. 가장 먼저 일어난 일은 예상치 못했던 일이었다. 우리는 무더운 여름에 땀을 쏟아가며 끼우고 맞춰 완성한 그 멋들어진 구조물에 너무나 현혹돼서 이 유인원들이 서로 다른 우리, 심지어 아예 다른 건물에 며칠이나 갇혀 있었다는 것을 잊고 있었다. 침팬지들을 풀어준 처음 몇 분 동안 그들이 보인 행동은 전부 사회적 유대에 관한 행동들뿐이었다. 어떤 침팬지들은 말 그대로 서로의 팔에 뛰어들어서 껴안고 키스를 했다. 채 1분도 되지 않아 어른 수컷들은 위협적인 행동들을 보이면서 머리털을 곤두세우고는 누가 대장인지를 잊지 않도록 했다.

　침팬지들은 새 구조물에 거의 신경도 쓰지 않는 것 같았다. 몇몇은 마치 보이지도 않는 것처럼 구조물 바로 아래를 걸어 다녔다. 마치 그것을 부정하고 있는 듯했다! 우리가 일부러 땅에서 잘 보이는 위치에 올려둔 바나나를 알아채고 나서야 달라졌다. 가장 먼저 구조물에 올라간 것은 나이 든 암컷이었고, 가장 마지막으로 목재를 건드린 침팬지는 의외로 그룹의 골목대장으로 알려진 암컷이었다.

하지만 과일만 주워 모아서 먹어치우고는 모두들 구조물을 떠났다. 구조물에 마음을 열지 않았다는 것이 확실했다. 그들은 예전의 철제 정글짐으로 모여들었다. 그 철제 정글짐은 바로 전날 학생들이 시험해본 결과 가장 앉기 불편한 것이었다. 하지만 침팬지들은 일생에 걸쳐 그것을 알고 지냈기에, 그 주변에 누워 빈둥거리며 우리가 바로 옆에 세워놓은 타지마할을 장난감이 아닌 연구할 대상으로 보는 듯이 올려다보았다. 그들은 몇 달이 지난 후에야 새로운 구조물에서 제대로 시간을 보냈다.

우리는 우리가 성취한 자랑스러운 성과에 눈이 멀어 있다가 침팬지들에 의해 정신을 차리고 기본적인 것들을 다시 깨닫게 되었다. 나는 이 일로 인해 임마누엘 칸트에 대해 또다시 생각했다. 이게 바로 현대 철학의 문제 아닌가? 우리가 스스로에게 있어 새롭고 중요하다고 여기는 것들, 즉 추상적인 생각, 양심, 도덕성에 집착한 나머지 기초적인 것들을 간과하는 것 말이다. 인간의 고유성을 하찮게 보려는 것이 아니다. 하지만 우리가 어떻게 거기까지 도달했는지 알고 싶다면 아주 기초적인 것에서부터 생각해보아야 할 것이다. 문명이라는 산의 꼭대기에만 집착할 것이 아니라 그 아래의 작은 언덕들에도 주의를 기울일 필요가 있다. 태양 빛에 반짝이는 것은 산의 꼭대기이지만, 아이를 망치는 연약한 감정들을 포함해서 우리를 움직이는 것들은 대부분 작은 언덕에서 찾아볼 수 있다.

마초 기원 신화
◇◇◇◇◇◇◇◇◇◇◇◇◇◇◇◇◇◇◇◇

고급 이탈리안 레스토랑에서 저녁 식사를 앞에 두고 전형적인 영장류의 갈등 상황이 벌어졌다. 한 수컷이 다른 수컷(나)에게 자기 여자친구 앞에서 싸움을 걸고 있었다. 내가 어떤 글을 써왔는지 알면 자연에서 인간성을 찾아보라는 것보다 좋은 표적이 없을 것이다. 그는 "인간이 동물과 다르다고 할 수 없는 부분을 한 가지만 대보시죠"라고 대표 사례를 요구했다. 맛있는 파스타를 두 입째 먹으면서 나도 모르게 "섹행위요"라고 대답했다.

말하기 민망한 어떤 것이 생각났기 때문인지 그가 이 대답에 흠칫 물러서는 것을 볼 수 있었으나 잠시뿐이었다. 그는 인간의 특별한 정열에 대해 대단히 옹호하며 기원이 오래되지 않은 낭만적인 사랑과 거기서 나온 훌륭한 시들, 세레나데들에 대해 역설했고, 내가 사람이나 햄스터나 거피(수컷 거피들은 남성의 성기 모양으로 변형된 지느러미가 달려 있다)나 '사랑'의 역학이 모두 똑같다는 점을 강조하자 콧방귀를 뀌었다. 그는 이런 지극히 일상적인 신체적인 세부 사항들에 아주 심하게 혐오하는 듯한 표정을 지어 보였다.

안타깝게도 그의 여자친구는 내 편이었다. 그녀는 아주 열정적으로 동물의 섹스에 대한 더 많은 예를 들며 이야기에 끼었고, 우리는 영장류학자들에겐 더할 나위 없이 재미있는 대화이지만 대부분의 다른 사람들에겐 당황스러운 대화를 하며 저녁 식사를 했다. 그녀가 "그 녀석이 '요만큼' 발기했다니까!"라고 외쳤을 땐 옆 테이블 사람들이 깜짝 놀라 침묵에 잠겼다. 그런 반응이 그 말의 내용 때문이었는지, 아니면 그 말을 할 때 그녀가 엄지와 검지를 아주 조금밖에 벌리지 않았기 때문인지는 분명하지 않다. 그녀는 조그마한 남아메리카 원숭이에 대해 말하는 중이었다.

논쟁은 끝내 해결이 나지 않았지만 후식이 나왔을 때쯤엔 다행스럽게도 열기가 식었다. 나한테는 어김없이 이런 토론이 따라다닌다. 나는 우리가 동물이라고 믿는 반면, 다른 사람들은 우리가 동물과 완전히 다른 어떤 것이라고 믿기 때문이다. 섹스에 관해서는 인간만의 특유성을 주장하기 어려울 수도 있지만 비행기나 국회, 고층빌딩 등에 관해서는 다르다. 인간은 문화와 기술에 있어서는 정말로 놀랄 만한 능력을 갖고 있다. 어느 정도의 문화적 요소를 보이는 동물이 실제로 많이 있긴 하지만, 만약 정글에서 카메라를 갖고 있는 침팬지를 본다면 그게 침팬지가 직접 만든 것은 아니라고 확신할 수 있을 것이다.

그러면 지난 수천 년간 세계 곳곳에서 일어난 문화의 급격한 발전에 동참하지 못한 인간들은 어떨까? 먼 오지에 숨어 있는 인간들도 언어, 예술, 불과 같은 인간 고유의 특징을 모두 제대로 가지고 있으며 우리는 그들이 어떻게 현대 기술의 혜택에 관심을 갖지 않고 존속하는지 연구해볼 수 있다. 그들이 사는 방식이 인간의 '자연 상태state of nature' ─서양에서는 풍부한 역사가 있는 개념이다─에 대해 널리 퍼져 있는 추측대로일까? 프랑스 혁명과 미국 헌법, 그리고 현대 민주주의를 일궈낸 다른 역사적 과정들에서 이 개념이 만들어졌다는 걸 감안하면 인간이 원시 상태에서 어떻게 살았는지 확립하는 것은 중요한 일이 아닐 수 없다.

하나의 좋은 예로 남서 아프리카 원주민 '부시먼Bushman'이 있는데, 이들의 단출한 생활방식은 1980년 〈신은 틀림없이 미쳤다The Gods must be crazy〉라는 영화로 만들어져 풍자된 적도 있다. 인류학자 엘리자베스 마셜 토머스Elizabeth Marshall Thomas는 10대였을 때 역시 인류학자였던 부모님을 따라 부시먼들과 함께 살기 위해 칼라하리 사막으로 갔다. '산San'이라고도 불리는 작고 유연한 부시먼은 초원에서 생태계에 그대로 노출된 채로 매우 간소한 생활권을 개척하며 산다. 그 초원은 1년 중 반은 물이 너무 부족해 몇 안 되는 안전한 물웅덩이를 벗어나서는 살아갈 수 없는 곳이다. 그들은 수천, 수만 년을 이런 방식으로 살아왔기에 마셜 토머스는 이들에 대해 쓴 책의 제목을 《오래된 방식The Old Way》이라고 지었다.[8]

오래된 방식이란 영양 가죽으로 간단한 옷을 만들어 입는 것, 풀로 소

아이에게 타조알 껍데기에 담긴 물을 먹여 주는 부시먼 엄마.

박한 거처를 짓는 것, 뾰족하게 막대기를 깎아 구멍을 파는 데 쓰는 것, 타조알 껍데기를 물통으로 쓰는 것 등을 일컫는다. 거처는 매번 새로 짓는데, 땅에 긴 막대기를 몇 개 꽂고 꼭대기를 한데 얽어서 그 틀을 풀로 덮는 것이다. 마셜 토머스는 이 방법을 보고 유인원들의 방식을 떠올렸다. 유인원들은 나무에서 자기 전에 몇 개의 나뭇가지를 재빠르게 엮어 높은 지대를 만들어놓고 잔다. 이렇게 함으로써 그들은 온갖 위험이 도사리고 있는 땅바닥에서 멀어질 수 있다.[9]

부시먼들은 이동할 때 한 줄로 늘어서서 걷는데 맨 앞에는 남자 한 명이 앞장서서 포식자가 다녀갔는지, 뱀이 있는지, 또 다른 위험한 것들이 없는지 살피며 걸어가고, 여자와 아이들은 안전한 위치에 선다. 이것 또한 침팬지들을 연상시키는 것으로, 침팬지들은 위험할 때—인간이 쓰는 비포장도로를 건널 때처럼[10]—어른 수컷이 맨 앞과 맨 뒤에 서고 그 사이에 암컷과 어린 침팬지가 선다. 때로 대장 수컷은 길에 서서 모두가 지나갈 때까지 지킨다.

우리 조상들은 먹이사슬에서 다른 대부분의 영장류보다 높은 위치에 있었을지는 모르지만 절대로 가장 꼭대기는 아니었다. 우리 조상들은 몸을 사려야 했다. 이 점은 우리의 자연 상태에 대한 첫 번째 잘못된 신화, 즉 우리 조상들이 사바나를 지배했다는 신화를 상기시킨다. 두 발로 서도 120센티미터(네 발 동물들과 똑같은 높이)밖에 안 되는 영장류가 어떻게 사바나를 지배할 수 있었겠는가? 아마 그 시대에는 곰만 한 하이에나와 현대 사자보다 두 배는 큰 검치호랑이의 공포 속에서 살았을 것이다. 그랬기에 최고의 사냥 시간이 아닌 차선적인 사냥 시간에 자족해야 했다. 어두울 때 사냥하는 게 가장 좋은 방법이지만, 초창기의 사냥꾼들은 오늘날의 부시먼과 마찬가지로 무더운 대낮에 몇 마일이나 멀리에서도 먹잇감이 자신들을 볼 수 있는 채로 사냥하는 것을 택했을 것이다. 밤은 '전문적인' 사냥꾼들에게 양보해야 했으니까 말이다.

사자가 사바나 최고의 지배자라는 사실은 '라이온 킹' 이야기에도 반영되었고, 사자에 대한 부시먼의 경외심에도 반영되었다. 특히 부시먼은 사자에게 절대로 치명적인 독화살을 쓰지 않는데, 그로 인해 이길 수 없는 싸움이 시작될 것을 알기 때문이다. 사자는 대개 인간을 그냥 놔두지만, 어떤 이유로 특정한 곳에서 사자가 인간을 잡아먹기 시작하면 인간은 선택권 없이 그곳을 떠날 수밖에 없다. 부시먼들의 머릿속에 위험에 대한 생각이 얼마나 철저히 박혀 있었는가 하면, 다른 이들이 자는 밤에도 그들은 계속해서 불을 켜두었다. 즉 불을 때기 위해 계속 잠에서 깼다는 뜻이다. 만약 어둠 속에서 빛나는 야행성 포식동물의 두 눈을 발견하면 그에 대응하는 행동은 이렇다. (실물보다 더 커 보이도록) 불이 붙은 장작을 집어 들고 머리 위로 흔들면서 포식동물에게 침착하고 꾸준한 목소리로 다른 일이나 알아보라고 부추긴다. 부시먼이 용감한 것은 맞지만, 포식동물에게 애원하는 모습은 인간이 우월한 종이라는 생각에는 그리 어울리지 않는다.

그렇긴 해도 이 오래된 방식은 꽤 성공적이었을 것이다. 요즘에도 우리는 여전히 안전을 위해서 뭉치는 똑같은 경향을 보인다. 위험한 때가 오면 우리는 우리를 갈라놓는 것들을 잊어버린다. 이를 보여주는 예가 뉴욕 무역센터에서 있었던 9·11 사건 이후였다. 이 사건은 직접 겪었던 사람들에게 정신적 외상을 초래할 정도로 극단적인 경험이었다. 사건 9개월 후 그들에게 인종 간의 관계에 대해 어떻게 생각하느냐고 물어보았을 때,

이전 몇 년 동안은 대부분이 관계가 좋지 않다고 생각한 반면 이때는 뉴욕의 모든 인종이 관계가 좋다고 생각했다. "우린 같은 일을 겪고 있다"라는 사후 감정이 그 도시에 화합을 이끌어냈다.

이런 바사작용은 우리 뇌의 가장 깊숙한 곳이 가장 오래된 층, 포유류뿐만 아니라 다른 많은 동물들과 공유하는 층에서 비롯된다. 청어 같은 물고기들이 무리 지어 다니면서 상어나 알락돌고래가 다가오면 즉각적으로 뭉치는 것을 보라. 혹은 물고기 떼가 갑자기 하나의 은빛 섬광처럼 움직여 포식자가 어느 한 마리의 물고기를 목표로 삼을 수 없게 만드는 것을 보라. 떼 지어 다니는 물고기들은 아주 정확하게 서로 간의 거리를 유지하고 같은 크기의 동료들을 찾아내며 순식간에 속도와 방향을 완벽하게 일치시킨다. 수천 마리의 개체들은 이렇게 해서 거의 하나의 생물체처럼 행동한다. 혹은 찌르레기 같은 새들이 매가 다가올 때 즉각적으로 피해 빽빽하게 한 떼를 지어 나는 것을 보라. 생물학자들은 이를 두고 '이기적인 떼selfish herds'라고 하는데, 각각의 개체가 자기 자신의 안전을 위해서 군중 속으로 숨는 것을 말한다. 다른 먹잇감의 존재가 그 사이에 끼여 있는 자신의 위험도를 희석시키는 것이다. 곰에게 쫓기는 두 친구에 대한 옛 농담과 크게 다르지 않다. 즉 옆의 친구보다 빨리 달리기만 하면 되지 곰보다 빨리 달릴 필요는 없다.

위험할 때는 숙적들조차 동료애를 모색한다. 번식기에는 영역을 두고 한쪽이 죽을 때까지 싸우는 새들도 결국 이주할 때는 같은 무리에 있게 될 것이다. 커다란 열대 수족관을 새로 꾸밀 때마다 나는 물고기들에게서 이런 경향을 직접 봐서 안다. 시클리드를 비롯한 많은 물고기들은 상당히 텃세가 강해, 자기 구역에 들어온 상대에게는 지느러미를 펼쳐 보이며 쫓아내 침입자가 없게 유지한다. 나는 2년에 한 번씩 수조를 청소하는데, 그 동안 물고기들을 대형 통 안에 넣어놓는다. 며칠 후에 물고기들이 수조

안으로 다시 풀려나면 예전과는 상당히 다른 모습을 보인다. 물고기들은 갑자기 자기와 같은 종의 동료들을 찾아다니며 매번 나를 놀라게 한다. 가장 격하게 싸웠던 놈들이 이제는 단짝 친구들인 듯 나란히 헤엄치며 새로운 환경을 함께 탐사한다. 물론 다시 자신감을 얻어 자기 부동산 지분을 주장할 때까지만이다.

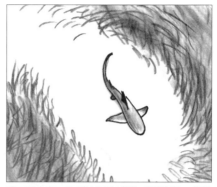

이 그림의 물고기들이 상어를 피하는 것처럼 물고기들은 빽빽한 무리로 뭉쳐서 포식자를 혼란스럽게 한다.

안전은 사회생활의 첫 번째 이유이며 가장 중요한 이유이다. 이 점이 두 번째 잘못된 기원 신화를 상기시킨다. 인간 사회가 자주적인 사람들의 자발적인 창조물이라는 것이다. 여기서 착각한 부분은 우리 조상들이 다른 사람을 전혀 필요로 하지 않았다고 생각하는 점이다. 인간은 서약에 얽매이지 않는 삶을 살았고, 인간이 지닌 딱 한 가지 문제는 너무 경쟁적이어서 갈등으로 입는 손해가 지나치게 많아졌다는 것이며, 지능이 있는 동물로서 몇 가지의 자유를 포기하는 대신 집단생활을 하기로 결정했다는 것이다. 프랑스 철학자 장 자크 루소Jean-Jacques Rousseau가 '사회계약설'로 제시한 이 기원 설화는 미국 헌법 제정자들이 '자유의 나라'를 만들도록 영감을 주었다. 이 신화는 사회를 자연스럽게 우리에게 나타난 어떤 것이 아닌 협상을 거친 절충안으로 보여주기 때문에 정치학 분야와 법학 분야에서 막강한 인기를 유지하고 있다.

인간관계가 마치 대등한 집단들의 합의로 나온 것처럼 보는 것이 유익할 수 있다는 것은 인정한다. 그것은 우리가 서로를 어떻게 다루는지 혹은 어떻게 다루어야 하는지 생각해보도록 하는 데 도움이 된다. 그렇지만 인간관계를 이런 방식으로 짜 맞추는 것은 다윈 이전의 구시대적 유물이며 우리 종에 대한 완전히 잘못된 이미지를 기반으로 했음을 깨달아야 한다. 다른 포유류와 마찬가지로 모든 인간의 생활 주기에는 다른 사람에게 의존하거나(우리가 어리거나 늙거나 병들었을 때) 다른 사람이 우리에게 의존하는(우리가 어리거나 늙거나 병든 사람을 보살필 때) 단계를 포함하고 있다. 우리는 살아남기 위해서 다른 사람에게 아주 많이 의존한다. 인간의 사회를 논하려고 한다면 바로 이러한 현실에서부터 출발해야지, 우리 조상이 새처럼 자유로웠고 사회적인 의무는 전혀 없었다고 하는 몇 세기 전의 공상[11]을 시작점으로 삼아서는 안 된다.

우리는 집단생활을 하는 영장류의 긴 줄기에서 계통을 이어 내려왔으며 고도의 상호 의존성을 가지고 있다. 안전에 대한 욕구가 어떤 사회생활을 형성하는지 명료하게 보여주는 실험이 있다. 인도네시아의 다도해에 있는 여러 개의 섬에서 영장류학자들이 긴꼬리원숭이 수를 세었다. 이 다도해의 어떤 섬에는 고양잇과 동물(호랑이나 구름무늬표범 등)이 있고, 어떤 섬에는 고양잇과 동물이 없다. 똑같은 원숭이들이 고양잇과 동물이 있는 섬에서는 큰 무리를 지어서 다니고, 고양잇과 동물이 없는 섬에서는 작은 무리로 다니는 것이 관찰되었다. 즉 포식 행위로 인해 개개인이 하나로 뭉치게 된 것이다. 일반적으로 공격받기 쉬운 종일수록 집단의 크기가 커진다. 개코원숭이처럼 땅에 사는 원숭이들은 나무에 사는 원숭이들보다 도망칠 기회가 적기 때문에 더 큰 무리를 이루어 다닌다. 그리고 몸집이 커서 낮 시간에는 무서울 것이 없는 침팬지들은 보통 먹이를 찾으러 혼자 다니거나 작은 무리로 다닌다.

집단 본능이 없는 동물은 거의 없다. 전 상원 다수당 원내대표 트렌트 로트Trent Lott는 자신의 회고록 제목을 《고양이 모으기Herding Cats》라고 지었다. 의견 일치의 불가능성을 나타낸 것이었다. 이는 정치인들에게는 절망적인 일이겠지만 고양이에게 있어서는 완전히 합리적인 일이다. 집에서 키우는 고양이들은 혼자 사냥을 다니기 때문에 다른 고양이를 별로 신경 쓸 필요가 없다. 그렇지만 개과 동물처럼 사냥을 위해 서로 의존하거나, 아프리카 영양처럼 먹잇감이 되는 동물들은 움직임을 조직화할 필요가 있다. 이런 동물들은 우두머리를 따르고 다수에 순응하는 경향이 있다. 우리 조상들이 숲을 떠나 숨을 데가 없는 위험한 환경으로 나왔을 때, 그들은 다른 동물의 먹잇감이 되었고 다른 어떤 동물보다도 집단 본능을 진화시켰다. 우리는 신체적 움직임을 동일화하는 것에 탁월하며 심지어 거기에서 만족감까지 느낀다. 예를 들어, 다른 사람과 나란히 걸으면 자기도 모르게 같은 보폭으로 걷게 된다. 우리는 구호를 만들고, 스포츠를 관람하며 파도타기를 하고, 콘서트에서 함께 물결을 만들고, 다 같이 같은 리듬으로 펄쩍펄쩍 뛰는 에어로빅을 배우러 다닌다. 실험 삼아 강의가 끝난 뒤 아무도 손뼉을 치지 않을 때 손뼉을 쳐보아라. 혹은 모두가 손뼉을 칠 때 손뼉을 멈춰보아라. 우리는 소름 끼칠 정도로 집단적인 동물이다. 정치 지도자들은 군중 심리학의 대가들이기 때문에 역사 속에는 정치인들을 따라 사람들이 모조리 말도 안 되는 모험으로 뛰어들었던 일이 가득하다. 지도자는 그저 외부에서 오는 위협을 만들어내고 공포심을 자극하기만 하면 '짠!' 하고 인간의 집단 본성이 나타나 모든 일을 처리한다.

이제 세 번째 잘못된 기원 신화 차례다. 우리 종이 존재하기 시작하면서부터 전쟁을 해왔다는 신화이다. 제2차 세계대전이 끝나고 세계가 황폐해진 1960년대에 인간은 흔히 '살인마 유인원'으로 묘사되었다. 진짜 유인원은 정반대로 평화주의자로 여겨졌다. 공격성은 인간의 특징으로 여겨졌다. 내가 인간이 평화의 천사라고 주장하려는 것은 전혀 아니지만, 살인 행위와 전쟁 행위 사이에 선을 그을 필요는 있다. 전쟁 행위는 수많은 집단의 탄탄한 계급 구조 위에 존재한다. 그런데 그 모든 집단이 공격성에 의해 움직이는 것은 아니다. 사실 대부분은 단지 명령에 따를 뿐이다.

나폴레옹Napoleon의 군인들은 공격적인 감정 때문에 그렇게 추운 러시아로 행군한 게 아니며, 미국 군인들은 누군가를 죽이고 싶어 이라크로 날아간 게 아니다. 전쟁에 나가는 것은 일반적으로 중앙 정부에 있는 나이 든 사람들이 결정한다. 행군하고 있는 군인의 행동에 반드시 공격성이 보이는 것은 아니다. 나는 집단 본능을 본다. 상사에게 복종할 준비가 된 채 밀집 행진을 하는 수천 명의 사람들 말이다.

최근 역사에서 우리는 전쟁과 관련된 죽음을 너무 많이 보아왔기 때문에 항상 이랬던 것이 틀림없고 전쟁 행위가 우리 DNA에 적혀 있다고 상상하게 되었다. 윈스턴 처칠Winston Churchill이 한 말 중에 "인간 종의 역사는 전쟁이다. 전쟁 중간에 있었던 짧고 위태로웠던 시간을 제외하면 이 세상에 평화란 없었으며, 역사가 시작되기 전에는 서로 죽이려는 분쟁이 전 세계적으로 끊임없이 일어났다"[12]라는 말이 있다. 그런데 본성에 대한 처칠의 전쟁 도발적인 진술이 루소의 고상한 야만인보다 조금이라도 더 설득적인가? 개인적인 살인이 수천, 수만 년 전부터 있었다는 고고학적 증거는 있지만 전쟁 행위에 대한 증거(예를 들면, 무기와 함께 대량의 해골들이 묻힌 묘지)는 농업 혁명 이전에는 발견되지 않는다. 전쟁의 첫 번째 증거라며 《구약성서》에서 무너지는 것으로 나와 유명한 제리코의 벽wall of Jericho[13]조차도 주된 목적은 진흙 산사태를 막기 위한 것이었을 수도 있다.

이보다 훨씬 오래전 우리 조상이 살았던 지구의 인구는 전체를 전부 다 합해도 200만 명밖에 되지 않았다. 아마 인구 밀도가 16제곱킬로미터당 한 사람 정도인 부시먼과 비슷했다. 그보다 더 전인 약 7만 년 전에는 전 세계에 조금씩 흩어져서 겨우 2000명 정도밖에 살지 않는, 멸종 위기에 처한 종족이었을 수도 있다는 추측도 있다.[14] 이런 환경은 지속적인 전쟁 행위를 조장하기에 적합한 여건은 아니다. 게다가 우리 조상들은 아마 싸움으로 얻는 이득이 거의 없었을 것이다. 이 점도 부시먼과 비슷한데 싸움으로 이득을 얻는 경우는 물과 여자뿐이다. 하지만 부시먼은 목마른 나그네들에게 물을 나누어주며, 정기적으로 자식을 이웃 그룹과 결혼시킨다. 이 관습은 그룹을 강하게 결속시켜주며, 이는 또한 이웃 그룹 간에 친척으로 연결된 경우가 많다는 뜻이다. 장기적으로 봤을 때 친척을 죽이는 것은 유리한 형질이 아니다.

마셜 토머스는 부시먼에게서 전쟁 행위라고는 목격할 수 없었으며 이들이 낯선 사람과 싸우는 일이 거의 없다는 증거로 방패가 없다는 점을 내세웠다. 튼튼한 가죽만 있으면 쉽게 만들 수 있는 방패는 화살을 효율적으로 방어할 수 있다. 방패가 없다는 것은 부시먼이 그룹 간의 전투에 크게 신경 쓰지 않았다는 것을 암시한다. 하지만 기록이 없는 선사시대라고 전쟁이 전혀 없었다는 말은 아니다. 경우에 따라 전쟁에 관여했던 많은 부족들이 이미 알려져 있으며, 또 몇몇은 정기적으로 전쟁을 하기도 했다. 내가 추측하는 바로는 우리 조상들에게 전쟁은 항상 가능했다는 것, 그러나 그들은 현재의 수렵·채집인들과 행동 방식이 같았을 것이라는 점이다. 현재의 수렵·채집인들은 처칠의 추측과 정확히 정반대로 행동하는 사람들이다. 그들은 긴 세월의 평화로운 화합 중간에 짧은 폭력적 대립을 번갈아 해왔을 뿐이다.[15]

영장류와 비교하는 것으로 이 문제를 해결하기는 어렵다. 침팬지가 때로 이웃을 급습하고 잔인하게 적의 목숨을 빼앗는다는 것이 밝혀진 이후로 이들의 이미지는 점점 인간의 이미지처럼 전투적인 영장류가 되어갔다. 침팬지는 우리 인간들처럼 영역을 놓고 난폭한 전투를 일으킨다. 하지만 유전적으로 보면 우리 종이 거의 정확하게 일치하는 것은 싸움 같은 행동은 전혀 하지 않는 보노보라는 다른 영장류이다. 이들도 이웃에게 비우호적일 때도 있긴 하지만, 이런 대립이 일어나면 암컷 보노보는 곧바로 반대쪽으로 달려가서 수컷이나 다른 암컷들과 섹스를 하려고 한다. 섹스와 전쟁을 동시에 하기는 어렵기 때문에 이들의 풍경은 급속히 봄 소풍처럼 바뀐다. 결국에는 서로 다른 그룹의 어린 보노보들이 함께 뛰어 노는 동안 어른 보노보들은 서로 털을 골라주는 것으로 끝난다. 현재까지 보노보에게서 서로 죽일 정도의 공격성은 보고된 적이 없다.[16]

단 한 가지 확실한 것은 우리 종은 전쟁을 할 '가능성'이 있다는 것이며, 어떤 특정 상황이 되면 그 추한 얼굴을 드러낼 거라는 것이다. 작은 충돌이 때로는 걷잡을 수 없어져 죽음에 이르기도 하고, 어디서나 젊은이들은 결과는 생각해보지도 않은 채 외부인과 싸움을 벌여 자신의 물리적인 역량을 과시하고 싶어 하는 경향이 있다. 하지만 이와 동시에 우리 종은 서로 뿔뿔이 흩어진 뒤에도 친척끼리 연줄을 유지하는 독특한 면도 있다. 그 결과 그룹들 간에 완벽한 네트워크가 존재하게 되었고, 경제적인 교환이 촉진되었으며, 전쟁은 오히려 역효과를 낳게 되었다. 외부인과 연줄을 유지하면 식량이나 물 결핍의 위험이 다른 여러 그룹으로 분산되므로 예측할 수 없는 환경에서 생존을 보장할 수 있게 해준다.

부시먼 사이의 '위험 분산risk pooling'을 연구한 미국의 인류학자 폴리 위스너Polly Wiessner는 부시먼들이 자기 영역 밖의 자원에 대한 접근권을 얻기 위해 하는 섬세한 협상 과정을 다음과 같이 묘사했다. 이런 협상이 상당히 신중하게, 간접적으로 이루어지는 이유는 인간관계에 경쟁이 없는 일은 결코 없기 때문이다.

1970년대에 부시먼들은 평균적으로 1년에 3개월 이상을 주거지 밖에서 생활했다. 방문자와 주인 측은 서로 경의를 표하고 머무를 수 있는 허가를 구하기 위해 인사 의식을 치렀다. 방문 파티는 캠프 주변의 큰 나무 아래에서 열렸다. 몇 시간이 지나면 주인 측은 기꺼이 그들에게 인사를 하러 나온다. 그러면 방문자들은 자기 본거지의 형편에 대해 리듬 있는 어조로 전한다. 주인 측은 각

소절마다 끝 단어에 '에헤'를 붙여 반복함으로써 확인해준다. 주인 측은 으레 식량이 부족하다고 불평하지만 방문자들은 그 상황이 얼마나 심각한지 읽어낼 수 있었다. 만약 상황이 심각하면 짧게 며칠만 있으려고 왔다고 말할 것이고, 주인 쪽이 결핍 등의 문제에 대해 강조하지 않으면 더 오래 머무를 수 있다는 뜻이다. 의견 교환이 끝나면 방문자들은 캠프로 가서 가져온 선물을 풀어놓는데, 이 선물은 아주 절묘하게 시샘을 일으키지 않을 정도의 겸손한 것으로 해야 한다.[17]

우리 조상들은 자원이 부족해 그룹 간에 서로 의존했기 때문에 아마 대규모의 전쟁은 절대로 일으키지 않았을 것이다. 이는 한곳에 정착해서 농업으로 부를 축적하기 시작하면서 달라졌을 것이며, 이로써 다른 그룹을 공격하는 것이 이득이 되었다. 전쟁은 공격적인 충동의 산물이라기보다는 권력과 이익에 관한 것으로 보인다. 물론 이 말은 전쟁이 어쩔 수 없이 일어나는 일이 아니라는 뜻을 내포한다.

우리 조상을 맹렬하고 두려움이 없으며 자유로운 인간으로 묘사하는 서양의 기원 신화에 대해서는 이쯤 해두자. 사회적인 약속에 얽매이지 않고 적에게 자비심이 없는 모습은 전형적인 액션 영화에서나 볼 법한 사람이다. 현대의 정치적 사상은 이런 마초 신화에 너무 매달려서, 지구를 우리가 원하는 대로 주무를 수 있고 인류는 영원히 전쟁을 할 것이며 개인의 자유가 지역 사회보다 우선이라는 신념을 계속 부추긴다.

이런 것들은 어느 한 가지도 오래된 방식, 즉 서로에게 의지하고, 유대감이 있으며, 내부적으로든 외부적으로든 분쟁을 자제하는 방식에 어울리지 않는다. 그때는 자급자족을 유지하기가 항상 너무 위태로웠기 때문에 식량과 안전이 가장 중요한 것이었다. 여자들은 과일과 뿌리를 수집하고 남자들은 사냥을 해서 함께 작은 가족들을 형성했으며, 이런 가족들은 더 큰 사회 구조에 속해 있다는 사실 덕분에 겨우 생존할 수 있었다. 지역 사회는 가족들을 도울 준비가 되어 있었고, 가족들은 지역 사회를 도울 준비가 되어 있었다. 부시먼은 이웃들과 조그마한 선물을 교환하는 일에 상당히 신경 쓰며 시간을 많이 들이고 이 선물 교환은 오랫동아 수많은 세대를 보장해준다. 그들은 합의를 거친 결정을 내리기 위해 열심히 애를 쓰며, 외면당하는 것과 고립되는 것을 죽음 자체보다 더 두려워한다. 어느 여인이 아주 분명하게 털어놓았다. "죽는 건 안 좋은 거예요. 죽을 때는 혼자잖아요."[18]

우리는 이런 산업화 이전의 생활 방식으로 돌아갈 수는 없다. 우리는 놀라운 규모의 복잡한 사회에 살고 있으며, 지금까지 인간이 자연 상태에서 향유했던 것과는 퍽 다른 구조가 필요하다. 그렇지만 우리가 아무리 도시에 살고 자동차와 컴퓨터에 둘러싸여 있다 해도, 우리는 여전히 근본적으로 똑같은 심리적 욕구와 욕망을 갖고 있는 동물이다.

2장

다른 다윈주의

내가 한 맨체스터 신문에 꽤 좋은 기사로 났다.
내가 '힘은 정당하다'는 것을 증명했다는 것이었다.
따라서 나폴레옹은 정당하며,
속임수를 쓰는 상인들도 모두 정당하다는 내용이었다.[1]

찰스 다윈Charles Dawin(1860)

오래전 미국 사회는 경쟁을 가장 중요한 구성 원칙으로 받아들였다. 어느 곳에서든—직장, 길거리, 또는 집에서—가족, 우정, 협력, 그리고 시민의식의 가치가 세계 다른 곳과 마찬가지로 높게 여겨졌음에도 불구하고 말이다. 미국에서 25년도 넘게 살아온 유럽인으로서 외부인인 동시에 내부인이 되어 이런 경제적 자유와 공동체적 가치 사이의 긴장 상태를 지켜보는 것은 꽤나 흥미롭다. 이 나라 정치가 주요 정당 사이를 주기적으로 왔다 갔다 하는 점을 보면, 긴장 상태가 여전히 팽팽하게 유지되고 있으며 가까운 시일 내에는 어느 한쪽이 완승하는 일이 없을 것임을 알 수 있다.

미국의 이러한 양극화 상태가 이해하기 어려운 것도 아니다. 유럽에서의 상황도 이와 크게 다르지 않다. 다만 대서양 이쪽 편 나라는 정치적 사상이 전부 우로 바뀐 것 같다. 미국의 정계가 해석 불가한 것은 그들이 생물학과 종교를 끌어들이는 방식 때문이다.

진화 이론은 보수주의파 사이에 두드러지게 인기가 높지만 생물학자들이 원하는 방식은 아니다. 진화 이론은 마치 비밀스러운 여자처럼 나타난다. 그 애매한 정체성으로 열렬히 환영받던 '사회적 다윈주의'는 진정한 다윈주의가 알려진 즉시 내동댕이쳐졌다. 2008년 공화당 대통령 후보 토론에서 "진화론을 믿지 않는 사람?"이라는 질문에 세 명 이상의 후보자가 손을 들었다.[2] 학교에서 진화론을 가르치기를 주저하는 것이나 동물원과 자연사박물관에서 진화라는 단어를 피하는 것은 말할 것도 없다. 생물학과의 애증관계는 미국 정치계의 첫 번째 중대한 모순이다.

사회적 다윈주의는 고든 게코가 말한 '진화 정신'과 다를 바 없다. 성공적으로 살아남은 자가 그렇지 않은 자들에 의해 발목 잡히고 지체되지 말아야 하는 투쟁으로 삶이 묘사된다. 이런 이데올로기는 19세기에 자연의 법칙을 비즈니스 언어로 옮기며 '적자생존'(종종 다윈이 쓴 말로 오해받는 말)이라는 신조어를 만들어낸 영국의 정치철학자 허버트 스펜서Herbert Spencer

에 의해 생겨났다. 스펜서는 사회 경쟁의 장을 허물고 평등화를 시도하는 이들을 매도했다. 그에게는 '적자'가 '비적자'에 대해 책임감을 가지는 것이 비생산적인 것이었다. 그는 수백만 권이 팔린 두꺼운 책에서 가난한 자들에 대해 "자연의 궁극적인 목적은 가난한 자들을 제거해 그들이 세상을 아예 없애버리고 부자들에게 그 자리를 내어주는 것이다"[3]라고 말했다.

미국은 이를 경청했다. 비즈니스 세계는 사회적 다윈주의를 완벽하게 수용했다. 앤드루 카네기Andrew Carnegie는 경쟁을 생물학의 법칙이라 부르며 사회적 다윈주의가 인간 종을 발전시켰다고 생각했다.[4] 존 D. 록펠러John D. Rockefeller는 심지어 종교와 사회적 다윈주의를 연결해 대형 비즈니스의 성장은 "그저 자연의 법칙과 신의 법칙에서 나온 결과일 뿐이다"[5]라고 결론지었다. 이른바 기독교 우파에서 여전히 볼 수 있는 이런 종교적인 시각으로 인해 두 번째의 중대한 모순이 형성된다.[6] 미국 대부분의 가정집이 갖고 있고 모든 호텔 방에도 하나씩 비치되어 있는 책에서는 거의 모든 페이지마다 연민을 보이라고 우리를 촉구하고 있는데, 사회적 다윈주의자들은 그것을 자연의 흐름을 방해하는 감정일 뿐이라고 비웃는다. 가난은 게으름의 증거이며, 사회적 정의는 약함의 증거다. 가난한 사람들이 그냥 죽어 없어지도록 내버려두면 안 되나? 나는 어떻게 기독교인들이 심각한 인지적 충돌 없이 그토록 무자비한 이데올로기를 받아들이는 것이 가능한지 모르겠지만, 많은 사람들이 그렇게 하는 것 같다.

마지막 세 번째 모순은 경제적 자유를 강조하면 사람들의 가장 좋은 점과 가장 나쁜 점이 모두 유발된다는 것이다. 가장 나쁜 점은 앞서 말했듯이 최소한 정부 단계에서 연민이 없어진다는 것이다. 하지만 이러한 미국적 특성의 좋은 면, 심지어 훌륭하다고까지 할 만한 면은—이게 아니라면 나는 벌써 오래전에 짐을 싸 들고 떠났을 것이다—실력 중심의 사회라는 점이다. 상속받은 부, 멋진 직함, 가문의 유산은 모두가 알아주고 존중하긴 하지만 개인의 진취성, 창의성, 성실성은 그보다 훨씬 더 존중받는다. 미국인들은 성공 스토리를 우러러보며 그 누구도 정직한 성공을 나쁘게 보지 않는다. 이는 도전에 직면하는 사람들로 하여금 진정으로 제약에서 벗어날 수 있게 해준다.

유럽은 이보다 훨씬 더 지위나 계층이 구분되어 있으며, 기회보다는 안정을 선호하는 경향이 있다. 유럽에서 성공은 의심스럽게 비춰진다. 프랑스어에 자수성가한 사람에게 붙이는 수식어가 '벼락부자nouveau riche'나 '졸부parvenu'처럼 부정적인 단어밖에 없다는 것도 괜히 그런 게 아니다. 그 결과 몇몇 국가는 경제적으로 정체되었다. 나는 파리의 거리에서 20대들이 직장 보장을 주장하거나 좀 더 나이 든 사람들이 55세 정년퇴직 유지를 주장하며 시위 행군하는 것을 보면 갑자기 권리의식을 혐오하는 미국 보수주의자의 편을 들게 된다. 국가란 아무 때나 쥐어짜 우유를 받아낼 수 있는 젖꼭지가 아닌데, 많은 유럽인들은 그리 생각하는 것 같다.

그러니까 내 정치관은 유럽과 미국의 중간 어디쯤에 위치한다. 썩 편한 자리는 아니다. 나는 미국의 경제적·창의적 활력의 진가는 인정하지만, 세금과 정부에 대해 널리 퍼져 있는 혐오감은 여전히 당혹스럽다. 정당성을 찾는 모든 이데올로기가 그렇듯 생물학은 이 혼란의 중요한 일부다. 자연스럽게 자기 의존과 개인주의가 발달한 이민자들의 나라는 과학이 이를 보증해주길 갈망했고, 사회적 다원주의는 이것을 제공하려 했다.

문제는 사회의 목표를 자연의 목표에서 끌어낼 수 없다는 것이다. 이처럼 어떤 것이 '이렇다'고 하는 것에서 어떤 것이 '이래야 한다'고 나아갈 수 없는 것을 '자연주의적 오류'라고 한다. 즉 만약 동물들이 대규모로 서로를 살해한다고 해도 우리 또한 그래야 하는 것은 아니며, 만약 동물들이 완벽한 조화 속에 산다고 해도 우리가 그렇게 살아야 할 의무를 져야 하는 것은 아니다. 자연이 제공할 수 있는 것은 정보와 영감뿐이지 처방전이 아니다.

하지만 정보는 대단히 중요하다. 만약 동물원이 새로운 우리를 짓는다고 하면 우리에 들어갈 동물이 사회적 동물인지 혼자 생활하는 동물인지, 높은 곳을 좋아하는지 굴을 파고드는 걸 좋아하는지, 야행성인지 주행성인지 등을 알아야 한다. 왜 우리가 인간 사회를 설계하면서 우리 종의 특성을 하나도 모르는 듯이 해야겠는가? 인간의 본성을 '인정사정 봐주지 않는' 것으로 볼 때와 우리의 밑바탕에는 협동과 유대 의식이 있다고 볼 때 세우는 사회의 경계선은 분명히 다르다. 다윈은 스펜서를 비롯한 다른 사람들이 자신의 이론에서 '가장 강한 자의 권리'라는 교훈을 뽑아내려는 것에 대해 불편해했다. 이것이 바로 내가 생물학자로서 진화론이 사회의 처방전으로 회자되는 것을 듣는 데 지친 이유이다.[7] 그들은 이론 자체에는 관심이 없고 오직 이론이 뭘 제공해야 하는지에 관심이 있을 뿐이다.

자기 이익에 대한 재조명

다윈은 같은 종 내에서 하나의 자원을 두고 경쟁이 일어난다는 발상에 매력을 느꼈고, 자연 선택이라는 개념을 구상해낼 수 있었다. 그는 토머스 맬서스Thomas Malthus가 1789년에 쓴 인구 성장에 관한 에세이를 읽고 크게 영향을 받았는데, 이에 따르면 식량 공급량을 넘어선 인구는 기아, 질병, 사망률로 인해 저절로 다시 줄어들게 된다. 유감스럽게도 스펜서는 같은 걸 읽고 전혀 다른 결론을 내렸다. 만약 강한 품종들이 하위 품종들을 희생시키고 진보한다면, 그것은 '사실'일 뿐만 아니라 '당위'라고 그는 생각했다. 경쟁은 좋은 것이고 자연스러운 것이었으며 사회 전체에게 이득을 주는 것이었다. 그는 아주 정확히 자연주의적 오류를 적용했다.

이런 스펜서의 생각이 왜 그렇게도 잘 수용되었을까? 내 생각에는 사람들이 겨우 익숙해졌을 뿐인 도덕적 딜레마에서 벗어날 길을 스펜서가 열어줬기 때문이다. 예전에는 부자가 가난한 자를 무시하는 데 정당화가 필요하지 않았다. 귀족 혈통이라는 것만으로 귀족은 아예 다른 '종족'으로 여겨졌다. 서방의 귀족들은 허리를 벌처럼 가느다랗게 조이고, 동방의 귀족들은 손톱을 길게 키워서 육체적 노동에 대한 멸시를 보였다. 그들은 당연히 하급 계층에 대한 의무를 전혀 느끼지 않았을 뿐 아니라—그래서 노블레스 오블리주^{noblesse oblige}라는 표현이 생겼다—서민들이 굶어 죽는 동안에도 호화롭게 살며 사치스러운 고기 성찬에 고급 와인을 들이켜는 것이나 호사스러운 차를 타고 돌아다니는 것에 거리낌이 없었다.

이 모든 것이 산업혁명이 일어나면서 바뀌었다. 곤경에 빠진 다른 사람들을 쉽게 묵인할 수 없는 새로운 상류층이 생겨난 것이다. 이 상류층의 많은 이들은 불과 몇 세대 전에 하급 계층에 속했었다. 즉 이들과 하급 계층은 분명히 같은 혈통이었다. 그러니 부를 공유해야 마땅한 것 아니겠는가? 하지만 그렇게 하기에 마음이 내키지 않았던 그들은 밑에서 일하는 자들을 무시하는 건 당연하며, 뒤돌아보지 않고 성공의 사다리를 오르는 게 흠 잡을 데 없이 명예로운 일이라는 말에 전율했다. 스펜서는 그것이 자연의 법칙이라며 그들을 안심시킴으로써 부자들이 느낄 만한 양심의 가책을 말끔히 없애버렸다.

이런 미국 사회의 특징 외에 또 한몫한 것이 이주이다. 지구 반 바퀴를 돌아 이주하는 일은 강인한 의지와 독립심을 필요로 하는 일이다. 나도 한 명의 이주자이니 이와 관련이 있겠다. 친구와 가족을 비롯해 언어, 음식, 음악, 기후 등을 뒤로하고 떠나는 것은 아주 과감한 발걸음이다. 이주는 위험성을 수반하는 도박이며, 내가 충동적으로 했듯이 틀림없이 나 이

전에 많은 이들도 그랬을 것이다.

요즘이야 그리 큰일은 아니다. 제트기, 전화, 이메일 등으로 연락이 닿기 쉬우니 말이다. 하지만 옛날 사람들은 '관선coffin ship'이라 불리는, 금방이라도 부서질 듯한 배를 타고 고향을 떠났다. 폭풍과 질병을 건더니고 살아남은 사람들은 미지의 땅에 도착했다. 이들은 자신의 모국이나 가까이 지내던 사람들을 다시는 보지 못하리라고 확신했을 것이다. 내 부모님은 내가 곁에 없는 채 돌아가실 것이고 심지어 나는 돌아가셨다는 소식조차 들을 수 없으리란 것을 알면서 작별 인사를 한다고 상상해보라. 그러나 과도하게 많은 사람들이 새로움을 좇아 위험을 무릅쓰고 캐나다, 호주, 미국으로 건너가며 일부분 '자기 선택'된 인구를 조성했다.[8] 자기 선택은 자연 선택과 다소 비슷하게 작용한다. 다음 세대는 똑같은 성격을 물려받는다. 유전적으로도 그렇고 문화적으로도 그렇다. 모든 이주자의 목표는 더 나은 삶을 사는 것이기 때문에 문화가 개인적인 성취 중심으로 돌아가는 것은 필연적인 결과이다.

프랑스 정치사상가이자 정치가인 알렉시스 드 토크빌Alexis de Tocqueville은 이미 이것을 명확히 알고 있었다.

우리 유럽인들은 쉬지 않는 자세, 부에 대한 약간의 욕망, 그리고 독립에 대한 극도의 호의를 사회적 위험 요소라고 생각하는 게 습관적인데, 정확하게 바로 이것들이 미국 사회의 평화로운 미래를 보장한다.[9]

성공을 정당화하는 스펜서의 메시지가 쉽게 수용된 건 두말할 나위도 없다. 그보다 좀 더 최근에 러시아계 미국 이주자가 똑같은 메시지를 방식만 다르게 전달한 적이 있다. 아인 랜드Ayn Rand는 성공에 도덕적인 책임이 뒤따른다는 발상에 코웃음 쳤다.[10] 그녀는 소설을 통해 수백만 명의 열광적인 독자들에게 자기중심주의는 악덕이 아니고 오히려 미덕이라는 메시지를 전파했다. 무려 1000쪽에 달하는 소설에서 만약 우리에게 의무라는 게 있다면 그것은 우리 스스로에 대한 의무라는 관념을 역설함으로써 그녀는 상황을 완전히 뒤바꾸어놓았다. 전 연방준비의장 앨런 그린스펀Alan Greenspan은 자기 인생과 업적에 중대한 영향을 미친 인물로 아인 랜드를 꼽았다.

하지만 이런 논쟁들은 자연스러움으로 추정되는 것이 무엇이냐는 물음에 기반을 두는 한 이미 근본적인 결함이 있다. 이 점은 스펜서가 한창 유명할 때 뜻밖의 인물인 러시아 공자 표트르 크로폿킨Petr Kropotkin에 의해서 드러났다. 그는 수염이 덥수룩한 무정부주의자이기도 했지만 탁월한 자연학자이기도 했다. 그는 1902년에 출판된 《상호부조론Mutual Aid》에서 생존을 위한 투쟁이란 개인들이 서로에게 맞서 싸우는 것이 아니라, 생명체 무리가 험난한 환경에 맞서 싸우는 것이라고 주장했다. 야생말이나 사향소가 늑대 떼의 공격에 맞서 어린 개체를 둘러싸고 보호하는 것처럼 협동은 흔한 것이다.

크로폿킨이 영감을 받았던 환경은 다윈이 영감을 받은 환경과 사뭇 달랐다. 다윈은 생명이 풍부한 열대 지역을 방문했던 반면 크로폿킨은 시베리아를 여행했다. 이 두 사람의 사상이 반영하는 차이점은 풍요로운 환경, 즉 맬서스가 생각했던 인구 밀도와 경쟁이 일어날 수 있는 환경과 1년의 대부분이 혹한기이거나 척박한 환경 사이의 차이이다. 말들이 바람 때문에 뿔뿔이 흩어지고 소 떼가 눈더미 아래에서 굶

뿔을 치켜세우고 벽처럼 둘러싸 늑대 떼에 맞서는 어른 사향소들.

어 죽는 등의 기후 재해를 목격하고 나서, 크로폿킨은 삶을 '검투사의 무대'로 묘사하는 데 이의를 제기했다. 그가 동물 사회에서 본 것은 서로를 때려눕히고 승자가 트로피를 거머쥐고 뛰어다니는 모습이 아니라, 공동체의 원칙이 작용하는 모습이었다. 영하의 추위에서는 떼 지어 모이거나 혹은 죽거나 둘 중 하나뿐이다.

상호부조는 크로폿킨이 구상했던 방식과 정확히 똑같지는 않지만, 현대 진화학의 기본적인 요소가 되고 있다. 다윈과 마찬가지로 크로폿킨도 협동적인 동물(혹은 인간) 집단이 덜 협동적인 집단보다 효과적일 것이라고 생각했다. 달리 말하면 집단 내에서 기능을 발휘하고, 돕는 관계망을 만드는 능력이 결정적인 생존 기술이라는 것이다. 영장류에 있어 이런 기술의 중요성이 최근 케냐 평원에서 수행된 개코원숭이 연구로 입증되었다. 즉 사회적 유대가 가장 강한 암컷들의 새끼가 가장 잘 살아남는 것으로 나타났다. 털 고르기를 함께 하는 파트너들은 외부 공격에 대항해 서로를 보호해주고, 포식자를 발견하면 상대방에게 날카로운 경고음을 보내며, 서로를 어루만져준다. 이 모든 것들이 어미 개코원숭이가 자식을 키우는 데 도움이 되는 것들이다.

나도 항상 붙어 다니는 암컷 일본원숭이 두 마리, 로페이^{Ropey}와 비틀^{Beatle}을 알고 있다. 그 둘은 나이가 거의 같았고, 털을 골라주거나 서로의 아기에게 입맞춤을 해주는 등 모든 일을 함께 했기 때문에 처음엔 자매인 줄 알았다. 또한 그 둘은 싸움에서도 서로를 잘 도와줬는데, 비틀(로페이보다 서열이 낮았다)은 다른 원숭이가 위협하려 할 때마다 자기 친구를 향해 비명을 질러댔다. 그 집단의 모든 원숭이는 항상 이 두 마리를 한꺼번에 상대해야 한다는 사실을 알고 있었다. 하지만 우리의 기록에 따르면 로페이와 비틀은 혈연지간이 아니었다.

이 둘의 관계는 원숭이들이 출세하기 위해 발전시키는 수많은 신뢰 동맹들 중 하나일 뿐이다. 모든 영장류가 이런 경향을 갖고 있으며, 어떤 개체들은 심지어 공동체 자체에 투자하기도 한다. 이들은 단지 자신의 지위에만 집중하는 것이 아니라 집단 지향적인 행동을 보인다. 이 점은 사회적인 조화와 관련해서 가장 명백하게 나타난다. 예를 들어, 중국 황금원숭이는 수컷 한 마리가 암컷 여러 마리를 거느리고 산다. 수컷은 암컷들보다 훨씬 덩치가 크며 주황색의 아름답고 두꺼운 털을 갖고 있다. 수컷은 자기 무리의 암컷들이 서로 싸우면 두 암컷의 사이에 끼여 싸움이 끝날 때까지 양쪽을 번갈아 보며 친근한 얼굴 표정을 지어 보이거나 손가락으로 두 암컷의 털을 빗겨주며 화를 가라앉힌다.

침팬지는 수컷과 암컷 모두가 공동체 내 관계를 적극적으로 중개한다. 내가 연구했던 한 동물원의 큰 무리에서는 때로 싸울 준비를 하려 과시하는 행동을 보이는 수컷의 마음을 암컷들이 누그러뜨린다. 수컷 침팬지는 길게는 10분까지 머리털을 세운 채 소리를 지르며 좌우로 매달려 다니기를 계속하며 돌격 준비를 한다. 그러는 동안 암컷에겐 성난 수컷에게 다가가 수컷이 꽉 쥐고 있던 큰 나뭇가지나 돌덩이를 손에서 떼어낼 시간이 생긴다. 흥미로운 점은 그 수컷들이 암컷이 그렇게 하도록 순순히 내버려둔다는 것이다.

암컷들은 또한 수컷들이 싸운 후에 화해할 여지가 없어 보이면 화해를 시켜주기도 한다. 수컷들이 곁눈질로만 서로를 쳐다보며 각각 반대편에 앉아 있으면 암컷이 한쪽 수컷에게 다가갔다가 다시 다른 쪽 수컷에게 다가가길 반복해 두 수컷이 모여 앉도록 하고, 그러면 마침내 그들은 서로 털을 골라준다. 우리는 한 수컷의 팔을 붙잡고 싸운 상대 앞에 끌어다 놓으며 중재하는 암컷들을 본 적도 있다.

수컷이 분쟁 해소를 하는 경우도 많다. 이는 최고 서열 수컷의 과업으로 다툼이 과열되면 중간에 끼어든다. 대부분은 강압적인 자세로 다가서는

수박을 두고 분쟁을 일으킨 암컷들이 비명을 멈출 때까지 수컷이 두 암컷 사이에 서서 두 팔을 내밀어 분쟁을 해결한다.

것만으로도 다툼이 누그러지지만 필요하다면 정말로 때려서라도 싸우는 두 수컷을 떼어놓는다. 중재자 역할을 하는 수컷은 보통 이느 한쪽 편을 들지 않으며, 그래서 평화를 유지하는 데 놀라울 만큼 효과적이다. 위의 모든 사례에서 영장류는 '집단 배려'를 보여준다. 그들은 집단의 일원으로서 집단 내 정세를 완화시키기 위해 노력한다.

내 학생 중 한 명인 제시카 플랙Jessica Flack이 이런 행동의 효과를 연구했다. 연구는 돼지꼬리원숭이를 대상으로 했는데, 꼬부라진 짧은 꼬리를 지닌 수려한 이 원숭이들은 상당히 지능이 높은 것으로 유명하다. 동남아시아에서 건장한 수컷들은 흔히 '농장 노동자'로 고용되는데, 도시의 도로에서 이들을 마주치면 깜짝 놀라곤 한다. 오토바이를 타고 지나가는 사람 뒷좌석에 인간이 아닌 승객이 진짜 사람처럼 허리를 꼿꼿이 세우고 앉아서 양옆으로 다리를 흔들거리며 지나간다. 이 돼지꼬리원숭이는 농장으로 일을 하러 가는 중이다. 훈련받은 돼지꼬리원숭이가 야자나무 위에 올라가 아래에서 소리치는 주인의 명령에 따라 잘 익은 코코넛을 따서 아래로 떨어뜨리면 주인은 나무 아래에서 코코넛을 주워 담아 시장에 판다.

돼지꼬리원숭이는 보통 집단으로 생활하는데, 수컷 침팬지와 마찬가지로 집단 내 서열이 높은 수컷이 경찰 역할을 한다. 싸움이 일어나면 서열이 높은 수컷이 싸움을 말리고 질서를 유지한다. 우리는 커다란 야외 울타리 안에 있는 약 80마리의 원숭이들을 연구했다. 조지아의 무더운 여름 수일 동안 제시카는 요새 안에 앉아 한 손에는 물을, 한 손에는 마이크를 들고 하루 동안 일어나는 수천 가지의 사회적인 행동들을 녹음했다. 특정 유전자의 효과를 알아보기 위해 해당 유전자를 파괴한 쥐를 이용하는 녹아웃 실험처럼, 우리 실험은 일시적으로 경찰 수컷을 없애서 그 집단이 어떻게 되는지 보는 녹아웃 실험이었다.

우리는 2주에 한 번씩 하루를 정해 아침에 서열이 가장 높은 세 마리의 수컷을 빼내어 옆 빌딩으로 보냈다가 저녁에 다시 야외 울타리로 돌려보냈다. 때로 집단에서 작은 충돌이 일어나면 원숭이들은 수컷들이 앉아서 비명 소리를 보내는 문틈 쪽으로 달려왔지만, 어쩔 수 없이 그날만은 원숭이들이 알아서 문제를 해결해야 했다. 녹아웃의 효과는 완전히 부정적이었다. 원숭이들은 더 많이 싸웠고 싸움의 강도가 더 높았으며, 싸움 후 화해하는 횟수도 줄었다. 또한 털 고르기와 놀이도 줄었다. 모든 항목에서 원숭이 사회는 붕괴되고 있었다.[11]

소수의 개인이 큰 변화를 만들 수 있다. 즉 경찰 역할을 하는 수컷들에 의해 사회생활에 막대한 이익이 생긴다. 여기서 논거는 수컷들이 집단을 위해 희생했다는 것이 아님을 명심하기 바란다. 중재, 안정시키기, 치안유지 등 모든 집단 지향적 행동은 그 행동을 하는 개체에게 이익이 된다. 암컷들은 암컷이나 어린 개체에게 쉽사리 자기 문제를 발산하는 수컷들의 긴장 상태를 누그러뜨림으로써 이익을 얻는다. 또 집단 내 평화를 유지하는 데 영향력이 있는 수컷들은 엄청난 인기를 끌며 집단 내에서 존경을 받는다. 하지만 그렇다 할지라도, 집단을 위한 행동은 사회적인 환경을 개선해 그 행동을 한 개체만이 아니라 다른 모든 개체들에게도 이익을 준다.

우리는 집단성을 당연한 것으로 여기지만, 사실 집단생활을 하는 모든 생명체는 집단성에 크게 영향을 받는다. 그들은 모두 한 배를 타고 있다. 이것이 다른 영장류에게 적용된다면 훨씬 더 복잡하게 얽힌 사회를 가진 우리 인간 종에게는 얼마나 더 잘 적용되겠는가? 사람들은 대부분 그런 서비스 체제와 기관을 유지해야 할 필요성을 잘 알고 있으며, 이 목표를 향해 일할 준비가 되어 있다. 사회적 다원주의자들은 동의하지 않을 수도 있겠지만 진정한 다원주의의 관점에서 보면 집단생활을 하는 동물들이 '사회적 동기'를 가지고 제대로 돌아가는 하나의 사회를 만들기 위해 노력할 것이라는 예측은 너무도 당연하다.

사회적인 동기 하나만으로는 충분하지 않다. 벌이나 개미들—사회 구성원 모두가 아주 가까운 친척 관계이고 모두가 하나의 여왕만을 위해 일하는—은 전심을 다해 공공의 이익을 위해 일할 용의가 있겠지만, 인간은 아니다. 우리가 아무리 사회에 종속되어 있으며 수없이 세뇌당하고 애국심을 고취시키는 노래를 불러도 우리는 사회를 생각하기에 앞서 항상 우리 자신을 먼저 생각할 것이다. 만약 공산주의자 실험을 해서 좋은 점이 있다면, 이 결속의 한계를 명확히 보여준다는 것이다.

그런가 하면, 완전히 이기적인 동기 또한 충분하지 않다. '계몽된' 이기주의라는 것이 있어서 우리는 우리에게 이익을 주는 사회를 위해 일하게 된다. 부자나 가난한 자나 똑같은 하수도 시설, 고속도로, 법률에 기대어 살며, 누구나 국방, 교육, 의료 서비스가 필요하다. 사회는 계약처럼 작동한다. 사회로부터 얻어가는 사람은 무엇인가 기여할 것이라는 기대를 받고, 반대로 사회에 기여를 한 사람은 사회로부터 무엇이든 얻어갈 자격이 있다고 느낀다. 우리는 사회에서 자라는 동안 자동으로 이 계약관계에 입성하게 되고 만약 계약관계가 침해되면 격분하는 반응을 보인다.

2007년 정치 집회에서 인디애나의 강철 공장 직공 스티브 스크바라 Steve Skvara는 자신의 곤경 상황을 설명하다가 거의 울음을 터뜨렸다.

LTV Steel에서 34년간 일한 후 저는 장애를 이유로 은퇴하도록 압박받았습니다. 2년 후 LTV는 파산 신청을 했습니다. 저는 연금의 3분의 1을 잃었고, 제 가족은 의료 서비스를 받지 못하게 되었습니다. 매일 아침, 식탁 맞은편에는 제 가족을 위해 36년의 인생을 헌신한 여인이 있습니다. 하지만 저는 그녀의 의료비조차 낼 수 없습니다.

스크바라가 아내에게 가졌던 의무감과 마찬가지로 사회는 일생 동안 열심히 일한 스크바라에게 의무감을 가져야 한다. 이것은 '도덕성'의 문제다. 그래서 그가 정치 후보자들에게 "미국의 무엇이 잘못됐나요? 그걸 바꾸기 위해서 무엇을 할 건가요?"라고 덧붙이며 이의를 제기했을 때 기립 박수를 받은 것이다.[12]

사실 미국 사회는 지금 재조정의 시대로 들어서고 있다. 경제 체계의 붕괴와 의료 위기 양상이 이를 말해준다. 산업화된 국가의 의료 서비스 질적 수준 순위에서 미국은 독보적인 꼴찌를 기록하면서 이익의 원칙에 의존했다간 재난 사태가 온다는 것을 증명했다.[13] 반면 서유럽은 누구나 부러워할 만한 의료 서비스를 제공하지만 또 다른 측면에서 다른 이유로 반대 방향으로 가고 있다. 정부가 시민을 너무 만족시켜주면 시민들은 경제 발전에 흥미를 잃게 된다. 그러면 시민들은 수동적인 구성원이 되어주는 것엔 관심이 없고 받는 것에만 관심을 갖게 된다. 몇몇 나라는 이미 복지 국가로 되돌아갔으며, 나머지 나라도 따라갈 것으로 예상된다.

모든 사회는 이기적 동기와 사회적 동기 사이의 균형을 잘 맞춰 그 사회의 경제가 바로 그 사회에 확실히 기여하도록 해야 한다. 경제학자들은 이 균형을 무시하고 금전적인 측면만 고려할 때가 많다. 유명한 경제학자 밀턴 프리드먼Milton Friedman은 "기업의 임원이 자기 주주로부터 최대한 많은 돈을 받아내는 일 외에 다른 사회적 책임을 받아들이는 것만큼 우리의 자유주의적 사회의 기반을 뒤흔드는 것도 없다"[14]라고 했다. 즉 프리드먼은 사람을 최후로 고려하는 이데올로기를 제안한 것이다.

설사 프리드먼의 이론이 돈과 자유의 관계에 대해서는 맞는다 할지라도 현실에서 돈은 사람들을 부패하게 만든다. 돈은 너무나 자주 착취, 불공정, 만연한 부패로 이어진다. 엔론Enron사의 거대한 사기극을 보면 그들의 64쪽짜리 '윤리 강령'은 타이타닉의 '안전 수칙'이나 다를 바 없는 소설처럼 보인다.[15] 지난 10년 동안 선진국들은 심각한 경제 스캔들을 겪었고, 그럴 때마다 항상 경영진들은 정확히 프리드먼의 조언을 따름으로써 자국 사회의 기반을 뒤흔들어왔다.

엔론과 이기적 유전자

잘나간다는 레스토랑 앞에서 나는 드디어 연예인을 만났다. 내 친구들이 분명히 여기에 할리우드 스타들이 많이 온다며 장담했고, 정말로 저녁식사 중에 어둠이 내깔리고 모두가 거리로 쏟아져 나왔을 때 내 옆에서 한 아이돌 영화배우가 담배를 피우고 있었다. 우리는 음식이 다 식겠다는 둥 이런저런 얘기를 나눴다. 이 만남은 2000년 캘리포니아에서 있었던 반복적인 정전 사태들 덕분에 일어났던 일이다. 15분 뒤 모두가 각자 테이블로 돌아가고 다시 일상으로 복귀했지만, 그때 일어났던 일은 확실히 특별했다.

스타와의 만남이 아니라 규제 없는 자본주의의 놀라운 효과를 목격한 일 말이다. 이 모든 것은 고맙게도 텍사스에 본사를 두고 혁신적인 방법들을 개발해 시장을 뒤틀고 인위적으로 전력을 부족하게 해서 가격이 치솟게 하는 에너지 회사 엔론 덕분이다. 정전 사태들로 인해 인공호흡기를 사용하는 사람들이나 엘리베이터에 갇혔던 사람들은 심각한 위험에 처했었지만 신경 쓰지 마시라. 단지 사회적 책임이란 것이 엔론의 사고방식에 없었을 뿐이다. 엔론은 프리드먼의 규칙에 따랐지만, 의외로 영감을 얻은 추가적인 원천은 곧바로 생물학계에서 나온 것이었다. 엔론의 CEO인 제프 스킬링Jeff Skilling — 지금은 교도소에 수감되었다 — 은 리처드 도킨스Richard Dawkins의 《이기적 유전자The Selfish Gene》의 열렬한 팬으로 회사 내의 살인적인 경쟁을 유도함으로써 자연을 따라 하려는 엄청난 노력을 기울였다.[16]

스킬링은 '평가하고 자른다Rank & Yank'라는 상호평가위원회를 만들었다. 위원회는 1단계에서 5단계까지 직원의 등급을 최고(1) 혹은 최악(5)으로 매기고 5등급을 받은 사람은 모두 해고했다. 매년 최고 20퍼센트의 직원이 잘렸을 뿐 아니라 웹 사이트에 사진이 공개되는 수모까지 당했다. 이들은 우선 '유배지'로 보내졌다. 말하자면 회사 내에서 다른 직위를 찾을 2주가 주어지는 것이다. 만약 다른 직위를 찾지 못하면 회사에서 내쫓기게 된다. 이 위원회의 사고방식은 인간 종에게 기본적인 욕구가 단 두 개밖에 없다는 것이었다. 바로 탐욕과 공포다. 이것은 명백하게 자기에게 되돌아오는 예언으로 바뀌었다. 사람들은 엔론의 환경 속에서 살아남기 위해서라면 다른 사람을 짓밟지 않을 이유가 전혀 없었고, 그 결과 내적으로는 가히 충격적이라 할 만한 부정행위가, 그리고 외적으로는 무자비한 착취가 만연하는 회사 분위기를 만들어냈다. 결국 2001년 엔론은 붕괴하고 말았다.

자연이라는 책은 《성경》과 같다. 즉 인내에서 무자비함까지, 이타주의에서 탐욕까지 모두가 자신이 원하는 의미를 부여하며 읽는다. 그렇다 해도 알아두면 좋을 것은 생물학자들이 끊임없이 경쟁에 대해 이야기한다는 것이 경쟁을 지지한다는 것은 아니며, 생물학자들이 유전자를 이기적이라고 말한다고 해서 실제로 유전자가 그렇다는 것은 아니라는 사실이다. 강이 성나거나 햇살이 다정할 수 없는 것처럼 유전자도 '이기적'일 수 없다.[17] 유전자는 작은 DNA 덩어리일 뿐이다. 기껏해야 '자기를 내세우는' 정도다. 왜냐하면 성공적인 유전자라면 자신의 운반체가 자신을 더 많이 복제해 퍼뜨리는 걸 돕기 때문이다.

스킬링은 이전에도 많은 사람들이 그랬듯이 이기적 유전자의 비유에 완전히 속아 넘어가 우리의 유전자가 이기적이라면 우리도 이기적이어야만 한다고 생각했다. 그렇지만 도킨스가 의미한 바는 꼭 그런 것은 아니었다. 이것은 도킨스와 함께 관측탑에서 침팬지들을 내려다보며 토론하면서 더 분명해졌다.

배경을 잠깐 이야기하자면, 도킨스와 나는 각자의 책에서 서로를 비판한 적이 있다. 그는 내가 동물의 친절에 관해 시적 표현을 사용하고 있다고 했고, 나는 도킨스가 오해받기 쉬운 비유를 만들어냈다고 책망했다. 어쩌면 학술계의 일상적인 논쟁이었겠지만, 나로서는 우리가 여키스 야외 연구소에서 만나는 동안 싸늘해지면 어쩌나 적이 걱정했다. 도킨스가 방문한 것은 〈찰스 다윈의 천재성The Genius of Charles Darwin〉이라는 TV 프로그램의 제작과 관련해서였다. 제작자들은 도킨스보다 먼저 도착해서 '자연스러운' 만남을 준비했다. 도킨스의 차가 문 앞에 서고, 그가 내려서서 내게로 걸어와 악수를 하고 따뜻하게 인사한 다음 영장류들을 보러 함께 걸어가도록 되어 있었다. 우리는 예전에 만난 적이 있음에도 불구하고 정해진 대로 마치 처음 만난 것처럼 연기했다. 나는 어색한 분위기를 달래려고 조지아의 엄청난 가뭄에 대한 이야기를 꺼내면서 우리 주지사가 비가 오게 하려고 주 의회 의사당 계단에 기도하는 사람을 두고 일종의 기우제를 올렸다는 얘기를 했다.[18] 이 얘기는 확고한 무신론자들을 북돋웠고, 우리는 이 기도가 계획된 시점이 기상 캐스터의 호우 발표 시점 직후였다는 놀라운 우연에 실소를 금치 못했다.

관측탑에서 가졌던 토론은 정말로 싸늘했다. 하지만 그랬던 단 한 가지 이유는 그날이 조지아에서 특별히 추운 날 중 하나였기 때문이었다. 도킨스가 비이기적으로 아래에 있는 유인원들에게 과일을 던져주면서 우리는 재빠르게 공통점에 도달했다. 우리가 학술적인 배경이 같다는 점을 고려하면 그리 어려운 일은 아니었다.[19] 나는 유전자가 '이기적'이라는 말이 동물이나 인간의 실제 동기와는 '전혀' 상관이 없다는 것만 제대로 이해된다면 거리낌 없이 사용할 수 있었고, 도킨스는 순수한 친절도 포함하는 모든 종류의 행동이 자기 운반체를 이롭게 하기 위해 선택된 유전자에 의해 나오는 것일 수도 있다고 동의했다. 다시 말해, 우리는 진화를 이끄는 것과 실제 행동을 이끄는 것을 분리하는 데 동의한 것이다. 이 점은 생물학에서는 교회와 조지아 주가 아닌 주 간의 분리만큼이나 잘 알려져 있다.

우리는 이 두 단계의 접근법[20]에 대한 더 구체적인 이야기를 나누며 대화 전반에 걸쳐 이 영국인의 말대로 굉장히 인상적인 대화를 나눴다. 이 두 단계의 접근법을 친절함이나 이타주의에 적용시키기에 앞서 더 간단한 예인 색깔 구분 능력으로 시작해보겠다. 색깔을 보는 능력은 우리 영장류 조상이 잘 익은 과일과 익지 않은 과일을 구분해야 할 필요가 있었기 때문에 발생했다고 여겨진다. 하지만 일단 우리가 색깔을 볼 수 있게 되면 이 능력은 다른 목적에도 모두 사용할 수 있게 된다. 지도를 읽을 수도, 누군가의 얼굴이 붉어지는 것을 알아차릴 수도, 셔츠에 맞는 신발을 고를 수도 있다. 이런 능력은 과일과는 별로 상관이 없다. 잘 익었음을 나타내는 빨간색이나 노란색은 여전히 우리를 자극하고, 그렇기 때문에 교통 신호등, 광고, 예술 작품에서 두드러지긴 하지만 말이다. 그런가 하면 자연의 기본색인 녹색은 평화롭고 편안하고 따분하게 여겨진다.

동물의 세계는 한 가지 이유 때문에 진화했지만 다른 일에도 사용되는 특성들로 가득 차 있다. 유제류有蹄類의 발굽은 딱딱한 표면을 달리도록 적응된 것이지만 추적자에게 사나운 발길질을 할 수도 있다. 영장류의 손은 나뭇가지를 붙잡도록 진화한 것이지만 영아들이 엄마에게 매달릴 수 있게 해주기도 한다. 물고기의 입은 먹이를 먹기 위해 만들어진 것이지만 입안에서 알이나 새끼를 키우는 시클리드의 새끼들에게는 '울타리'가 되어주기도 한다. 행동도 이와 마찬가지로 한 행동이 일상생활에서 어떻게, 왜 쓰이는지는 항상 본래의 기능으로 알 수 있는 것은 아니다. 행동은 '자율적 동기'를 갖고 있다.

좋은 예 하나가 섹스이다. 생식기의 구조와 성적 충동은 번식을 위해 진화했지만 우리 대부분은 장기적인 결과를 염두에 두고 섹스를 하진 않는다. 나는 항상 섹스를 하게 되는 주된 추동력은 기쁨이라고 생각했지만, 최근 미국의 심리학자 신디 메스톤Cindy Meston과 데이비드 버스David Buss가 실시한 여론 조사에 따르면 사람들은 "남자친구를 기쁘게 해주고 싶었어요"라거나 "월급 인상이 필요했어요"라는 대답에서부터 "달리 할 일이 없었어요"라거나 "그녀가 침대에서는 어떨지 궁금했어요"라는 대답까지 갈피를 잡을 수 없을 만큼 다양한 이유를 들었다. 인간이 일상적으로 번식에 대해 생각해보지 않고 섹스를 한다면, 그래서 사후 피임약을 먹는다면 섹스와 번식의 관계를 모르는 동물은 말할 것도 없다. 동물이 섹스를 하는 이유는 서로에게 끌렸기 때문이거나, 그것이 즐겁다는 것을 알게 되었기 때문이지 번식을 원해서는 아니다. 모르는 것을 원할 수는 없다. 이것이 자율적 동기가 의미하는 바이다. 섹스를 하게 되는 충동은 섹스가 애초에 존재하는 이유에 연관시키기 어렵다.

혹은 자신의 아이가 아닌 아기를 입양하는 경우를 생각해보자. 어린 영장류의 어미가 죽으면 때로 다른 암컷이 아기를 키운다. 심지어 어른 수컷도 혈연관계가 아닌 고아를 데리고 다니면서 보호하고 자기 손의 음식을 가져가도록 내버려두기도 한다. 인간 또한 대대적으로 입양을 하며, 때로는 돌볼 아이를 찾기 위해 지독한 서류 처리 과정을 밟기도 한다. 하지만 무엇보다도 이상한 경우는 서로 다른 종 사이의 입양이다. 아르헨티나 부에노스아이레스에서 유명해진 한 암캐는 로물루스Romulus와 레무스Remus를 연상시키는데, 버려진 남자 아기를 데려다 자기 새끼들과 함께 나란히 키워 아이를 살렸다. 이런 입양 기질은 동물원에서도 흔히 알려져 있다. 한 예로 새끼 돼지에게 젖을 먹인 암컷 벵갈호랑이도 있었다. 모성 본능은 놀라우리만치 관대하다.

어떤 생물학자들은 이런 행동을 '실수'라고 한다.[21] 행동이 원래 의도했던 일이 아닌 다른 일에 쓰이면 안 되기 때문이다. 이 말이 마치 섹스는 재미로 하는 게 아니라고 하는 가톨릭교회의 말처럼 들리긴 해도, 나는 왜 그런 말을 하는지는 알 것 같다. 암컷 호랑이에게 생물학적으로 최적화된 행동은 새끼 돼지들을 단백질 보충원으로 섭취하는 것이지 그것들에게 젖을 먹이는 것이 아니다. 하지만 생물학이 아니라 심리학으로 본다면 그 즉시 관점은 달라진다. 포유류는 연약한 어린것을 돌보고 싶은 강력한 충동을 갖고 있다. 그렇기 때문에 이 암컷 호랑이는 자신에게 자연스러운 일을 했을 뿐이다. 심리학적으로 말하자면 이 암컷 호랑이는 전혀 실수한 것이 없다.

마찬가지로 만약 한 부부가 외국에서 아이를 입양한다면, 이들이 아이를 돌보고 염려하는 것은 생물학적 부모와 똑같이 진실한 것이다. 또는 사람들이 "대화 주제를 바꾸고 싶었기 때문에"(앞의 여론 조사에서 실제로 나온 답변이다) 섹스를 하는 경우에 그들이 느끼는 흥분이나 즐거움은 다른 커플들과 똑같이 현실적인 것이다. 진화된 기질은 우리의 심리의 일부이며 우리는 이 기질을 원하는 대로 자유롭게 사용할 수 있다.

이제 이 통찰력을 친절에 적용해보자. 나의 중요 요점은 한 특성이 X라는 이유 때문에 진화했다고 하더라도 일상생활에서는 충분히 X, Y, Z라는 이유로도 쓰일 수 있다는 것이다. 다른 이들을 도와주려는 행동은 자기 이익을 위해서 진화한 것이다. 가까운 친척이나 집단 내 친구들을 도와주면 기꺼이 다음번에 호의를 돌려주기 때문이다. 이것이 자연 선택이 작동하는 방식이다. 장기적으로, 그리고 평균적으로 주체에게 이익이 되는 행동을 만들어낸다. 하지만 이는 인간이나 동물이 오로지 이기적인 이유 때문에 다른 이들을 돕는다는 뜻은 아니다. 진화와 관련된 이유가 반드시 행동의 주체자를 제한하지는 않는다. 행동 주체자는 자기에게 주어진 기질에 따라 행동하며, 때로는 얻을 것이 전혀 없어도 그렇게 행동한다. 모르는 사람을 위해 기찻길에 뛰어드는 사람, 아기와 방울뱀 사이로 뛰어들어 심각한 부상을 입는 개, 혹은 상어가 들끓는 물속에서 사람을 둘러싸 보호막을 만드는 돌고래들이 미래의 보상을 추구한다고 생각하기는 어렵다.[22] 섹스가 번식을 목표로 하지 않아도 되듯이 부모처럼 보살피는 행동도 반드시 자기의 자식만을 위하지 않아도 되며, 다른 이들을 도와주는 행동도 주체자가 반드시 보상을 받을지 아닐지, 언제 어떻게 받을지를 알아야 하는 것은 아니다.

이것이 바로 이기적인 유전자의 비유가 교묘한 이유다. 심리학의 용어를 유전자의 진화에 관한 논의에 주입함으로써 생물학자들이 그렇게도 열심히 떼어놓으려고 노력한 한두 가지 단계를 다시 충돌시켜버렸다. 유전자와 동기 간의 구분이 흐려지면서 인간과 동물의 행동에 대한 굉장히 냉소적인 관점이 생겨났다. 믿기 어렵지만 공감은 심지어 인간에게도 종종 실제로 존재하지 않는 착각으로 보인다. 지난 30년간 사회생물학계 서적에서 가장 많이 반복된 유머 중 하나는 "'박애주의자'를 할퀴었는데 '위선자'가 피를 흘린다"[23]이다. 작가들은 충격적이고 강한 효과를 더해 우리를 완전히 수전노로 묘사한다. 《도덕적 동물The Moral Animal》에서 로버트 라이트Robert Wright는 "헌신적인 체하는 위선은 헌신적인 면이 없는 것과 마찬가지로 인간 본성의 일부이다"[24]라고 주장했다. 인간의 친절에 대한 불신이 만연하는 것을 보면 몬티 파이튼Monty Phython의 촌극[25]이 떠오른다. 한 은행가가 고아를 위해 작은 기부를 해달라는 요청을 받았다. 선물이라는 개념 자체를 굉장히 의아하게 받아들인 은행가는 "그럼 제 보상은 뭔데요?"라고 물었다. 그는 왜 아무런 보상이 없는 일을 하는지 알지 못하는 것이다.

하지만 현대 심리학과 신경과학은 이런 삭막한 관점에 근거를 뒷받침하지 못한다. 우리는 다른 사람에게 손을 내밀도록 사전에 프로그램되어 있다. 공감은 우리가 거의 조절할 수 없는 자동적인 반응이다. 우리는 공감을 억누르거나 정신적으로 차단하거나 행동으로 옮기기에 실패할 수는 있지만, 사이코패스와 같은 극소수의 인간을 제외하면 그 누구도 다른 사람의 상황에 감정적으로 영향을 받지 않을 수 없다. 거의 질문된 적 없지만 아주 기본적인 물음은 이것이다. 왜 자연 선택은 우리로 하여금 다른 사람과 장단을 맞추어 다른 사람이 괴로워하면 괴로움을 느끼고 다른 사람이 기뻐하면 기쁨을 느끼도록 인간의 뇌를 디자인했을까? 만약 다른 이를 이용하는 것만이 중요한 것이었다면, 진화는 공감이라는 사업에 발을 들여놓지 말았어야 했다.

동시에 나는 우리 종의 험악한 면에 대해 어떤 환상도 절대로 가지고 있지 않다는 것을 덧붙여야겠다. 이 부분에 대해서는 다른 어떤 영장류도 마찬가지이다. 나는 다른 누구보다도 원숭이와 유인원들 간의 유혈과 살해를 많이 목격했다. 너무도 많은 사례에 걸쳐 나는 잔인한 싸움을 지켜봤고 수컷들이 새끼를 죽이는 것을 목격했으며, 죽은 원숭이의 상처를 들여다보며 이 상처가 수컷의 뾰족한 송곳니에 의한 것인지(베이고 구멍 난 상처) 아니면 좀 더 작은 암컷의 이빨에 의한 것인지(멍들고 찢어진 상처)를 진단했다. 내 첫 번째 연구 주제가 공격성이었기에 나는 영장류가 부족함 없이 공격성을 가지고 있다는 사실을 충분히 알고 있다.

내가 갈등 화해와 협동에 관심을 갖게 된 것은 시간이 좀 지난 후였다. 내가 이렇게 방향을 틀게 된 결정적인 사건은《침팬지 폴리틱스^{Chimpanzee} ^{Politics}》에 묘사된 마키아벨리식 권력 투쟁 중 내가 가장 좋아했던 침팬지의 죽음이었다.[26] 1980년 미국으로 이주하기 직전, 내가 일했던 네덜란드 동물원에서 루이^{Luit}라는 수컷 침팬지가 다른 두 마리 수컷에게 폭행당하고 거세당해서 결국 부상으로 죽고 말았다. 야생에서도 비슷한 사건이 알려져 있다. 내가 말하는 것은 이미 잘 문헌화되어 있는, 영역을 놓고 벌이는 전투, 즉 외부 집단에 대항하는 싸움이 아니다. 야생 침팬지들도 때로 자기 집단 내에서 남을 죽인다.

나는 이 참사가 있기 전까진 갈등 화해를 가벼운 흥미로운 현상으로 보았다. 싸움이 끝나면 서로 싸웠던 두 침팬지가 서로 키스하고 껴안는다는 것을 알고는 있었다. 하지만 유혈이 낭자한 수술실에서 수의사가 수백 바늘을 꿰매는 동안 수술 도구를 넘겨주며 받은 충격은 저 행동들이 얼마나 극도로 중요한 것인지 깊은 인상을 주었다. 싸움 후의 키스와 포옹은 유인원들이 때로 갈등이 있음에도 불구하고 좋은 관계를 유지하도록 도와준다. 이런 장치가 없으면 험악한 일들이 벌어진다. 루이의 비극적인 죽음은 나로 하여금 중재의 가치에 눈을 뜨게 해주었고 사회를 유지시켜주는 것에 대해 집중하기로 결심하는 데 큰 역할을 했다.

침팬지의 폭력적인 본성은 종종 그들에게 공감이 조금이라도 있다는 주장을 반박하는 데 쓰인다. 우리가 공감에 친절을 결부하기 때문에 흔히 나오는 질문이 있다. "침팬지가 다른 원숭이나 동족을 죽이고 사냥해서 먹는다면 그들이 어떻게 공감이 있다고 할 수 있나?" 가장 놀라운 것은 이 질문을 우리 종에게는 물어본 적이 거의 없다는 점이다. 만약 정말 그렇다면, 당연히 우리는 공감하는 종으로서 가장 먼저 실격이다. 사실 공감과 친절은 꼭 연결시켜야 하는 것이 아니다. 그 어떤 동물도 항상 모든 대상에게 좋게 대할 수는 없다. 모든 동물은 먹이, 짝짓기, 영역을 두고 경쟁을 하게 된다. 공감을 기반으로 한 사회에 갈등이 없을 수 없는 것은 사랑을 기반으로 한 결혼과 마찬가지이다.

다른 영장류와 마찬가지로 인간은 고도로 협동적이며 이기적이고 공격적인 충동을 억누르기 위해 애를 써야 하는 동물이라 할 수도 있고, 고도로 경쟁적이지만 그럼에도 불구하고 서로 어울리고 타협할 수 있는 능력이 있는 동물이라 할 수도 있다. 사회적으로 긍정적인 성향들의 굉장히 흥미로운 점은 이 성향들이 경쟁을 배경으로 벌어진다는 것이다.[27] 나는 인간을 가장 공격적인 영장류로 꼽지만, 또한 우리가 관계의 대가라는 것과 사회적 유대가 경쟁을 제한한다는 것도 믿는다. 다른 말로 하면, 우리가 반드시 공격적이어야 하는 것은 결코 아니라는 것이다. 중요한 것은 균형이다. 순수하고 무조건적인 신뢰와 협동은 너무 순진해 해로운 반면, 제약 없는 탐욕은 먹고 먹히는 치열한 경쟁의 세상으로 이어질 뿐이다. 스킬링이 옹호했지만 바로 그 비열함에 붕괴한 엔론의 세상 말이다.

만약 생물학이 정부와 사회에게 정보를 주는 것이라고 말하려면 최소한 우리는 전체적인 그림을 파악하고, 사회적 다윈주의라는 비현실적인 설명을 버리고, 실제로 진화가 사회의 어떤 면에 기여했는지 살펴보아야 한다. 우리는 어떤 종류의 동물인가? 자연 선택에 의해 만들어진 특성들은 풍부하고 다양하며, 일반적으로 생각하는 것보다 훨씬 더 낙관적인 사회적 성향을 포함하고 있다. 사실 나는 생물학이 우리의 가장 큰 희망이라고 말하고 싶다. 우리 사회의 인간적인 면이 정치, 문화, 혹은 종교의 변덕에 달려 있다고 생각하면 몸서리쳐질 수밖에 없다.

이데올로기는 지나가지만, 인간의 본성은 존속한다.

3장

몸이 몸에게 하는 말

공중곡예사를 볼 때면,
내가 그의 안에 들어가 있는 느낌이다.

테오도어 립스^{Theodor Lipps}(1903)

어느 날 아침 우리 고등학교 교내 방송에서 교장선생님의 목소리가 흘러 나왔다. 교장선생님께서는 인기 많았던 한 프랑스어 선생님께서 방금 자기 반 교실에서 돌아가셨다는 충격적인 소식을 전하셨다. 모두가 침묵에 잠겼다. 심장마비를 일으켰다고 교장선생님께서 설명을 계속하시는 동안, 나는 터져 나오는 웃음을 참을 수가 없었다. 나는 지금까지도 그것이 당혹스럽다.

웃음이 심지어 부적절한 상황에 의해 시작되었다 할지라도 멈춰지지 않는 것은 왜 그런 걸까? 아주 심하게 웃음을 터뜨리는 건 우려스러운 일이다. 제어가 불가능하고, 눈물을 흘리며, 숨을 제대로 못 쉬고, 다른 사람에게 기대고, 심지어 바지를 적시며 바닥을 굴러다니기도 한다. 도대체 어떤 이상한 속임수가 우리에게 작용했기에 언어를 사용하는 종이 자신을 표현하려는데 바보같이 "하하하!" 소리만 내게 되는 걸까? 왜 침착하게 "그거 웃기는군"이라고 할 수 없는 걸까?

이런 질문들은 아주 오래전에 시작됐다. 철학자들은 인류의 가장 훌륭한 성취 중 하나인 유머 감각이 동물과 연관되어 그냥 무시되는지 의아해한다. 웃음이 선천적이라는 점은 의심할 여지가 없다. 이 표정은 인간 전반에 공통적으로 나타나며, 우리의 가장 가까운 친척인 유인원에게서도 나타난다. 네덜란드 영장류학자인 얀 판 호프Jan van Hooff는 유인원들이 어떤 환경에서 목 쉰 소리로 헐떡거리는 웃음소리를 내는지 알아보는 연구를 시작했고, 장난치려는 태도와 관련 있다는 결론을 내렸다. 이 웃음소리는 때론 놀람이나 부적절함에 대한 반응으로 나타나기도 한다. 예를 들면 조그만 아기 침팬지가 우두머리 수컷을 쫓아다니면 수컷은 '겁에 질려' 도망 다니고 아기 침팬지는 내내 웃고 있다. 웃음과 놀람의 연관성은 아이들의 까꿍 놀이에서도 그대로 나타난다. 혹은 마지막 순간까지 아껴두었다가 예상치 못한 순간에 하는 농담도 마찬가지이다. 우리는 이런 농담을 아주 적절하게도 '결정타punch line'라고 부른다.

인간의 웃음은 여러 개의 치아를 내보이고 숨을 내쉬며 (헐떡거리는) 큰 소리를 내는 것으로, 흔히 서로에 대한 호감과 행복감을 드러낸다. 여러 사람들이 동시에 웃음을 터뜨리는 것은 결속력과 친목을 널리 알리는 수단이다. 하지만 그런 결속은 때로는 배타적이므로 웃음에는 민족을 주제로 하는 농담처럼 적대적인 요소 또한 포함되어 있다. 이 때문에 웃음이 조롱과 멸시에서 기원했다는 추측도 있었다.[1] 하지만 맨 처음 웃는 웃음이 엄마와 아기 사이에 나타난다는 점을 고려하면, 조롱과 멸시에서 웃음이 기원했다고 믿기는 어렵다. 이 점은 유인원도 마찬가지다. 유인원의 첫 번째 '장난 표정'(웃는 표정)은 어미가 큰 손가락으로 조그만 새끼의 배를 콕 찌르고 쓰다듬어줄 때 나타난다.

대응 문제

웃음에 관해 내게 가장 흥미 있는 부분은 웃음이 '전파되는' 방식이다. 다른 모든 사람들이 웃고 있을 때 안 웃기란 거의 불가능하다. 웃음이 전염되어 아무도 웃음을 멈추지 못하고 심지어 계속되는 웃음 발작에 몇 사람이 죽기까지 한 사례도 있다.[2] 웃음의 치유 효과를 근거로 하는 웃음 치료와 웃음 교회도 있다. 1996년에 대유행한 장난감 '티클 미 엘모Tickle Me Elmo'는 연속해서 세 번을 쥐어짜면 발작적으로 웃어대는 캐릭터였다. 이는 모두 우리가 웃기를 좋아하고 주변 사람들이 웃을 때 따라 웃는 것을 참을 수 없기 때문에 일어나는 일이다. 그래서 TV의 코미디 프로그램에는 녹음된 웃음소리가 있고, 때로 극장의 관객 중에 '웃음 첩자'를 간간이 심어 돈을 주고 우스갯소리가 나올 때마다 요란하게 웃도록 한다.

웃음의 전염성은 심지어 서로 다른 종 사이에도 일어난다. 때로 여키스 영장류센터의 내 사무실 창문 밖으로 침팬지들이 야단법석을 떨며 놀 때 내는 웃음소리를 들으면 나도 웃는 것을 억누를 수가 없다. 정말 행복한 소리다. 간지럽히는 것과 같이 뒹구는 것은 영장류에 있어 전형적인 웃음 촉발 요소이며, 아마 인간 웃음의 원초적인 촉발 요소일 것이다. 스스로를 간지럽히는 것은 전혀 효력이 없음이 널리 알려져 있는데, 이는 웃음의 사회적 중요도를 증명한다. 어린 영장류가 장난스러운 표정을 지으면 사람의 웃음이 그렇듯 그의 친구도 빠르고 쉽게 똑같은 표정을 지으며 합류한다.[3]

　웃음을 공유하는 것은 타인에 대한 영장류적 민감성의 한 예일 뿐이다. 우리는 로빈슨 크루소처럼 외딴 섬에 떨어져 앉아 있는 것이 아니라 신체적으로나 감정적으로나 서로 연결되어 있다. 서양에는 개인의 자유와 해방이라는 전통이 있기 때문에 이렇게 말하는 게 이상할 수도 있지만, '호모사피엔스'는 유난히 동료에 의해 아주 쉽게 한쪽 감정에서 다른 쪽으로 동요되는 특징이 있다.

　정확히 바로 이것이 공감과 동정이 시작되는 지점이다. 더 높은 상상의 영역이나, 내가 그 사람의 상황에 있다면 어떻게 느낄지 의식적으로 재현해보는 능력에서 시작하는 것이 아니다. 공감과 동정은 훨씬 더 쉽게, 신체가 일치되는 것으로 시작된다. 다른 사람이 뛸 때 같이 뛰는 것, 웃을 때 따라 웃는 것, 울 때 같이 우는 것, 또는 다른 사람이 하품을 할 때 따라서 하품하는 것 말이다. 우리 대부분은 심지어 하품을 한다고 언급하기만 해도 하품을 하게 되는 믿기 어려운 단계까지 발달해 있다. 어쩌면 지금 이 순간 하품하는 사람이 있을 수도 있다! 하지만 이런 일은 얼굴을 맞대고 한 경험을 많이 해본 후에만 일어난다.

　하품의 전염 또한 종의 경계를 넘어 일어난다. 사실상 거의 모든 동물이

"일반적으로 5초에서 10초에 걸쳐 길게 늘어뜨려 하는 발작성 호흡"[4]으로 정의되는 이 괴상한 하품 행동을 보인다. 한번은 무의식적 '기지개'(스트레칭과 하품을 뜻하는 의학 용어)에 대한 강의에 참석해서 말, 사자, 원숭이들의 사진을 본 적이 있는데, 곧 전 청중이 기지개를 펴고 있었다. 하품 반사작용은 굉장히 쉽게 연쇄 반응을 일으키기 때문에 공감의 핵심적인 요소인 기분 전이로 이어진다. 이로써 침팬지가 다른 침팬지들이 하품하는 걸 보면 따라 하품한다는 점이 더욱 흥미로워진다.

이는 교토대학교에서 처음으로 입증되었다. 연구자들이 실험실의 유인원들에게 야생 침팬지가 하품하는 모습을 보여주자 곧이어 실험실의 침팬지들이 정신없이 하품을 해댔다. 우리 연구소의 침팬지들은 이보다 한 단계 더 나아갔다. 우리는 이들에게 진짜 침팬지를 보여주는 대신, 3D 애니메이션으로 유인원의 머리 모양인 물체가 하품을 하는 것 같은 움직임을 보여줬다. 이 애니메이션을 만든 기술자 데빈 카터Devyn Cater는 이 작업을 할 때만큼 하품을 많이 해본 적이 없다고 말했다. 우리 침팬지들은 그냥 입을 몇 번 열었다 닫았다 하는 머리 모양 애니메이션도 보았지만, 오직 하품을 재연한 애니메이션에만 반응해 하품을 했다. 이 애니메이션은 입을 최대한 열고 눈을 감은 채 머리를 굴리는 동작을 포함하고 있어 진짜 하품처럼 보였다.

유인원 같은 머리(이것과 비슷하다)가 하품을 하는 애니메이션은 이를 보는 유인원들에게서 진짜 하품을 이끌어냈다.

하품 전염은 다른 동물들과 마찬가지로 우리에게 깊숙이 배어 있는 무의식적인 동일화synchrony의 힘을 보여준다. 동일화는 하품처럼 작은 신체적 움직임을 따라 하는 것[5]으로 표현될 수도 있지만, 여행이나 이동을 포함해 더 큰 규모에서도 나타날 수 있다. 동일화가 생존하는 데 어떤 가치가 있는지는 알아보기 어렵지 않다. 당신이 한 마리의 새인데 당신이 속한 새 떼의 어떤 새 한 마리가 갑자기 날아올랐다고 생각해보라. 무슨 일이 일어나고 있는 건지 확인할 겨를은 없다. 그 새가 날아오르는 순간 동시에 날아올라야 한다. 그렇지 않으면 점심거리가 되고 말 것이다.

혹은 집단 전체가 나른해지고 편안히 정착하면 당신도 나른해질 것이다. 기분 전이는 행동을 조화롭게 하는 데 도움이 되고, 그렇기 때문에 이동하며 사는 종(대부분의 영장류가 그렇다)에게 아주 중대한 역할을 한다. 만약 내 동료들이 먹이를 먹고 있다면 똑같이 하는 게 좋을 것이다. 동료들이 움직이기 시작하면 먹이를 먹을 기회는 없어지기 때문이다. 다른 이들과 행동을 맞추지 않는 동물은 버스가 정차했을 때 화장실을 가지 않은 여행객처럼 손해를 볼 것이다.

집단 본능은 이상한 현상을 낳기도 한다. 어떤 동물원에서 개코원숭이 한 무리가 한 바위 위에 모두 올라가 정확히 똑같은 곳을 바라본 일이 있었다.[6] 개코원숭이들은 일주일 내내 밥도 먹지 않고, 짝짓기도 하지 않고, 털 손질도 하지 않았다. 단지 아무도 알아내지 못한 저 멀리의 무엇인가를 계속해서 쳐다볼 뿐이었다. 지역 신문들은 원숭이 바위의 사진을 실으며 어쩌면 UFO가 이 동물들을 놀라게 한 것이라고 추측했다. 이 설명이 영장류 행동 해석에 UFO의 증거를 결합한다는 고유의 장점이 있긴 하지만, 확실한 건 아무도 그 원인을 알 수는 없었어도 개코원숭이들이 분명히 모두 같은 생각을 하고 있었다는 점이다.

좋은 목적을 위해 동일화의 힘을 이용하는 것도 가능하다. 네덜란드에서 홍수가 난 가운데 물에 빠지지 않은 초원 한 지역이 있었고, 말들이 여기에 갇혀 있었다. 이미 20마리의 말들이 물에 빠져 죽었고, 남은 말들을 구하기 위해 여러 가지 시도를 해보았다. 좀 더 급진적인 제안들 중 하나는 군대를 동원해 부교를 짓자는 것이었지만, 이 제안이 시행되기 전에 지역 승마 클럽에서 훨씬 간단한 해법이 나왔다. 네 명의 용감한 여성들이 말을 타고 갇혀 있는 말 무리 사이에 섞여 들어가 물이 얕은 길을 따라 첨벙거리며 피리 부는 사나이처럼 나머지를 끌고 나온 것이다. 대부분은 말들이 걸어올 수 있는 길이었지만 헤엄을 쳐야 하는 구간도 있었다. 이 기수들은 동물에 대한 지식을 적절히 응용함으로써 100마리가량의 말들을 한 줄로 세워 물 밖의 육지까지 끌어오는 대성공을 거뒀다.[7]

잘 조율된 이동은 결속력을 반영하고 강화한다. 예를 들어 한 마차를 끄는 말들은 서로에게 엄청난 애착을 갖게 될 수 있다. 처음에는 서로 거칠게 밀고 당기며 각자 자기의 리듬에만 맞추려 하지만, 몇 년 동안 함께 일하고 나면 이 두 마리의 말은 결국 마치 하나처럼 움직여 크로스컨트리cross-country 마라톤에서 두려움을 모르고 위험할 정도의 속도로 물웅덩이도 넘으며 마차를 끄는가 하면, 서로를 보완해주고, 마치 둘이 하나의 생명체가 된 것처럼 아주 잠깐이라도 떨어져 있기를 거부한다. 똑같은 원칙이 썰매개들에게도 적용된다. 아마 가장 극단적인 예가 이소벨Isobel이라는 허스키였을 것이다.[8] 이소벨은 두 눈을 실명한 뒤에도 나머지 개들의 냄새와 소리, 느낌에 의존해 완벽하게 달릴 수 있었다. 때로 이소벨은 두 마리가 앞뒤로 서서 끄는 썰매에서 선두로 달리기도 했다.

네덜란드의 자전거 문화에서는 뒷자리에 누군가를 태우는 게 흔한 일인데, 뒤에 앉은 사람은 운전자가 움직이는 대로 따라가기 위해 운전자를 꽉 잡아야 한다. 이는 남자아이들이 여자아이에게 같이 타자고 제안하길 좋아하는 이유이기도 하다. 자전거를 회전시키려면 핸들만 꺾는 것이 아니라 몸을 기울여야 하므로 뒤에 앉은 승객은 운전자와 똑같이 몸을 기울여야 한다. 뒤에 앉은 승객이 계속 꼿꼿이 앉아 있으려고 한다면 말 그대로 뒷감당이 안 될 것이다. 심지어 오토바이의 경우엔 더 치명적이다. 오토바이는 속도가 빠르기 때문에 회전 시에 더 많이 기울여야 하고, 두 사람이 협동하지 않는다면 자칫 큰 사고가 날 수도 있다. 오토바이를 탈 때 뒷자리 승객은 운전자의 모든 움직임을 그대로 따라 해야 하는 진정한 동반자다.

어미 유인원은 때로 두 나무 사이를 뛰어넘지 못해 낑낑거리는 아기에게 돌아갈 때가 있다. 어미는 먼저 자기가 있는 쪽 나무에 매달려 아기가 있는 나무 쪽으로 간 다음, 두 나무 사이에 자기 몸을 다리처럼 드리워준다. 이 행동은 단순히 움직임의 조율이 아니다. 문제 해결을 위한 것이다. 암컷은 이 행동에 감정적으로 연결되며(때로 어미 유인원은 자기 자식이 낑낑거리는 소리를 듣는 즉시 똑같이 낑낑거린다), 다른 이의 어려움에 대해 지성적인 평가를 내린다. '나무 연결하기'는 오랑우탄이 이동할 때 일상적으로 일어나는, 엄마가 자식의 욕구를 예상하는 일반적인 일이다.

심지어 한 개체가 다른 두 개체 사이에서 조정하는 역할을 맡는 더 복잡한 일이 일어나는 사례도 있다. 제인 구달Jane Goodall이 관찰한 세 마리의 침팬지, 피피Fifi라는 엄마와 두 아들에게 일어난 일이다. 아들 중 하나인 프로이드Freud는 발 한쪽을 심하게 다쳐 거의 걸을 수 없는 상태였다. 엄마 피피는 보통 프로이드를 기다려줬지만, 가끔 프로이드가 따라갈 준비가 되기 전에 떠날 때가 있었다. 동생인 프로도Frodo는 엄마보다 더 세심했다.

이런 일이 세 번째 일어나자 프로도는 멈춰 서서 프로이드와 엄마를 번갈아 쳐다보고는 낑낑거리기 시작했다. 프로도가 계속해서 울면 피피가 다시 한번 멈춰 섰다. 그러면 프로도는 자기 형에게 가까이 가 앉아서 털을 골라주며 다친 발을 응시하며 프로이드가 다시 걸어갈 수 있을 때까지 기다렸다. 그러고 나면 세 가족은 다시 함께 움직였다.[9]

이 일과 크게 다르지 않은 내 개인적인 경험이 있다. 우리 어머니는 당신보다 머리와 어깨가 한참 높은 키 큰 아들이 여섯 명 있다. 그럼에도 불구하고 어머니는 항상 무리의 리더였다. 하지만 어머니가 더 늙고 약해지자—80대 후반이 돼서야 일어난 일이다—우리는 적응을 잘하지 못했다. 예를 들면, 우리는 차에서 내릴 때 어머니가 차에서 내리시는 걸 잠깐 도와드리지만 그러고는 우리끼리 웃고 떠들며 레스토랑이나 어디든 우리가 가야 할 곳으로 빠르게 걸어가버린다. 그러면 며느리들이 우리를 다시 불러서 손짓으로 신호를 보낸다. 어머니는 우리의 걸음걸이를 따라올 수 없었고, 팔을 기댈 곳이 필요했다. 우리는 이 새로운 현실에 적응해야 했다.

이 몇 가지 예들은 단순한 조율보다 더 복잡하다. 다른 이의 관점을 추측하는 것이 포함되기 때문이다. 혹은 제인 구달의 예나 우리 가족의 예처럼 다른 이에게 제3자의 상황에 대해 알려주는 것이 포함된다. 하지만 이 모든 예를 이어주는 실마리는 조율이다. 모여 사는 모든 동물에게는 조율이라는 임무가 주어지며, 임무를 푸는 열쇠는 동일화이다. 동일화는 다른 이들에게 맞추는 가장 오래된 방식이다. 그리고 동일화는 자신의 신체를 다른 이와 비교하는 능력과 다른 이들의 움직임을 따라 할 수 있는 능력에 기반을 두고 일어난다. 정확히 이 때문에 다른 사람의 웃음이나 하품이 우리를 웃거나 하품하게 한다. 따라서 하품의 전염은 우리가 다른 이들과 연관되어 있다는 것에 대해 힌트를 준다. 주목할 만한 것은 자폐증이 있는 아이들은 다른 사람의 하품에 영향을 받지 않는다[10]는 것이며, 이는 자폐증 증상을 규정하는 사회적 분리를 잘 보여준다.

'신체 보정'은 상당히 일찍 시작된다. 갓난아기는 어른이 혀를 내미는 것을 보면 똑같이 혀를 내밀고 원숭이와 유인원도 마찬가지다. 한 연구 영상에서는 이탈리아 연구자인 피에르 프란체스코 페라리Pier Francesco Ferrari가 천천히 입을 열었다 닫았다를 반복하고 있고 조그마한 붉은 원숭이 새끼가 그의 얼굴을 응시하고 있다. 이 원숭이는 과학자의 얼굴을 오래 쳐다 보면 볼수록 자기 입도 그 움직임을 흉내 내기 시작하며, 붉은털원숭이의 전형적인 '입술 삐죽거리기' 같은 움 직임을 보였다. '입술 삐죽거리기'는 친근한 의도를 표시하며 원숭이에게 는 인간의 미소와 같은 것이다.

실험자를 응시하며 입을 여는 것을 따라 하는 붉은털원 숭이 새끼.

나에겐 신생아의 모방은 정말 수수 께끼이다. 인간이든 아니든 어떻게 아기가 어른을 따라 하는 것일까? 과학자들은 신경 공명이나 거울 신경으 로 설명할 수도 있겠지만, 그걸로는 뇌가(특히 갓 태어난 아이의 순수한 뇌가) 어떻게 다른 사람의 신체 부위를 자신의 신체 부위와 비교하는지 풀어내 기 어렵다.[11] 이를 '대응 문제correspondence problem'라고 한다. 즉 아기가 어떻 게 자기가 볼 수조차 없는 자기의 혀가 지금 보고 있는 어른의 입술 사이 에서 나오는 분홍색의 부드럽고 두툼한 근육질 기관과 똑같은 것인지 아 는가? 사실 '안다'는 말은 오해의 소지가 있다. 이 모든 것은 무의식적으 로 일어나는 것이 분명하기 때문이다.

서로 다른 종 사이의 신체 보정은 더욱더 영문 모를 일이다. 한 연구에 서 돌고래가 아무런 훈련을 받지 않았음에도 수족관 밖의 사람을 따라 했 다.[12] 사람이 팔을 흔들면, 돌고래는 자연스럽게 가슴지느러미를 흔들었 다. 혹은 사람이 한쪽 다리를 들어 올리면, 돌고래는 자기 꼬리를 물 위로 들어 올렸다. 여기서 신체적 대응을 생각해보라. 또는 내 친구의 경우도 있다. 그 친구가 다리를 다친 지 며칠 안 되어 그의 개가 다리를 질질 끌고 다니기 시작했다. 내 친구도 개도 오른쪽 다리였다. 개는 몇 주 동안이나 계속 절뚝거리다가 내 친구의 저주가 풀리자마자 기적적으로 되돌아왔다.

플루타르크Plutarch가 말했듯이 "절름발이와 살면 절뚝거리는 법을 배울 것이다".

흉내의 기술

전 영국 수상 토니 블레어Tony Blair ─집에서는 평범하게 걷는 것으로 알려져 있다─는 자기 친구인 조지 부시George Bush 대통령과 나란히 카메라에 잡히고 있다는 사실을 알자 갑자기 유난히도 비영국적인 카우보이로 탈바꿈했다. 그는 팔을 늘어뜨리고 가슴을 부풀려 으스대며 걸었다. 물론 부시는 항상 이렇게 거들먹거리며 걸었고, 한번은 자기 고향인 텍사스에서는 이런 게 바로 '걷는 것'이라고 설명하기도 했다.[13]

일치화Identification라는 갈고리에 걸리면 우리는 가까운 사람들의 상황, 감정, 그리고 행동에 끌려들어가 똑같은 상황, 감정, 행동을 취하게 된다. 그들은 우리가 공감하고 모방하는 역할 모델이 된다. 그래서 어린이들은 때로 동성의 부모와 똑같이 걷거나 전화를 받을 때 말투와 목소리를 따라 한다. 미국의 희곡작가 아서 밀러Arthur Miller가 그 방식을 이렇게 묘사했다.[14]

어린이들은 종종 동성의 부모를 따라 한다.

흉내 내기만큼 재미있는 게 없었다. 내 키가 아버지의 바지 뒷주머니만 했을 때 거기에는 항상 손수건이 걸려 있었는데, 그 후 몇 년 동안 나는 내 손수건 끝부분을 정확히 똑같은 길이만큼 꺼내놓았다.

또한 모방은 'to ape(흉내 내다)'라는 동사에도 나타나듯이 영장류의 강점이다. 동물원의 유인원에게 빗자루를 주면 사육사가 매일 하는 방식대로 바닥을 왔다 갔다 할 것이다.[15] 걸레를 주면 물에 푹 담갔다가 비틀어 짜서 창문에 문지를 것이다. 열쇠를 주면, 자칫 곤경에 빠질 것이다. 하지만 이런 것들이 전부 누구나 아는 상식임에도 유인원의 모방에 대해 질문을 던지는 과학자들이 있다. 그들은 그저 모방이 아니라고 말한다. 이 과학자들의 말에 일리가 있는 걸까, 아니면 혹시 이들이 유인원 실험을 잘못 수행한 건 아닐까?

어느 전형적인 실험에서 유인원은 하얀 실험복을 입은 낯선 사람과 맞닥뜨리고, 실험자는 우리 밖에 앉은 채 신기하긴 하지만 유인원의 환경에서는 아무 의미가 없는 도구를 꺼내 시범을 보인다.[16] 한 다섯 번쯤 표준화된 시범을 보이고 나서 도구를 유인원에게 넘기고 실험자는 그걸 어떻게 사용하는지 지켜본다. 유인원이 낯선 사람을 싫어하는 것은 말할 것도 없거니와, 자신과 같은 종이 아닌 다른 종을 이해하기는 언제나 더 어려운 법이다. 유인원은 이런 실험에서 어린이들에 비해 형편없는 결과를 보인다. 그러나 다시 말하지만 어린이들은 철창에 가둬져 있는 게 아니라 엄마의 무릎에 기분 좋게 앉아 있다. 어린이들은 대화를 주고받을 수 있을 뿐 아니라 무엇보다 중요한 점은 자신과 같은 종을 대하고 있다는 점이다. 어린이들은 틀림없이 완벽하게 마음이 편한 상태에 있으며 실험자를 이해하는 데 아무런 문제를 겪지 않는다. 이렇게 두 연구를 비교하는 것은 마치 사과와 오렌지처럼 전혀 다른 것을 비교하는 것임에도 불구하고 유인원과 어린이의 인지 능력에 차이가 있다는 주장의 근거가 되어왔다.

이는 곧 필연적인 결과로 이어졌다. 모방이 인간 고유의 기술로 승격된 것이다. 하지만 이런 주장은 항상 교묘한 구석이 있고, 그 때문에 한두 해마다 조금씩 조정된다. 게다가 동물들은 동료로부터 놀라울 정도로 수월하게 배운다. 새나 고래가 서로 노래를 따라 부르는 것에서부터 미국 황무지에서 벌어지는 곰과 인간 사이의 피크닉 전쟁까지 폭넓은 사례가 있다. 곰들은 매번 새로운 장난을 개발하는데(예를 들면 곰들은 어떤 특정한 브랜드의 차 위에서 점프를 하면 차의 모든 문이 열려버린다는 사실을 알게 된 적이 있다), 이 장난은 근방의 모든 곰들 사이에 산불처럼 삽시간에 퍼졌다(결국 공원 입구에는 이 차를 몰고 온 사람들을 위한 표지판이 생겼다). 곰들이 서로의 성공을 알아차린다는 것은 명백하다. 최소한 인간 고유성의 주장은 '우리의 모방은 다른 동물의 모방보다 더 발달되어 있다'와 같이 좀 더 합리적인 것으로 수준을 낮춰야 한다. 하지만 나라면 이것도 조심스러울 것이다. 우리가 직접 했던 연구에서 유인원들의 흉내 내기 기술을 완전히 제 위치에 되돌려놓았기 때문이다. 우리는 앞의 실험에서 인간 실험자를 없앰으로써 상당히 다른 결과를 얻었다. 유인원들은 자신과 같은 종을 볼 기회를 주자 아주 세세한 것까지 모두 똑같이 따라 했다.

자발적인 모방에서부터 시작해보자. 우리 침팬지 무리의 조그만 아기 침팬지들은 종종 철사 울타리에 손가락이 끼여 고생한다. 철망에 손가락을 잘못 끼워 넣으면 힘으로는 빠지지 않게 된다. 아기 침팬지들은 늘 결국에는 스스로 빠져나오는 데 성공하는데, 어른 침팬지들은 이럴 때 아기를 잡아당기지 않는 법을 배웠다. 그렇긴 해도 그사이에는 아기의 비명 소리에 전 무리가 마음이 뒤흔들려 불안해진다. 이런 일은 아주 드물지만 극적인 사건으로, 이를테면 야생 침팬지가 밀렵꾼의 덫에 걸리는 것과 같은 일이다.

우리는 다른 침팬지들이 피해자의 상황을 따라 하는 것을 몇 번이나 관찰했다. 가장 최근의 예를 들어보자. 그때 나는 아기 침팬지를 도와주려고 다가갔지만, 아기의 어미와 으뜸 수컷이 위협적인 경고로 나를 맞이했고 결국 나는 물러설 수밖에 없었다. 좀 더 나이가 많은 어린 침팬지가 가까이 오더니 내게 상황을 재현해주었다. 그 침팬지는 내 눈을 쳐다보면서 자기 손가락을 철망에 집어넣더니 천천히, 그리고 신중히 손가락을 끼우고는 마치 자기도 손가락이 빠지지 않는 것처럼 잡아당겼다. 그러자 다른 어린 침팬지 두 마리도 바로 옆에 와 똑같이 따라 하면서, 가장 똑같은 정도로 꽉 끼는 지점을 하나 찾아 서로 손가락을 넣으려고 게임을 하듯이 서로를 밀치고 있었다. 이 침팬지들은 아마 오래전에는 정말로 이 일을 겪었겠지만, 지금은 아기 침팬지에게 일어난 일로 제스처 게임을 하게 되었다.

모방이 목표에 도달하거나 보상을 얻기 위한 방법이라고 알려주는 과학 저술을 우리 침팬지들이 읽어봤을 리는 없다.[17] 그들은 자연스럽게 모방을 하는 것이고 보상을 염두에 두지 않는다. 이는 너무 당연한 침팬지들의 일상생활의 한 부분이었기에 나는 나와 같은 방식으로 생각하고 있었던 영국인 동료 앤디 위튼Andy Whiten과 함께 야심적인 프로젝트를 준비했다.[18] 이전 연구들과 달리 우리는 유인원이 유인원으로부터 얼마나 잘 배우는지를 보고 싶었다. 진화의 관점에서 보면 유인원이 우리에게서 뭘 배우느냐는 전혀 중요하지 않다. 중요한 것은 그들이 자신과 같은 종을 어떻게 대하는가이다.

하지만 한 유인원이 다른 유인원들에게 시범을 보이도록 하는 것은 말처럼 쉽지 않았다. 내 동료에게야 특정한 행동을 시범 보이도록 하고 그걸 연속해서 열 번 반복하라고 말할 수 있겠지만 그걸 유인원에게 전달하려고 해보라! 우리는 힘겨운 전투에 맞닥뜨렸고, 결국 우리가 성공할 수 있었던 것은 상당히 '침팬지적인' 젊은 스코틀랜드 여성 비키 호너Vicky Horner 덕택이었다. 여기서 '침팬지적인'이라는 말은 유인원을 좋아하는 사람에게는 모욕이 아니다. 내가 뜻한 바는 비키가 올바른 보디랭귀지(쪼그려 앉기, 불안한 동작 하지 않기, 친근한 성향 보이기)를 할 줄 알고, 어느 암컷이 여왕처럼 굴고 어느 침팬지가 존경받길 원하고 어느 녀석이 그저 재미있게 즐기길 원하는지, 그리고 주변에 먹이가 있을 때 눈이 배보다 더 커지는 녀석은 누구지를 정확히 알고 있었다는 것이다 비키는 각 개체의 성격에 따라 자신의 성향을 바꿔 모두가 편안하게 느끼도록 했다. 비키의 친밀한 관계가 우리의 첫 번째 무기였다면, 두 번째 무기는 유인원들 사이의 친밀한 관계였다. 우리 침팬지들 대부분은 서로 친척이거나 아니면 같이 자란 사이였기에 서로에게 아주 기꺼이 관심을 가졌다. 사이좋은 인간 가족들과 같이 그들은 티격태격하면서도 서로 사랑하는 한 무리의 가족이고, 유인원이라면 당연히 그래야 하듯 우리가 아닌 서로서로에게 훨씬 더 관심이 있다.

비키는 이른바 '두 가지 작동 방법'을 사용했다. 유인원들은 두 가지 방법으로 접근할 수 있는 퍼즐 상자를 받는다. 예를 들면 막대기를 찔러 넣어서 먹이가 나오게 할 수도 있고, 막대기를 사용해 레버를 들어 올려서 먹이가 나오게 할 수도 있다. 두 방법 모두 동일하게 잘 작동된다. 먼저 우리는 집단 중 한 마리, 보통은 서열이 높은 암컷에게 찌르는 방법을 가르치고 시범을 보여주도록 한다. 암컷이 어떻게 초콜릿을 받는지 보기 위해 전 집단이 모여들면 우리는 상자를 다른 동료에게 넘겨준다. 유인원이 모방을 한다는 것이 조금이라도 사실이라면, 상자를 넘겨받은 침팬지는 이제 분명히 찌르기를 선호해야 한다. 실제로 그랬다. 다음으로 우리는 이 실험을 같은 연구소에서 첫 번째 집단이 볼 수 없는 곳에 사는 두 번째 집단에게 반복했다. 이때 다시 다른 암컷에게 들어 올리기를 가르치면 어찌 된 일인지 암컷이 속한 집단 구성원 모두가 들어 올리기를 선호하게 된다. 즉 우리는 인위적으로 두 개의 다른 문화를 만들어낸 셈이다. '들어 올리는 자들'과 '찌르는 자들'이다.

이 결과의 중요한 점은 만약 침팬지들이 스스로 방법을 터득했다면 집단마다 어느 한쪽으로 편향되지 않고 두 방법이 혼합되어 나타났어야 한다는 것이다. 집단의 친구가 보여주는 시범이 큰 영향을 미친다는 것이 명백하다. 실제로 아무것도 모르는 침팬지에게 똑같은 상자를 주고 시범을 보여주지 않았을 때는 아무도 상자에서 먹이를 꺼내지 못했다!

다음으로 우리는 '전달 게임'을 시도해 여러 개체 사이에 정보가 어떻게 전해지는가를 보았다. 새로 제작한 두 행동 작동 박스는 문을 옆으로 밀어서 열 수도 있고 위로 젖혀서 열 수도 있었다. 한 침팬지에게 밀어서 열기를 가르쳐준 후 이를 두 번째 침팬지가 보고, 그다음 두 번째 침팬지를 세 번째 침팬지가 보는 방식이었다. 심지어 이렇게 여섯 번을 거친 후까지도 마지막 침팬지는 여전히 밀어서 열기를 선호했다. 우리는 이 상자를 다른 집단에게 주고 젖혀서 열기를 선호하는 여섯 마리의 침팬지 무리도 만들 수 있었다.

앤디가 스코틀랜드에서 똑같은 실험을 어린이들에게 적용하자 사실상 완전히 똑같은 결과가 나왔다. 약간 질투가 난다는 사실을 인정해야겠다. 왜냐하면 아이들과 이런 실험을 하는 데는 고작 이틀이면 되는 데 반해, 우리는 유인원과 새로운 실험을 시작할 때마다 실험 완료까지 거의 1년이 걸렸기 때문이다. 우리 침팬지들은 야외에 살고 있으며 실험은 침팬지들의 자발적인 참여를 원칙으로 한다. 우리는 침팬지들의 이름을 부르고 그저 그들이 실험하러 들어오기를 바란다(사실 침팬지들은 자기의 이름을 알 뿐 아니라 다른 침팬지들의 이름도 알아서 다른 침팬지를 불러 오도록 부탁할 수도 있다). 보통 성체 수컷은 실험에 참여하기엔 너무 바쁘다. 수컷은 권력 투쟁과 서로의 짝짓기 사건을 일일이 지켜보는 것이 우선이다. 한편 암컷들에게는 생식 주기와 새끼가 있다. 만약 암컷이 혼자 들어오면 새끼와 떨어져 굉장히 흥분할 것이기 때문에 실험을 힘들게 할 것이고, 반면 암컷이 가장 어린 새끼와 함께 들어온다면 상자가 누구 손에 돌아갈지는 뻔하다. 이 또한 우리에게 도움이 되는 일은 아니다. 만약 암컷이 성적으로 매력적인 상태─풍선처럼 부푼 생식기를 자랑하는─라면 실험에 기꺼이 참여할 수는 있지만, 따라 들어오고 싶어 하는 수컷 세 마리가 끊임없이 문을 두드리며 전혀 집중할 수 없게 만들 것이다. 아니면 짝을 이뤄 실험해야 하는 두 침팬지가 우리가 모르는 사이 아침에 옥신각신하고서 이제는 아예 서로 쳐다보지도 않는 경우도 있다. 우리끼리 늘 말하듯이 "항상 무슨 일이 있다". 그래서 과학자들은 인습적으로 유인원과 인간 실험자가 교류하는 실험을 선호해왔다. 최소한 한쪽은 통제가 가능하니 말이다.

유인원 대 유인원 실험은 훨씬 더 힘들긴 하지만 엄청난 보상이 있다. 유인원들이 서로를 모방할 수 있게 되면서 그들의 명예는 완전히 회복된다. 유인원들은 말 그대로 서로 얼굴을 맞대고, 서로 기대기도 하고, 어쩔 땐 시범을 보이는 손을 잡고 있기도 하며, 과자를 따내는 데 성공해 먹고 있으면 입에다 대고 냄새를 맡기도 한다. 항상 안전거리 바깥에 있는 인간 실험자에게는 할 수 없는 일이다. 어른 유인원은 위험할 수 있기 때문에 인간과 직접 접촉하는 일이 금지되어 있다.[19] 하지만 다른 이들에게서 뭔가를 배울 때 접촉은 중요한 영향을 미친다. 우리 침팬지들은 시범을 보이는 침팬지의 모든 움직임을 지켜보고 때로는 어떤 보상이 주어지기도 전에 자기가 관찰한 행동을 정확히 따라 한다. 침팬지들이 온전히 관찰만으로 배웠다는 뜻이다. 다시 신체의 역할로 되돌아가 생각해보자.

한 침팬지가 다른 침팬지를 어떻게 모방하는가? 자기 자신을 다른 침팬지와 일치화해 몸의 움직임을 배우고 이해하기 때문인가? 아니면, 다른 침팬지는 필요 없고 상자에만 집중하는 것일까? 어쩌면 작동법만 알면 되는 것일 수도 있다. 문이 옆으로 밀린다는 걸 알아챘거나 뭔가를 들어 올려야 한다는 걸 알아챘을 수도 있다. 첫 번째와 같은 종류의 모방은 관찰한 조작법을 재연해야 하고, 두 번째는 오로지 기술적인 요령만 알면 된다. 침팬지들에게 유령 상자를 보여준 기발한 연구 덕분에 이 두 가지 설명 중 어느 쪽이 맞는지 알게 됐다.[20] 유령 상자는 마술처럼 저절로 문이 열렸다 닫히기 때문에 누가 움직여줄 필요가 없다. 만약 기술적인 요령만 알면 되는 것이었다면 이런 상자만으로 충분해야 한다. 하지만 실제로는 침팬지들이 지겨워 죽을 지경이 될 때까지 이 상자를 지켜보도록 해도—다양한 부분을 움직인 후 보상이 나오는 것을 수백 번 반복해도—침팬지들은 아무것도 배우지 못했다.

유인원은 다른 이로부터 배우기 위해서는 실제 유인원 동료를 봐야만 한다. 모방은 실제로 살아 있는 신체와의 일치화를 필요로 한다. 인간을 포함한 동물의 인지 작용이 신체를 통해 일어난다는 사실이 점차 밝혀지고 있다. 뇌와 신체의 관계는 뇌가 작은 컴퓨터처럼 신체에 명령을 내리는 관계가 아닌 쌍방 통행의 관계이다. 신체가 내부 감각들을 만들어내고 또한 다른 신체와 정보를 주고받으면, 우리는 그로부터 사회관계를 구성하고 주변 현실을 받아들이게 된다. 신체는 우리가 지각하는 것이나 생각하는 것에 항상 관여된다. 예를 들어 신체의 상태가 지각에 영향을 미친다는 사실을 알고 있는가? 지친 사람은 충분히 휴식을 취한 사람에 비해 똑같은 언덕을 볼 때 더 가파르게 평가했고, 무거운 배낭을 맨 사람은 배낭을 매지 않은 사람에 비해 야외 목표물을 실제보다 더 멀리 떨어져 있는 것으로 판단했다.

혹은 피아니스트에게 여러 사람의 연주를 들려주고 그중 자기 자신이 연주한 것을 골라내도록 해보라.[21] 심지어 새로운 악보로 딱 한 번 소리 없이 (헤드셋을 착용하지 않고 전자피아노로) 연주해본 경우에도 피아니스트는 자기의 연주를 구별해낼 수 있을 것이다. 그는 어쩌면 연주를 듣는 동안 실제로 연주할 때 동반되는 신체적인 감각 같은 것을 머릿속에 재현할 것이다. 자기가 한 연주를 들을 때 가장 잘 들어맞는 것으로 느낄 것이고, 즉 귀만큼이나 몸을 통해 자신의 연주를 알아보는 것이다.

'체화된' 인지라는 분야는 아직 걸음마 단계에 있지만, 우리가 인간관계를 어떻게 보는지에 대해 깊은 암시를 준다. 우리는 저기도 모르는 사이에 주변 사람들의 신체에 들어가고, 그들의 행동이나 감정이 마치 우리의 것인 양 우리 안에서 공명한다. 바로 이 덕분에 우리나 다른 영장류들이 다른 이들이 하는 일을 보고 재현할 수 있다. 신체 보정은 대부분 겉으로 드러나지 않으며 무의식적인 것인데, 가끔 '무심코' 튀어나올 때가 있다. 예를 들면 부모들이 아기에게 숟가락으로 떠먹이면서 입을 오물거릴 때처럼. 아기가 해야 하는 행동이라고 느끼면서 자기가 따라 하는 걸 막을 수 없는 것이다. 비슷하게 또 부모들은 자기 아이가 노래를 부르는 걸 볼 때면 종종 완전히 빠져들어 한 마디 한 마디를 입 모양으로 따라 한다. 나도 어렸을 적 축구 경기가 벌어지는 운동장 옆에 서서 내가 응원하는 사람이 공을 받을 때마다 나도 모르게 발로 차거나 점프를 했던 기억이 아직도 생생하다.

똑같은 일이 동물에게도 일어난다는 걸 보여주는 사진이 있다. 볼프강 쾰러Wolfgang Köhler가 수행한 침팬지의 도구 사용에 관한 전통적인 연구 중 찍은 흑백 사진이다. 그랜드Grand라는 침팬지가 천장에 매달린 바나나를 잡으려고 자기가 쌓아 올린 나무 상자 위에 올라서 있고, 이것을 술탄Sultan이 골똘히 쳐다보고 있다. 술탄은 꽤 멀리 앉아 있는데도 그랜드의 움켜쥐는 동작에 정확히 똑같이 맞춰 자기의 팔을 들어 올리고 있다. 또 다른 예는 한 침팬지가 딱딱한 과일을 깨려고 무거운 돌을 망치처럼 사용하는 것을 찍은 영상이다.[22] 이 침팬지를 지켜보는 한 어린 침팬지는 매번 첫 번째 침팬지가 과일을 내려찍는 순간마다 자기의 (빈) 손을 아래로 휘두른다. 신체 보정은 모방으로 연결되는 훌륭한 지름길이다.

심지어 감정이 고조될 때는 일치화가 더 두드러지게 나타난다. 언젠가 침팬지가 낮에 출산하는 것을 본 적이 있다. 흔치 않은 일이다. 우리 침팬지들은 보통 밤에 출산하거나, 아니면 적어도 점심시간처럼 주변에 사람이 없을 때 출산을 하기 때문이다. 나는 관찰용 창문을 통해 마이Mai라는 침팬지 주변에 무리가 모여드는 것을 보았다. 그들은 빠르게 조용히, 마치 무슨 비밀 신호에 끌려온 것처럼 모여들었다. 마이는 다리를 조금 벌리고 반쯤 일어선 자세로 서서, 아기가 튀어나올 때 받을 수 있도록 한 손을 아래에 받쳤다. 더 나이 든 암컷 애틀랜타Atlanta가 마이의 옆에 비슷한 자세로 서서

술탄(앉아 있는 침팬지)이 바나나로 손을 뻗는 그랜드를 보면서 공감하여 자기 손으로 움켜쥐는 동작을 하고 있다.

손을 정확히 똑같이 '자신의' 다리 아래에 펼쳤다. 아무런 쓸모도 없는 곳이었다. 한 10분 정도 후에 아기가 나오자―건강한 아들이었다―무리가 움직이기 시작했다. 한 침팬지는 소리를 질렀고, 몇몇은 서로 껴안으며 모두들 출산 과정에 얼마나 몰입했는지를 보여주었다. 애틀랜타는 예전에 자기 새끼를 많이 나아봤기 때문에 마이와 일치화가 되었던 것 같다. 애틀랜타는 새로 엄마가 된 마이의 가까운 친구가 되어 그 후 몇 주 동안 거의 끊임없이 털을 골라줬다.

미국인 동물학자 케이티 페인Katy Payne이 코끼리에게서 이와 비슷한 공감을 보았다.

한번은 어미 코끼리가 미세하게 코와 발을 흔드는 춤을 추는 것을 본 적이 있다. 어미는 나서지 않고 도망가는 영양을 쫓아가는 자기 아들을 쳐다보고 있었

다. 나도 우리 아이들의 공연을 보면서 그렇게 춤을 춘 적이 있다. 그리고 말하지 않을 수가 없는데, 우리 아이들 중 하나는 서커스 곡예사이다.[23]

우리가 일치화하는 대상을 흉내 내는 것은 물론이고, 거꾸로 흉내를 냄으로써 유대관계가 더 단단해지기도 한다. 엄마와 아이들은 손뼉을 서로 마주 치거나 리듬을 맞춰 함께 손뼉 치는 놀이를 하는데, 이런 것들은 일치화를 하는 놀이들이다. 또한 연인들이 처음 서로 만났을 때 어떻게 하는가? 나란히 서서 오랫동안 걸어 다니고, 같이 먹고, 같이 웃고, 같이 춤을 춘다. 행동이 일치되는 것에는 유대감을 만드는 효과가 있다. 춤을 생각해보라. 파트너들은 서로의 움직임을 보완해주고, 예상하고, 또 자기 자신의 움직임으로 상대를 이끌어준다. 춤은 "우리는 일치해!"라고 외치는 행위다. 이것이 동물들이 수백만 년 동안 유대를 이룬 방법이다.

한 사람이 한 어린아이의 행동을 따라 하는 실험을 해보면(예를 들어 장난감을 탁자 위로 패대기치거나, 아이와 정말 똑같이 점프할 때), 똑같이 유치한 행동을 아이와 관계없이 했을 때보다 더 많은 미소와 관심을 이끌어낼 수 있다.[24] 낭만적인 상황에서 사람들은 자기가 등을 뒤로 기댈 때 등을 뒤로 기대는 상대, 자기가 다리를 꼬았을 때 다리를 꼬는 상대, 자기가 잔을 들었을 때 잔을 드는 상대에게 더 만족감을 느낀다. 따라 하기 때문에 느끼는 매력은 심지어 돈으로 환산되기도 한다. 네덜란드인이 인색하기로 악명이 높을 수도 있겠지만, 레스토랑에서 웨이트리스가 손님의 주문을 따라 했을 때("샐러드에 양파를 빼고 주문하셨습니다"), 단지 "저도 좋아하는 거네요!"라거나 "음식 나왔습니다!"라고 외친 경우보다 팁을 두 배로 많이 받았다.[25] 사람들은 자기 목소리가 반복되는 소리를 굉장히 좋아한다.

나는 하품이든, 웃음이든, 춤이든, 침팬지 흉내든 간에 동일화나 따라 하기를 볼 때면 사회적인 관계나 유대감이 보인다. 한 단계 이끌어 올려진 오래된 집단 본능이 보이는 것이다. 거대한 수의 개체들이 한 방향으로 질주하거나, 동시에 강을 건너는 경향을 넘어서는 단계이다. 이 새로운 단계가 되려면 다른 이들이 무엇을 하는지 더 세심하게 주의를 기울이고 어떻게 하는지 배우고 이해해야 한다. 예를 들면, 물을 독특한 방식으로 마시는 한 나이 든 암컷 가장 원숭이가 있었다. 이 가장은 평범하게 입술로 물 표면을 홀짝거리는 대신 물속에 자기 팔을 겨드랑이까지 담갔다가 꺼내서 팔의 털을 핥아 마셨다. 그녀의 아들딸들은 똑같이 따라 하기 시작했고, 그다음엔 손자, 손녀도 그랬다. 그 전 가족은 알아보기가 쉬웠다.

또 한 수컷 침팬지는 싸움 중에 손가락을 다쳐서 손가락 관절을 짚고 걸어 다니는 대신 손목을 구부려 짚고 절뚝거리며 다녔다. 곧 집단 내 모든 어린 침팬지들이 이 불운아의 뒤에 한 줄로 늘어서서 똑같은 방법으로 걸어 다녔다. 카멜레온이 환경에 맞춰 자신의 색깔을 바꾸는 것처럼 영장류는 주위 환경을 자동적으로 따라 한다.[26]

내가 어릴 적에 방학 동안 네덜란드 북쪽에서 암스테르담 아이들과 어울리다가 남쪽에 있는 집으로 내려오면 남쪽 친구들은 항상 나를 놀려댔다. 친구들은 내 말투가 웃긴다고 했다. 나도 모르는 새 내가 북쪽의 거친 억양을 어설프게 익혀 돌아오곤 했던 것이다. 우리의 몸이—목소리, 기분, 자세 등을 포함해서—주변의 다른 몸들로부터 영향을 받는 방식은 인간 존재의 풀리지 않는 수수께끼 중 하나이지만, 사회 전체를 하나로 묶어주는 역할을 하기도 한다. 이는 또한 가장 심하게 과소평가된 현상 중 하나이기도 한데, 특히 인간을 이성적인 의사 결정자로 보는 분야에서 그렇다. 각 개인이 독립적으로 자기 행동의 장단점을 따져보는 게 아니라, 우리는 우리 모두의 몸과 마음을 연결하고 있는 꽉 짜인 조직망 내에서 하나의 교점이 된다.

이 연결성은 전혀 비밀스러운 것이 아니다. 우리는 이를 예술적인 형태로 공공연하게 강조해 드러내며, 이는 세계 어디서나 보편적으로 나타난다. 언어가 없는 인간 문화는 없듯이 음악이 없는 문화도 없다. 음악은 우리의 감정을 사로잡고 우리의 기분에 영향을 미치며, 여러 사람이 동시에 듣는다면 같은 기분으로 수렴되는 것은 필연적인 결과이다. 전 청중이 들뜨거나 우울해지거나 사색적이게 되거나 하는 식이다. 음악은 마치 이를 위해 만들어진 것처럼 보인다. 내가 생각하는 음악이 꼭 서양의 콘서트홀에서 격식을 갖춰 옷을 차려입고 심지어 품위가 없어 보일까 봐 발로 박자 맞추는 것조차 하지 않는 청중을 위한 음악은 아니다. 하지만 이런 청중들조차도 기분이 수렴되는 것을 경험한다. 모차르트Mozart의 〈레퀴엠Requiem〉은 분명히 스트라우스Strauss의 왈츠와는 다른 영향을 미친다. 내가 생각하는 음악은 주로 수천 명의 사람들이 자신의 우상을 따라 노래를 부르며 촛불이나 핸드폰을 들어 흔드는 팝 콘서트, 블루스 축제, 악단들, 복음성가대, 재즈 장례식, 혹은 심지어 생일 축하곡을 같이 부르는 가족들처럼 좀 더 본능적이고 신체적인 반응을 허용하는 음악들이다. 예를 들면 애틀랜타에서 크리스마스 저녁식사를 마친 뒤 우리는 멜로드라마에서처럼 〈엘비스의 크리스마스 앨범〉을 다 함께 따라 불렀다. 좋은 음식과 와인, 우정, 그리고 성가의 조합은 여러 가지 면에서 우리를 도취시켰다. 우리는 다 같이 흔들거리며 웃었고, 결국 같은 기분을 공유한 채 모임이 끝났다.

나는 밴드에서 피아노를 친 적이 있다. 절제해 말하자면 우리는 그리 성공을 거두진 못했다. 하지만 나는 함께 공연한다는 것이 역할을 떠맡는 것, 너그러워지는 것, 몇 번의 시도 끝에 어느 정도 장단을 맞추게 되는 것—말 그대로의 의미—을 필요로 한다는 걸 잘 배웠다. 우리가 가장 좋아한 곡은 애니멀스Animals의 〈해 뜨는 집House of the Rising Sun〉이었는데, 우리는 그 노래에 극적인 감정을 최대한 많이 실으려고 노력했다. 우리는 정확히 어떤 집에 대해서 노래하고 있는지 모르는 채로도 노래의 암울함을 느꼈고, 나는 몇 년 후에야 그 집이 어떤 집인지 알게 되었다. 그럼에도 불구하고 떨쳐버릴 수 없었던 것은 함께 연주할 때의 단합 효과였다.

동물의 예를 찾기는 어렵지 않다. 늑대 무리의 울음소리, 주변 이웃들에게 강한 인상을 주기 위해 함께 소리를 내는 수컷 침팬지들, 또는 지구상 포유류 중 가장 시끄럽다는 고함원숭이의 그 유명한 새벽 합창을 말하는 게 아니다. 내가 수마트라의 정글에서 처음 소리를 들어본 시아망^{Siamang}을 예로 들겠다. 시아망은 커다란 검은 긴팔원숭이로 숲이 따뜻해지기 시작하면 나무 높은 곳에 올라가 노래를 한다. 이 소리는 새소리보다 훨씬 더 깊은 수준으로 나를 감동시키는 행복하고 감미로운 소리인데, 아마도 포유류가 내는 소리이기 때문일 것이다. 시아망의 노래는 어떤 새의 노래보다도 더 장엄하다.

시아망의 노래는 보통 몇 번의 큰 환호성으로 시작해 풍선같이 생긴 목 주머니에서 소리가 증폭되어 점차 크고 정교해진다. 이 노래는 수 킬로미터 멀리까지 전달된다. 어느 시점이 되면 그 소리가 혼자서는 낼 수 없는 소리라는 것을 인간도 알아들을 수 있다. 동물 중에는 수컷이 침입자를 쫓아내는 일을 도맡는 경우가 많지만, 작은 가족 단위로 사는 시아망은 암컷과 수컷이 함께 일한다. 암컷은 높은 음의 짧게 짖는 소리를 내고, 반면 수컷은 가까이서 듣는다면 온몸의 털이 쭈뼛 설 만큼 귀청이 찢어지는 비명을 지른다. 이들의 요란하고 거친 노래는 "인간이 아닌 육지 척추동물이 부르는 가장 복잡한 작품"[27]이라고 일컬어지는 완벽한 합창으로 이어진다. 이런 듀엣은 다른 시아망들에게 '저리 가!'라는 말을 전달하는 동시에 '우린 하나야'라고 선포한다.

마차를 끄는 말들이 함께 일하기 전에는 오히려 역효과를 내듯이 시아망도 얼마간 시간이 지나야 조화롭게 노래하게 되며, 조화로운 정도가 배우자나 영역을 지키는 데 결정적이 될 수도 있다. 부부가 얼마나 가까운 지 다른 시아망들도 알아차릴 수 있으며, 만약 불화를 감지하면 밀고 들 어올 것이다. 이 때문에 독일 영장류학자 토마스 가이스만Thomas Geissmann은 이런 말을 했다. "배우자를 떠나는 것은 그다지 매력적인 일로 보이지 않 는다. 새로운 부부의 듀엣은 눈에 띄게 형편없기 때문이다." 또한 토마스 가이스만은 함께 노래를 많이 부르는 부부가 함께 시간을 많이 보내며 행 동이 더 잘 일치한다는 것을 알아냈다.

시아망의 결혼 생활이 성공적인지는 노래를 들어보면 알 수 있다.[28]

감정의 뇌

케이티 페인은 몰랐겠지만, 곡예사 아들에게 완전히 빠져드는 어머니의 예는 현대의 공감 개념을 만들어낸 독일인 심리학자가 똑같이 들었던 예 이다. 테오도어 립스(1851~1914)는 우리가 줄타기를 하는 곡예사를 볼 때

우리는 높은 곳의 줄타기 배우가 내딛는 매 걸음을 함께할 정도로 그에게 일치화한다.

똑같이 긴장하게 된다고 말했다. 우리가 곡예사의 몸에 간접적으로 들어가 그의 경험을 공유하기 때문이다. 독일어는 이 과정을 'Einfühlung(들어가 느끼다)'[29]이라 는 단어로 세련되게 표현했다. 그 후 립 스는 그와 동등한 단어로 '강한 애정이나 열정을 경험하다'라는 의미의 그리스어 'empatheia'를 내놓았고, 훗날 영미 심리 학자들이 이 단어를 받아들여 'empathy (공감)'가 되었다.

나는 'Einfühlung'이란 단어를 더 선호하는데, 한 개인이 자기 자신을 다른 사람에게로 투영하는 움직임이 표현되기 때문이다. 립스는 우리에게 다른 사람을 향한 특별한 통로가 있다는 것을 처음으로 깨달은 사람이었다. 우리는 우리의 몸 밖에서 일어나는 일은 아무것도 느낄 수 없지만, 무의식적으로 자신과 다른 사람을 융합함으로써 다른 사람의 경험이 우리 안에서 반복된다. 다른 사람이 마치 우리 자신인 것처럼 느낀다. 립스는 이런 일치화가 학습, 연상, 또는 추리 등 어떤 다른 능력으로도 환원될 수 없다고 주장했다. 공감은 '외부 자아'에 직접적으로 접근할 수 있게 해준다.

공감의 본성을 이해하기 위해 한 세기 동안이나 잊혀 있던 심리학자의 글로 거슬러 올라가야 한다니 참으로 이상한 일이다. 립스는 기초부터 쌓아 올리는 방식으로 설명했다. 즉 심리학자나 철학자들이 종종 선호하는 방식인 상의하달식 설명 대신, 기초에서 출발했다. 공감을 상의하달식 설명법으로 보면, 다른 사람이 어떻게 느끼는지를 우리가 비슷한 상황에 처했을 때 어떻게 느낄지에 견주어 추측하는 인지적인 일로 보기 쉽다. 하지만 이것으로 반응의 즉각성에 대해 설명할 수 있을까? 우리가 서커스 곡예사가 떨어지는 장면을 보고 있고, 이전의 경험을 상기시키는 데 근거한 공감만이 가능하다고 상상해보자. 아마 곡예사가 피로 물든 바닥에 누워 있게 될 때까지는 반응하지 않을 것이다. 하지만 물론 이런 일은 없다. 관중의 반응은 틀림없이 즉각적이다. 수백 명의 관중들이 곡예사의 발이 미끄러지는 '바로 그 순간'에 '앗' 하고 비명을 지른다. 곡예사들은 때론 떨어지려는 의도는 전혀 없으면서 일부러 그렇게 미끄러지는 시늉을 한다. 관중들이 곡예사의 발걸음 하나하나에 얼마나 몰입되어 있는지 알기 때문이다. 나는 간혹 이런 즉각적인 연결성이 없다면 '태양의 서커스^{Cirque}^{du Soleil}'는 어떻게 됐을까 생각한다.

립스의 관점은 스웨덴의 심리학자 울프 딤베리$^{Ulf\ Dimberg}$가 1990년대 초 본의 아니게 일어나는 공감에 대한 글을 발표하면서 드디어 과학계에 알려지기 시작했다. 딤베리가 인지적 관점을 지지하는 이들의 줄기찬 반대에 도전한 것이다. 딤베리는 우리가 공감하기로 결정하는 것이 아니라, 그냥 우리가 그렇다는 것을 입증해 보였다. 피실험자들의 얼굴에 작은 전극을 붙여 미세한 근육의 움직임을 감지하도록 한 후, 모니터에 화난 얼굴과 행복한 얼굴을 보여줬다. 사람들은 화난 얼굴에는 찡그림으로 반응했고, 행복한 얼굴에는 입꼬리를 올렸다. 하지만 이렇게 따라 하는 것은 고의로 할 수도 있는 것이기 때문에 이 결과 자체는 딤베리의 가장 중요한 발견은 아니었다. 정말로 혁신적인 부분은 사진을 의식적인 지각을 할 수 없을 만큼 빠르게 모니터에 비췄을 때도 피실험자들에게서 똑같은 반응을 얻어낸 점이었다.[30] 사진들을 보여주고 난 후에 뭘 봤는지 물어보면 피실험자들은 행복한 얼굴이나 슬픈 얼굴에 대해서는 아무것도 몰랐지만 그럼에도 불구하고 사진의 표정을 따라 하고 있었다.

모니터에 표정을 보여주면 얼굴 근육이 움직일 뿐 아니라 감정도 생긴다. 자신이 뭘 봤는지 전혀 모르면서도 행복한 얼굴에 노출되었던 사람들은 화난 얼굴에 노출되었던 사람들보다 더 편안하게 느꼈다. 즉 비록 '감정 전이$^{emotional\ contagion}$'[31]라고 알려진 상당히 원시적인 종류이긴 해도, 우리가 진정한 공감을 대하고 있다는 뜻이다.

립스는 공감을 우리가 선천적으로 갖고 태어나는 '본능'이라 했다. 립스는 공감의 진화를 연구하지는 않았지만, 현재 공감은 아주 오래전으로 거슬러 올라가 우리 인간 종보다도 훨씬 더 이전에 진화한 것으로 알려져 있다. 그것은 아마도 부모의 돌보기와 함께 시작되었을 것이다. 포유류가 진화해온 2억 년 동안 자기 자손에게 민감한 암컷들은 냉담하고 무관심한 암컷들보다 번식을 더 많이 했다. 어떤 포유류든 어미는 새끼의 추위,

배고픔, 위험에 즉각 반응해야 한다. 이 민감도에는 분명히 대단히 큰 선택압selection pressure이 작용했을 것이다. 반응하지 못하는 암컷들은 자신의 유전자를 전파할 수 없었다.

내가 동물원에 있을 때 알았던 크롬Krom이라는 암컷 침팬지가 좋은 예를 보여준다. 크롬은 아기를 좋아했으며, 눈으로 볼 수 있는 한 아주 잘 돌보았다. 하지만 귀가 먹었던 크롬은 아주 작은 새끼가 젖꼭지를 못 찾거나, 엄마를 잡고 있던 손이 떨어지려고 할 때, 혹은 꽉 눌렸을 때 내는 작은 비명 소리나 낑낑거리는 소리에는 반응하지 못했다. 한번은 크롬이 자기 새끼를 깔고 앉아서 새끼가 비명을 질러대는데도 일어나지 못했다. '다른 암컷들'이 불안해하는 반응을 보이면 그때서야 반응했다. 결국 우리는 크롬의 새끼를 다른 암컷이 입양해 키우도록 했다. 나는 크롬의 사례로 인해 포유류 암컷이 자기 자손의 요구에 매번 제대로 반응하는 것이 얼마나 중요한 것인지를 깨달았다.

아주 오래전부터 아기에게 젖을 먹이고, 씻기고, 데리고 다니고, 달래고, 보호한 어미들로 이어져 내려왔다는 점을 고려하면, 인간의 공감에 남녀 차이가 있음은 당연한 일이다. 이는 사회화 이전에도 잘 나타난다. 가장 먼저 나타나는 감정 전이의 징후―한 아기가 울면 다른 아기들이 따라 우는 것―도 이미 남자 아기보다 여자 아기에게 더 전형적으로 나타난다.[32] 나이가 들수록 성별 차이는 더욱 두드러진다. 두 살 난 여자아이들은 다른 아이가 괴로워하는 모습을 보면 같은 나이의 남자아이들이 하는 것보다 더 걱정하며 대한다. 성인 여성 또한 남성보다 공감하는 반응을 더 강하게 보이는 것으로 알려져 있으며, 이 때문에 여성들은 '돌보기 본능'이 있다고 여겨져왔다.

하지만 이런 점들이 수컷의 공감을 부정하는 것은 아니다. 사실 성별 차이는 보통 종형 곡선이 겹치는 형태로 나타난다. 즉 남성과 여성이 평균에서는 차이가 나지만, 상당수의 남성이 평균적인 여성보다 더 많이 공감하며 상당수의 여성이 평균적인 남성보다 덜 공감한다. 나이가 들수록 남성과 여성의 공감 정도는 비슷해지는 것 같다. 어떤 연구자들은 성인 남녀 사이에는 차이가 거의 없어진다고까지 생각한다.

그럼에도 불구하고 공감의 기원을 부모의 돌보기에서 찾는 것은 합당한 듯하고, 폴 매클린Paul MacLean은 어린 포유류가 길을 잃고 어미가 돌아오길 바랄 때 내는 울음소리인 '헤어짐 울음separation call'에 주목했다. 폴 매클린은 1950년대에 처음으로 '변연계'를 설명한 선구적인 미국인 신경학자였는데, 부모의 돌보기의 기원에 대해 관심을 가졌다. 어린 포유류가 길을 잃었을 때나 깜짝 놀랐을 때 어미를 부르면 어미는 새끼를 찾아온다. 이때 어미는 문제를 처리하기 위해 상당히 서두르는데, 만약 어미가 크고 강한 동물이라면 아마 절대로 방해하고 싶지 않을 것이다(또 다른 인간 대 곰의 이야기로 이어진다). 애착이 진화한 것은 이전까지 지구상에 한 번도 나타난 적이 없었던 어떤 것이 생기면서부터였다. 바로 '감정의 뇌'이다. 뇌에 변연계가 추가되면서 애정이나 기쁨 같은 감정들이 생겨났다. 이로써 가족생활이나 우정 등 남을 배려하는 관계로 길이 열렸다.

사회적 유대의 핵심적인 중요성은 부정하기 어렵다. 우리는 인간의 조건을 고상한 용어로 표현하는 경향이 있다. 자유에 대한 갈망, 고결한 삶을 위한 투쟁처럼 말이다. 하지만 생명과학은 좀 더 평범한 관점을 갖고 있다. 인간에게 중요한 것은 안전, 사회적 동지, 배를 채우는 것이라는 관점이다. 두 관점 사이에는 분명한 갈등이 존재한다. 러시아의 문학평론가이자 소설가 이반 투르게네프Ivan Turgenev가 저녁식사 중 했다는 유명한 대사가 떠오른다. "우린 아직 신의 문제를 풀지 못했어요."[33] 그러곤 그가 소리쳤다. "그리고 당신들은 그저 먹을 생각뿐이죠!"

우리의 고귀한 삶은 일단 기본적인 것들이 충족된 후에야 시작된다. 애착과 공감이 앞서 제시했듯이 정말 근본적인 것이라면, 인간의 본성에 관해 논의할 때 주의 깊게 다루어야 할 것이다. 또한 이런 능력을 인간에게서만 찾을 이유도 없다. 따뜻한 피가 흐르고 털, 젖꼭지, 땀샘이 있는 포유류의 정의에 부합하는 생물체라면 누구나 애착과 공감이 나타나야 한다.

이 말은 당연히 성가신 설치류도 포함된다는 뜻이다.

쥐들의 측은지심

내 편견을 은근히 드러내는 이 이야기를 특별히 즐겨 하진 않지만, 누구나 네덜란드인이 왜 제2차 세계대전 이후 동쪽의 이웃들을 그리 애호하지 않게 되었는지는 이해할 수 있을 거라 생각한다. 내가 나이메헌대학교 학부생이었을 때 억센 억양의 네덜란드어를 하는 독일인 교수들이 여럿 있었다. 그중 한 명은 강제수용소 경비병이었다고 알려진, 성격이 고약한 늙은 남자였다. 그랬다면 지금 교도소에 있거나 더 나쁜 상황이었을 것이므로 정말로 그 말이 사실일 리는 없지만 적어도 그런 소문이 돌았다.

더군다나 그 교수는 해부학 실습 과목에 쓰는 쥐들을 손으로 직접 죽였다. 에테르로 죽이는 방법을 신뢰하지 않은 그는 살아 있는 쥐들이 담긴 상자를 가져와 우리에게 등을 돌린 채 섰다. 몇 분이 지나면 탁상에 목이 부러진 채 죽은 쥐들이 쌓여 있었다.

교수의 편을 들자면 이것은 '경추분리법'이라고 알려진 방법이고, 어쩌면 다른 안락사 방법들보다 빠르고 인간적인 방법이라고 말할 수 있다. 하지만 우리가 이 교수를 무서워했을 것임은 짐작할 수 있을 것이다. 우리가 그랬다면 쥐들은 과연 어땠을까? 상자에서 제일 처음 꺼내진 쥐는 무슨 일이 일어날지 몰랐겠지만, 제일 마지막 쥐는 어땠을까? 설치류가 다른 이의 고통을 감지할 수 있을까? 다른 이의 고통을 느낄까?

더 나아가기 전에 동물 애호가들에게는 동물의 공감에 관한 과학적인 글을 읽는 것이 힘들 수도 있다는 점을 경고해야겠다. 연구자들은 동물이 다른 이들의 고통에 어떻게 반응하는지 보려고 직접 고통을 주는 방법을 써왔다. 내가 항상 이런 실험이 좋다고 생각하거나 직접 하는 것은 아니지만, 이런 실험의 결과로 발견한 것들을 무시하는 일은 바보 같은 짓일 것이다. 그래도 좋은 소식은 이런 실험들은 대부분 수십 년 전에 행해졌고 오늘날에는 반복되지 않을 것이라는 점이다.

미국인 심리학자 러셀 처치Russell Church는 1959년 〈다른 이의 고통에 대한 쥐의 정서적 반응〉이라는 자극적인 제목의 논문을 냈다. 처치는 쥐가 손잡이를 눌러 먹이를 받아먹도록 훈련시켰고, 손잡이를 누를 때 옆 칸의 쥐가 충격을 받는다는 걸 알아차리면 쥐가 누르기를 중단한다는 것을 밝혔다. 놀라운 사실이다. 왜 쥐가 전기격자 위에서 고통에 춤추는 동료를 그냥 무시하고 먹이를 계속 받아먹으면 안 되는 걸까? 정신이 산만해져서, 혹은 동료가 걱정돼서, 아니면 스스로가 무서워져서 멈춘 걸까?

처치가 제시한 설명은 모든 행동이 조건에 대한 반응으로 형성되는 것이라고 생각했던 시대의 전형적인 해석이었다. 동료가 괴로워하는 모습을 보게 되면 자기의 행복에 불안감을 느낀다는 주장이었다. 하지만 아무런 훈련도 받지 않은 쥐가 다른 이의 비명 소리에 자기 자신의 고통을 연관시킬 이유가 있는가? 실험에 쓰인 동물들은 실험실에서 적절한 온도와 빛, 충분한 음식이 있는 환경에서 천적도 없이 자라왔다. 이전에 이런 상황을 겪은 적이 단 한 번도 없었다. 고통에 처한 다른 쥐의 모습, 소리, 또는 냄새 때문에 본능적인 감정적 반응이 일어났다고 하는 것이 더 설득력 있어 보인다. 한 쥐의 괴로움이 다른 쥐를 괴롭게 한 것일 수도 있다.[34]

이 연구는 이후 한동안 동물의 '공감', '동정심', 그리고 '이타주의'에 관한 실험을 유행시켰다. 이런 단어들에 항상 따옴표를 붙이는 이유는 이런 개념을 믿지 않는 행동학자들의 분노를 불러일으키지 않기 위해서다. 그런데 이 연구가 그 후로 알려지지 않았던 이유는 한편으론 동물의 감정이 금기시된 탓도 있고, 또 한편으론 전통적으로 자연의 끔찍한 면을 강조해왔던 탓도 있다. 그 결과 이제 우리가 인간의 공감에 대해 아는 것에 비해 동물 연구는 심히 뒤처져 있다. 그래도 캐나다의 과학자들이 수행한 '사회성이 고통에 미치는 영향으로 보는 쥐의 공감에 대한 증거'라는 새 연구 덕분에 좀 나아지고 있는 편이다. 이번에는 '공감'이란 단어가 따옴표에서 벗어난 걸 보면, 개체 간의 감정적 연결은 인간이나 다른 동물이나 똑같은 생물학적 근거를 갖고 있다는 생각에 점차 많은 사람들의 의견이 일치되고 있음을 알 수 있다.

나의 옛 해부학 교수에겐 너무 늦은 소식이지만, 맥길대학교 통증 연구실의 책임연구자인 제프리 모길Jeffrey Mogil은 실험에 쓰인 쥐들이 마치 자기 고통에 대해 서로 이야기를 나누기라도 하는 것처럼 느꼈다. 그가 몇 번이고 되풀이해도 이해할 수 없었던 일은 똑같은 상자에서 꺼낸 쥐들을 실험에 사용했을 때 실험에 쓰이는 순서에 따라 쥐의 반응이 영향을 받는 것 같다는 사실이었다. 마지막 쥐는 첫 번째 쥐보다 고통의 징후를 더 많이 보였다.[35] 한 가지 가능성은 마지막 쥐가 다른 이들의 고통을 봄으로써 민감해졌다는 것이다. 모길은 이것을 치과에 앉아 기다리는 사람이 앞 사람이 명백히 언짢은 표정으로 나오는 걸 볼 때와 비교했다. 고통에 마음의 대비가 되는 것은 어쩔 수 없는 일이다.

한 쌍의 쥐에게 고통 실험을 했다. 각각 서로를 볼 수 있는 투명한 유리관에 넣었다. 그리고 희석한 아세트산을 주입했다. 연구자들의 말에 따르면 아세트산은 가벼운 복통을 일으키는 것으로 알려져 있다. 주사를 맞은 쥐는 통증을 나타내는, 몸을 뻗는 동작을 보인다. 기본적으로 알게 된 사실은 자신의 파트너가 아무 처리를 받지 않을 때보다 주사를 맞고 똑같이 뻗는 동작을 할 때 쥐가 뻗는 동작을 더 많이 한다는 것이었다. 이 결과는 두 쥐가 같은 우리의 동료일 때만 적용되었고, 처음 보는 쥐일 때는 적용되지 않은 걸루 보아 단순히 음의 연관성negative association 때문은 아닌 듯싶다. 그랬다면 두 쥐가 서로 아는 사이든 아니든 상관없이 같은 결과가 나왔어야 했기 때문이다. 실험은 더 나아가 후각이 상실된 쥐, 귀가 먹은 쥐, 그리고 서로를 볼 수 없게 한 쥐들을 이용해 어떤 감각이 관여하는지 알아보았다. 시각이 치명적이었다. 반응은 쥐들이 서로를 볼 수 있을 때만 나타났다.

이 쥐들이 보여준 것은 고통 전이이다. 즉 다른 이가 고통스러워하는 것을 봄으로써 자신의 고통이 강화된 것이다. 흥미로운 점은 낯선 쥐의 고통에 대해서는 민감도가 '낮았다'. 쥐는 눈에 띄게 수동적이 됐다. 하지만 이런 반공감적인 반응은 수컷들에게만 나타났다. 수컷들은 또한 서로에게 잠재적으로 가장 심하게 적대적인 존재다. 수컷들은 경쟁자에게 덜 공감하는 걸까?

이런 성별 차이를 보면, 인간이 다른 사람의 괴로움에 어떻게 공감하는지 연상하게 한다. 함께 협업하던 사람이 고통스러워하는 모습을 보면 우리 뇌의 고통과 관련된 부분이 활성화된다. 이것은 여성이나 남성이 똑같다. 그런데 뇌를 스캔하기 전에 상대방이 게임에서 반칙을 하도록 한 후 같은 실험을 한 연구가 있었다. 속임을 당했을 때 우리는 공감의 반대의 현상을 보여준다. 상대방의 고통을 보면 뇌의 '기쁨'을 담당하는 부분이 활성화된다. 상대방의 괴로움에서 쾌감을 느끼는 것이다! 하지만 이렇게 남의 불행이 나의 기쁨이 되는 경우는 남자에 한해서만 나타난다. 여자는 여전히 공감을 보인다. 이것이 전형적인 인간의 반응으로 보일 수도 있겠지만, 근본적인 개념(잠재적인 경쟁자에게 공감하지 않는 것)은 쥐에게서 발견된 것과 비슷하며 아마도 포유류 전반에서 나타나는 것 같다.

마지막 실험은 두 쥐를 서로 다른 종류의 고통에 노출시키는 것이었다. 하나는 전처럼 아세트산이었고, 또 하나는 쥐가 너무 가까이 다가가면 화상을 입게 되는 복사열원이었다. 같은 우리의 친구가 아세트산으로 고통받는 모습을 지켜본 쥐는 열원으로부터 더 빨리 빠져나왔다. 즉 서로 다른 반응을 해야 하는 전혀 다른 고통 자극에 대해서도 민감도가 높아졌음을 보여주었다. 이로써 동작 모방이라고 해석하는 것은 불가능하며, 쥐들은 일반적인 고통에 대해 민감해진 것으로 보였다. 어떤 고통이든 간에 말이다.

이 연구는 1960년대에 잠정적으로 내렸던 결론을 되살리는 데 큰 도움을 준다. 더 많은 실험체로 더 엄격하게 실험할지라도 똑같은 결과를 얻는다는 것을 보여줬기 때문이다. 다른 이들의 반응을 지각함으로써 자신의 경험이 강화된다는 것이다. 이는 '공감'이라고 부르기에 충분하다.

우리가 심지어 보지도 못한 사람에 대해, 예컨대 《전쟁과 평화War and Peace》등장인물의 운명에 대해 읽을 때 그 사람이 어떻게 느끼는지 진심으로 이해하는 것은 분명히 상상력에 의한 공감이 아니다. 상상이 공감을 이끌어내는 것은 아니라는 점을 분명히 했으면 좋겠다. 다른 사람의 상황을 상상하는 건 비감정적인 일일 수도 있다. 비행기가 어떻게 나는지 이해하는 법과 다르지 않다. 공감은 무엇보다도 먼저 감정적 교감을 필요로 한다. 쥐의 경우를 보면 이것이 어떻게 시작되었는지 알 수 있다. 다른 이의 감정을 봄으로써 감정이 생기고 거기서부터 조금씩 다른 사람의 상황을 이해하게 된다.

신체적 연결이 먼저 일어나고, 이해가 그를 따른다.

오스카 고양이

◇◇◇◇◇◇◇◇◇◇◇◇◇

권위 있는 잡지 〈뉴잉글랜드 의학 저널New England Journal of Medicine〉에 오스카 고양이가 우리를 쳐다보고 있는 사진이 실렸다. 사진 아래로는 동료 선문가가 쓴 찬사의 글이 이어진다. 저자가 들려주는 이야기는 로드아일랜드 프로비던스에 있는, 알츠하이머나 파킨슨병 등의 질병을 앓는 환자들을 위한 노인 병원에서 오스카가 매일 회진을 도는 이야기다. 두 살 된 오스카는 병실을 돌며 신중하게 각 환자의 냄새를 맡고 관찰한다. 누군가 죽을 거라고 결정하면 옆에 웅크리고 앉아서 가르릉 소리를 내며 부드럽게 코를 비빈다. 그리고 그 환자가 마지막 숨을 뱉고 나서야 자리를 떠난다.[36]

오스카의 예측은 병원 의료진이 신뢰할 만한 수준이다. 오스카가 방에 들렀다 다시 나오면 병원진은 아직 환자에게 시간이 있음을 안다. 하지만 오스카가 간호를 시작하면, 간호사는 가족들에게 전화를 걸어 사랑하는 이의 임종을 지키기 위해 병원으로 서둘러 올 수 있도록 한다. 오스카는 그 어떤 전문가보다도 더 정확하게 25명이 넘는 환자의 죽음을 예측했다. 이 수고양이에 대한 찬사의 글은 이렇다. "오스카가 문병해 머무르지 않는 3층에선 아무도 죽지 않는다."

오스카는 어떻게 하는 것일까? 죽어가는 환자의 냄새, 피부색, 혹은 특정한 숨 쉬는 패턴이 있는 걸까? 환자들이 병든 이유는 아주 다양하기 때문에 모두 똑같은 징후를 보이면서 마지막을 맞는다는 건 신빙성이 없지만, 그렇다고 불가능한 일은 아니다. 더 의아한 것은 무엇이 이 고양이를 이끄는가 하는 문제다. 때로는 오스카 혼자서 환자의 임종을 지킬 때도 있는데, 의료진은 이를 오스카가 도와주고 있는 것이라고 해석했다. 하지만 정말 무엇이 이 고양이 호스피스에게 동기를 부여하는 걸까?

내가 보기에는 오스카의 행동에는 두 가지 가능성이 있다. 한 가지는 자기 자신이 편하기 위해서이다. 만약 자기가 감지한 것이 누군가에게 일어나는 것이 속상하다면 그럴 것이다. 또 한 가지는 환자를 편하게 해주기 위해서이다. 하지만 두 가지 가능성 모두 여전히 이해하기 어렵다. 첫 번째 경우에는 오스카가 왜 거의 아무 일도 못하게 된 환자에게서 편안함을 느끼는지가 분명하지 않다. 자기를 쓰다듬어주고 싶어 하는 많은 사람들 중 한 명에게 가 있는 게 더 좋지 않겠는가? 두 번째 가능성은 심지어 더 믿기 어렵다. 혼자서 사냥하는 종에 속하는 오스카가 내가 지금까지 알았던 그 어떤 고양이보다도 관대할 이유가 있겠는가? 내 인생에는 많은 고양이들이 있었고 대부분의 고양이들이 살갑게 굴긴 하지만, 그 행동이 우리의 행복에 관심이 있어서인 것으로 보이진 않는다. 냉정하게 말하자면 이렇다. 나는 때로 고양이들이 왜 추워질수록 우리를 그렇게도 사랑하는지 궁금하다.

물론 과장이다. 고양이도 애정을 주며, 강한 교감을 보여줄 수 있다. 그렇지 않으면 왜 항상 우리가 있는 방에 있으려고 하겠는가? 사람들이 털이 북실북실한 육식동물로 자기 집을 채우면서 관리하기 더 쉬운 이구아나나 거북을 키우지 않는 이유는 포유류가 파충류는 절대 주지 못할 어떤 것을 주기 때문이다. 감정적인 반응이다. 개와 고양이는 우리의 기분을 읽어내는 데 탁월하고, 우리도 개와 고양이의 기분을 읽어내는 데 문제가 없다. 이 점은 우리에게 굉장히 중요하다. 우리는 이런 능력이 있는 동물을 훨씬 더 편하게 느끼며, 훨씬 더 애착을 가진다. 내 추측대로 오스카가 정확히 관심에서 우러나와 행동한 것이 아니었다고 하더라도, 오스카의 행동이 공감의 문제와 전혀 관련 없다고 치부해버리는 것은 실수일 것이다.

진화된 모든 능력은 이점이 있는 것으로 추정된다. 만약 완전히 발달된 공감으로 가는 길의 첫 번째 단계가 정말로 감정 전이라면, 그것이 어떻게 생존과 번식을 도모하는 걸까? 보통은 공감이 돕는 행동을 만들어낸다는 답을 하겠지만, 이를 감정 전이에 적용하기는 어렵다. 감정 전이만으로는 돕는 행동이 만들어지지 않기 때문이다. 갓 걸음마를 익힌 아기가 다른 아기의 울음소리를 들을 때 나타내는 전형적인 반응을 보자. 눈에는 눈물이 가득 차고, 부모에게 달려가 안겨 위로를 받을 것이다. 아기는 이렇게 하면서 불편함의 원인이 되는 것에 등을 돌린다. 이처럼 타인 지향적인 면이 부족하기 때문에 심리학자들은 '개인적 괴로움'이라는 말을 쓴다. 이는 자기중심적인 반응이고 이타주의에 좋은 기반을 제공하지는 않는다.

그렇다고 해서 감정 전이가 쓸모없는 것은 아니다. 야생에 사는 쥐가 다른 쥐의 두려움에 찬 비명 소리를 듣고 자기도 겁을 먹었다고 해보자. 만약 이로 인해 쥐가 도망치거나 숨었다면, 이 쥐는 다른 쥐에게 닥친 운명이 무엇이었든 그것을 피할 수 있다. 혹은 새끼들이 내는 불안한 초음파 소리를 듣고 불편해진 설치류 어미를 보자. 어미는 새끼들의(그리고 자신의) 소리를 멈추기 위해 젖을 먹이고 더 따뜻한 곳으로 옮겨놓느라 분주히 움직이게 된다. 즉 다른 이의 안녕에 대한 진지한 관심이 전혀 없이 단순히 감정이 생겨나고 그에 따라 반응하는 것만으로도 동물들은 위기를 모면하거나 자식을 돌볼 수 있다. 적응이란 다름 아닌 바로 이런 것이다.

새끼의 문제를 해결해줌으로써 새끼의 고통스러운 소음을 '끄는' 엄마는 자아중심적인 이유로 타아지향적인 행동을 보인다. 나는 이를 '자기보호적 이타주의'라 부른다. 즉 고통스러운 감정으로부터 자신을 보호하기 위해 다른 이를 돕는 것이다. 이런 행동은 다른 이들에게 이익을 주는 건 맞지만 진정으로 남을 지향하는 건 아니다. 어쩌면 이런 식으로 다른 이들에 대해 관심을 갖게 진화된 것일까? 자기보호적 이타주의가 시작이었을까? 이것이 점점 진화해 다른 이의 행복을 위한 돕기 행동이 된 것일까? 도서관에 있는 책들에는 이기주의와 이타주의 사이에 날카로운 선을 그으려는 노력들이 담겨 있지만, 만약 우리가 보는 것이 엄청나게 넓은 회색 영역이라면 어떨까? 공감을 정확히 '이기적'이라고 말할 수는 없다. 완벽히 이기적인 자세라면 다른 이들의 감정을 단순히 무시하면 되기 때문이다. 하지만 행동을 촉발하는 것이 자기 자신의 감정 상태라면 공감을 '이타적'이라고 하는 것도 적절치 않아 보인다. 이기적/이타적으로 나누는 행위가 중요한 것을 가리고 있을 수도 있다. 왜 군이 다른 이들에게서 나 자신을 분리해내려고 하고, 나 자신에서 다른 이들을 분리시키려고 하는가? 이 두 가지를 병합하는 것이 우리의 협동의 본성에 숨어 있는 비밀일 수도 있지 않겠는가?

앞서 쥐에게 했던 실험과 똑같은 실험에서 원숭이들이 어떻게 반응했는지 흥미로운 예가 있다. 1960년대 미국 심리학자들이 보고한 바에 따르면 붉은털원숭이들은 먹이가 나오는 줄을 당겼을 때 동료에게 충격이 가해지자 줄을 당기길 거부했다. 이 원숭이들은 잠시 동안만 행동에 영향을 받았던 쥐들보다 훨씬 더 나아갔다. 자신의 행동이 동료에게 어떤 영향을 미치는지 목격한 후 5일 동안 반응을 멈춘 원숭이도 있었고, 12일 동안 반응을 멈춘 원숭이도 있었다. 이 원숭이들은 말 그대로 다른 이들에게 고통을 주지 않기 위해 스스로 굶었다.

아마 이것도 불편한 모습과 소리를 피하려는 욕구, 즉 자기보호적 이타주의였을 것이다. 다른 이들의 고통을 보는 게 끔찍할 따름이다. 이것이 바로 공감의 요점이다.[37] 원숭이는 다른 원숭이의 몸짓에 극도로 민감하다. 이를 보여주는 또 다른 실험이 있다. 한 원숭이는 비디오 스크린을 통해 다른 원숭이의 얼굴을 볼 수 있고, 이 스크린 속의 원숭이는 둘에게 가해지는 전기 쇼크를 예고하는 딸깍 소리를 들을 수 있었다. 첫 번째 원숭이는 상대방의 소리에 대한 반응을 판독하여 재빨리 전기 쇼크를 끄는 레

버를 누를 수 있었다. 두 원숭이는 서로 다른 방에 있을 때조차도 아주 성
공적으로 고통을 피했다. 레버를 쥐고 있는 원숭이는 경고음을 듣는 원숭
이의 얼굴을 읽는 데 전혀 문제가 없어 보였다. 원숭이는 과학자들보다
다른 원숭이의 표정을 읽는 데 더 뛰어났다. 똑같은 화면을 봤던 과학자
들은 "다른 원숭이의 얼굴 표정을 읽는 데에는 원숭이가 인간보다 훨씬
더 뛰어난 해석가이다"[38]라고 결론을 내렸다.

　동물들의 서로에 대한 민감도를 증명하기 위해 이런 과정들이 필요하
다고 여겨지는 것이 끔찍하지 않은가? 동물의 공감에 대한 연구가 우리
자신의 공감을 일으키지 않고는 이루어질 수 없는 것일까? 나는 이런 과
정들을 변호할 생각은 없지만, 우리가 동물의 공감에 대해 아는 것이 극
도로 적다는 사실은 명심하면 좋겠다. 과학이 공포나 공격성과 같은 부정
적인 감정에 대해 쏟은 관심에 비해 긍정적인 감정은 완전히 등한시되어
왔다. 하지만 우리가 사람에게 하듯 좀 더 유순한 방식으로 공감을 연구
할 수 있어야 한다. 예를 들면, 약한 스트레스원을 이용할 수도 있고, 일상
에서 일어나는 일에 대한 반응을 이용할 수도 있다. 어차피 영장류의 하
루하루는 압박을 주는 일들로 가득 차 있다.

　나는 내 실험에서 고통을 주거나 제거하는 방법을 되도록 사용하지 않
는다.[39] 비록 이로 인해 한 가지 명백한 결점이 남을지라도 말이다. 내 동
물들의 '내면'에서 무슨 일이 일어나는지 절대로 알 수 없다는 점 말이다.
하지만 무전 송신기가 피부에 심을 수 있을 정도로 작아지면서 나에게도
기회가 왔다. 이것으로 원숭이의 심장 박동수를 측정할 수 있었다. 애완동
물에게 사용되던 것인데 영장류에게 안 될 이유가 있겠는가? 예전에는 심
장 박동 데이터를 얻으려면 원숭이를 의자에 고정시키거나 원숭이의 등
에 무거운 장비를 지웠어야 했지만, 이젠 자유롭게 움직이는 붉은털원숭
이의 심장 박동 데이터를 얻을 수 있게 되었다. 관측탑에 앉아 야외 울타

리의 원숭이들을 내려다보는 젊은 학도 스테파니 프레스턴Stephanie Preston 옆에 세워놓은 안테나로 실시간 심장 박동 신호가 전송되었다. 우리는 신체적 접촉이 심장에 어떤 영향을 미치는지 알아내려고 했다. 동물의 공감이라는 논쟁거리를 끄집어낸 나의 책《굿 네이처드Good Natured》가 출간된 (1996년) 바로 뒤였다. 영장류가 스트레스를 어떻게 해소하는지가 내 논의의 큰 부분을 차지했고, 그랬기에 영장류의 심장 박동을 측정하려고 했다. 회상하건대, 로버트 고이Robert Goy(내가 대서양을 건너 이민을 오게 한 과학자) 선생님께서 오래전 내게 했던 말에 나도 동의했다. "프란스, 심장은 건드리지 마라. 완전히 뒤죽박죽이야." 선생님은 분명 사랑이나 애정의 비유적인 표현으로 심장을 말한 게 아니었다. 심장 박동수를 이해하는 게 거의 불가능하다는 뜻이었다. 심장은 모든 것에 반응한다. 섹스, 공격, 공포뿐 아니라 점프나 달리기처럼 비감정적인 활동까지도. 심지어 원숭이가 허리를 펴고 앉아서 긁적거리면 심장 박동수가 치솟는다. 도대체 무슨 일이 벌어지고 있는 건지 누가 어떻게 알아내겠는가? 예를 들어 한차례 싸움 뒤에 심장이 느려졌다면, 원숭이가 평화로워졌기 때문일까, 아니면 단순히 뛰어다니기를 멈추고 숨을 돌리기 시작했기 때문일까?

최소한 우리는 무선송신기를 단 원숭이가 자신과 다른 원숭이들 간의 관계를 마음 깊이 알고 있다는 점은 말할 수 있다. 만약 그늘에 조용히 앉아 있을 때 다른 원숭이가 걸어 지나가는데 심장 박동수가 그대로 유지된다면 지나가는 원숭이가 자기 가족 중 하나이거나 서열이 낮다는 뜻이다. 그런데 서열이 높은 원숭이가 지나가면 심장이 마구 뛰기 시작한다. 원숭이의 얼굴이나 자세에서는 별다른 걸 볼 수 없지만, 심장은 극심한 불안함을 드러낸다. 붉은털원숭이는 내가 아는 가운데 가장 엄격한 계층 사회를 이루고 살며, 우월한 원숭이는 하급자를 가차 없이 처단한다. 하급자를 너무나 완벽하게 제어해 어떤 때는 심지어 입속의 음식을 가져가기도 한다. 가져가는 동안 머리를 잡아 고정시킨다. 우리 원숭이들의 심장 박동은 붉은털원숭이 사회의 일상인 고요한 공포를 드러냈다.

스트레스에는 완화가 절실히 필요하며, 붉은털원숭이들은 털 고르기를 통해 이를 충족한다. 하지만 이 활동의 안정 효과를 증명하기는 쉽지 않았다. 우리의 원숭이들이 털 고르기를 할 때마다 거의 똑같은 상황에서 털 고르기를 '받지 않는' 상황처럼 완벽한 짝이 필요했다. 그래야 심장 박동수에 차이가 날 경우 털 고르기 때문이라고 할 수 있었다. 우리는 실제로 털 고르기가 심장 박동을 느리게 한다는 걸 알아냈고, 이는 자연과 비슷한 환경에 있는 동물에게서 처음으로 입증된 것이었다.[40] 이로써 널리 알려진 추측대로 털 고르기가 즐거움과 편안함을 주는 활동으로 이와 진드기를 제거할 뿐 아니라 스트레스를 없애고 사회적인 유대를 조성하는 역할을 한다는 것이 확인되었다. 사람이 쓰다듬어주고 있는 말에게서도 심장 박동수가 떨어지는 경우가 관찰됐고, 반대로 애완동물을 쓰다듬는 사람의 경우도 그랬다. 실제로 반려동물은 심장병 환자들에게 점점 더 많이 권고되고 있을 정도로 스트레스에 아주 효과적이다.

다음번에 우리 고양이 소피Sofie가 내 얼굴을 두드려 깨워—언제나 부드럽지만 또한 항상 매우 집요하다—이불 속으로 슬며시 들어올 때 이 점을 생각해야겠다.

즉 겨울에 말이다.

공감에는 얼굴이 필요하다

심장 박동 연구를 하는 동안 스테파니는 공감앓이에 걸린 게 틀림없었다. 스테파니는 다른 곳으로 공부를 하러 떠난 뒤에 이 주제에 대해 더 폭넓게 읽기로 결심했다. 공감에 관한 글들은 온전히 인간에 관한 것들이며, 지극히 본능적이고 보편적이며 인생의 초기부터 나타나는 능력은 결코 생물학적일 수 없다는 듯 동물에 대해서는 언급조차 하지 않는다.[41] 공감은 지금까지도 종종 역할 맡기와 높은 인지 능력, 그리고 심지어 언어까지 필요한 자율적인 과정으로 간주된다. 스테파니와 나는 기존의 자료들을 다른 시각으로 검토해보고 싶었다.

몇 년 후 캘리포니아 버클리에서 스테파니를 만났을 때 스테파니가 사무실 구석에서 커다란 종이 상자 두 개를 가져와 탁자 위에 올려놓았다. 내가 그때까지 존재하리라 생각했던 공감에 대한 논문보다도 더 많은 논문이 거기 있었다. 테오도어 립스의 글을 비롯한 역사적인 논문들까지 포함해 주제별로 깔끔하게 정리되어 있었다. 우리의 재검토 프로젝트가 점점 더 커지고 있는 게 자명했다. 우리의 초점은 공감이 어떻게 작동하는가, 특히 뇌가 바깥세상과 내면을 어떻게 연결하는가 하는 문제였다. 다른 사람의 상태를 보게 되면 예전에 겪었던 비슷한 상태에 대한 숨어 있던 기억이 우리 내면에서 깨어난다. 내가 뜻하는 것은 의식적인 기억이 아니라 자동적인 신경회로의 재활성화이다.[42] 고통스러워하는 다른 사람을 보면 고통회로가 작동되는데, 만약 어린아이가 무릎이 긁히는 걸 보면 우리는 이를 악물거나 눈을 감거나 심지어 '아!' 하고 소리를 지르기까지 한다. 우리가 하는 행동은 다른 이의 상황에 딱 들어맞는데, 그 상황이 바로 우리 자신의 것이 되었기 때문이다.

'거울 뉴런mirror neuron'의 발견으로 이 논쟁 전체는 세포 단계에서 논하게 되었다. 1992년 파르마대학교의 한 이탈리아 팀이 처음으로 원숭이들에게 독특한 뇌세포가 있다는 것을 보고했다. 이 뇌세포는 원숭이 자신이 직접 물건을 만질 때만 활성화되는 것이 아니라 다른 원숭이가 만지는 걸 볼 때도 활성화됐다. 원숭이의 뇌에 심어진 전극에 따라 세포가 활성화되는 것을 모니터로 보는 것이 전형적인 입증 실험이다. 원숭이가 실험자로부터 땅콩을 받으면 이 뉴런은 총소리같이 짧고 빠른 신호를 (증폭기를 통해) 터뜨린다. 잠시 후에 원숭이가 보는 앞에서 실험자가 땅콩을 집어 들면 바로 그 똑같은 세포가 다시 한번 바웅하다 하지만 이번에는 '남'이 움직임에 반응한 것이다. 이 뉴런이 독특한 이유는 '보는 것'과 '하는 것'의 구분이 없기 때문이다. 이 뉴런은 나와 타자의 경계를 지워버린다. 그리고 한 생물이 주변 이들의 감정과 행동을 그대로 따라 하는 데 뇌가 어떻게 도움을 주는지 첫 번째 실마리를 제공한다. 마치 사람들 간의 눈맞춤에 대해 관심을 끌게 한 핑크 플로이드Pink Floyd의 옛 노래 같다.[43] "내가 당신이에요. 눈에 내가 보이네요I am you and what I see is me." 심리학계에서 거울 뉴런의 발견이 갖는 기념비적 중요성은 생물학에서 DNA를 발견한 것과 같은 것으로 일컬어진다.[44] 이 핵심적인 발견이 원숭이에게서 일어났다는 점은 분명 공감이 인간 고유의 것이라는 주장을 뒷받침해주진 않는다.

하지만 공감의 자동성이 논쟁의 주제가 되었다. 딤베리가 무의식적인 표정 따라 하기를 제시했을 때 반대에 부딪힌 것과 같은 이유로 어떤 과학자들은 자동성을 '제어 불능'과 동일시하며 자동성에 대해서는 무엇이든 심한 반감을 내보인다. 우리는 자동적인 반응을 할 만한 여유가 없다는 것이 그들의 이유다. 만약 우리가 눈에 들어오는 모든 사람에게 공감을 한다면 우리는 끊임없는 감정의 혼란을 겪게 될 것이다.[45] 이 말에는 더할 나위 없이 찬성하지만, '자동성'이 의미하는 것이 정말 이런 것일까? 자동성이란 그 속도와 잠재의식적인 특성을 나타내는 것이지, 중단하는 것이 불가능하다는 것은 아니다. 예를 들어 숨쉬기는 완전히 자동적인 것이지만 내가 조절하고 있다. 지금 이 순간에도 나는 얼굴이 파래질 때까지 숨을 안 쉬기로 결정할 수 있다.

아무데나 걷잡을 수 없이 공감하지 않기 위해 우리가 반응을 조절하고 억제하는 방법만 있는 것은 아니다. 그 근원에서부터 선택적으로 관심을 기울이고 일치화함으로써 조절할 수 있다. 어떤 시각적 상에 의해서 감정이 일어나기를 원치 않는다면 그냥 보지 않으면 된다. 우리가 타자에게 쉽게 일치화를 하긴 해도 자동적으로 일치화되지는 않는다. 예를 들면, 우리는 우리와 다르거나 다른 집단에 속해 있다고 여기는 사람과 일치화하기는 쉽지 않다. 우리와 비슷한 사람—문화적 배경, 민족, 나이, 성별, 직업 등이 같은—과 일치화하기가 쉽고 배우자, 자식들, 친구들처럼 우리와 가까운 사람과는 더더욱 쉽다. 일치화는 공감의 기초적인 전제 조건으로서 심지어 쥐도 같은 우리의 동료에게만 고통 전이를 보인다.[46]

타자와의 일치화가 공감으로 향한 문을 연다면, 일치화의 부재는 그 문을 닫는다. 야생 침팬지들은 상황에 따라 서로를 죽이기도 하기 때문에 틀림없이 그 문을 완전히 닫는 것이 가능해 보인다. 이런 일은 대부분 집단끼리 경쟁하는 상황에서 일어나며, 이는 물론 인간에서도 공감이 가장 낮아지는 상황이다.[47] 아프리카의 한 보호 구역에서 침팬지 집단이 남쪽파와 북쪽파로 나뉘어 결국은 두 개의 분리된 집단이 되었다. 이 침팬지들은 한때는 함께 놀고, 털을 고르고, 티격태격 다투고 나서 화해를 하고, 고기를 나눠 먹고, 조화를 이루며 살았다. 하지만 두 파는 영역을 놓고 싸우기 시작했다. 예전엔 친구였던 침팬지가 말 그대로 서로의 피를 마시는 것을 본 연구자들은 충격을 받았다. 가장 나이 많은 침팬지도 면제받진 못했다. 극도로 노쇠해 보이는 수컷이 20분 동안 계속해서 맞고 끌려다니다가 죽은 채 내버려졌다. 침팬지 전쟁의 희생자가 '비침팬지화되었다'[48]고 일컬어지는 이유이며, 이는 비인간화의 특성이기도 한 일치화의 억제를 암시한다.

공감은 또한 미연에 방지할 수도 있다. 응급실의 의사와 간호사 같은 경우엔 계속해서 공감의 상태를 유지할 여력이 없다. 뚜껑을 닫아놔야 한다. 소름 끼치는 면이 있긴 한 것이, 예를 들면 어떤 나치들은 자기 자신의 가족들에게는 상당히 감성적이고 보통의 아버지들처럼 가족을 잘 돌보았지만 동시에 인간의 가죽으로 만든 전등갓을 갖고 있었으며 무고한 사람들을 대량 학살했다. 혹은 프랑스 혁명기의 정치가 막시밀리앙 로베스피에르Maximilien de Robespierre를 생각해보라. 그는 '공화국의 적'들을 두 번도 생각하지 않고 단두대로 보냈지만—그중 일부는 친구들이었다—자기의 개 브룬트Brount와 노는 걸 아주 좋아해 오랜 시간 함께 산책을 했다. 한 면으로는 완전히 애정이 풍부하며 감성적인 사람도 다른 면에서는 잔악무도하게 행동할 수 있다.

공감이 불가피한 경우는 거의 없지만, 비슷하거나 가까운 정도에 근거해 '사전 승인'을 받은 사람들에 대해서는 공감이 자동적으로 일어난다. 그들에 관한 한 흔들리는 걸 어쩔 수가 없다. 우리는 보통 얼굴에만 집중하지만, 분명히 감정 표현은 온몸에서 일어난다.[49] 벨기에의 신경과학자 베아트리체 드 겔더Beatrice de Gelder가 보여줬듯이 우리는 얼굴 표정에 반응하는 것과 똑같이 몸의 자세에도 빠르게 반응한다. 겁먹은 자세(달려갈 준비가 되어 있으며 손으로는 위험을 막아내려는)나 화난 자세(가슴이 나오고 한 발짝 앞으로 내민)를 별 노력 없이 읽어낸다. 과학자들이 실험 대상자들에게 겁먹은 몸에 화난 얼굴을 붙이고 화난 몸에 겁먹은 얼굴을 붙이는 속임수를 쓰자 부조화 때문에 반응 속도가 느려졌다. 하지만 그 사람의 감정 상태를 판단하라고 하자 자세가 얼굴 표정을 이겼다.[50] 이를

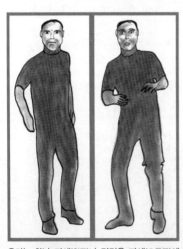

우리는 화난 자세(왼쪽)나 겁먹은 자세(오른쪽)에 재빠른 반응을 보인다. 이 그림에서는 얼굴이 몸과 같은 감정을 전하고 있지만, 얼굴을 지워도 우리는 자세만 보고도 감정적인 반응을 보인다.

보면 우리가 얼굴 표정보다 자세를 더 신뢰하는 게 분명하다.

타인의 감정이 정확히 어떻게 우리의 감정에 영향을 미치는지 완전히 알려지지는 않았다. 내가 '몸 우선론Body First Theory'이라고 부를 한 가지 아이디어는 몸에서 먼저 시작되어 감정이 따라온다는 의견이다. 다른 사람의 몸짓이 우리의 몸에 영향을 미치고, 그러면 감정의 메아리가 만들어져 그에 맞춰 느끼게 된다. 루이 암스트롱Louis Armstrong의 노래와 같다. "당신이 미소를 지을 땐 온 세상이 당신과 함께 미소 지어요When you're smiling, the whole world smiles with you." 다른 사람의 미소를 따라 함으로써 행복감을 느낀다면, 미소를 지은 사람의 감정이 우리의 몸을 통해 전염된 것이다. 이상하게 들릴지 모르지만 이 이론에 의하면 감정은 우리의 몸으로부터 나온다. 예를 들면, 단순히 입가를 올리는 것으로 기분이 좋아질 수 있다. 사람들에게 연필을 가로로 길게 물고 입술에 닿지 않도록(즉 입이 미소 지을 때의 모양이 되도록) 요청하면 찡그리라고 요청했을 때보다 만화를 더 재미있는 것으로 평가했다. 몸이 우선임이 한 구절로 요약될 때도 있다. "내가 달리고 있는 걸 보니 두려워하고 있나 봐."

순서가 당연히 이상하게 보인다. 감정이 우리를 움직여야지, 그 반대가 아니다. "나는 무섭기 때문에 달리고 있어"라고 해야 되는 거 아니겠는가? 무엇보다도 '감정'은 '흔들다' 혹은 '움직이다'를 의미한다. 사실 이게 내가 '감정 우선론'이라고 부를 두 번째 아이디어다. 우리는 어떤 사람의 몸짓을 보거나 말투를 듣고서 감정 상태를 추론하고, 그러면 우리의 감정이 영향을 받는다. 얼굴 없이 겁먹은 자세만 보이는 사진을 보게 했을 때 입증되었듯이, 사실 우리가 다른 사람과 똑같은 표정을 짓게 되는 데에 그들의 얼굴이 꼭 필요한 것은 아니다. 얼굴을 따라 할 수 없게 되었는데도 실험 대상자들의 얼굴에는 여전히 겁먹은 표정이 나타났다. 즉 감정 전이는 타인의 감정과 우리의 감정 사이의 직접적인 통로를 통해

일어난다.[51]

타인의 감정에 맞춰지는 게 '좋지 않을' 때도 있다. 예를 들어 분노에 찬 상사를 대할 때 그 사람의 태도를 따라 한다면 문제가 심각해질 것이다. 우리에게 필요한 것은 그의 감정 상태를 재빠르게 파악해 굴복, 회유, 혹은 후회로 적절하게 대응하는 것이다. 이 점은 상사가 옳든 그르든 거의 동일하게 적용된다. 단지 사회적 지위의 문제인 것이다. 이는 모든 영장류가 직감적으로 이해하는 역학이다. 이런 상황은 몸 우선론보다는 감정 우선론에 의해 훨씬 더 잘 설명된다.

몸의 자세나 움직임의 중요성에도 불구하고 얼굴은 여전히 감정이 오가는 주된 통로다.[52] 얼굴은 타인과 연결되는 가장 빠른 길이다. 얼굴을 움직이지 못하거나 마비된 사람들이 심하게 외로움을 느끼고 우울해지는 경향을 보이며 때로는 자살까지 하게 되는 것도 우리가 이 통로에 의존하기 때문이라고 설명할 수 있다. 파킨슨병 환자들과 일하는 언어치료사가 지켜본 바에 의하면 대략 40명의 환자들 중 5명이 얼굴 근육 강직을 보인다면 다른 모든 환자들이 이들에게 다가가려 하지 않는다. 어쩌다가 이야기를 했을 때도 그건 단순히 '예', '아니오'의 대답만을 얻기 위한 것이었다. 만약 어떤 생각인지 알고 싶은 경우에는 차라리 환자의 동반인과 이야기하려고 했다. 공감이 타인을 이해하려고 하는 자율적이고 의식적인 절차였다면 당연히 이런 일이 일어날 이유가 없다. 완벽하게 자기 자신을 표현할 수 있는 이 환자들의 생각과 감정을 듣기 위해 단순히 조금만 더 노력하면 됐을 것이다.

하지만 공감은 얼굴이 필요하다.[53] 얼굴 표정이 부족하면 공감에 입각한 이해가 부족하게 되고, 인간이 끊임없이 주고받는 신체적 메아리가 전혀 없는 단조로운 상호작용만 하게 된다. 프랑스 철학자 모리스 메를로퐁티Maurice Merleau-Ponty가 말했듯이 "나는 다른 사람들의 얼굴 표정 안에서 산다. 그들 또한 나의 얼굴 표정 안에서 사는 걸 느낀다".[54] 우리는 무표정한 사람들과 이야기를 하려 하면 감정의 블랙홀에 빠지게 된다.

개에게 공격을 받아 얼굴을 잃어버린 한 프랑스 여인이 정확히 이 단어를 사용했다(여인의 말로는 자신의 얼굴이 'grand trou', 즉 '커다란 구멍'이 되어 버렸다고 했다). 2007년 의사들이 여인에게 새로운 얼굴을 주었고, 여인이 안도하며 한 말이 모든 것을 말해준다. "인간이 사는 행성으로 돌아왔어요. 의사소통을 가능하게 해주는 얼굴, 웃음, 표정이 있는 게 인간이란 존재죠."[55]

4장

역지사지

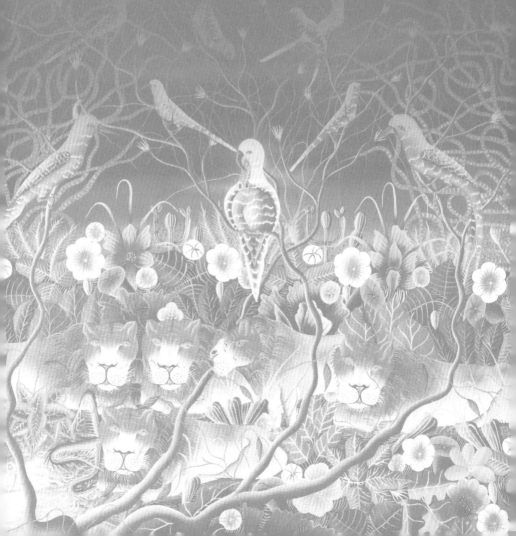

동정심 (…) 그것은
어떤 의미로도 이기적인 원칙이라고 할 수 없다.[1]

애덤 스미스Adam Smith(1759)

공감은 자기중심주의와 이타주의 사이의
간극을 연결해주는 다리로 딱 들어맞는 것 같다.
다른 사람의 불행을 나의 괴로운 감정으로
바꾸는 특성이 있기 때문이다.[2]

마틴 호프만Martin Hoffman(1981)

모스크바 주립 다윈박물관Darwin Museum에 들어서면, 진화론의 역사에 대해 아는 사람이라면 누구나 놀랄 만한 것이 첫 번째로 전시되어 있다. 바로 다윈과 대비되는 사상으로 자주 등장하는 프랑스 진화학자 장 바티스트 라마르크Jean Baptiste Lamarck의 실물 크기 조각상이다.

라마르크는 안락의자에 기대어 있고, 그 옆으로는 10대인 두 딸이 서 있다. 두 딸은 유난히도 비슷하게 생겼는데, 또한 나디아 코츠Nadia Kohts3의 흉상에 아버지를 약간 가미한 것처럼 닮았다. 러시아인 나디아 코츠는 동물 연구의 선구자로 내가 배경 조사를 하게 되었던 사람이다. 이들이 닮은 게 우연은 아닌 것이 나디아 코츠가 이 조각상을 위해 조각가에게 포즈를 취한 모델이었다. 지적이며 검은 눈동자를 지닌 코츠의 사진은 박물관 곳곳에 전시되어 있다. 코츠는 러시아에서 유명한 여성이었으며 지금까지도 그렇다.

우리가 위대한 여성 영장류학자에 익숙하긴 하지만, 그중에서 가장 유명한 사례는 용감한 남자만이 할 수 있는 일이라는 편견을 뒤엎으며 숲 속의 위험한 생물들 사이에서 생활함으로써 주목을 받은 일이다. 코츠 또한 용감한 여성이었다. 하지만 당시 코츠를 위협한 것들은 숲이 아닌 크렘린 궁전에 도사리고 있었다. 스탈린은 자신의 제자였던 아마추어 유전학자 트로핌 리센코Trofim Lysenko의 악영향으로 인해 여러 뛰어난 생물학자들로 하여금 자기 견해를 공개적으로 철회하게 하거나, 그들을 수용소로 보내고 조용히 사라지게 만들었다. 박해받은 자들의 이름은 언급 자체가 금기시되었고, 연구소는 통째로 폐쇄되었다.

진화론은 비종교적인 세계관 덕분에 볼셰비키의 마음에 들었지만, 유전적 변화라는 개념은 제외됐다. 이는 당기는 힘을 빼고 중력을 받아들이는 것과 비슷해서 과학자들은 진화를 이렇게 왜곡된 방식으로 보는 공산주의로 인해 애를 먹었다. 코츠와 코츠의 남편이자 박물관장이었던 알렉산드르Aleksandr는 이 문제에서 벗어나 있는 것을 가장 주된 일로 삼게 되었다. 부부는 가장 민감한 문서와 자료들을 지하실의 박제된 동물들 사이에 숨기고,⁴ 라마르크가 확실히 박물관에서 가장 눈에 잘 띄는 자리를 차지하도록 했다. 라마르크의 이론은 다윈 이전에 형성되었으며 후천적인 기질(예를 들면, 백로 같은 섭금류 새들이 다리를 뻗는 것이나 기린이 목을 길게 늘이는 것)이 다음 세대로 전해질 수 있다고 받아들였다. 유전적 돌연변이는 필요하지 않았다. 박물관은 라마르크적 외면을 갖춤으로써 권력자들의 마음에 들 수 있었다.

하지만 이런 문제에도 불구하고 코츠가 모스크바에만 갇혀 있음으로써 얻는 장점도 있었다. 코츠는 서구에서 교조적인 전쟁이 벌어지고 있으며, 과학자들이 동물의 마음에 대한 책은 나오는 족족 없애고 있다는 사실에 대해 전혀 알지 못했다. 코츠는 어린 침팬지 요니Yoni의 대리 엄마 노릇을 하면서 요니의 감성과 지성에 눈을 뜨고 마음을 열었다. 요니를 생각과 감정이 없는 로봇으로 보는 대신 어린 아들 루디Roody와 크게 다르지 않은 살아 있는 생명체로 보았다. 코츠는 부양을 맡은 이 둘의 발달에 대해 애정을 담아 세부 사항까지 모두 기록으로 남기면서 동물의 감정생활을 처음으로 인식한 현대 과학자의 반열에 올랐다.

코츠는 침팬지 사진, 다른 동물 사진, 털, 그리고 자기를 비추는 거울에 대해 요니가 어떻게 반응하는지 조사했다. 요니는 거울에 비친 것이 무엇인지 알아보기에는 너무 어린 나이였음에도 일단 익숙해진 다음부터는 자기 혓바닥을 앞뒤로 움직여보고 거울을 비틀거나 돌려보면서 거울 속에 있는 것이 어떻게 움직이는지 빤히 들여다보며 좋아했다. 코츠는 즐거움, 질투, 죄책감에서부터 동정심과 좋아하는 이에 대한 보호까지 요니의 감정 발달에 관한 모든 측면을 기록했다. 다음 글은 요니가 코츠에게 보였던 걱정과 연민에 관한 이야기이다.

내가 눈을 감고 눈물을 흘리며 우는 척을 하면 요니는 즉시 놀이나 하던 일을 멈추고 내게 달려왔다. 집 안에서 가장 먼 곳인 우리의 지붕이나 천장은 내가 아무리 집요하게 부르고 내려오라고 간청해도 요니를 끌어내릴 수 없는 곳인데, 거기서부터 달려와 흥분되어 있었고 지쳐 있었다. 마치 나쁜 놈을 찾는 듯 내 주변을 바삐 돌아다녔고, 내 얼굴을 쳐다보며 부드럽게 내 턱을 자기 손바닥에 가져다 대고 손가락으로 내 얼굴을 가볍게 만지며 마치 무슨 일이 일어난 건지 이해하려는 듯했다. 그리고 돌아서서는 발가락들을 꽉 쥐었다.[5]

눈앞에서 흔들거리는 먹이에도 지붕에서 내려오지 않는 유인원이 자기 여주인의 우울한 모습을 보고 즉시 내려온다는 사실만큼 영장류 동정심의 힘을 증명하는 게 어디 있겠는가? 코츠는 우는 척을 하고 있을 때 요니가 자기의 눈을 조사하는 방식에 대해 설명했다. "내가 더욱 비통하고 암담하게 울수록 요니는 더욱 따뜻한 동정심을 보였다." 코츠가 손으로 눈을 덮고 있으면 두 손을 떼어내려 했으며 입술을 얼굴 쪽으로 내밀고 조심스럽게 쳐다보면서 작은 소리로 낑낑거리고 훌쩍였다. 코츠의 아들 루디도 비슷한 반응을 보였다. 루디는 더 나아가 실제로 엄마를 따라 울어버렸다. 루디는 자기가 좋아하는 삼촌이 눈에 안대를 했을 때나 가정부가 쓴 약을 삼키며 찡그릴 때도 울었다.

코츠의 연구가 지닌 유일한 한계점은 너무 어린 침팬지 단 한 마리를 관찰했다는 점이었다. 코츠는 그 종이 성숙했을 때의 심리를 관찰한 적이 없었고, 침팬지들이 야생에서 사는 방식에 대해 전혀 아는 바가 없었다. 예를 들면, 몇 살 안 된 남자아이 한 명만을 연구한 심리학자가 인간 전체를 일반화할 수 없는 것과 비슷하다. 하지만 다른 한편 코츠는 매일같이 요니와 함께했고 얻을 수 있는 모든 정보를 수집했기 때문에 거의 아무도 하지 못한 방식으로 침팬지를 면밀하게 볼 수 있었다. 코츠는 침팬지의 가슴을 들여다보았고, 그로 인해 감명을 받았다.

코츠는 또한 인간의 행동에 대해 통찰력 있는 소견을 내놓기도 했다. 예를 들면, 요니가 제 마음대로 되지 않을 때나 일시적으로 혼자 남겨졌을 때 물건을 마구 집어 던지며 울화통을 터뜨리는 것과 똑같은 모습을 자신의 연구 영역 밖이지만 영안실에서 찾아냈다. 특히 예기치 못한 죽음으로 가족을 잃은 사람들은 거의 장례 마차 바퀴 아래까지 들어갈 듯 몸을 숙이고 가슴이 터질 듯 소리 내어 우는 것을 발작적으로 반복하며 주먹을 연신 꽉 쥐었다. 코츠는 사람들이 비통함을 표현하고 가라앉기 위해 습관적으로 어떤 몸짓을 하는지 기록하며 요니의 손짓과 비교했는데 그것은 놀라울 정도로 비슷했다.

박물관에서 코츠가 사용하던 책상, 코츠가 남편 옆에 앉아 있는 사진, 미국인 유인원 심리학 전문가 로버트 여키스Robert Yerkes가 통역을 통해 코츠와 대화하는 사진, 그리고 리센코와 스탈린에 의해 처형당한 여러 명의 과학자들을 기리는 음울한 초상화 전시관을 지나자 나는 상상하지도 못했던 전시물과 맞닥뜨렸다. 요니가 간지럼을 타며 웃고 있는 사진과 좌절해 울고 있는 사진들, 그리고 나무 장난감들과 놀이용 밧줄들 한가운데에 요니가 서 있었다. 전형적으로 휘파람 부는 자세—침팬지들이 먹이나 친구 등 뭔가를 보고 신났을 때의 모습—그대로 보존되어 있었다. 박제술은 최고 수준이었다. 박제가 알렉산더 코츠의 전공이라는 점을 생각하면 당연한 일이다.

처음에는 나디아 코츠가 사랑과 애정을 쏟았던 대상이 마치 아직도 살아 있는 것처럼 그 자리에 서 있는 것이 섬뜩하게 느껴졌다. 하지만 생각해보니 자연사박물관의 전통적인 방식을 따라온 부부에게는 요니를 보존하는 것이 이치에 맞았을 것이라고 결론을 내렸다. 무엇보다도 그 둘은 결혼 선물로 서로에게 보존된 동물을 주고받은 사람들이다. 이 부부에게는 요니에게 영예를 베풀고 기념하는 최고의 방식이 자신들의 수집품의 일부로 만드는 것이었던 게 틀림없다.

가장 뛰어났지만 거의 알려지지 않았던 영장류학의 선구자는 우리에게 자신의 연구 대상을 활동적인 모습으로 남겨줌으로써 명백해 보이는 요니의 감정이 그녀에게 그랬던 것처럼 우리의 시선도 사로잡았다.

동정심
⬥⬥⬥⬥⬥⬥⬥

원숭이나 쥐가 동료의 고통에 반응해 그 원인이 되는 행동을 멈췄을 때는 단순히 불쾌한 신호를 '꺼버린' 것일 수도 있다. 하지만 자기보호적 이타주의는 요니가 대리모에게 보인 반응을 설명해주지 못한다. 첫째는 대리모의 괴로움이 자기로 인한 것이 아니기 때문이고, 둘째는 지붕에서 대리모가 우는 걸 내려다봤을 때 그저 그 자리를 뜰 수도 있었기 때문이다. 또한 만약 자기보호가 목표였다면 대리모가 손으로 얼굴을 가리고 울고 있을 때 그 손을 그대로 뒀어야 한다. 요니는 분명히 자기 자신의 상황에만 초점을 맞추고 있었던 게 아니다. 코츠에게 무슨 문제가 있는 건지 이해해야 할 필요를 느낀 것이다.

만약 요니가 사람이었다면, 이것을 동정심이라고 했을 것이다. 공감은 행동 이전에 일어난다는 면에서 동정과 차이가 있다. 공감은 우리가 다른 사람에 대한 정보를 모으는 과정이다. 반대로 동정은 타인에 대한 관심과 타인의 상황을 개선해주고 싶다는 욕구를 반영한다. 미국인 심리학자 로렌 위스페Lauren Wispé는 다음과 같은 정의를 제시한다.

동정의 정의에는 두 가지 부분이 있다. 첫째, 타인의 감정에 대한 깊은 인식. 둘

째, 타인의 곤경을 완화시키기 위해 필요한 행동이 무엇이든 감수하려는 충동.[6]

나 자신에 대해 고백함으로써 공감과 동정심의 차이를 설명해보겠다. 나는 동정보다 공감을 더 많이 한다. 성별 차이로 일반화할 수 있을지는 모르겠으나 내 아내는 둘의 비중이 똑같은 것 같다.

내 직업은 동물들과 잘 조화되는 것이 관건이다. 몇 시간씩 동물들을 지켜보면서 동일시하지도 않고, 무슨 일이 벌어지는지 직감하지도 않고, 동물들의 기복에 따라 감정의 기복도 겪지 않는다면 아마 끔찍이도 지겨울 것이다. 공감은 나의 생업이고, 나는 동물들의 생활을 밀접하게 따라다니며 동물들이 왜 그렇게 행동하는지를 이해하려고 노력함으로써 여러 가지를 발견했다. 이렇게 하려면 동물들을 짜증나게 해야 한다. 나는 그렇게 하는 것, 즉 동물들을 사랑하고 존중하는 것에 아무런 문제가 없고, 그렇게 함으로써 그들의 행동을 더 잘 연구할 수 있다고 믿는다.

하지만 이건 동정이 아니다. 나는 동정도 많이 하지만 나의 동정은 덜 자연스럽고 타산적이며 때로는 상당히 이기적이다. 나는 진흙탕에 빠져 울고 있는 돼지를 꺼내주기 위해 가던 길을 멈췄다는 에이브러햄 링컨이 아니다.[7] 나는 길 잃은 개나 고양이를 봐도 반드시 멈춰 서진 않는 반면, 내 아내 캐서린Catherine은 길 잃은 동물을 보면 반드시 데려와 주인을 찾아주기 위해 갖은 노력을 다한다. 나는 만약 내 영장류들 중 한 마리가 심각하게 다쳤거나 아프다는 사실을 알아도—수의사가 돌보고 있다면—다른 일로 바쁘면 머릿속에서 아예 지워버릴 수 있다. 내 마음은 영역이 확실히 구분되어 있다. 캐서린은 사람이든 동물이든 누군가가 아프다면 다른 일을 제쳐두고 걱정하며, 그들을 돌봐주기 위해 자기 힘이 닿는 한 어떤 일이라도 할 것이다. 캐서린은 나보다 훨씬 관대하다. 어쩌면 나는 좀 칸트파일 수도 있겠다. 어떤 일이 더 옳은 일인지 생각하고 장점과 단점을 따져본다. 나의 동정은 공감에서 곧바로 흘러나오는 대신 이성을 거쳐 여과되어 나온다.

신학대학 (남자) 학생들을 대상으로 한 유명한 짓궂은 실험[8]에서 나는 내 모습을 본다. 남자 학생들에게 다른 건물로 걸어가서, 《성경》 우화에 나오는 종교적 이단자이지만 길가에 죽게 내버려진 사람을 도와준 착한 사마리아인에 대한 강의를 하도록 지시했다. 그리고 강의실로 가는 골목 길에 쓰러져 있는 사람을 심어둬 학생들이 지나치도록 해놓았다. 신음 소리를 내는 '피해자'는 눈을 감고 머리를 숙인 채 앉아서 꼼짝도 하지 않았다. 단 40퍼센트의 신예 신학자들만이 무슨 일인지 물어보고 도움을 주었다. 서두르라고 재촉받았던 학생들은 시간이 많은 학생들보다 덜 도와주었다. 인간 문명에서 돕는 행위의 전형을 설명하기 위해 서두른 학생들은 실제로 어려움에 처한 낯선 사람을 지나쳤다.

이처럼 공감은 쉽게 일어나는 데 반해 동정은 상당히 다르게 조절되는 완전히 독립된 과정이다. 동정은 결코 자동적인 것이 아니다. 그럼에도 불구하고 동정은 인간이나 다른 동물 모두에게서 흔히 나타난다. 나는 1970년대에 처음으로 요니만큼 걱정스러워하는 행동을 보이는—인간을 향한 것이 아니라 서로를 향한—침팬지들을 봤고, 그 행동을 '위로'라고 명명했다. 어쩌면 내가 이때 처음으로 공감에 흥미를 갖기 시작했다고 생각할 수도 있겠지만, 나는 위로를 더 깊게 연구하지 않고 다른 주제로 넘어갔다. 나는 침팬지들이 싸우고 나서 키스와 포옹으로 평화를 도모하는 방식에 너무 매료돼서 이런 다른 친근한 접촉들에는 관심을 두지 않았다. 20년이 지난 후 위로가 심리학자들이 말하는 '동정적인 관심'의 정의에 얼마나 완벽히 들어맞는지 깨달았을 때에야 다시 위로라는 주제로 돌아오게 되었다.

나는 위로를 그야말로 수천 번은 보았다.[9] 그만큼 흔히 일어난다. 우리는 침팬지들 간에 싸움이 일어난 후 어떤 일이 벌어지는지 수년에 걸쳐 쌓아온 방대한 양의 자료를 갖고 있다. 위로는 가장 전형적인 결과다. 공격당한 피해자는 조금 전까지는 필사적으로 도망치거나 도움을 요청하는 비명을 지르다가, 이제는 혼자 앉아서 입을 뿌루퉁하게 내밀거나, 상처를 핥거나, 낙담해 있다. 그러다가 지나가던 침팬지가 다가와 안아주거나, 털을 골라주거나, 상처를 조심스럽게 살펴보거나 하면 기운을 차린다. 위로는 말 그대로 두 침팬지가 서로의 팔에 안겨 소리를 지를 정도로 아주 감정적인 경우도 있다. 누가 누구에게 위로를 해줬는지 알아보기 위해 자료를 샅샅이 조사했더니 대부분 피해자의 친구나 친척들이 위로를 해줬다. 요니와 마찬가지로 우리 침팬지들도 다른 이들의 곤경에 민감하며 자기가 하던 일을 멈추고라도 괴로움을 덜어주려고 한다.

이 사실은 오랫동안 명백했지만, 널리 알려지는 데에는 어려움이 있었다. 무엇보다 공감은 최근까지도 진지한 과학으로 받아들여지지 않았다. 우리 인간에 관해서조차 점성술이나 텔레파시 같은 초자연적인 현상과 함께 터무니없고 우스꽝스러운 주제로 분류되었다. 언젠가 어린이의 공감에 대한 연구를 개척한 연구자가 내게 30년 전부터 자신의 메시지를 전달하기 위해 치렀던 힘겨운 투쟁에 대해 얘기해준 적이 있다. 공감과 연관된 것은 무엇이든 뚜렷하지 않고, 지나치게 감성적인 것이며, 여성 잡지에나 어울리지 냉철한 과학과는 어울리지 않는다고 여겨졌다.

이런 거부감이 동물에 관해서는 여전히 남아 있다. 코츠와 여키스는 동물의 감정에 관해서라면 소울 메이트였기 때문에 코츠와 여키스가 이야기를 나누고 있는 사진을 보면서 이에 대해 생각할 수밖에 없었다. 여키스는 그의 책에 동정이란 것이 유인원에게 분명히 있다고 확신함에도 불구하고 언급할 수 없는 주제 중 하나였다는 불평을 늘어놓은 적이 있다. 여키스는 유인원이 위로를 건네는 것을 자주 봤고 심지어 아주 어린 유인원도 마찬가지였다. "정말로 인상 깊은 것은 평소에 근심 걱정 없고 무책임한 어린 침팬지가 아프거나 다친 동료에게 보이는 사려 깊은 모습이다."[10] 여키스는 이런 사례들을 너무 많이 이야기해버리면 동물을 이상화한다고 비난받을 수 있다는 것을 잘 알았고 이를 우려했다. 특히 여키스가 아꼈던 보노보 프린스 침Prince Chim에 대해서 그랬다. 모든 대형 유인원들 중에서도 보노보는 가장 높은 수준의 공감을 하는 것으로 보인다. 하지만 1920년대에는 아직 침팬지와 보노보가 구분되지 않았던 때였기 때문에 여키스는 프린스 침을 단지 특별한 침팬지라고 생각했다.

나는 보노보가 동정을 보인 사례를 많이 알고 있지만, 아마 그중에서 가장 놀라운 것은 새에 대한 반응일 것이다. 이전에 이 일에 대해 쓴 적이 있어서 웬만하면 여기서 반복하지 않겠지만, 아주 흥미로운 후속 조치가 있었다. 쿠니Kuni라는 암컷 보노보가 동물원에서 자기 우리의 유리벽에 부딪혀 기절한 새를 발견했다. 쿠니는 새를 풀어주려고 한 나무의 꼭대기까지 데리고 올라갔다. 그리고 마치 작은 비행기처럼 새의 날개를 펼쳐서 공중으로 날려 보냈다. 즉 새에게 필요한 부분에 맞춰서 도움을 주는 모습을 보여준 것이다. 그런 도움은 분명 다른 보노보에게는 도움이 되지 않았겠지만, 새에게는 완벽하게 적합한 것으로 보였다. 쿠니는 아마 매일같이 날아다니는 새들을 보며 알게 된 것들에 근거해 그런 행동을 했을 것이다.

내가 최근에 들은 비슷한 이야기도 새에 대한 것이다. 옛날에 자주 갔던 아르넴Arnhem 동물원에서 일어난 일이다. 그 동물원의 침팬지는 해자로 둘러싸인 섬 안에 사는데, 이 해자에는 물고기, 개구리, 거북, 오리 등으로 가득 차 있다. 하루는 청소년 침팬지 두 마리가 새끼 오리를 집어 들고는 너무 거칠다 싶을 정도로 흔들어대며 서로 가지고 놀려고 경쟁하고 있었다. 서둘러 물로 도망가는 새끼 오리 한 마리를 더 잡으려고 할 때, 어른 수컷이 위협적인 태도로 달려와 어린 침팬지들을 흩어놓았다. 수컷은 그 자리를 떠나기 전에 아직 땅 위에 있던 나머지 새끼 오리에게로 걸어갔다. 그러곤 아이들이 구슬치기를 할 때처럼 손을 재빠르게 움직여서 새끼 오리를 해자로 밀어냈다.[11]

이 수컷도 마치 자기와 다른 생물체에게 어떻게 하는 게 가장 적합한지를 상상한 것 같다. 분명히 오리와 물이 연관이 있다는 걸 알고 있었을 것이다. 나는 이렇게 타자의 특수한 상황이나 필요에 맞춰 도와주는 것을 '맞춤 돕기targeted helping'라고 부른다. 유인원은 분명 이런 통찰력 있는 도움의 대가라고 생각한다. 코츠에 대한 요니의 행동은 결코 이례적인 것이 아니다. 유인원을 연구하는 사람들이라면 알게 되는, 유인원의 강력한 동정적 성향의 일부이다. 요니나 쿠니의 사례 같은 일화에 기댈 것도 없이 위로와 돕기 행동은 굉장히 흔하기 때문에 누구든 몸소 괴로워하는 이들 주변에서 유인원이 하는 행동을 측정할 수도 있고, 평상시 행동과 상당히 다르다는 것을 입증할 수도 있다. 이제 위로는 공격성이나 놀이처럼 깊게 연구되고 있으며 확실히 자리 잡은 현상이다.

이런 현상이 어떤 동물들까지 널리 퍼져 있는지는 확실치 않지만, 사람의 가장 친한 친구인 개는 포함되어야 할 것 같다.[12] 힘들 때 개에게 위로 받은 사람들의 일화는 말할 수 없이 많다. 존 그로건John Grogan의《말리와 나Marley & Me》에 등장하는 래브라도 말리Marley를 예로 들어보자. 잠시도 가만히 있지 못하고 말썽 부리기로 악명이 높은 말리는 그로건의 아내 제니Jenny가 유산한 사실을 알고 울고 있을 때 꼼짝 않고 앉아서 조용히 제니의 배를 머리로 밀었다. 다윈은 어떤 개가 병든 고양이 친구가 누워 있는 바구니 옆을 지날 때마다 꼭 혀로 몇 번 핥아주지 않고는 지나치지 않는다는 얘기를 했다. 다윈은 이를 개가 갖고 있는 친절한 감정의 확실한 증거로 봤다.

개의 경우에도 반드시 이런 이야기에 의존할 필요가 없이 제대로 연구된 바가 있다. 첫 번째는 의도치 않게 수행된 연구였다. 미국인 심리학자 캐롤린 잔 왁슬러Carolyn Zahn-Waxler는 가족들이 흐느껴 울거나 "아야!" 하고 소리쳤을 때 아이가 몇 살부터 위로하려 드는지 알아보았다. 연구 결과 아이들은 언어를 사용해 반응하기 한참 전인 한 살 때부터 이미 그런 것으로 나타났다. 이 연구를 하던 학자들은 반려동물들이 유사한 반응을 보인다는 것을 우연히 발견했다. 반려동물들도 괴로운 척하고 있는 가족들에 의해 아이들만큼이나 흥분해 주위를 맴돌며 매우 근심스러운 모습으로 무릎에 머리를 올려놓았다.

하지만 어쩌면 반려동물들은 사람에게만―먹이를 주고 명령을 내리는―이렇게 행동하지 서로에게는 아니지 않을까? 이 대답은 영장류 연구를 본떠 개들이 싸운 후의 여파를 조사한 연구에서 찾을 수 있다. 벨기에의 생물학자들이 반려동물 사료 회사에서 매일 목초지에 풀어놓는 개들 사이에 일어난 2000번의 즉흥적인 싸움을 면밀하게 관찰했다. 한바탕 갑작스러운 공격이 일어나면 가까이 있는 개들이 싸움에 참여한 개들에게―대부분은 패배자에게―다가가 핥거나, 코를 비비거나, 같이 앉거나, 함께 놀았다. 그렇게 함으로써 집단은 안정되어 빠르게 평상시 활동이 회복되는 듯이 보였다.

개들의 조상인 늑대도 아마 이와 똑같이 행동할 것이다.[13] 만약 토머스 홉스가 즐겨 말했듯이 "사람은 사람에게 늑대가 된다"면 공격을 받고 울고 있는 패배자를 편안하게 해주려는 경향까지 포함해서 이 말을 가능한 한 최선의 방법으로 받아들여야 한다.

역지 상상易地 想像

《자헤드Jarhead》에서 앤서니 스워포드Anthony Swofford는 미국 해병대원으로 걸
프전에 참여했던 경험을 얘기했다. 화학 무기로 무장했다고 알려져 있는
적과 맞서러 가기 전날 전우 웰티Welty가 포옹의 자리를 만들었다.

우리는 전투에서 죽으려는 참인데 마지막 신체 접촉, 즉 포옹을 해보기로 했다.
이 마지막 포옹으로 웰티는 우리를 다시 인간으로 만들어주었다. 웰티는 우리
에게 자기 자신을 드러내고 욕구를 드러냈으며, 다시 우린 우리 자신을 그에게
드러냈다. 이로써 우린 더 이상 그저 사막에서 모래언덕을 넘어가 사람들을 죽
이려고 포효하는 야만인이 아니었다.[14]

위로의 신체 접촉은 우리 포유류 생물학의 일부로서 어미가 보살펴주
고, 안아주고, 데리고 다니는 행동들로 거슬러 올라간다. 그렇기 때문에

위로는 우울함, 절망, 또는 비탄에 대한 일반적인
반응으로, 예를 들면 전쟁의 한가운데에 있는 군인
들 사이에서 일어난다.

우리는 스트레스를 받는 환경에서 이런
행동들을 바라기도 하고 받기도 한다.
장례식에서, 사랑하는 이가 아프거나 다
쳐 누워 있는 병원에서, 전쟁이나 지진
이 일어났을 때, 운동 경기에서 패했을
때 사람들은 서로를 어루만지고 껴안는
다. 위로의 포옹으로 가장 유명한 이미
지 중 하나는 거친 질감의 흑백 사진 속
에서 한 미군이 다른 미군의 머리를 부
드럽게 잡고 가슴에 기대어주는 모습이
다.[15] 위로를 받은 군인은 한국 전쟁 중

136 ··· 공감의 시대

한 전투에서 방금 친구를 잃었다.

《침대 위의 두 사람Two in bed》이라는 책을 쓴 사회학자 폴 로젠블라트Paul Rosenblatt는 아이를 잃는 끔찍한 일을 겪은 부부들을 인터뷰하고 다음과 같이 말했다.[16] "밤에 침대에서 서로를 끌어안고 함께 이야기를 나누며 비통함을 이겨냈다고 말하는 사람들이 상당히 많았다." 이렇듯 접촉으로 위로해 얻는 심리적인 안정감이 어떤 건지 생각하면 버지니아에 있는 한 중학교의 '포옹 금지 정책'에 놀랄 수밖에 없다.[17] 학생들은 포옹하거나 손을 잡거나 심지어 하이파이브를 하는 것만으로도 교장실에 불려갔다. 이 학교는 부적절한 행동을 막으려다 가장 기본적인 친근감의 표현을 금지하는 규칙을 만든 셈이다.

우리가 다른 사람을 위로할 때—아니면 침팬지나 개가 그럴 때—그 바탕에 숨어 있는 동기는 무엇일까? 우리 자신을 위로하기 위함일 수도 있을 것이다. 누군가 우는 것을 보면 우리의 마음이 혼란스럽게 되고, 그래서 남을 위로함으로써 우리 자신도 안심시키는 것이다. 이런 행동은 어린 붉은털원숭이들에게서 많이 봤다.[18] 예전에 한 아기 붉은털원숭이가 실수로 서열이 높은 암컷 위에 착지했다가 물린 적이 있다. 이 아기가 어찌나 줄기차게 소리를 질러대던지 순식간에 다른 아기들이 모여들었다. 내가 센 것만 해도 여덟 마리의 아기 붉은털원숭이들이 이 가여운 희생자 주위로 다닥다닥 붙어서 다친 아기를 포함해 서로를 누르고 밀치고 당겨댔다. 분명히 놀람을 달래는 행동은 아니다. 이 원숭이들의 반응은 자동적인 것으로 보였다. 희생자만큼 몹시 흥분해 서로 위로를 받으려는 듯했다.

하지만 이게 전부일 리는 없다. 이 원숭이들이 단지 스스로를 안정시키려고 했다면 왜 희생자에게 다가갔겠는가? 왜 엄마에게 달려가지 않았을까? 왜 확실한 위로의 근원지가 아닌 고통의 근원지를 찾아내는 걸까? 분명히 감정 전이 이상의 무엇이 있는 게 틀림없다. 위로를 찾는 이유는 감정 전이로 설명할 수 있겠지만 울고 있는 동료에게 자석처럼 끌리는 이유는 감정 전이로 설명할 수 없다.

사실 어린아이들과 똑같이 동물도 무슨 일인지 아는 기색이 전혀 없이도 고통스러워하는 이들을 찾아내곤 한다. 마치 불길에 끌리는 나방처럼 무턱대고 끌리는 것 같다. 우리가 다른 사람의 행동에서 걱정거리를 찾아내는 걸 좋아하긴 해도 꼭 이해해야 하는 것은 아닐 수도 있다. 나는 이렇게 뭔지 모르면서 끌리는 반응을 '지레걱정preconcern'이라 부른다. 마치 자연이 생명체에게 간단한 행동 수칙을 부여한 것 같다. "다른 이의 고통이 느껴지면 다가가서 접촉해라."

어떤 이들은 이런 수칙이 멀리하는 게 나은 사람들까지 포함해 온갖 속상해하는 이들에게 에너지를 낭비하게 만드는 거라고 반대할 수도 있다. 곤경에 빠진 이들에게 다가가는 게 실제로 현명한 일이 아닐 수도 있다. 하지만 낯선 이들보다 가깝게 지내는 이들 사이에 감정이 더 잘 전이된다는 증거를 보면 그런 걱정은 할 필요가 없을 듯하다. 단순히 다가가라는 수칙만으로 우리는 자동적으로 고통받고 있는 자식이나 동료처럼 자기에게 가장 중요한 상대에게로 향할 것이다.

만약 정말로 그렇다면 우리가 동정과 연관시킨 행동들은 사실 동정 자체 '이전'에 일어날 것이다. 주객이 전도된 듯 보여도 사실 그렇게 이상한 것은 아니다. 행동이 이해보다 선행하는 사례는 또 있다. 예를 들어 언어 발달의 경우, 아이들은 물건의 이름을 말하거나 생각을 표현하는 것으로 시작하지 않는다. '옹알이'로 시작된다. 아기들은 바닥을 기어 다니며 의미 없이 "바, 바, 바, 바, 바" 하는 소리를 내고, 좀 더 발달하면 "도, 코, 야이, 다이, 부"이다. 우리 인간 종이 유일하게 말하는 영장류라고 주장한다면, 옹알이는 분명 우리가 의도한 것은 아니지만 하찮게 볼 이유가 전혀 없다. 모든 사람의 언어가 아기 공통어―전 세계적으로 똑같다―로 시작한다는 사실을 보면 언어가 얼마나 뿌리 깊게 박혀 있는 것인지 알 수 있다. 언어는 완성품의 고상함이 전혀 없는 원초적인 욕구에서부터 발달해 간다.[19] 다른 이의 괴로움에 관여하려는 충동도 정확히 이와 같다고 나는 제의한다.

지레걱정은 이끌림이며, 그 대상은 그 사람의 고통스러움이 당신에게 영향을 미친다면 누구나 해당된다. 다른 사람의 상황에 있는 당신 자신을 상상해야 할 필요는 없으며, 실제로 그런 능력이 전혀 없을 수도 있다. 예를 들어 태어난 지 1년 된 아기가 속상해하는 가족에게 끌릴 때이다. 이 나이의 아기는 아직 다른 이의 상황을 파악할 능력이 없다. 또한 지레걱정으로써 왜 반려동물이나 오스카 같은 동물들이 고통스러워하거나 죽기 직전인 사람과 접촉을 하는지, 혹은 왜 아기 원숭이들이 비명을 지르고 있는 불쌍한 동료 주변으로 모여드는지 설명해줄 수 있다.

먼저 지레걱정이 일어나면 학습과 지능이 복잡성을 더해가면서 반응은 점점 더 눈에 띄는 것이 되고, 마침내 완전한 동정이 일어난다. 동정은 타인에 대한 실질적인 관심이 있으며 무슨 일이 일어났는지 이해하려고 시도한다는 것을 암시한다. 요니가 코츠의 손을 잡아당긴 것이 떠오른다. 코츠의 눈을 읽으려는 의도였던 듯하다. 다른 사람이 괴로워하는 것을 보는 사람은 그 원인을 알아내려고 하며 어떻게 해주면 좋을지 알아내려고 노력한다. 이것이 우리 어른들에게 익숙한 단계의 동정이기 때문에, 우리는 이를 단일한 절차로 생각하거나 혹은 없는 것으로 생각한다. 하지만 사실 동정은 수백만 년에 걸쳐 진화한 여러 개의 서로 다른 단계로 이루어져 있다. 대부분의 포유류가 이중 일부를 나타내고 몇몇 포유류만이 전체를 보인다.[20]

쥐에게 완전히 발달된 동정이 나타나리라고는 믿기 힘들다. 개나 원숭이에게도 아마 없을 것이다. 하지만 뇌가 큰 동물은 인간처럼 다른 이들의 입장이 되어보는 능력을 지니고 있을지 모른다. 그 여부는 1970년대에 미국인 영장류학자 에밀 멘젤Emil Menzel이 수행한 연구 이후로는 논의된 바가 없다. 침팬지가 다른 이들이 느끼는 것, 원하는 것, 필요한 것, 혹은 아는 것을 눈치채고 있을까? 지금은 멘젤이 획기적인 연구기 기의 언급되지 않지만, 나는 그의 논문을 읽을 때마다 늘 참신한 발견을 보는 기분이 든다. 멘젤은 이 주제의 중요성을 가장 먼저 알아본 사람이다.

멘젤의 연구는 루이지애나의 야외에서 아홉 마리의 침팬지들로 진행됐는데, 그중 한 마리를 잔디가 있는 큰 울타리에 넣고 먹이나 (장난감) 뱀처럼 겁을 먹을 만한 물건을 숨겨놓아 찾아내게 했다. 그러고 나서 이 침팬지를 다시 대기하고 있던 무리로 데려갔다가 한꺼번에 모두 풀어줬다. 다른 침팬지들이 무리 중 한 마리가 뭔가 중요한 것을 알고 있다는 사실을 인식할까? 만약 그렇다면 어떻게 반응할까? 뱀을 본 침팬지와 먹이를 본 침팬지를 구별할 수 있을까?

대부분의 침팬지들이 엄연히 구별할 수 있었다. 먹이의 위치를 알고 있는 침팬지에게는 따라붙으려고 안달이 났지만, 뱀을 본 침팬지에게는 가까이 붙어 있기를 주저했다. 감정 전이가 작용한 것이다. 즉 다른 침팬지의 열망이나 공포를 그대로 물려받은 것이다. 먹이를 둘러싼 광경은 특히 '아는 자'가 '짐작하는 자'보다 서열이 낮은 경우 정말 재미있었다. 아래는 으뜸 수컷인 록Rock이 아무것도 모르는 와중에 벨Belle이 먹이를 보았을 때 일어난 일이다.

벨은 록이 없을 때면 예외 없이 집단을 먹이 있는 곳으로 데려가 거의 모든 침팬지와 먹이를 나눠 먹었다. 하지만 록이 있을 때 실험이 진행되면 벨은 먹이로 다가가는 속도가 느려졌다. 이유를 알아내긴 어렵지 않았다. 벨이 먹이가 있는 곳을 드러내는 순간 록이 달려와서 벨을 차거나 물어뜯고 먹이를 독차지했다.

그래서 벨은 록이 가까이 있을 때면 먹이를 찾지 않았다. 록이 떠날 때까지 먹이가 있는 곳 위에 앉아 있었다. 하지만 록은 금방 이것을 알아차렸고, 벨이 몇 초가 지나도록 한 자리에 앉아 있으면 다가가서 벨을 옆으로 밀치고 앉아 있던 자리를 파헤쳐 먹이를 차지했다.[21]

그 후 벨은 자기가 록의 시야에 있을 때는 음식에 다가가는 것도, 심지어 그 방향으로 쳐다보는 것도 안 된다는 걸 배웠다. 벨은 점점 더 멀리 떨어진 곳에 앉았고, 혹은 먹이가 조금만 숨겨진 곳을 록이 찾아내도록 유인했다. 그동안 벨은 먹이가 더 많이 있는 곳으로 서둘러 달려갔다. 록이 벨 주위를 고집스럽게 따라다녔다는 사실은 벨이 뭔가를 알고 있지만 그것을 드러내고 싶어 하지 않는다고 확신했다는 뜻이다. 이런 종류의 관점 바꿔보기를 '마음 이론theory of mind'[22]이라고 한다. 록은 벨의 머릿속에서 무슨 일이 일어나고 있는지에 대해 생각(이론)이 있었던 것같이 보였다.

마음 이론이라는 용어의 문제점은 타인을 이해하는 것이 물이 얼음으로 변하는 과정이나 우리 조상이 직립보행을 한 이유를 이해하는 것과는 다른 추상적인 과정으로 보이게끔 한다는 것이다. 나는 우리 인간이나 다른 동물이 타인의 정신 상태를 이론적으로 파악할 수 있다고는 생각하지 않는다. 록이 한 것은 그저 벨의 몸짓을 읽고 의도를 짐작한 것뿐이다. 멘젤이 나타날 때마다 벨이 손을 대려고 하는 곳 근처에 먹이가 있을 거라는 점을 배운 것에 틀림없다.

에밀 멘젤은 유인원이 다른 이들이 아는 것에 대해 얼마나 아는지를 처음으로 실험해본 사람이다. 한 청소년 침팬지가 잔디 속 뱀을 막대기로 찔러본다. 구경하는 침팬지들은 이 침팬지의 몸짓 언어를 통해 조심해야 한다는 것을 안다.

그래서 벨이 어디를 쳐다보는지, 어느 쪽으로 움직이는지 예의 주시했다. 록은 이론가보다는 사냥꾼처럼 행동했다.

멘젤의 '짐작하는 자 대 아는 자' 실험은 엄청난 추종자들을 만들어냈고, 어린이, 유인원, 새, 개 등에서 수많은 연구가 잇따랐다. 우리는 이 연구로 인해 다른 사람의 관점에서 보는 능력이 어른 인간에게 국한된 것이 아니라는 사실을 알게 됐다. 이 능력은 뇌가 큰 동물들에게 가장 잘 발달되어 있지만, 뇌가 작은 동물이라고 반드시 이 능력이 없는 것은 아니다. 세 가지 전형적인 예가 있다.

- 어린이들은 마음 읽기의 대가다. 벌써 나이가 몇 안 됐을 때부터 자기가 아는 것을 모든 사람이 아는 건 아니라는 사실을 알고 있다. 한 실험에서 아이들은 맥시Maxi라는 캐릭터가 서랍에 초콜릿을 숨겨놓고 다른 데로 가는 것을 보았다. 그런데 맥시의 엄마가 우연히 초콜릿을 다른 장소로 옮기게 된다. 맥시가 돌아왔을 때 어디를 찾아볼까? 아이들이 초콜릿이 있다고 알고 있는 장소(엄마가 놓아둔 곳)일까, 아니면 맥시가 마지막으로 본 장소(서랍 안)일까? 네 살배기 아이들은 대부분 정답을 맞혔다. 사실이 아니더라도 맥시의 관점에서 본 것이다.[23]
- 워싱턴 D.C. 미국 국립동물원에 있는 암컷 오랑우탄 인다Indah는 사람들을 우리 밖의 음식이 있는 곳으로 안내하는 버릇이 생겼다. 인다는 지나가는 관리사를 멈춰 세워 붙잡고 몸을 돌려 떨어진 음식이 있는 곳을 향하도록 한다. 그리고 음식 쪽으로 부드럽게 떠밀어 관리사가 음식을 주워 갖다 주도록 한다. 그런데 앞을 볼 수 없는 사람이라면 어떻게 할까? 예를 들면, 머리에 양동이를 뒤집어쓴 사람이라면? 선택이 가능하다면 인다는 앞이 보이는 실험자를 선호했지만, 머리에 양동이를 쓴 사람 한 명밖에 없을 때는 먼저 양동이를 벗긴 후 음식이 있는 곳으로 밀

었다. 인다는 자기 스스로 이 영리한 기법을 개발했고, 그래서 다음에는 투명한 양동이로 추가 실험을 해보았다. 인다가 투명한 양동이는 건드리지 않고 그대로 둔 것으로 보아 자기 조수가 되려면 앞을 볼 수 있어야 한다는 것을 이해한 것 같다.

- 큰까마귀는 뇌가 크고 가장 똑똑한 새들 중 하나다. 토마스 부그니아 Thomas Bugnyar는 멘젤이 유인원에서 본 것과 비슷한 속임수 전략을 큰까마귀들에게서 관찰해왔다. 서열이 낮은 한 수컷은 용기를 여는 데 선수였지만 종종 용기 안의 먹이를 서열이 높은 수컷에게 뺏겼다. 하지만 서열이 낮은 수컷은 빈 용기를 열심히 열어 그 안에 있는 먹이를 먹는 것처럼 행동해 경쟁자의 주의를 흐트러뜨리는 방법을 개발했다. 서열이 높은 수컷이 이를 알아차리고는 "아주 화가 나서 주변의 물건을 집어 던지기 시작했다". 부그니아는 더 나아가 큰까마귀가 숨겨놓은 먹이에 다가갈 때 다른 큰까마귀들이 먹이를 숨기는 걸 봤을지 아닐지를 고려한다고 기록했다. 만약 경쟁자가 자신이 알고 있는 걸 알고 있다면 큰까마귀는 먼저 그곳에 도착하기 위해 서두를 것이다. 경쟁자가 모른다면 큰까마귀는 여유를 부린다.[24]

이런 기발한 실험들이 멘젤의 독창적인 연구로부터 얼마나 많은 영향을 받았는지는 쉽게 알 수 있다. 먹을 걸 숨기고, 찾고, 그리고 중요한 것은 다른 이들이 뭘 아는지(혹은 더 정확히는 다른 이들이 봤을 수도 있는 것)를 아는 것이다. 역설적이게도 이런 유의 실험들은 영장류에 대한 실험에서 출발해 점점 증가했지만, 당시는 인간이 아닌 동물이 다른 이의 정신 상태를 파악할 수 없다는 생각이 유행하던 때였다.[25] 이제는 이런 생각은 거의 사라졌다. 최신 연구를 보면 유인원과 원숭이, 그리고 다른 동물들 간의 경계가 흐려진 것처럼 어린이와 유인원 사이의 경계도 흐려졌다. 우리 인간에게만 국한된 것은 오직 한 가지, 다른 이들이 아는 바를 아는 것의 가장 발달된 단계일 뿐이다.

하지만 이 주제에 대해 이렇게 많은 지면을 할애했다고 해도 변하지 않는 것은 우리가 제한된 현상을 논의하고 있다는 사실이다. 니는 이 현상을 '냉정한 관점 바꾸기'라고 부르길 좋아하는데, 타인이 본 것이나 아는 것을 어떻게 받아들이느냐에 모든 초점을 맞추고 있기 때문이다. 타인이 원하는 것, 필요한 것, 혹은 느끼는 것은 고려하지 않는다. 냉정한 관점 바꾸기를 할 수 있는 것은 큰 능력이지만, 공감은 좀 더 타인의 상황과 감정에 맞춰진 아예 다른 종류의 것이다. 오래전 애덤 스미스가 공감을 적절히 표현했다. "고통받는 사람이 원하는 대로 입장을 바꾸는 것."[26]

불이 난 집 창문에서 어린아이의 비명 소리가 들리면 우리는 어린아이를 의식하게 되고 감정이 뒤흔들린다. 하지만 그다음에는 주변을 둘러보고 대안을 가늠해본다. 뛰어내릴 수 있나? 잡아줄 수 있나? 소방서에 신고가 됐나? 집으로 들어가는 길 혹은 나오는 길이 있나? 공감에 입각한 관점 바꾸기는 바로 이렇게 관심을 갖게 하는 감정적 자극과 상황을 살펴보게 도와주는 인지적 접근의 결합물이다. 이 두 가지 요소의 균형이 맞아야 한다. 감정이 너무 앞서면 관점 바꾸기가 중간에 길을 잃을 수도 있다. 싱가포르 동물원에서 비극적인 일이 일어난 바 있다. 한 어린 오랑우탄의 목이 밧줄에 걸렸는데, 어미가 딸을 꺼내려고 계속 세게 잡아당겼다. 어미는 너무나 미친 듯이 아기를 구하려고 해 그를 저지하려던 동물원 관리사도 옆으로 밀어내고 결국은 딸의 목을 탈구시켜 죽게 만들었다.[27]

스웨덴 동물원에서 일어났던 비슷한 상황과 대조된다. 네 살배기 침팬지가 놀이용 밧줄에 목이 두 번 감긴 채 매달려 거의 질식할 지경이었다. 소리 없이 다리를 대롱거리며 분투하고 있었다. 집단에서 가장 나이가 많고 가장 서열이 높은 수컷이 다가가 한쪽 팔로 어린 침팬지를 들어서 밧줄을 느슨하게 한 다음 나머지 한 손으로 밧줄을 풀었다. 그러고는 바닥으로 데리고 가서 부드럽게 내려놓았다. 몇 초 사이에 몇 번의 재빠른 손놀림뿐이었다. 그러는 동안 들린 유일한 소리는 관리사의 비명뿐이었다.[28]

아마 오랑우탄 어미는 딸을 구하려는 욕구가 너무 강렬해서 제대로 생각을 할 수 없었을 것이다. 아니면 밧줄이 익숙하지 않았을 수도 있다. 반대로 수컷 침팬지는 침착함을 유지했고, 옳은 일을 했다. 가장 본능적인 욕구, 즉 이끌림을 억제하고 대신 더 효과적인 행동을 하는 데는 상당한 지능이 필요하다. 이런 사례는 돕기에 깔려 있는 두 단계 절차를 보여준다. 감정과 이해. 이 두 절차가 결합될 때만 지레걱정이 진짜 걱정으로 옮겨 갈 수 있다. 우리와 가장 가까운 친척들에게 전형적으로 나타나는 행동인 맞춤 돕기처럼 말이다.

물속으로 뛰어들기

애틀랜타는 영장류학의 메카다. 에밀 멘젤의 아들 찰스Charles는 일찍이 아버지에 뒤이어 침팬지를 연구하고 있다. 그는 스톤 마운틴의 우리 집에서 불과 몇 블록 되지 않는 거리에 산다. 하루는 할아버지가 손주들을 보러 왔다고 하여 내가 이메일을 보내 우리 집에서 수프 한 접시 대접하겠다며 슬쩍 인터뷰를 따냈다.[29] 에밀 멘젤은 어느덧 70대에 들어서고 있었다.

에밀은 인도에서 태어나 자랐지만 전형적인 미국 남부 신사다. 온화하고 정중하며 유머가 넘쳤다. 여전히 그는 나와 의견이 일치하는 자신의 선구적인 사상에 꽂혀 있었다. 에밀은 유인원의 지능을 높이 평가했으며, 과학적 발견을 제한하는 주된 요소는 다름 아닌 인간의 상상력과 창의력이지 유인원의 능력이 기대에 미치느냐 못 미치느냐는 아니라고 생각했다.

에밀은 내게 자신의 숨긴 물건 찾기 연구 논문에 대해 이야기해줬는데, 이제 그만 다른 주제로 넘어가고 싶었지만 유난히 그 실험에 대해 강의를 해달라는 요청이 계속해서 들어온다고 했다. 그 연구가 분명 사람들의 마음을 움직였던 것이다. 초청받은 곳 중 미국 동부에 있는 대학에서 외장을 맡은 한 저명한 행동학자가 에밀을 화나게 한 일이 있었다. 무엇보다도 청중에게 말할 기회를 한 번도 주지 않았으며, 둘째로는 침팬지는 다루기 어렵기 때문에 비둘기로 연구하는 게 훨씬 현실적일 것이라고 에밀에게 훈수를 뒀다. 어느 동물로 연구를 하는지는 상관없다는 별난 의견이 있었기 때문에 나온 말이었다. 즉 모든 동물은 자극에 반응해서 학습하는 게 전부이기 때문에 침팬지라고 비둘기와 별다를 게 없다는 의견이었다.[30]

하지만 그 교수는 자기 무덤을 판 셈이었다. 멘젤이 몇 년 전 녹화한 훌륭한 탈출 영상을 보여줘야겠다고 결심했기 때문이었다.[31] 멘젤의 침팬지들은 우리의 벽에다 긴 막대기를 대고 있었다. 몇 마리가 막대기를 잡아 고정시키고 있는 사이 몇 마리는 그 막대기를 타고 올라가 우리를 빠져나가려 하고 있었다. 비둘기가 일상적으로 할 만한 일은 아니었다. 멘젤은 영상을 보여주면서 복잡한 정신적 작용에 대한 설명을 삼가고 최대한 중립적인 해설을 덧붙이기로 마음먹었다. 그저 무미건조하게 "록이 막대기를 잡은 채로 다른 침팬지를 쳐다보는 걸 보십시오", "여기 침팬지 한 마리가 벽을 넘어가고 있습니다"라고 말했다.

멘젤이 강연을 마친 후 그 저명한 교수는 자리에서 일어나 동물들이 계획과 의도를 갖고 있을 리 없는데 멘젤이 그 두 가지를 부여했으며, 비과학적이며 의인화를 한 것이라고 비난했다. 찬성의 환호가 터지자 멘젤은 자신은 아무것도 부여하지 않았다고 반박하며, 그런 것들을 암시하는 말을 자제했기 때문에 만약 이 교수가 계획이나 의도를 봤다면 자기 자신의 두 눈으로 본 것이라고 했다.

침팬지를 보면서 침팬지들이 영리하다는 것을 알아채지 못하기는 불가능하다. 멘젤은 때로 연구 중 손으로 써놓았던 수많은 노트들에 얼마나 더 많은 증거들이 숨어 있을지 생각한다고 했다(나는 당연히 이제 당신께선 은퇴하셨으니 그 노트들로 돌아가는 걸 막을 일은 아무것도 없을 거라고 제안했지만, 그는 어깨를 들썩임으로 기대하지 말라는 말을 대신했다). 멘젤은 자신이 여러 번에 걸쳐 본 것, 그리고 그것들이 무엇을 의미하는지 심사숙고한 것들이 옳다고 확신했다. 단 한 번 본 행동이라 할지라도. 그는 단 한 번의 관찰을 '일화'라고 부르는 것에 반대한다며 짓궂은 미소를 띤 채 "내가 정의하는 일화란 다른 사람의 관찰"이라고 했다. 만약 자기가 직접 무언가를 봤으며 전체적인 흐름을 따라가고 있다면 보통 자신의 마음속에서는 그것을 어떻게 해석할지에 대해 의심의 여지가 없다. 하지만 다른 사람들은 의심할 수 있기 때문에 납득시킬 필요가 있다.

아주 중요한 요점인데, 공감에 입각한 관점 바꾸기를 가장 잘 보여주는 사례는 인간의 경우와 동물의 경우 모두에서 단 한 번 일어나는 사건들을 다루기 때문이다. 어느 날 샌디에이고의 발보아 공원에 있는 커다란 연못에서 수련에 감탄하며 서 있는데 사건이 일어났다. 연못은 사람들이 다니는 길 바로 옆에 있었지만 아무런 보호 장치가 없었다. 세 살 정도 돼 보이는 한 어린아이가 인파를 뚫고 달려 나와 곧장 연못에 빠져버렸다. 나는 아이가 어찌나 빠르게 가라앉는지 깜짝 놀랐다. 한순간 첨벙하는 소리가 나더니 곧바로 사라졌다. 그런데 누군가 행동을 취하기도 전에 아이의 엄마가 뒤따라 뛰어들었다. 엄마는 곧 아이를 안고 떠올랐다. 아마 엄마는 아이를 뒤쫓고 있었을 것이고 무슨 일이 일어날지 알고 있었을 것이다. 그리고 한 치의 망설임 없이, 옷을 전부 입은 채로 아이를 따라 연못에 뛰어들었다. 연못의 물이 굉장히 탁했기 때문에 만약 엄마가 그렇게 하지 않았다면 아이를 찾는 데 얼마나 걸릴지 모를 일이었다.

이 사례에서 우리는 실험실에서는 따라 해볼 수 없는 수준의 타인의 상황에 대한 각성도를 볼 수 있다. 사람들에게 특정한 상황이 되면 어떻게 할지 물어보는 것도 가능하고 가볍게 곤란한 상황을 만들어 시험해보는 것도 가능하지만, 아이가 거의 익사하는 상황에서 부모가 어떻게 반응하는지 보기 위해 재연을 해볼 사람은 아무도 없다. 그러나 본질적으로 실험해볼 수 없는 이런 종류의 상황에서야말로 정말로 주목할 만한 이타주의, 그리고 생존과 가장 밀접하게 관련된 것들이 발휘된다. 동물에게도 똑같이 적용된다. 숨겨진 물건에 대한 반응을 조사해보거나 고통스러워하는 소리에 대한 지각까지는 시험해볼 수 있겠지만, 친구나 친척이 밧줄에 목이 감겨 죽어가는 실험을 누가 해보겠는가? 나도 하지 않을 테고 대부분의 다른 과학자들도 하지 않을 것이다. 그저 그런 재앙이 일어났을 때마다 유인원이 어떻게 반응하는지 쓴 보고서를 기준으로 판단하는 수밖에 없다.

인간의 경우에는 일간 신문에 일화들이 실린다. 예를 들면, 9·11 세계무역센터 사건 때 탈출에 성공한 뉴욕 시민들은 등에 구명 장치를 짊어지고 그들을 지나쳐 걸어 들어간 용감한 소방관에 대해 얘기했다. 그 소방관은 사람들이 내려올 때 건물을 올라갔다. 사람들이 패닉에 빠지기 시작했지만, 이때 소방관은 아주 자신감 있는 태도로 빌딩 밖으로 나가라고 말하며 위험한 곳으로 걸어 들어가던 사람들에게 안전한 출구를 확보해줬다.

혹은 2003년 이라크 매복 작전에서 총격에 참가한 육군 병장 토미 리만Tommy Rieman의 예를 들어보자. 리만은 자기 부하를 몸으로 감싸 보호하면서 반격하기 시작했다. 총알을 몇 발이나 맞고 여러 군데 파편상을 입었지만 그는 부상당한 부하가 안전한 곳으로 완전히 피할 때까지 치료를 거부했다. 자연 재해가 날 때마다 매번 불타는 집으로 달려 들어가거나 생면부지의 사람을 구하기 위해 얼어붙은 강으로 뛰어드는 영웅이 배출된다. 암스테르담에 살았던 안네 프랑크Anne Frank 가족 이야기처럼 독일의 유럽 점령 기간 중에는 유대인들을 보호하기 위해 수많은 사람들이 자신의 목숨을 걸었다. 기근이 닥쳤을 때 농부들은 흔히 귀중한 음식을 굶주린 도시 주민들과 나눠 먹는다. 2008년 중국 중부의 지진 때는 심지어 국가적 '최고의 엄마'가 탄생하기도 했다.[32] 한 여경이 재난 현장에서 고아가 된 아기들 몇 명에게 젖을 먹인 것이다. 한 아기의 엄마였던 쟝 샤오주안Jiang Xiaojuan은 자기에게 나눠줄 여분의 젖이 있다고 느꼈다.

이런 일들은 공감하는 능력이 없이는 일어날 수 없다. 사실 인간의 자기희생적인 이야기가 너무나 많기 때문에 우리는 이런 행동을 당연히 인간의 특성이라 여기며 우리 조상들에게서 이를 발견하길 간절히 원한다. 최근 카프카스 산맥에서 치아가 전혀 없는 인류 화석이 발견되었을 때 과학자들은 이 개체가 상당한 보호와 식량 공급 없이는 살아남기 불가능했을 것으로 추측했다.[33] 이 조상이 거의 200만 년 전에 살았음에도 불구하고 과학자들이 아마 인간과 비슷했을 것이라고 결론지은 이유는 연민을 실천했기 때문이었다.

하지만 이것은 연민이 우리 계통에만 있다고 상정한 경우이다. 스스로 먹이를 먹기 힘든 동물에게 먹이를 먹여주는 다른 동물들도 있다. 탄자니아의 곰비Gombe 국립공원에서 있었던 예를 들면, 늙고 병든 암컷 침팬지인 마담 비Madame Bee는 과일 나무를 올라가기 어려워 종종 딸들에게 의존할 때가 있었다.

마담 비는 딸들을 올려다보고는 땅에 드러누워 딸들이 잘 익은 과일을 찾아 돌아다니는 걸 지켜봤다. 한 10분 정도 지나자 리틀 비가 내려왔다. 과일 하나는 줄기째 입에 물고 있었고 나머지 하나는 손에 들고 있었다. 리틀 비Little Bee가 땅으로 내려오자 마담 비가 몇 번 부드럽게 낮은 소리를 냈다. 리틀 비도 똑같은 소리를 내며 다가가 손에 쥐고 있던 과일을 엄마 옆에 내려놓았다. 그리고 딸이 가까이 앉자 두 암컷은 함께 식사를 했다.[34]

사실 유인원에게서 볼 수 있는 이타주의의 증거는 너무나 많기 때문에 요점을 밝히기 위한 단 몇 개의 이야기만 고르겠다.[35] 어떤 사건들은 앞의 예처럼 혈연지간의 일이지만 가족이 아닌 사이에도 비슷한 행동이 나타난다. 우리 영장류센터에 있던 피오니Peony라는 늙은 암컷은 커다란 야외 우리에서 다른 침팬지들과 함께 하루를 보낸다. 관절염이 심한 어떤 날에는 걷거나 기어오르기가 어려워 힘든 하루를 보낸다. 하지만 다른 암컷들이 피오니를 도와준다. 예를 들어 피오니는 여러 침팬지들이 모여 앉아 털 고르기를 해주는 곳에 올라가려면 지쳐서 헉헉거린다. 그러면 혈연지간도 아닌 젊은 암컷 한 마리가 피오니의 뒤에서 풍만한 엉덩이에 두 손을 대고 상당히 열심히 밀어 올려 무리에 합류할 수 있게 해준다.

또 우리는 피오니가 자리에서 일어나 꽤 멀리 떨어져 있는 수도꼭지까지 아주 천천히 움직이는 걸 본 적이 있다. 때로 젊은 암컷들은 피오니를 앞질러 가서 피오니에게 물을 가져다주기도 했다. 처음에는 단지 한 암컷이 피오니의 입 가까이에 입을 대는 걸 봤을 뿐이었기 때문에 무슨 일이 일어나고 있는지 전혀 몰랐다. 하지만 잠시 후 패턴이 명확해졌다. 피오니가 입을 크게 벌리면 젊은 암컷이 입속에 물을 물총처럼 뱉어줬다.

침프 헤이븐Chimp Haven[36]이라는 기관은 실험실 침팬지들을 은퇴시켜 큰 숲이 있는 섬으로 보내는 일을 하는데, 이들이 입양하는 침팬지는 야외에서 살아본 경험이 없어 풀, 덤불, 나무에 대한 지식이 전혀 없는 경우가 많다. 숲에 관해서 아무것도 모르는 암컷 실러Sheila는 혈연지간도 아니고 자기보다 어린 암컷 세라Sara와 친구가 되었는데, 세라는 나무에 대해 잘 알았고 나무 사이를 타고 다니는 데 두려움이 없었다. 실러가 자기 친구를 똑같이 따라 하는 법을 배우기 전에 세라는 이따금씩 특별히 실러에게 주려고 나뭇잎이 풍성한 나뭇가지를 꺾어 갖고 내려와 뜯어 먹을 수 있게 해줬다.

세라는 또 실러를 뱀으로부터 구해준 적도 있다. 세라가 먼저 뱀을 보고 큰 소리로 경계음을 내자 실러가 자세히 보려고 뱀에게 다가갔다. 세라는 친구를 잡아당겨서 뒤로 힘차게 밀어냈다. 그리고 나무 막대기로 뱀을 찔러보며 가까이 다가가면서 실러를 계속 뒤로 잡아두었다. 나중에 보니 그 뱀은 독뱀이었다.

누군가는 이런 행동들이 불타는 건물로 뛰어 들어가는 행동에 필적하지 않는다 할지 모른다. 심각하게 위험하거나 손해를 보는 행동이 아니기 때문이다. 실제로 나는 한 저명한 심리학자가 청중들에게 이타주의가 다른 동물들에게서도 나타날 수는 있지만, 예외 없이 자기 자신의 생존을 우선시한다고 말하는 것을 들은 적이 있다. "유인원은 절대로 다른 이를 구하려고 호수로 뛰어들지는 않을 겁니다." 그 심리학자는 굉장히 침착하게 선언했다. 하지만 나는 심리학자의 입에서 그 말이 떨어지자마자 분명히 내가 들었던, 반대되는 정보를 찾아내려고 머리를 쥐어짜기 시작했다. 사실 유인원과 물의 조합은 사람과 물보다 위험한 조합이다. 유인원은 수영을 못하기 때문이다. 침팬지는 무릎까지 오는 물에서도 패닉에 빠지고 익사하는 것으로 알려져 있다. 때로는 이 공포를 극복하는 법을 배우기도 하지만 유인원에게 물로 뛰어들기란 아주 특별한 용기가 필요한 일이다.

동물원에서 유인원은 물이 차 있는 해자로 둘러싸인 섬에 두는 경우가 많은데, 실제로 유인원들이 동료를 구하려고 했다는 보고들이 있으며, 때로는 물에 빠진 유인원과 구하려던 유인원 둘 다 죽는 결과가 생기기도 한다. 한 수컷은 서투른 엄마가 떨어뜨린 아기를 구하려고 물속을 헤치고 들어가다가 목숨을 잃었다. 또 다른 동물원에서는 전선을 건드린 아기 침팬지가 깜짝 놀라 허둥대다 엄마 품에서 뛰어나와 물에 빠졌고, 결국 아들을 구하려던 어미와 아들 모두 익사했다. 최초로 언어 훈련을 받은 침팬지인 워쇼Washoe는 다른 암컷의 비명 소리와 물에 빠지는 소리를 듣고 평소 유인원을 가둬두는 역할을 하는 전선 두 개를 뛰어넘어 정신없이 허우적거리고 있는 희생자에게 달려갔다. 그러고는 해자 가장자리의 미끄러운 진흙을 헤치고 들어가 마구 흔들리고 있는 암컷의 한쪽 팔을 잡아 안전한 곳으로 끌어냈다.[37]

물 공포증은 분명 굉장히 강력한 동기가 없이는 극복될 수 없다.[38] 정신적인 계산("지금 쟤를 도와주면 미래에 나를 도와주겠지")으로 설명하기엔 충분하지 않다. 어느 누가 왜 그런 불확실한 예측에 목숨을 걸겠는가? 오직 순간적인 감정만이 경계심을 모두 내려놓게 만들 수 있다. 이런 영웅적인 행위는 침팬지의 사회생활에서는 흔한 일이다. 예를 들어, 어떤 암컷이 동료의 비명을 듣고 서열이 높은 수컷으로부터 방어해준다면, 이 암컷은 다른 침팬지를 위해 자신을 위험하게 만든 것이다. 나는 암컷 침팬지가 친구를 위해 심하게 맞는 경우를 종종 봤다. 야생에서는 심지어 더한 위험도 무릅쓰는 경우가 있다. 침팬지 중 한 마리가 표범의 공격을 받고 비명을 지르자 흩어져 있던 침팬지들이 모여들었다. 나무가 빽빽하게 들어찬 숲에선 보통 무슨 일이 일어나는지 보이지 않지만, 크고 작은 비명 소리는 들려오며, 침팬지들은 피해자의 목소리로 극도의 위험성을 알아들을 수 있다. 숲은 즉시 성난 울음소리와 짖어대는 소리로 가득 찼고, 소리가 들리는 범위 내에 있던 침팬지들이 모조리 위험한 요소가 있는 곳으로 모여들었다. 표범이 이 침팬지 떼를 황급히 벗어나면서 침팬지들이 완승을 거두었다.[39]

다른 이를 위해 헌신하는 것, 그들의 상황에 대해 감성적으로 민감하게 반응하는 것, 그리고 어떤 도움이 효과적일지 이해하는 것은 상당히 인간적인 조합이기에 우리는 이런 것들을 두고 '인간적'이라고 한다. 나는 분명히 우리 인간이 스스로 다른 이의 입장이 되어보는 것에 있어서 특별한 수준이라고 믿는다. 우리는 다른 이가 어떻게 느끼고 무엇을 필요로 하는지 다른 어떤 동물들보다도 더 많이 파악한다. 하지만 통찰력 있게 다른 이를 돕는 동물로서 우리 인간은 첫 번째도 아니고 유일한 동물도 아니다. 행동의 측면에서 보면 타자를 구하려고 물속으로 뛰어드는 행동에서 인간과 유인원의 차이는 그렇게 크지 않다. 동기의 측면에서 봐도 그 차이는 마찬가지로 그렇게 클 수가 없다.

빨간 망토 소녀

할머니를 볼 수 있을 거라고 생각하다니, 빨간 망토 소녀는 얼마나 바보 같은가! 모든 어린이들이 알고 있듯이 침대에는 커다란 나쁜 늑대가 숨어 있었다.

하지만 사실 빨간 망토 소녀는 무서워하지 않았다는 걸 모든 어린이들이 이해하고 있을까? 분명히 우리가 알고 있는 걸 빨간 망토 소녀도 알고 있었다면 아주 무서워했어야 한다. 하지만 빨간 망토 소녀는 아무것도 몰랐는데, 걱정할 것이 뭐가 있었겠는가? 빨간 망토 소녀의 심리 상태를 물어봤을 때 올바른 대답은 전혀 두려워하지 않았다는 것이다. 하지만 대부분의 어린이들은 답을 틀리게 말한다. 아이들은 자기도 모르게 자신의 불안함을 이야기의 주인공에게 투영한다.

심리학자들은 이를 실패로 여긴다. 다른 사람의 관점을 받아들이는 능력이 없음을 보여준다는 것이다. 하지만 나는 다르게 본다. 아이들은 사실 감정이 고조된 상황에 알맞게 빨간 망토 소녀의 관점을 받아들인다. 빨간 망토 소녀의 상황에 자기를 집어넣고 할머니의 침대 앞에 바구니를 들고 서 있는 자신을 상상하지만, 자기가 알고 있는 게 전부이다. 죽을 만큼 무서운 것이 당연하다. 심리학자들은 이성적인 상황 판단을 원할지 모르지만 아이들은 군침 흘리고 있는 포식자와의 대면에서 자기 자신을 분리해 내기 위해 힘겨운 시간을 겪고 있다. 일고여덟 살은 돼야 그런 거리를 유지할 수 있다. 그리고 빨간 망토 소녀가 사실은 무서워하지 않는다는 걸 이해한다. 하지만 여기서 얻을 수 있는 진정한 교훈은 감정적 일치화의 압도적인 힘이다.

아이들은 중립적인 감정을 유지하는 게 아니라 공감하는 경향이 있다. 가깝다고 생각하는 사람이 곤경에 처하면 자동적으로 이 원시적인 연결감이 더 중요해지며, 이는 어른도 마찬가지이다. 공포영화는 이런 성향을 이용해먹는다. 말하자면 허점을 이용하는 것이다. 관객이 등장인물과 동일시하는 데 있어 이를테면 잉마르 베리만Ingmar Bergman의 영화 같은 것보다는 훨씬 더 본능적인 일치화를 이용한다. 우리가 좋아하는 등장인물이 도끼를 든 살인마가 숨어 있는 샤워 커튼으로 다가갈 때 우리는 그녀가 뭘 알고 뭘 모르는지에 대해서는 그다지 걱정하지 않는다.

아이들이 감정적으로 다른 사람의 입장이 되어보고 그 사람이 어떻게 느낄지 추측하는 능력에 관한 연구가 진행되어왔다. 예를 들면, 아이가 선물 상자를 열고 있는 어른을 본다. 아이는 상자 안을 볼 수 없게 되어 있지만, 만약 어른이 "우와!"라고 즐겁게 말하면 그 안에 사탕 같은, 뭔가 좋은 것이 있다고 추측한다. 반대로 만약 실험자가 "아니, 이런!"이라고 말하며 실망한 것처럼 보이면, 아이는 상자에 브로콜리처럼 맛없는 것이 들어 있을 거라고 생각한다. 아이들의 반응은 멘젤의 유인원들이 숨겨진 음식과 위험 요소를 발견한 동료를 알아보는 것과 크게 다르지 않다.

아이들은 마음을 읽기 전에 '가슴heart'을 잘 읽어낸다.[40] 아주 어린 나이에 이미 사람들은 원하는 것이나 필요한 것이 있으며 모든 사람이 반드시 똑같은 것을 원하거나 필요로 하는 건 아니라는 걸 알고 있다. 예를 들면, 토끼를 찾고 있는 친구가 토끼를 찾으면 기뻐할 것이지만, 개를 찾고 있는 친구는 토끼를 찾아도 무관심하리라는 것을 이해한다.

우리는 이런 능력을 당연한 것으로 받아들이지만, 모두가 이 능력을 사용하진 않는다는 걸 눈치챈 적이 있는가? 내가 말하려는 사람들은 성인이다. 누구나 알고 있겠지만 선물을 줄 때 두 종류의 사람이 있다. 어떤 친구들은 선물을 사러 나가서 '당신'이 좋아할 선물을 찾는다. 내가 오페라를 좋아한다든지 집에서 아마추어 제빵사 노릇을 잘한다든지 하는 걸 알고서, 안나 네트렙코Anna Netrebko의 최신 공연 CD를 사주거나 동네 최고의 호밀 가루를 사준다. 나는 항상 돈을 얼마나 썼는지는 단지 부차적인 것이며 이 사람들이 분명히 나를 기쁘게 해주는 데 몰두하고 있다고 느낀다. 다른 종류의 친구들은 선물로 '자기'가 좋아하는 걸 갖고 온다. 이 사람들은 우리가 집에 파란색 물건이라고는 단 하나도 놔두지 않는다는 걸 한 번도 눈치채지 못한다. 하지만 자기가 파란색을 좋아하기 때문에 값비싼 파란색 꽃병을 우리에게 하사한다. 자신의 취향 이상을 생각하지 못하는 사람들은 인간을 관점의 대가로 만든 수백만 년 동안의 진화를 거스르는 것이다.

인간은 크게 곤란하지만 않다면 생면부지의 사람을 포함해 타인의 삶을 개선시켜줄 준비가 항상 되어 있다. 엄격히 말하면 이타주의는 노력을 요하기 때문에 이것은 이타주의가 아니다. 내가 말하는 것은 아주 조금이라도 절대로 손해를 보지 않는 상황이다. 예를 들자면, 아내와 내가 캐나다에서 도보 여행을 할 때 일어난 일 같은 것이다. 당시 우리는 북미에 간 지 얼마 되지 않았던 터라 어느 길을 가든 우리가 상상한 것보다 10배는 넘게 먼 거리로 느껴졌다. 우리는 거대한 모기가 우리를 산 채로 뜯어먹는 호숫가를 벗어나려 했고, 가장 가까운 마을까지 걸어가기로 결정했다. 눈부신 햇빛을 받으며 끝이 보이지 않는 비포장도로를 걷고 또 걸었다. 캐나다인 가족이 탄 큰 스테이션왜건이 우리 옆에서 속도를 줄였다. 운전하던 사람이 무덤덤하게 몸을 내밀고 "태워드릴까요?" 하고 물어왔다. 마을까지 아직도 얼마나 멀었는지 듣고선 너무나 기쁘게 차를 탔다. 지금 생각해도 정말 고맙게 느껴진다.

이처럼 자기에게는 크게 방해가 되지 않지만 상대방에게는 상당히 큰 도움을 줄 때 이를 소위 저비용 이타주의라 한다. 우리는 언제나 이런 도움을 준다. 공항에서 누가 탑승권을 떨어뜨린 걸 알려주는 일은 거의 아무런 비용도 들이지 않고 내 동료 탑승자를 엄청난 좌절로부터 구해준다. 또한 우리는 습관적으로 뒤에 오는 사람을 위해서 방금 지나온 문을 잡아주기도 하고, 공원 벤치에 앉으려는 사람을 위해서 옆으로 비켜주기도 하며, 위험한 순간에 도로로 뛰쳐나가려는 모르는 아이를 저지하기도 하고, 어르신들이 무거운 짐을 들 때 도와드리기도 한다. 인간은 최소한 비교적 편한 환경에서는 이런 종류의 보조를 훌륭히 한다. '최소한'이라고 하는 이유는 타이타닉이 침몰하기 시작하는 순간 이런 행동들은 사라지기 때문이다. 어려운 상황에서는 예의의 비용이 높아진다.

테니스 선수가 다른 선수가 일어서게 도와주는 것 같은 저비용 도움은 인간에게 흔히 나타난다.

사소한 일이라도 남을 배려하기 위해선 감정 이입에 입각한 관점 바꾸기를 해야 한다. 자신의 행동이 다른 이에게 미치는 영향을 이해해야 한다. 동물에서 비슷한 사례를 찾다가 예전에 탄자니아 마할레 산맥의 거의 다 말라버린 강바닥에 서서 본 야생 침팬지들의 특이한 행동이 생각났다. 침팬지들은 큰 바위에 앉아 서로 털 고르기를 해주며 휴식을 취하고 있었다. 나는 그때까지 소위 말하는 '사회적 등 긁기social scratch'[41]에 대해 읽은 적은 있었지만, 직접 본 적은 한 번도 없었다.

사회적 등 긁기는 한 유인원이 다른 유인원에게 다가가 그 등을 자기 손톱으로 몇 번 힘차게 긁어주고는 털 고르기를 해주기 위해 자리 잡는 방식이다. 털 고르기를 하는 동안 등 긁기를 몇 번 더 하기도 한다. 평소에 자기 스스로를 잘 긁는 동물이므로 이 행동 자체를 익히기가 어려울 리는 없지만 놀라운 점은 이것이다. 자기 자신을 긁는 것은 보통 가려움을 해소하기 위해서이다(한 시간만 긁는 걸 참아보면 그 중요성을 몸소 느낄 수 있을 것이다). 하지만 다른 이의 등을 긁어주는 건 완전히 다른 문제다. 긁어주는 자에게 아무런 이익이 없기 때문이다.

털 고르기와 달리 사회적 등 긁기는 선천적인 행동이 아니다. 신기하게도 마할레의 침팬지들만이 이런 행동을 보인다는 점에서 알 수 있다. 그 어떤 다른 침팬지 군집에서도 이런 행동이 기록된 적이 없다. 인류학자들과 영장류학자들은 이런 집단 특이적 행동을 '풍습custom'이라고 부른다.

풍습은 한 군집 내에 전해 내려오는 군집 고유의 습관이다. 칼과 포크로 먹는 건 서양의 인간 풍습이고, 젓가락으로 먹는 건 동양의 풍습이다. 침팬지에게 풍습이 있다는 것 자체는 그렇게 특별한 일이 아니다. 우

마할레 침팬지들에서 어떻게 다른 이에게 봉사해주는 풍습이 발달했을까? 가운데 있는 침팬지가 다른 침팬지의 등을 손으로 길게 긁는다.

리를 제외한 그 어떤 종보다도 풍습이 많기 때문이다. 진짜 수수께끼는 마할레 군집의 구성원들이 어떻게 자기 자신보다 다른 이에게 더 이익이 되는 풍습을 갖게 되었는가이다.

우리는 남을 위해 문을 열어주는 걸 어떻게 배우는가? 부모님에게서 그렇게 하라고 들었다는 말도 틀림없이 맞는 말이지만, 이후에 직접 겪어보고 기분 좋은 호의를 느낌으로써 그런 습관이 강화된다. 이렇게 해서 우리는 다른 사람에게도 똑같이 해주면 좋을 수도 있겠다는 걸 알아낸다. 마할레 침팬지들 사이에 사회적 등 긁기가 퍼진 방식이 이와 같을 수 있을까? 상상해보라. 한 유인원이 우연히 다른 유인원의 등을 긁어줬다. 그리고 그게 굉장히 좋아서 세 번째 유인원, 아마 우두머리처럼 자기가 환심을 사고 싶어 하는 유인원에게 똑같은 경험을 하게 해주기로 결심했다. 전적으로 가능한 일이지만 관점 바꾸기가 있어야 가능한 설명이다. 긁어준 유인원은 자기의 신체적 경험을 다른 이에게 똑같은 경험을 일으키게 하는 행위로 바꿨어야 한다. 자기가 느낀 것을 다른 이도 느낀다는 것을 깨달았어야만 했을 것이다.

사회적 등 긁기는 간단한 행위로 속기 쉽지만 그 이면에는 관찰만으로는 풀 수 없는 깊은 신비가 드리워져 있다. 나는 마할레에서 나를 접대해 준 토시사다 니시다^{Toshisada Nishida}가 40년간 현장에서 봐왔던 것만큼 이런 상호작용을 많이 볼 수도 있었지만, 그래도 여전히 그 이면에 뭐가 숨어 있는지는 전혀 알지 못했을 것이다. 우리는 침팬지에게 왜 그러냐고 물어볼 수도 없으며, 풍습의 씨앗을 뿌린 첫 번째 사회적 등 긁기를 목격하기엔 너무 늦었다. 사육 상태의 동물로 연구하는 것이 바로 이런 문제를 해결해준다. 현장의 문제점들을 감안해 체계적으로 실험할 수 있는 환경을 조성할 수 있다. 예를 들어 작은 호의를 베풀 수 있는 기회를 주면 영장류들이 서로의 행복에 대해 얼마나 민감한지 볼 수 있다.

지난 몇 년간 이 문제에 대해 관심이 증가했다. 우리 흰목꼬리감기원숭이들로 했던 두 가지 간단한 연구로 시작해보자. 우리는 이 귀여운 갈색 원숭이 두 집단을 사육하고 있다. 흰목꼬리감기원숭이들에게는 야외 공간이 있는데, 거기서 햇볕을 쬐기도 하고, 곤충 사냥을 하기도 하고, 털 고르기도 하고, 놀기도 한다. 그리고 실내 공간도 있는데, 실험에 참여시키기 쉽도록 문과 터널이 있다. 흰목꼬리감기원숭이들은 실험에 참가하는 데 익숙하며 실제로 맛있는 먹이가 거의 항상 제공되는 실험에 몹시 참여하고 싶어 한다. 흰목꼬리감기원숭이는 이런 종류의 실험에 적격인 영장류이다. 굉장히 똑똑하고(모든 원숭이들 중 몸 크기에 비해 가장 큰 뇌를 갖고 있다), 먹이를 공유하며, 서로 협동도 잘하고 인간과도 협동을 잘하기 때문이다. 흰목꼬리감기원숭이가 어찌나 매력적인지, 우리 학생들은 자기가 특별히 총애하는 흰목꼬리감기원숭이의 사진을 벽에 붙여놓고 마치 드라마에 대해 논하듯이 그들에 대해 열성적으로 이야기한다.

첫 번째 실험은 흰목꼬리감기원숭이가 다른 이가 필요로 하는 것을 인지하는지 알아보는 것이었다. 집단 중 한 마리가 배가 고프다는 걸 이해하는가?[42] 친구가 방금 먹이를 먹었는지 아닌지에 따라 먹이를 나눠 먹으려는 의지가 달라졌기 때문에, 정말로 이해하는 것 같았다. 흰목꼬리감기원숭이들은 냠냠거리며 먹이를 먹는 모습을 보인 원숭이보다 두 손이 빈 원숭이와 더 많이 나눠 먹었다.

두 번째 실험은 심지어 더 흥미로운 사실을 드러냈다. 상대방의 행복에 대한 관심을 암시했기 때문이다. 우리는 두 마리의 원숭이를 나란히 배치했다. 분리해놓았지만 서로 완전히 다 볼 수는 있다. 둘 중 한 마리는 우리와 물물교환을 해야 했다. 흰목꼬리감기원숭이들은 물물교환을 자연스럽게 이해한다. 예를 들어 울타리 너머에 빗자루를 놔뒀을 때 우리는 땅콩 하나를 손에 들고 그 빗자루를 가리키기만 하면 된다. 그러면 흰목꼬리감기원숭이들은 거래를 파악하고 빗자루를 가져와 교환해 간다. 실험에서는 물물교환에 조그만 플라스틱 토큰을 사용했다. 먼저 토큰을 원숭이에게 준 다음, 맛있는 먹이와 교환하도록 손을 펼쳐 내밀었다.

두 가지 다른 색깔과 다른 의미를 가진 토큰 중에 선택권을 주자 흥미로운 실험이 되었다. 한 토큰은 '이기적'인 것이었고, 다른 하나는 '친사회적'인 것이었다. 물물교환을 하는 원숭이가 이기적인 토큰을 고르면 자신은 작은 사과 조각 하나를 받았지만, 파트너는 아무것도 받지 못했다. 반대로 친사회적인 토큰을 고르면 두 원숭이에게 동시에 똑같은 보상이 주어졌다. 물물교환을 하는 원숭이는 두 경우 모두 보상을 받았기 때문에 유일한 차이점은 파트너가 뭘 받느냐였다. 흰목꼬리감기원숭이들이 확실히 이해하도록 하기 위해 내 조교 크리스티 라임그루버Kristi Leimgruber가 먹이를 든 한 손을 들었다가 한 마리에게 주거나 혹은 두 손을 들었다가 두 원숭이에게 동시에 주는 과장된 쇼를 해 보였다.

우리는 두 원숭이가 집단 내에서 얼마나 많은 시간을 함께 보내는지 관찰했기 때문에 둘이 사회적으로 얼마나 가까운 사이인지를 정확히 알고 있다. 자기의 파트너와 유대가 강하면 강할수록 원숭이가 친사회적인 토큰을 더 많이 선택한다는 사실을 알아냈다. 이 실험을 서로 다른 원숭이의 조합에 서로 다른 쌍의 토큰을 사용해 여러 번 반복했지만, 원숭이들은 계속해서 같은 결과를 냈다. 이들의 선택이 복수의 두려움으로는 설명될 수 없었던 것이 모든 쌍마다 더 우월한 원숭이(두려울 필요가 없는 원숭이)가 더 친사회적인 것으로 나타났기 때문이다.

이게 흰목꼬리감기원숭이들이 다른 이의 행복을 신경 쓴다는 의미일까? 호의를 베풀기를 좋아하는 것일까? 혹은 단지 같이 먹는 게 좋아서일수도 있을까? 두 원숭이 모두 먹이를 얻으면 나란히 앉아서 똑같은 음식을 아삭아삭 씹어 먹었다. 우리가 가족이나 친구들과 저녁을 먹을 때 더 편한 것처럼, 혼자일 때보다 함께일 때 더 맛있는 걸까? 어떤 설명이든 간에 우리는 원숭이들이 혼자 전부 먹어치우는 것보다 공유하는 편을 더 좋아한다는 것을 확인했다.[43]

유인원에서 이와 비슷한 실험이 처음에 실패했을 때 언론에는 "침팬지들은 친척이 아닌 집단 구성원들의 행복에 무관심하다"라는 성급한 제목의 기사가 나왔다.[44] 하지만 옛말에도 있듯이 증거가 없는 것이 없는 것의 증거는 아니다. 이 실험에서 알 수 있는 것은 인간이 유인원으로 하여금 자기 자신의 이익을 우선시하는 상황을 만들 수 있다는 것이다. 우리 인간 종을 생각해봐도 이는 어렵지 않다. 백화점이 크게 세일을 한다며 문을 열었을 때 사람들이 물건을 사려고 서로를 짓밟는 것을 보라. 2008년에는 이런 와중에 가게 직원이 목숨을 잃었다. 하지만 이 광경을 보고서 인간이라는 종은 서로의 행복에 무관심하다는 결론을 내리는 사람이 있을까?

성공적인 접근법은 종종 특정 동물에게 가장 적합한 것이 무엇인지 간파하는 것이다. 일단 목표가 달성되면 잘못된 부정적인 결과는 잊힐 것이다. 펠릭스 바르네켄Felix Warneken과 독일 라이프치히의 막스 플랑크 연구소Max Planck Institute 동료들이 유인원 이타주의를 테스트하는 데 성공적인 공식을 생각해냈을 때가 바로 그런 때이다. 연구는 수많은 나무들이 무성하게 우거진 커다란 섬으로 이루어진 우간다 보호구역에 있는 침팬지들과 함께 진행됐다. 이 침팬지들은 매일 밤 한 건물로 들어가 실험에 참여했다. 침팬지 한 마리가 보는 앞에서 한 사람이 철창 너머의 플라스틱 막대기를 집으려고 하지만 닿지 않는다. 그 사람은 포기하지 않지만 막대기는 결코 손에 닿지 않는다. 그런데 침팬지는 단 몇 걸음만 걸어가면 막대기를 집을 수 있는 구역에 있다. 침팬지들은 자연스럽게 사람이 원하는 물건을 집어 들어 건네줬다. 이 침팬지들은 그렇게 하도록 훈련받은 적도 없었고,

보상이 있으나 없으나 침팬지들이 노력하는 것에는 변함이 없었다. 비슷한 실험을 어린아이들과 했을 때도 같은 결과가 나왔다.

막대기를 가져오려면 침팬지들이 단을 기어 올라가도록 해 도와주는 비용을 높였을 때도 여전히 도움을 줬다. 어린아이들 또한 가는 길에 장애물이 있을지라도 도움을 줬다. 분명히 유인원과 어린아이들은 모두 무의식적으로 도움이 필요한 타인을 도왔다.

하지만 보호구역 침팬지들은 그 사람에게 자기의 생존이 달려 있기 때문에 도와준 걸 수도 있지 않은가? 이런 논쟁에 대비해 연구자들은 침팬지들이 거의 알지 못하는 사람, 확실히 일상적인 관리에 참여하지 않은 사람들을 선택했다. 연구자들은 후에 침팬지들이 같은 방식으로 서로를 도와주는지 보는 두 번째 실험을 추가했다.

한 침팬지는 철창 너머에서 파트너가 먹이가 있는 방으로 통하는 문을 열려고 애쓰고 있는 모습을 본다. 하지만 방문은 닫혀 있다. 방으로 들어가는 유일한 방법은 문을 막고 있는 사슬을 푸는 것이지만, 그 파트너는 사슬에 손이 닿지 않는다. 첫 번째 침팬지만이 사슬을 풀 수 있다. 이 실험의 결과에는 심지어 나도 놀랐다. 먹이가 전부 파트너에게 돌아가는 경우에는 어떻게 예측해야 할지 확신이 서지 않았던 것이다. 하지만 결과는 뚜렷했다. 첫 번째 침팬지는 사슬을 걸어놨던 못을 빼고 동료가 먹이를 먹을 수 있게 해줬다.

이 유인원들이 한 일은 우리 원숭이들이 했던 토큰을 선택하는 문제보다 훨씬 복잡하다. 다른 이의 의도를 이해하고 그가 원하는 바를 달성하기 위한 최선의 해결책을 정해야 한다. 이 침팬지들은 맞춤 돕기를 보여줬다. 유인원들이 평소 일상생활에서 하는 그대로였다. 하지만 침팬지들이 도움을 주게 된 근본적인 동기는 아마 원숭이들과 크게 다르지 않을 것이다. 둘 다 자기 주변 이들의 행복에 관심을 갖고 있다. 행위자의 이익을 근거로 삼는 옛 방식의 관점으로는 앞의 결과들을 설명할 수 없다. 왜 냐하면 원숭이들은 친사회적인 선택을 해도 이기적인 선택을 한 경우보 다 조금이라도 더 보상을 받은 것은 아니었으며, 침팬지들의 경우에도 보 상은 아무런 차이를 낳지 않았기 때문이다.[45]

따뜻한 느낌

어쩌면 이제는 도움을 필요로 하는 타인을 대면했을 때 머릿속으로 비용 과 이익을 합산해 도울지 말지 결정한다는 발상을 버려야 할 때인 것 같 다. 이런 계산은 자연 선택이 알아서 해줬다. 진화가 일어나는 동안 행동 의 결과를 반영하면서 자연 선택은 영장류가 적절한 상황에서 다른 이들 을 도울 수밖에 없도록 만드는 공감의 능력을 부여했다. 친근한 파트너에 게 공감이 가장 쉽게 일어난다는 사실은 주로 행위자와 가까운 사람들에 게 도움을 주는 행동이 일어나도록 보장해준다. 유인원들이 새끼 오리나 사람을 도와줄 때처럼 때로는 내부 순환을 벗어나 적용될 때도 있지만, 기본적으로 영장류의 심리는 가족, 친구들, 그리고 파트너의 행복에 관심 을 갖도록 설계되어 있다.

인간은 협동하는 파트너와는 공감하지만, 경쟁자에게는 '반反공감'한다. 우리에게 적의를 갖고 대하면 우리는 공감의 반대를 보여준다. 그 사람이 미소 지을 때, 미소를 짓는 대신 마치 그 사람의 기쁨이 우리를 괴롭히는 것처럼 찡그린다. 반대로 그 사람이 괴로움의 징후를 보이면 마치 그들의 고통을 즐기는 듯이 미소를 짓는다. 한 연구에서 적대적인 실험자에 대한 반응을 다음과 같이 표현했다. "이 사람의 행복감이 불쾌감을 낳았고, 이 사람의 불쾌감이 행복감을 낳았다."[46]

즉 우리가 타인의 행복에 관심이 '없다면' 인간의 공감은 그다지 매력 없는 것으로 바뀔 수도 있다. 우리의 심리가 집단 내의 협동을 촉진하도록 진화되었다면 누구나 정확히 예상할 수 있듯이, 우리가 보이는 반응은 무분별과는 거리가 멀다. 긍정적인 관계를 갖고 있거나 가지리라 예상되는 사람들에게 편향되어 있다. 바로 이런 무의식적인 편향성이 흔히 돕는 행동 이면에 있으리라 여겨지는 계산을 대체한다. 우리가 이런 계산을 못 한다는 것은 아니지만—때로는 비즈니스상의 거래처럼 순전히 돌아오는 이득을 근거 삼아 남을 돕기도 한다—인간의 이타주의는 대부분 영장류의 이타주의와 마찬가지로 감정에 의해 일어난다.

쓰나미가 사람들을 휩쓸어 갔을 때 우리로 하여금 돈, 음식, 또는 옷가지를 보내게 만드는 것은 무엇인가? "태국에 쓰나미 피해로 수천 명 사망"이라는 짤막한 신문 기사 제목이 그 비결은 아닐 것이다. 그렇다. 우리는 TV에서 보여주는 해변의 시체들, 길 잃은 아이들, 사랑하는 사람을 잃고 인터뷰하며 눈물이 가득한 피해자들에 반응한다. 우리는 이성적인 선택보다는 감정적인 일치화의 결과로 자선을 베푼다. 예를 들면, 왜 스웨덴이 유난히 다른 나라와 월등한 차이를 보이며 피해 지역에 엄청난 규모로 기부했을까? 2004년 재난 당시 500명이 넘는 스웨덴 관광객이 목숨을 잃었다는 사실이 동남아시아의 피해자들과 스웨덴인들 사이에 연대를 만들어낸 것이다.

그런데 이런 게 이타주의일까? 우리가 느끼는 것이나 우리와 피해자의 관계에 근거해 도움을 준다면 그건 본질적으로 우리 자신을 돕는 게 아닐까? 타인의 어려운 상황을 개선함으로써 기쁜 마음, 즉 '따뜻함'을 느낀다면 사실은 도움을 주는 것이 이기적이게 되는 것이 아닐까? 문제는 우리가 이걸 '이기적'이라고 한다면 그야말로 모든 것이 이기적이게 되고, 이 단어는 의미를 잃어버린다. 진정으로 이기적인 자는 도움을 필요로 하는 다른 이를 지나치는 데 아무런 문제가 없을 것이다. 만약 누군가 물에 빠졌다면, 빠져 죽게 놔두는 것. 누군가 울고 있다면, 울게 놔두는 것. 누군가 탑승권을 떨어뜨렸다면, 눈길을 돌리는 것. 나는 이런 것들이야말로 공감에 의해 관여하는 것의 정반대인 이기적인 행동이라고 생각한다. 공감은 우리를 다른 사람의 상황에 끌어들인다. 우리가 다른 이를 돕는 데서 기쁨을 얻는 건 맞지만 이 기쁨은 타인을 '통해서' 얻을 수 있고, '오직' 타인을 통해서만 얻을 수 있기 때문에 순전히 타인 지향적이다.

그와 동시에 만약 거울 뉴런이 나와 타자의 경계를 없애준다면, 그리고 공감이 사람들 간의 경계를 흐리게 만든다면, 얼마나 이타적이어야 이타주의인가 하는 궁극적인 문제에는 정답이 없다.[47] 만약 타자의 일부가 우리 안에 있다면, 우리가 타자와 함께 느낀다면, 그들의 삶을 개선시켜주는 것은 자동적으로 우리 안에 반향을 일으키게 된다. 이는 단지 인간에게만 들어맞는 사실은 아닐 수도 있다. 원숭이는 이기적인 결과보다 친사회적인 선택을 일관되게 선호했는데, 만약 무언가 내면적인 보상이 없었다면 왜 그런 선택을 하는지 이유를 알기 어렵다.

어쩌면 원숭이들도 좋은 일을 하면서 기분이 좋았을지도 모른다.

5장

방 안의 코끼리

침팬지는 처음으로 거울 속의 자신을 보자 놀라서
입을 벌리고 의문이 가득한 듯 호기심 어린 표정으로,
아무 소리는 없었지만 이렇게 묻는 것이 역력해 보였다.
"저기 있는 게 누구 얼굴이지?"[1]

나디아 코츠 Nadia Kohts(1935)

코끼리가 다가오는 소리를 들을 수 있다고 생각할지도 모르겠다. 하지만 태국 숲 속 빈터에서 햇볕 아래 땀 흘리며 서 있는 동안 코끼리 한 마리가 뒤에서 다가와도 미세한 진동이나 작은 소리 하나도 듣지 못한다. 코끼리들은 완벽하게 유연해서 작은 가지나 나뭇잎도 밟아 부러뜨리지 않도록 조심스럽게 피해 다니며 벨벳 쿠션 위를 걷는 듯 다니기 때문이다. 사실 코끼리는 놀라울 만큼 우아한 동물이다.

코끼리는 위험한 동물이기도 하다. 미국 노동통계국은 코끼리 사육사를 가장 위험한 직업으로 뽑았다. 태국에서만 해마다 50명이 넘는 마호트 mahout(관리인/조련사)들이 사망한다. 첫 번째 문제는 코끼리들이 예상외로 빠르기 때문이다. 두 번째는 꼭 껴안아주고 싶은 '점보jumbo'의 이미지 때문에 우리가 경계심을 낮추고 너무 가까이 다가간다는 점이다. 코끼리가 인간에게 주는 매력은 그야말로 놀라운 것이며, 이는 이미 고대 로마 때 목격되었다. 고대 로마는 비위가 약한 사람은 견디기 힘든 곳이었다. 대★ 플리니우스Pliny the Elder는 원형 경기장 안의 난폭하게 화난 코끼리 20마리에 대해 군중들이 어떻게 반응했는지 이렇게 묘사했다.[2]

그들은 탈출에 대한 희망을 완전히 잃어버리자 군중에게 동정을 얻으려 자신의 운명을 개탄하는 듯 통곡하며 이루 형언할 수 없는 간청의 몸짓을 보였다. 대중은 너무나 괴로워 장군과 장군이 대중의 명예를 위해 각별히 신경 쓴 호의에 대해 잊어버리고 일제히 눈물을 울컥 쏟아내며 폼페이우스에게 저주를 내렸다.

코끼리와 우리가 해부학적으로 너무나 다른 점을 고려하면 코끼리가 그리도 쉽게 인간의 동정심을 자아냈다는 사실은 또 다른 상응 문제를 제기한다. 우리는 코끼리의 몸을 우리의 몸에 어떻게 비교하는 걸까? 우리는 코끼리들이 코를 심하게 뒤흔드는 적대적인 움직임을 알아볼 수 있을 뿐 아니라, 서로의 코를 상대의 입속—코를 넣기에는 가장 취약한 장소—에 넣고 부드럽게 서로 문지르는 동작도 알아본다. 무엇보다도 우리는 코끼리들이 즐거울 때를 알아볼 수 있다. 예를 들면, 물웅덩이에서 딩굴 때이다. 진흙을 튀기며 미끄러질 때까지 서로를 마구 밀쳐 완전히 진흙 범벅이 된 채 눈이 바깥으로 뒤집어져서 흰자가 많이 보여 마치 코끼리들이 미쳐가고 있다는 인상을 준다. 코끼리들은 유머 감각이 있는 것 같다.

태국 북부로 학생을 보러 간 적이 있다. 조슈아 플라트닉^{Joshua Plotnik}은 치앙마이 근처의 코끼리 자연 공원과 람팡 근처의 타이 코끼리보전센터에서 사회적 행동을 연구하고 있었다. 나는 사바나에서 아프리카 코끼리들을 본 적은 있었지만, 이 아시아 코끼리들과의 큰 차이점은 내가 지프 안에 앉아 있지 '않았다'는 점이었다. 이 장대한 야수의 바로 옆에 서서 쩌렁쩌렁하게 울부짖는 소리와 깊고 길게 우르릉거리는 소리를 듣자마자 나는 인간이란 종이 얼마나 작고 연약한지 느꼈다.

코끼리는 참으로 멋진 동물이다. 하지만 태국에서 코끼리들이 처한 상황은 안타깝게 변해가고 있다. 수천 마리의 코끼리들이 목재 수확에 사용되었지만, 삼림 파괴가 엄청난 홍수의 원인이라 여겨지며 1989년 전국적으로 벌목이 금지되었다. 이렇게 되자 수입이 부족한 소유주들의 코끼리를 돌볼 필요가 시급해졌다. 그 밖에도 태국과 미얀마의 국경에서 지뢰 피해를 입어 다리가 세 개가 된 동물들과 관리가 시급한 다른 동물들이 있다. 현재 많은 코끼리들이 대중 교육에 이용되고 있으며, 이들은 각자 배정된 마호트들이 밤낮으로 세심히 관리한다. 코끼리들을 풀어주지 않는 한 이것이 코끼리를 관리하는 유일한 방법이다. 코끼리를 풀어주는 것이 더 좋아 보이겠지만, 태국처럼 사람이 많이 거주하는 나라에서는 코끼리가 가진 위험성을 고려하면 '해방'이란 거의 확실한 죽음을 의미한다.

　마치 차고에 트랙터를 한 대 갖고 있는 것과 비슷하다. 그런데 이 트랙터는 언제든 자기 스스로 시동을 걸 수 있고, 길거리로 나와서 조그만 집들을 깔아뭉개고, 사람들을 짓밟고, 잎이 무성한 나무들을 뿌리째 뽑아버릴 수 있다. 도시 속의 코끼리는 그와 거의 다르지 않은데, 어느 누구도 이런 골칫거리를 떠안고 싶어 하지 않을 것이다. 그래서 코끼리들은 통제를 받고 있으며, 그럴 필요가 있다. 나는 공원에서 코끼리를 부양하는 사람들의 헌신에 깊은 감명을 받았다. 코끼리들은 반자유적인 환경에서 함께 다니거나, 실로폰을 치는 '오케스트라' 공연 또는 코끼리에 있어서 역사적이라 할 수 있는 목재 산업에서의 활동을 재연하는 등의 행사를 하거나, 훈련을 한다. 이런 행사들로 공원과 보호소의 유지비를 벌 수 있으며, 생태체험 여행객들은 코끼리 배설물을 삽으로 치우는 특권을 위해 돈을 내기도 한다.

　자, 어느 다른 동물이 사람들을 그렇게 헌신하도록 만들 수 있겠는가?

개체발생과 계통발생

코끼리보전센터에서 키가 큰 청소년 코끼리 두 마리가 길고 무거운 통나무 양쪽 끝에 서서 통나무를 상아로 가볍게 들어 올리고는 굴러떨어지지 않도록 위에 코를 얹는다. 그러고는 둘 사이에 통나무를 유지한 채 완벽히 맞춰서 걸어가는데, 머리 위에 앉아 있는 두 마호트는 얘기를 나누며 웃고 주변을 둘러보며 틀림없이 아무 행동도 지시하지 않는다. 이 그림을 만들어내는 데 분명히 훈련도 있었겠지만, 사람은 어떤 동물도 이렇게까지 협동하도록 훈련시킬 수 없다. 돌고래들은 야생에서 동시에 뛰어오르기 때문에 사람이 그렇게 훈련할 수 있고, 야생마들은 같은 속도로 함께 달리기 때문에 사람이 그렇게 가르칠 수 있다. 같은 이유로 사람은 두 코끼리가 하나의 통나무를 집어 들고 함께 옮겨다 놓도록 훈련할 수 있다. 두 코끼리가 똑같은 리듬으로 걸어가 다른 통나무 더미 위에 소리 하나 내지 않고 함께 내려놓을 수 있는 것은 코끼리들이 야생에서 비범하게 협동을 잘하기 때문이다. 분명 통나무를 집어 들지는 않겠지만, 다친 동료나 새끼 코끼리를 도와주기 위해 합심해서 행동한다.

나는 코끼리 자연공원에서 다른 종류의 협동을 마주했다. 장님 코끼리와 눈이 보이는 친구가 함께 걸어 다니는 곳이었다. 두 암컷은 혈연지간이 아니었음에도 같이 붙어 다녔다. 눈이 먼 코끼리는 친구에 의존하는 것이 확실했고, 친구는 이 상황을 이해하는 것 같았다. 눈이 보이는 친구가 떠나는 즉시 두 코끼리는 각기 묵직한 소리를 냈고, 심지어 때로는 장님 코끼리에게 위치를 알려주는 울음소리를 내기도 했다. 이 시끄러운 광경은 두 코끼리가 다시 만나 합칠 때까지 계속된다. 그다음에는 귀를 연신 펄럭거리고, 만지고, 서로 냄새를 맡는 격렬한 반가움이 이어진다.

온 세상이 이 동물들이 아주 지능이 높다고 여기지만, 사실 공식적인 증거는 거의 없다. 원숭이와 유인원들이 무엇을 이해하고 있는지 밝혀낸 실험들과 같은 연구가 코끼리에서는 아주 드물다. 단순히 코끼리가 실험하기에 쉽지 않다는 이유에서다. 어느 대학교가 코끼리 연구실을 차리겠는가? 코끼리와 실험해보고 싶은 사람이라면 태국이나 인도처럼 옛적부터 코끼리를 다뤄온 역사가 있는 나라에서 연구하거나 혹은 동물원에서 연구하거나 둘 중 하나다. 조슈아는 태국으로 가기 전 뉴욕의 브롱스Bronx 동물원에서 일했는데, 그때 우리가 했던 거대한 거울을 사용한 첫 번째 코끼리 실험에 참여했다.

이 실험은 우리의 공감에 대한 관심에서 비롯된 것이다. 높은 수준의 공감은 자아의식 없이는 불가능한 것이고, 자아의식의 여부는 거울 실험으로 알 수 있다. 모든 동물들 중에서 코끼리는 아마도 가장 공감을 잘할 것이라 생각해서 우리는 코끼리들이 자기가 비친 모습을 알아볼 만큼 자아정체성이 있는지를 보고 싶었다. 이 능력은 유인원(원숭이는 제외)들이 거울 속의 자기를 알아본다는 것을 처음으로 밝혔던 심리학자 고든 갤럽 Gordon Gallup이 수십 년 전 예측했다.[3]

만약 내가 선글라스를 끼고 우리 흰목꼬리감기원숭이들에게 걸어가면 몇 마리는 나를 못 알아보는 것처럼 위협하겠지만, 이는 곧 호기심으로 바뀐다. 하지만 흰목꼬리감기원숭이들은 선글라스를 자기 몸을 비춰보고 조사하는 용도로는 절대로 사용하지 않는다. 간단히 말해 자기들이 뭘 보고 있는지를 '이해하지' 못한다. 이에 반해 유인원들은 내 선글라스를 보는 즉시 그 안을 들여다보며 얼굴을 이상하게 찡그리기 시작한다. 유인원들은 내가 누구인지 절대로 헷갈리는 법이 없으며(내가 여장을 하고 간다고 해도 유인원들은 자기가 대하는 사람이 누구인지를 알 것이다),[4] 대신 참을성 없이 내게 고개를 획 내밀어서 결국은 내가 안경을 벗어 작은 거울처럼 그들에게 가까이 대준다. 그러면 암컷들은 자기 등을 비춰보려고 돌아서고―유인원이 결코 볼 수 없는 치명적인 해부학적 구조이다―입을 열어 안을 살펴보고 이를 쑤신다. 누구라도 이 모습을 보면 이 동물이 우연히 입을 열거나 뒤돌아선 게 아니라는 것을 알 수 있다. 두 눈동자가 거울 속의 움직임을 하나하나 관찰하기 때문이다.

갤럽은 큰 뇌를 갖고 있고 공감이 잘 발달된 동물이라면 어느 동물이나 이와 똑같은 일을 할 수 있어야 한다고 생각했다. 하지만 여기서 왜 공감이 나오는 걸까? 거울이 말해주는 사회적 능력이 있는 건지, 있다면 무엇일까? 이 해답의 일부는 아동 발달에서 찾아낼 수 있다. 인간 아기도 거울 속의 자기 모습을 곧바로 알아보지는 못한다. 한 살이 되면 많은 동물들처럼 거울 속의 '다른 이'로 혼동해 때로는 웃어 보이고, 쓰다듬고, 심지어는 거울 속 상대에게 뽀뽀를 하기도 한다. 두 살이 되면 대부분 얼굴에 묻혀놓은 작은 표시를 문질러 없애는 '루즈 실험$^{rouge\ test}$'을 통과한다. 아이들은 거울을 보기 전까지는 표시가 되어 있는 줄 모르기 때문에, 표시해 놓은 데를 만지면 거울 속 대상과 자기 자신을 연결할 수 있다는 점을 확실히 알 수 있다.

아이들은 루즈 실험을 통과하는 시기와 비슷하게 다른 이들이 자기 자신을 어떻게 보는지에 민감해져 쑥스러워하고 인칭대명사를 쓰며("내 거야!"라든지 "나 봐봐!") 장난감과 인형을 갖고 짧은 시나리오로 가상 놀이를 하기 시작한다. 이런 발달은 서로 관련되어 있다. 루즈 실험을 통과하는 아이들은 통과하지 못한 아이들보다 '나'를 더 많이 쓰며, 가상 놀이를 더 많이 한다.

나에게는 사실 거울에 대한 반응 그 자체는 상당히 지루한 주제일 뿐이다. 그런 반응은 생존과 관련이 없고 자연에서는 거의 아무 쓸모가 없다. 자기 자신이 비친 모습을 알아보는 데 실패한 수많은 동물들이 자연에서는 아무 문제 없이 살아간다. 거울 실험이 정말 흥미로운 것은 한 개체가 자기 자신의 위치를 이 세상에 어떻게 놓느냐를 말해준다는 점이다. 자아의식이 강하면 다른 이의 상황을 자신의 상황과 분리해서 취급할 수 있다. 한 아이가 먼저 물을 한 모금 마신 뒤 인형에게 주는 것처럼 말이다. 아이는 인형이 물을 마시지 않는다는 것을 아주 잘 알고 있지만, 그럼에도 불구하고 인형이 그런 감정

인간 아기들은 약 18~24개월이 될 때까지 거울 속의 자신을 알아보지 못한다.

상태라고 보는 걸 좋아한다. 인형은 ('나처럼') 비슷하면서 동시에 다르다. 아이는 역할 놀이자가 되는 것이고, 목이 마르거나 슬프거나 졸린 인형은 절대로 아이의 공상을 깨는 일이 없이 완벽한 파트너가 된다.

이런 능력들은 거울 속 자기인식과 똑같은 시기에 발달하므로, 나는 '동시발생 가설co-emergence hypothesis'[5]에 대해 말하련다. 높은 수준의 공감도 같은 패키지에 포함된다. 도리스 비쇼프 쾰러Doris Bischof-Köhler가 스위스 어린이들과 이를 실험해보았다. 도리스는 아이들에게 쿠아르크quark(독일제 생크림)를 먹도록 하고, 어른이 옆에 앉아 잠시 후 숟가락이 부러져 슬퍼하게 했다. 그러면 아이는 테이블 위에 놓아둔 다른 숟가락을 집어 들거나 자기 숟가락을 내밀었다. 어떤 아이들은 부러진 숟가락으로 먹여주려 했다. 또는 어른이 '실수로' 자기 곰인형의 팔이나 다리 한쪽을 뜯어내고는 몇 분 동안 흐느끼도록 했다. 도리스는 곰인형을 고쳐주거나, 다른 장난감을 주거나, 가까이 앉아서 눈을 마주쳐준 아이들은 친사회적인 것으로 여겼다. 똑같은 아이들에게 거울 실험을 하자 그 결과는 완전히 동시발생 가설에 일치했다.[6] 친사회적으로 행동한 아이들은 거울 실험을 통과했고, 반면 그런 도움을 주지 않은 아이들은 실패했다.

다른 이들에 대한 관심이 왜 자아에 대한 관심으로 시작되어야 하는가? 이 문제에 관해서는 약간 모호한 의견들이 많이 있는데, 나는 신경과학이 언젠가 해답을 줄 거라고 확신한다.[7] 나는 높은 수준의 공감은 정신 반영과 정신 분리가 모두 필요하다는 말로써 나만의 '그럴듯한' 설명을 제시해보겠다. 반영은 특정한 감정 상태에 있는 타인의 모습이 우리 안에 비슷한 상태를 일으키도록 만든다. 우리는 소위 말하는 표상 공유를 통해 말 그대로 타인의 고통, 실연, 환희, 혐오감 등을 느낀다. 뇌 영상 연구에 따르면 우리의 뇌는 우리가 동일시하는 사람의 뇌와 비슷하게 활성화된다. 이것은 아주 오래된 메커니즘이다. 즉 자동적이고, 어릴 때부터 시작되며, 아마도 모든 포유류가 다 그럴 것이다. 하지만 우리는 이보다 더 나아가며, 이때 바로 정신적 분리가 관여된다. 우리는 다른 이들의 상태로부터 우리 자신의 상태를 분석한다. 그렇지 않으면 아기들처럼 다른 아기가 울면 따라 울면서 다른 이의 괴로움과 자신의 괴로움을 구별하지 못할 것이다. 자신의 감정이 어디서 오는지조차 모르는데 어떻게 다른 이에게 마음을 써줄 수 있겠는가? 심리학자 대니얼 골먼Daniel Goleman의 말을 빌리면, "자기 몰두는 공감을 죽인다".[8] 아기가 자기감정의 실제 근원을 정확히 집어내려면 다른 이와 자기 자신을 구분해낼 필요가 있다.

나는 지금 자기반성이나 자기성찰을 말하는 게 아니다. 그 주된 이유는 말하기 전의 어린아이나 동물들에게 이런 종류의 자기인식이 있는지 우리가 알 길이 없기 때문이다. 심지어 인간이라 해도, 사람이 자기 자신에 관한 질문에 대답하는 바가 정말로 그 사람이 경험한 바를 드러내는가에 대해서 나는 일부 과학자들보다도 확신이 없다. 자기성찰보다 더 흥미로운 것은 자아-타자의 경계이다. 우리는 우리 자신을 분리된 독립체로 보는가? 자아라는 개념이 없다면 우리는 정박할 곳이 없다. 다 함께 떠다니고 가라앉는 작은 배들 같을 것이다. 감정의 파도가 한 번만 일면 따라서 올라갔다 내려갔다 할 것이다. 다른 사람에게 진정한 관심을 보여주고 필요로 할 때 도움을 주려는 사람은 자기 자신의 배를 안정되게 유지할 수 있어야 한다. 자아의식은 닻과 같은 역할을 한다.

이 모든 것이 알려지기 전에 갤럽은 어떤 한 종이 거울 정보를 처리하는 방식을 보면 자아의식에 대해 뭔가를 알 수 있다고 제안했다. 이런 인지 능력은 자기 자신을 알아보는 종에만 있을 것이라 말했다. 이러한 개념은 아동의 발달 과정에 일어나는 일과 비슷하기 때문에, 나는 개인의 발달(개체발생)과 종의 진화(계통발생)를 비교해 논의한 스티븐 제이 굴드 Stephen Jay Gould의 고전적인 책 《개체발생과 계통발생Ontogeny and Phylogeny》을 생각하게 된다. 두 과정은 굉장히 다른 시간 단위를 다루고 있지만, 그럼에도 놀랍도록 같은 점을 보여준다. 이와 비슷하게 동시발생 가설도 두 살배기 아이 안에서 함께 발달하는 두 가지 능력이 어떤 동물에서는 함께 진화한다는 점에서 개체발생과 계통발생의 유사성을 상정하고 있다.[9]

그렇다면 거울 속 자신을 알아보는 종은 관점 바꾸기나 맞춤 돕기처럼 높은 수준의 공감을 보여야 할 것이다. 반대로 자신을 알아보지 못하는 종은 이런 능력이 모자랄 것이다. 이는 충분히 실험해볼 만한 생각이며, 갤럽은 유인원을 제외하고 이를 실험해볼 가장 적합한 대상으로 돌고래와 코끼리를 꼽았다.

돌고래들이 가장 먼저 그의 예측과 맞아떨어졌다.

공중제비를 넘는 멍청이들

어떤 팝 스타를 두고 '머리가 비었다'고 한다거나 인기 없는 미국 대통령에게 '침팬지'라고 한다 해도—영장류학자가 움찔하고 놀랄 비교이긴 해도—아무도 눈 하나 깜짝하지 않는다. 하지만 2006년에 신문 기사 제목이 돌고래가 '얼간이'이며 '공중제비를 넘는 멍청이들'이라고 나왔을 때 나는 충격을 받았다. 이게 너무나 존경받아서 '영리한 돌고래smart dolphin'라는 이름을 사용하는 웹 도메인이 있을 정도인 동물에 대해 말해도 되는 방식인가?

돌고래들에 대해 보이는 대로 전부 믿어야 한다는 말은 아니다. 예를 들면, 돌고래들이 '웃는다'는 것은 사실이 아니며(돌고래는 표정을 지을 만한 얼굴 근육이 없다), 돌고래들과 '돌고래 언어'로 말하며 과학이 습득한 것은 홀아비 돌고래들이 유난히 여성 연구원에게 관심을 보인다는 점뿐이다.

그럼에도 불구하고 돌고래를 멍청하다고 하는 건 지나치다. 이런 주장을 한 남아프리카의 신경해부학자 폴 메인저Paul Manger는 돌고래가 상대적으로 큰 뇌를 갖고 있는 이유는 신경아교세포가 많기 때문이라고 했다. 신경아교세포는 열을 발산해 뇌의 뉴런들이 차가운 해양에서도 활동할 수 있게 해준다. 메인저는 또한 돌고래와 다른 고래목 동물들의 지능이 굉장히 과대평가되고 있다는 말을 굳이 덧붙였다. 그는 돌고래들은 너무나 어리석어 다른 동물들이라면 뛰어넘을 아주 작은 장애물(참치잡이 그물과 같은)도 뛰어넘지 못한다는 통찰력의 정수를 보여줬다. 심지어 금붕어도 자기가 담긴 그릇을 뛰어나올 거라고 언급하기도 했다.[10]

세부적인 사항들을 일단 넘어가면—예를 들어 신경아교세포는 뇌의 연결성을 더해주며 인간에게도 실제 뉴런보다 신경아교세포가 더 많다는 것—금붕어 발언은 동물의 지능을 과소평가하는 흔한 전략을 상기시킨다. 특별한 인지 능력을 작은 뇌를 지닌 종에서 '입증해 보이는' 것이다. 만약 쥐나 비둘기가 할 수 있거나 심지어 더 잘한다면 그 능력은 그다지 특별한 것이 될 수 없다. 따라서 유인원이 언어 능력을 갖고 있다는 주장을 약화시키기 위해 비둘기들이 '대화'를 하도록 훈련을 받았다. 비둘기가 다른 비둘기에게 정보를 주는 카드를 치면, 그 다른 비둘기는 '고마워!'라는 카드를 친다. 이 새들은 또 거울 앞에서 부리로 날개를 다듬도록 훈련받아 '자아인식'을 한다는 주장을 뒷받침하게 했다.[11]

비둘기들이 훈련될 수 있다는 것은 명백한 사실이다. 하지만 이게 정말 뉴욕 수족관에 있는 돌고래 프레슬리Presley와 비교될 수 있을까? 프레슬리는 어떤 보상이나 지시도 받지 않았으며, 페인트로 표시를 하자 전속력으로 탱크 반대편에 설치된 거울 쪽으로 갔다. 그리고 우리가 드레스룸에서 하듯이 계속해서 돌고 돌며 자기 모습을 확인하는 모습을 보였다.

이 거울 실험은 다이애나 리스Diana Reiss와 로리 마리노Lori Marino가 수행했다. 이들은 루즈 실험을 변형해 '눈속임' 표시까지 했기 때문에 사실 어린 아이나 유인원에게 했던 같은 실험보다도 더 엄격한 것이었다. 먼저 수족관 태생의 돌고래 두 마리에게 페인트 대신 물을 사용해 보이지 않는 표시를 하고, 그다음 눈에 보이는 표시를 했다. 루즈 실험에서 가장 중요한 점은 거울의 보조 없이는 볼 수 없는 신체 부위(눈 바로 위 같은 곳)에 표시를 하는 것이다. 표시가 되었다는 것을 알아낼 수 있는 유일한 방법은 거울 속 자신을 보고 자신의 상과 자신의 신체를 연결하는 것뿐이어야 한다.

두 돌고래들은 위장 표시를 했을 때보다 눈에 보이는 표시를 했을 때 거울 근처에서 자신의 상을 들여다보며 훨씬 많은 시간을 보냈다. 이들은 거울 속에 보이는 표시가 자기 자신의 몸에 있다는 것을 알아보는 듯했다. 다른 돌고래에게 있는 표시에는 거의 관심을 보이지 않았기 때문에 표시 자체에 사로잡힌 것 같지는 않았다. 이들은 특별히 자기의 몸에 있는 표시에 관심이 있었다. 이 연구에서 돌고래들이 인간이나 유인원이 하는 것처럼 자기 몸을 만지거나 표시를 문질러 없애지 않았다는 비난이 있었지만, 나는 해부학적으로 자기 접촉을 할 수 없는 동물을 두고 자기 접촉을 하지 않았다고 생각하는 게 맞는지 모르겠다. 더 나은 실험이 설계되기 전까진 돌고래를 거울 속 자신을 알아보는 인지적 엘리트 동물에 넣어주는 게 문제없어 보인다.

돌고래는 큰 뇌(실제로 인간보다 큰)를 갖고 있으며,[12] 높은 지능의 징후를 빠짐없이 보인다. 각 개체는 다른 돌고래들이 자신을 알아볼 수 있는 자기만의 고유한 휘파람 소리를 내며, 다른 돌고래들은 이 소리로 상대를 알아본다. 또 심지어 이 소리를 사용해 서로를 부르는, 말하자면 '이름'으로 사용한다는 증후도 있다. 돌고래들은 평생 동안 유대를 즐기며, 싸운 후에는 섹시한 애무로 화해하고(보노보와 무척 비슷하다), 수컷들은 권력을 위한 연합을 형성한다. 물고기 떼를 둘러싸 빠져나가지 못하도록 공기방울을 뿜으며 밀집된 구 형태로 몰아넣은 다음, 나무에서 과일을 따 먹듯이 먹이를 집어 먹는다.

수족관에서 돌고래들은 관리인보다 한 수 위인 것으로 알려져 있다. 탱크 안의 쓰레기를 주워 오도록 훈련받은 한 돌고래는 사기극이 들통 날 때까지 포상 물고기를 축적했다. 이 돌고래는 신문지나 종이 상자 같은 큰 물건들을 물속 깊은 곳에 숨겨놓고, 거기서 조금씩만 찢어서 조련사에게 하나씩 갖다 주었다.

이런 사례는 수도 없이 많다. 아교세포가 있든 없든 말이다. 그래도 돌고래 전문가들이 화내 마땅한 '지방으로 꽉 찬 뇌' 사건이 내게 새로운 통찰력을 어느 정도 제공했다는 점을 시인해야겠다.[13] 지금부터 나는 내 금붕어가 바닥에서 파닥거리고 있으면, 어항으로 되돌려 넣기 전에 축하부터 해야 할 것이다.

동시발생 가설을 고려하려면 돌고래 이타주의가 어느 정도 수준인지 확인하는 게 중요하다. 자기인식은 관점 바꾸기와 함께 가는 것인가, 그리고 돌고래는 사람과 유인원에게서 알려진 맞춤 돕기 같은 것을 보여주는가? 과학적 기록으로 가장 오래된 보고서 중 하나는 1954년 10월 30일 플로리다 앞바다에서 일어난 일에 관한 것이다. 대중 수족관을 위한 포획 원정에서 다이너마이트 하나가 병코돌고래 무리 근처의 수중에 설치됐다.[14] 한 기절한 피해자가 육중하게 기울어진 채 수면에 떠오르자마자 다른 두 돌고래가 도우러 왔다. "양쪽 아래에서 한 마리씩 올라와 자기 머리 측면 위쪽을 거의 정확히 다친 개체의 가슴지느러미 밑에 위치시키고, 수면 위에 떠 있도록 해서 다친 개체가 기절한 상태인 동안 숨을 쉴 수 있게 해주려고 노력하는 게 분명했다." 도와주는 두 개체는 물에 잠겨 있어 도와주는 동안에는 숨을 쉴 수 없었다. 무리 전체는 근처에 남아(보통은 폭발이 있으면 곧바로 떠나는 데 반해) 동료가 회복될 때까지 기다렸다. 그러곤 엄

청나게 뛰어오르면서 전부
재빨리 도망갔다. 이 일을
기록한 과학자는 이렇게 덧
붙였다. "그들이 자기 종을
위해 협동하여 도운 것이 진
짜 벌어졌고, 의도적이었다
는 데에 우리 마음에는 의심
이 없다."

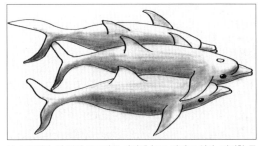

두 돌고래가 세 번째 돌고래를 사이에 놓고 받치고 있다. 기절한 돌고래를 떠 있게 해서 분수공이 수면 위로 가게 한다. 반면 자기들의 분수공은 수면 아래에 있다.

거대한 바다 생물의 돌보기와 돕기에 대한 보고는 고대 그리스로 거슬러 올라간다.[15] 고래들은 사냥꾼의 보트와 다친 동료 사이에 끼어들거나 보트를 뒤집을 수도 있다. 사실 고래들이 다친 고래를 보호하러 오는 경향은 너무나 예측 가능하기 때문에 고래잡이들은 이를 이용한다. 향유고래 무리가 일단 눈에 띄면, 사수는 그중 한 마리만 맞추면 된다. 무리의 다른 고래들이 배를 포위해서 꼬리로 물을 튀기거나 다친 고래 주변에 '마거리트'라고 불리는 꽃 모양 대형으로 둘러싸면, 사수는 어려움 없이 고래들을 하나씩 겨냥해서 쏜다. 이런 동정심의 덫이 효과가 있는 다른 동물은 거의 없다.

돌고래나 고래가 수영하던 사람을 구하거나, 때로는 상어로부터 보호해주거나, 자기들끼리 서로 돕는 방식과 똑같이 수면 위로 올려줬다는 이야기는 아주 많다. 나는 유인원이 새를 구하거나 물개가 개를 구조하는 경우를 포함해 종의 장벽을 넘어선 도움에 가장 강하게 흥미를 느낀다. 후자의 일은 영국 미들즈브러의 강에서 사람들이 보는 가운데 일어났다. 물 위로 거의 고개를 들지 못하던 한 늙은 개를 물개가 조심스레 강변까지 밀어냈다.[16] 직접 본 목격자에 따르면 "물개 한 마리가 어디서 갑자기 나타났어요. 개 뒤로 와서 정말로 개를 밀었어요. 물개가 아니었다면 그

개는 살아남지 못했을 거예요."

물론 도와주는 성향이 다른 종의 이익을 위해 진화했을 리는 거의 없지만, 일단 존재하게 되면 그런 목적으로 얼마든지 사용될 수 있다. 우리가 해양 포유류들에게 도움을 줄 때도 마찬가지다. 예를 들면, 성난 활동가들이 사냥꾼에 대항해 고래를 방어할 때나(이들이 같은 일을 거대 해파리를 위해서 한다고 상상하긴 어렵다) 우리가 좌초된 고래들을 구조할 때 사람들은 무리로 몰려와서 고래들을 적셔주고 수건을 둘러주고, 밀물이 들어올 때 바다로 밀어 보내준다. 이 일엔 엄청나게 많은 노력이 필요하기 때문에 우리 종으로서는 진정한 이타주의적인 행동이다.

고래가 사람의 노력을 이해하는 듯 보이는 더 놀라운 일이 있다. 즉 관점 바꾸기를 암시하는 것이다. 도움을 받아서 이득을 보는 것과 정말로 고마워하는 것은 상당히 다른 것이다.

2005년의 어느 추운 12월 일요일에 캘리포니아 앞바다에서 암컷 혹등고래가 게 잡이 낚시꾼들이 사용하는 나일론 밧줄에 얽힌 채 발견됐다.[17] 고래는 약 15미터 길이였다. 약 20개의 밧줄이 일부는 꼬리에, 하나는 고래의 입에 얽혀 있었는데, 구조팀은 순전히 밧줄의 양만으로도 기가 꺾였다. 밧줄은 지방층을 파고들어 상처를 내고 있었다. 고래를 풀어주는 유일한 방법은 수면 아래로 잠수해 들어가서 밧줄을 자르는 것이었다. 다이버들은 한 시간 정도를 그렇게 했다. 엄청나게 힘든 일이었고, 고래 꼬리의 힘을 생각하면 분명히 위험을 감수한 일이었다. 가장 놀라운 일은 고래가 풀려났다는 것을 깨달았을 때였다. 고래는 그 장소를 떠나는 대신 주변을 맴돌았다. 그 큰 동물이 큰 원을 그리며 헤엄치면서 모든 다이버들 한 명 한 명에게 조심스럽게 다가갔다. 고래는 한 명에게 코를 비비고, 다음 다이버에게 넘어갔고, 결국 모든 다이버들에게 차례로 코를 비볐다. 제임스 모스키토James Moskito는 그 경험을 이렇게 묘사했다.

나는 고래가 우리가 도와줘서 풀려났다는 걸 알고 우리에게 고마워하는 것처럼 느꼈다. 내게서 30센티미터쯤 떨어진 곳에 멈춰서 나를 조금씩 이리저리 밀면서 놀았다. 만나서 반가워하는 개처럼 정겨웠다. 위협은 전혀 느껴지지 않았다. 놀랍고 믿을 수 없는 경험이었다.

우리는 절대 알 수 없을 것이다. 고래가 무슨 말을 하려고 했는지, 또는 정말로 고마워한 건지, 그렇다면 사람의 노력을 이해해야만 하는데. 고래들에게 동시발생 가설이 적용되는 걸까? 불행하게도(어쩌면 다행히도) 어떤 동물은 거울 실험처럼 비교적 단순한 실험조차도 실행하기엔 일단 너무 크다. 이 실험은 고래보다 작고 땅에 사는 코끼리들로도 이미 충분히 도전받고 있다.

우리에게 해피Happy가 있어서 행운일 뿐이다.

그녀의 이름은 해피

'무엇이 우리를 인간으로 만드는가?'라는 제목의 학회[18] 웹사이트에 이번에 선정된 테마에 대한 미국인들의 길거리 인터뷰 영상이 올랐다. 대표적인 대답엔 "인간이라는 건 우리가 다른 사람에 대해 관심을 가진다는 뜻이죠" 또는 "우리는 다른 사람의 감정에 민감한 유일한 존재예요"가 포함되어 있었다. 물론 이 사람들은 일반인이었지만, 나는 종종 동료 과학자들로부터도 같은 얘길 듣는다. 탁월한 신경과학자이자 동료 과학자인 마이클 가자니가Michael Gazzaniga는 인간의 뇌에 대한 에세이를 이렇게 시작한다.

나는 개리슨 키일러Garrison Keillor의 말을 들을 때마다 항상 미소 짓는다. "잘 지내고, 좋은 일 하고, 연락하자." 아주 단순한 감성이지만 인간의 복잡성으로 가득 차 있는 말이다. 다른 유인원들은 이런 감성이 없다. 생각해보라. 우리 종은 정말 사람들에게 좋은 걸 빌어주길 좋아하고, 나쁜 걸 빌지 않는다. 누구도 절대로 "나쁜 하루 보내라"거나 "나쁜 일 해라"라고 하지 않는다. 그리고 연락하기란 핸드폰 산업이 발견해낸, 우리 모두가 아무 일이 없어도 하는 일이다.[19]

그런 감성을 말로 표현하는 게 사람인 것은 핸드폰을 발명한 게 사람인 것과 마찬가지로 사실이지만, 왜 그런 감성이 새로운 것이라고 상정하는가? 유인원은 정말로 항상 서로 나쁜 날이길 바라는가? 이것은 애정과 애착을 담당하는 오래된 뇌 조직을 포함해 인간 뇌의 긴 진화 역사를 인식하는 과학자들 사이에서조차 기준선으로 남아 있다. 나는 계속해서 반례를 들 수 있지만, 자꾸 되풀이하면 지겨워할까 염려된다. 또한 내가 좋은 행동만 본다는 인상을 주길 원하지도 않는다. 동물들 사이엔 우월의식, 경쟁, 질투, 심술궂음도 많다. 권력과 위계는 영장류 사회에서 매우 중요한 부분이라 어디에서나 늘 갈등이 있다. 아이러니컬하게도 영장류들이 싸우는 중 서로를 방어하거나 싸움의 여파로 피해자가 위로받을 때 가장 협동이 두드러지게 표출된다. 이는 여러 친절한 표현들은 그에 앞서 불유쾌한 일이 일어나야 한다는 뜻이다.

그래도 동물들이 최소한 가끔은 '서로 잘되길 빌어준다'는 압도적인 증거들은 인간의 본성에 대한 어떤 논쟁에 있어서도 속담에 나오듯 '방 안의 코끼리'(모두가 알고 있으나 아무도 말하려 하지 않는 문제를 말한다 - 옮긴이)다. 불편하기 때문에 무시되는 거대한 분명한 진실을 뜻하는 이 영어 표현을 나는 정말 좋아한다. 사람들은 어릴 때부터 갖고 있던, 동물들은 감정이 있고 다른 이들에게 관심을 가진다는 지식을 일부러 억누른다. 어떻게, 왜 세상의 절반은 수염이 나고 가슴이 생기면 그 확신을 떨쳐버리는

지 나는 도저히 이해할 수 없지만, 그 결과로 사람들은 우리가 이런 면에서 독특하다는 흔해빠진 오류에 빠진다. 우리는 인간이고 또한 인간적이다. 하지만 후자가 전자보다 더 오래됐을 수 있다는 생각, 우리의 상냥함은 훨씬 더 큰 그림의 일부라는 생각은 아직도 더 널리 알려져야 한다.

나는 심지어 동물의 공감을 재현해보는 데 특별히 관심이 있는 것도 아니다. 내게 중요한 주제는 더 이상 동물이 공감을 '하는가'가 아니라 '어떻게' 하는가이기 때문이다. 내 생각엔 인간의 경우 약간의 복잡성이 더해지겠지만 인간과 동물에게 정확히 똑같은 방식으로 공감이 일어난다. 중요한 것은 핵심 메커니즘과 공감을 켜거나 끄는 주변 환경이다. 그래서 나는 방 안의 거대한 동물에게 이끌려 어떻게 생겨먹은 것인지 이리저리 찔러보고 싶은 마음을 주체할 수 없다. 바라건대 일부분만 보고 서로 다른 말을 하는 장님 코끼리 만지는 식[20]이 아니라, 과학자가 자기 연구로 얻은 지식을 활용해서 어떤 종의 한 개체가 어떻게 다른 개체에게 관심을 갖게 되는지를 설명하는 방식이면 좋겠다.

코끼리는 이 점에서 널리 알려져 있다. 앞서 말한 장님 코끼리와 그의 친구가 서로 다른 출신인데 공원에서 만났듯이, 코끼리들은 서로 도와주는 데 꼭 유전적 관계가 있어야 하는 것이 아니다. 야생에서도 마찬가지로 친척도 아닌 코끼리들이 때로는 서로를 바로 서 있도록 도와준다. 케냐 자연보호구역에서 죽어가던 암컷 우두머리 엘리노어Eleanor에 관한 사례가 있다.

엘리노어는 부어오른 코를 땅에 끌고 있었다. 잠시 가만히 서 있다가 천천히 작은 걸음을 몇 번 떼고 나서 육중한 몸을 이끌고 땅바닥에 쓰러졌다. 몇 분 후 그레이스Grace(다른 그룹의 암컷 우두머리)가 꼬리를 올리고 측두엽선에서 분비물을 줄줄 흘리면서 급하게 다가갔다. 그레이스는 엘리노어를 상아로 들어 올려

다시 세웠다. 엘리노어는 잠시 동안 서 있었지만 많이 휘청거렸다. 그레이스는 엘리노어를 밀어서 걷게 하려 했지만, 엘리노어는 처음 쓰러졌던 반대쪽으로 다시 쓰러지고 말았다. 그레이스는 소리를 내며 상아로 엘리노어를 살살 찌르고 밀면서 굉장히 스트레스를 받는 것처럼 보였다.[21]

이 사례와 다른 사례들에서 나를 사로잡는 건 코끼리가 맞춤 돕기로 가는 두 가지 노선을 얼마나 극명하게 보여주는가이다. 먼저 흥분이 있다. 큰 소리를 내고, 오줌을 싸고, 분비물이 흐르고, 꼬리를 올리고, 귀를 펼치는 등 스트레스의 징후가 나타났는데, 이는 감정 전이를 보여준다. 두 번째로 통찰력이 작용하는 부분이 있다. 쓰러진 300킬로그램의 동료를 들어 올려 바로 세우는 것처럼 적절한 도움을 주는 부분이다. 다른 사례로 미국의 야생 생물학자 신시아 모스Cynthia Moss가 밀렵꾼의 총알이 어린 암컷 티나Tina의 폐를 관통했을 때의 반응을 목격한 적이 있다.[22] 티나의 무릎이 휘어지기 시작하자 가족들은 티나에게 기대서 티나가 똑바로 서 있도록 받쳐주었다. 그럼에도 불구하고 끝내 티나가 죽었을 때 다른 코끼리 한 마리가 "다른 데로 가서 풀을 한가득 코에 들고 와서 티나의 입에 넣어주려고 했다".

이 마지막의 작은 세부사항은 해결책을 시도했음을 보여주기 때문에 강력하다. 맞는 해결책은 아닐 수도 있지만, 마음이 중요한 것 아닌가? 코끼리들은 보통 서로 입속으로 음식을 넣어주지 않는데, 왜 방금 죽은 코끼리에게 그렇게 하기 시작했겠는가? 그리고 왜 티나의 귓속이나 항문으로 넣지 않았는가? 이는 또다시 대응의 문제다. 도와주는 이는 티나의 신체 어느 부위가 보통 음식을 받아들이는지를 알고 있는 것으로 보였다. 비슷하게 관찰된 사례들이 있다. 한 늙은 황소는 근처의 샘에서 물을 가져와 죽어가는 동료의 머리와 귀에다 물을 뿌리고, 물을 마시게 하려 했다. 이것은 굉장히 드문 행동이며, 다른 이의 문제에 통찰력을 발휘해 접근했음을 보여준다.

수많은 사람들이 본 텔레비전 자연 프로그램에 입양된 아기 코끼리가 진창 구멍에 미끄러져 빠져나오지 못하는 장면이 나왔다. 주변에 있던 코끼리들은 굉장히 불안해했다. 모든 코끼리가 극도로 흥분해서 울부짖고 으르렁거렸다. 암컷 우두머리와 또 다른 암컷 한 마리가 덤벼들었다. 진창에 아기 코끼리가 익사할 정도로 빨려 들어가는 동안 한 마리가 무릎을 꿇고 구멍 속으로 기어 들어갔다. 두 암컷이 함께 코와 상아를 아기 코끼리의 밑으로 넣어 빨려 들어가는 것을 멈추고 아기 코끼리는 간신히 구멍에서 기어 나왔다. 아기 코끼리가 마른 땅에 서서 털이 축 늘어진 큰 개처럼 진흙을 흔들어 털어내는 순간 영상을 보고 있던 사람들은 모두 손뼉을 쳤다.

대부분의 관찰은 아프리카 코끼리의 경우인데, 아프리카 코끼리와 아시아 코끼리는 사실 상당히 다르다. 이들은 종만 다른 것이 아니라 서로 다른 속에 속한다. 하지만 아시아 코끼리들도 같은 행동을 한다. 아래는 태국에서 조시Josh가 보낸 이메일 중 하나다.

놀라운 맞춤 돕기 행동을 봤습니다. 거의 65세는 됐을 늙은 암컷이 한밤중에 쓰러졌어요. 비가 많이 오고 진흙탕인 정글 환경이라 우리도 걸어 다니기 어려웠는데, 지친 늙은 암컷이 일어나기 얼마나 힘들까 싶었습니다. 몇 시간 동안 마호트들과 자원봉사자들이 함께 그녀를 들어 올리려 했어요. 그러는 동안 친척은 아니지만 그 암컷의 가장 가까운 친구이고 45살 정도 된 매 마이Mae Mai는 떠나길 거부했어요. 거부했다고 말하는 이유는 마호트들이 (음식으로 유인해서) 매 마이를 비키게 하려고 했기 때문입니다. 다른 코끼리에 쓰러진 암컷을 연결해 묶어놓고 사람들이 손으로 일으켜 세우려고 몇 번이나 반복한 다음에야 매 마이가 사람들이 도우려고 한다는 걸 느꼈는지, 상당히 흥분된 상태로 늙은 암컷 옆으로 와서 머리로 밀어 올리려 했어요. 반복해서 그렇게 했고, 실패할 때마다 안타까워 코를 땅에 내리치면서 으르렁거렸어요. 매 마이는 상당히 헌신적으로 친구 옆에 머무르려는 걸로 보였습니다.

며칠 뒤 늙은 암컷이 죽었을 때 매 마이는 주체할 수 없을 정도로 오줌을 싸며 큰 소리로 울부짖기 시작했습니다. 마호트들이 큰 나무 틀을 내려 늙은 암컷을 들려고 했더니 매 마이가 방해하면서 죽은 친구 가까이 어디에도 나무를 대지 못하게 했습니다. 그 후 이틀 동안 매 마이는 공원을 돌아다니며 몇 분마다 큰 소리로 울부짖어 나머지 무리들이 비슷한 소리로 따라 하게 했습니다.

여러 각도에서 연구된 영장류 간의 돕기와 다르게 코끼리에 관해 우리가 아는 건 이야기뿐이다. 그런데 그 이야기들이 너무나 다양한 데서 많이 나오고 있고, 내부적으로 매우 일관되어 있어서, 나는 두꺼운 피부를 가진 코끼리들도 매우 민감할 수 있다는 걸 의심하지 않는다. 사실 조시가 태국에서 수행한 프로젝트의 목표는 코끼리들이 뱀을 보고 질겁한 어린 코끼리 주변에 모여서 놀리는 것처럼, 거의 방사 상태의 코끼리들이 괴로워하는 동료를 위해 어떻게 힘을 합치는가를 평가하는 것뿐 아니라 주변 무리의 흥분 상태를 평가하는 것이다. 다른 이들의 울음을 터뜨리게 한 매 마이의 애절한 울부짖음이 좋은 예다. 이는 감정 전이를 일으키는데, 코끼리는 대부분의 동물보다 더 두드러진다. 겁먹고 놀란 개체의 주변에서 코끼리들은 꼬리를 뻗고 귀를 펄럭거린다. 극단적으로는 방광과 대장을 비우기도 한다. 감정적으로 관여됐음을 보이는 놓치기 힘든 외형적 표시다.

또한 이는 거울에 대한 코끼리의 반응에 우리가 가진 관심도 설명해준다. 우리는 전에 돌고래들로 실험했던 다이애나 리스와 팀을 이루어 코끼리에서도 같은 결과를 얻을 수 있는지 조사했다. 어떤 거울이 필요한지

고민하기 전까지는 간단해 보였다. 우리는 이전에 코끼리가 루즈 실험에 실패했던 연구에 쓰인 거울보다 더 큰 거울을 생각했다.[23] 그 연구의 설명을 보면 몇 가지 문제들이 어렵지 않게 보인다. 무엇보다도 거울이 코끼리의 몸보다 훨씬 작았다. 두 번째로 거울이 멀리 떨어진 땅에 놓여 있어서 시력이 아주 좋아도(코끼리에게는 그렇지 않을 수도 있는) 거의 발밖에는 눈에 들어오지 않았을 것이다. 그리고 마지막으로 많은 동물들이 더 교감하기 전에 냄새를 맡거나, 만지거나, 뒤로 돌아가 느껴보는 걸 좋아하는데, 거울이 울타리 밖에 있고 철창으로 분리돼 있어서 코끼리들이 그렇게할 수 없었다. 한마디로 실험 구성이 코끼리로 하여금 평소에 못 보던 이장치를 완전히 탐색하지 못하게 했다.

브롱스 동물원이 우리에게 훌륭히 협조해줬고, 우리는 '점보 사이즈' 거울이라 부를 만큼 큰 거울을 만들어주었다. 2.5제곱미터의 거대한 플라스틱 거울이 튼튼한 덮개가 달린 금속 틀에 붙어 있어서, 우리가 사용하지 않는 날에는 보이지 않게 덮어놓을 수 있었다. 우리는 코끼리들의 반응을 녹화할 수 없을 때 코끼리가 거울을 보길 원치 않았다. 거울의 중간에는 립스틱 사이즈의 카메라가 있어서 모든 상황을 가까이서 녹화할 수 있었다. 무엇보다도 거울은 코끼리를 잘 견뎌냈다. 우리는 코끼리들이 지나치게 열광적이라고 느끼긴 했지만, 코끼리들은 얼마든지 거울을 냄새 맡고 만질 수 있었고, 심지어 뒤로 돌아가볼 수도 있었다.

맥신Maxine은 거울로 와서 코를 거울 위로 휙 던지고는 거울이 설치된 벽 너머를 볼 수 있게 뒷다리로 서서 거울 위로 기어오르기 시작했다. 모두가 알듯이 코끼리는 기어오르지 않는다. 수십 년의 경력이 있는 사육사도 이런 모습은 처음이었다. 벽은 그 위에 2톤의 무게가 기대어도 버텨냈다. 그렇지 않았다면 우리의 실험은 그때 그 자리에서 뉴욕의 교통을 뚫고 맥신을 쫓으며 끝났을 것이다!

기어 올라가려고 한 다음 맥신은 정말 괴상한 자세를 취했다. '팔꿈치'로 완전히 엎드려 거대한 엉덩이와 뒷다리를 공중에 띄우고, 코 전체를 거울 밑에 그야말로 꽂아 넣으려고 했다. 이는 거울을 이해하려는 맥신의 열망을 증명한다. 다른 한편, 코끼리들은 하숙간도 자신의 상을 다른 코끼리처럼 대하지 않았다. 이것이 주목할 만한 이유인 것은 심지어 유인원과 어린이들도 처음에는 그렇게 하기 때문이다. 냄새가 코끼리들에게는 더 중요한 역할을 하기 때문에 후각적인 신호를 동반하지 않고서 '다른 이'를 보는 게 말도 안 되는 걸까?

유인원들처럼 코끼리들은 평소 절대로 볼 수 없는 신체 부위를 탐색하는 데 거울을 썼다. 거울 앞에서 입을 크게 벌리고, 코로 입안을 느끼기도 했다. 한 코끼리는 거울을 보면서 코를 사용해 귀를 앞으로 밀어봤다. 또한 마치 거울에 비친 상이 자기가 하는 행동과 똑같이 하는지 확실하게 확인하려는 것처럼, 유별나게 흔드는 움직임을 하거나, 거울의 시야 밖으로 나갔다 들어왔다를 반복하며 걷기도 했다. 이것은 '자가응변 검사self-contingency test'라고 알려진 것으로 유인원에서도 전형적으로 나타난다. 코끼리들의 반응은 그들이 거울에서 본 것이 무엇인지에 대해 짐작하고 있음을 보여주는, 우리가 기다리던 바로 그 반응이었다.

우리는 다이애나가 돌고래들에게 했던 것과 똑같은 가짜 표식 방법을 따라 루즈 실험을 준비했다. 우리는 페인트 회사로부터 하얀색 얼굴용 페인트와 정확히 똑같지만 무향의 성분만 바꿔서 눈에 보이는 색소가 없는 페인트가 든 용기를 제공받았다. 코끼리의 머리 양쪽 눈 위에 큰 X자를 오른쪽에는 눈에 보이는 페인트로, 왼쪽에는 안 보이는 페인트로 그렸다.

34세의 아시아 코끼리 해피Happy는 거울 속의 상과 자신을 연결했음을 보여주는 모든 행동을 올바로 했다. 처음엔 거울로 곧바로 걸어와 10초를 보내고 다른 데로 갔다. 실망스러웠다. 하지만 표식을 건드리지 않고 7분

후 다시 돌아왔다. 거울의 시야 안으로 들어왔다 나가기를 두 번 반복하고서 다시 다른 데로 갔다. 돌아서면서 해피는 눈에 보이는 표식을 느끼기 시작했다. 그러자 거울로 돌아와 거울 바로 앞에 서서 여러 차례에 걸쳐 표식을 코로 만지고 살펴봤다. 비디오테이프에 따르면 해피는 보이는 표식에는 열두 번의 접촉을 했고, 가짜 표식에는 한 번도 하지 않았다.

이마에 큰 흰색 X 표시를 한 해피는 거울로 걸어갔다. 거울 없이는 그 표시를 볼 수 없었는데, 해피는 표시를 인지하고 만지기 시작했다.

돌고래와 비교해서 아주 좋은 점은 코끼리는 스스로를 만질 수 있는 동물이란 점이다. 유인원이나 어린이들에게 사용했던 어떤 기준에 따라도 해피는 루즈 실험을 통과했다. 맥신을 포함해 두 마리의 코끼리에게도 실험해봤지만 그들은 실패했다. 이건 보기보다는 놀랍지 않은 일이다. 가장 집중적으로 실험된 영장류인 침팬지에서조차 루즈 실험을 통과한 개체의 비율은 100퍼센트에서 한참 떨어지고, 어떤 연구에서는 절반도 되지 않는다.

해피가 거울이 없었으면 알 수 없었을 큰 하얀색 가위표 쪽으로 코를 리드미컬하게 흔들면서 점점 더 가까워지다가 조심스럽고 정확하게 표시를 건드리는 모습은 볼 만한 광경이었다. 우리는 마냥 신이 났다. 코끼리가 인간, 돌고래, 그리고 유인원이 가진 것과 똑같은 거울 자기인식 능력을 가지고 있음을 처음으로 보여주는 것이었다.

우리의 이 발견에 대한 학계 보고서가 2006년 공화당의 중간 선거 대패 직후에 나온 건 뉴스 미디어에게 매우 적절한 순간이었다. 그들의 자랑스러운 상징은 다름 아닌 코끼리였다. 신문에서는 상처 입고 붕대를 감은 후피 동물이 거울 앞에 앉아서 자기 자신을 맥없이 바라보는 만화를 게재하지 않을 수 없었다. 하지만 가장 웃긴 오프닝 문장은 미국 연합통신사^{AP}에서 나왔다. "만약 당신이 해피이고 그걸 알고 있다면, 스스로 머리를 쓰다듬어라."

이제 코끼리도 동시발생 가설에 합치하는 것으로 보인다. 분명 우리는 코끼리들의 정확한 공감의 수준을 더 파악해야 하고, 다른 무엇보다 중요한 건 더 많은 코끼리가 루즈 실험을 해야 한다. 하지만 지금으로서는 나는 우리의 증거가 고무적이라고 생각한다. 게다가 상응하는 뇌 연구도 있다. 거울 자기인식을 하는 모든 포유류는 희귀한 종류의 뇌세포를 갖고 있는 것으로 밝혀졌기 때문이다.

10년 전 한 신경과학자 팀은 '폰 에코노모 뉴런^{Von Economo neurons}', 또는 VEN 세포라 불리는 세포가 호미노이드^{hominoid}(인간과 유인원)의 뇌에만 있다는 것을 보여주었다. VEN 세포는 긴 방추형으로 생긴 점이 보통의 뉴런과 다르다. 이 세포는 뇌의 더 멀고 깊은 곳까지 닿아서 멀리 떨어진 층들을 연결하기에 이상적이다. 팀 멤버 중 한 명인 존 올먼^{John Allman}은 VEN 세포가 연결성이 많이 필요한 큰 뇌에 적응한 것이라 생각했다. 다양한 종의 뇌를 해부하며 조사한 결과 이 세포는 오직 인간과 인간의 아주 가까운 친척에게서만 발견되었고, 원숭이 같은 다른 영장류에서는 발견되지 않았다.[24] VEN 세포는 인간에게 특히 크고 풍부하며, 우리가 '인간적'이라고 여기는 특성을 담당하는 뇌 부위에서 발견된다. 뇌의 이 특정 부위에 손상을 입으면 관점 바꾸기, 공감, 포용력, 유머, 미래 지향성을 잃어버리는 특징이 있는 독특한 종류의 치매에 걸린다.[25] 더 중요한 것은 이 환자들은 자기인식 또한 하지 못한다는 점이다.

다시 말하면 인간이 VEN 세포를 잃어버리면 동시발생 가설에 포함되는 거의 모든 능력을 잃어버린다. 이 특정 세포 자체가 그 원인인지는 확실하지 않지만, 뇌 회로에 필요한 것을 뒷받침한다고 알려져 있다. 이제 VEN 세포가 인간과 유인원을 동물계의 나머지로부터 분리시키는 데 그렇게 필수적인 역할을 한다면, 그다음 질문은 보나마나 이 세포가 절대적인 필요 조건인가이다. 돌고래나 코끼리 같은 다른 동물들은 VEN 세포 '없이' 같은 능력을 가질 수 있는 걸까?

그런데 우리는 이런 걱정을 할 필요가 없다. 올먼의 팀이 가장 최근에 발견한 바에 따르면 VEN 세포는 인간과 유인원에만 제한된 것이 아니다.[26] 이 뉴런들은 포유류에서 단 두 가지의 다른 부류에서만 나타났는데, 바로 고래(돌고래와 고래)와 코끼리였다.

자기만의 작은 비눗방울 안에서

동시발생 가설은 개체발생학, 계통발생학, 그리고 신경생물학을 함께 묶는 잘 구성된 이야기를 제안한다. 이 이야기는 우리가 모든 것을 더 갖고 있다 해도 인간을 따로 분리하지 않는다. 인간은 공감도, VEN 세포도, 자기인식도 모두 더 갖고 있다. 예를 들면, 우리는 다른 동물을 넘어서서 우리의 생김새에 대한 자기의식이 있고, 이에 대한 정확한 의견이 있다. 누구는 자신의 생김새를 싫어하고 누구는 좋아한다. 우리는 매일 거울 앞에서 우리 자신에게 면도나 빗질이나 꾸미기를 한다. 우리는 자신을 알아볼 뿐 아니라 외모에 대해서도 관심이 많다. 이것이 완전히 독특한 것은 아닐 수도 있지만(독일의 동물원에 있는 한 오랑우탄은 머리에 양배추 잎을 쌓은 다음 거울로 결과를 확인하는 버릇을 갖고 있었다), 우리 종은 확실히 이 행성 최고의 나르시시스트다.

우리는 대부분의 동물보다 훨씬 높은 정신적 차원에서 작동하는 소수의 똑똑한 엘리트 계층의 일부이다. 이 엘리트 계층의 회원들은 이 세상에서 자신의 위치를 월등히 잘 파악하고 있고, 주변 생물들의 삶을 더 정확하게 이해하고 있다. 하지만 그 이야기가 아무리 잘 짜여 있다 해도, 나는 날카롭게 분리하는 선을 긋는 것에는 본질적으로 회의적이다. 나는 인간과 유인원 사이의 정신적 차이를 믿지 않는 것과 마찬가지로 원숭이나 개가 우리가 논의하고 있는 능력을 전혀 갖고 있지 않다는 걸 믿을 수 없다. 관점 바꾸기나 자기인식이 다른 동물들의 디딤돌을 거치지 않고 한 번에 급격하게 몇 개의 종에서만 진화했다는 것이 상상도 되지 않는다.

그렇지만 일단 차이점을 보자. 1990년대 초 나의 동료 필립포 아우렐리Filippo Aureli와 나는 원숭이들 사이의 위로를 연구해서 원숭이들이 유인원처럼 괴로워하는 동료들을 안심시키려고 하는지 보기로 했다. 우리 둘은 다양한 종에서 공격적인 갈등이 벌어진 이후의 상황을 수백 번도 넘게 봐왔으며, 새로 계획한 연구 방법은 그 연구들과 비슷했다. 그 연구 방법은 영장류 집단에서 갑작스러운 싸움이 일어나기를 기다렸다가, 그 후에 일어나는 일들을 기록하는 방식이다. 이 연구 방식은 유인원의 위로에 대한 뚜렷한 증거를 제시했기 때문에 원숭이에게도 위로가 있다면 똑같이 증거가 나왔어야 했다. 그 당시에는 이 방법이 작용하지 않으리라고는 생각지도 못했다.

하지만 우리는 놀랍게도 아무것도 찾아내지 못했다! 싸웠던 두 상대가 다시 붙는 화해는 우리가 연구한 모든 원숭이에서 나타났지만, 위로는 전혀 나타나지 않았다. 어떻게 이럴 수가 있나? 사실 원숭이를 관찰하는 일은 충격적이었다. 패배한 원숭이가 구석에 가서 쭈그리고 앉아 있을 때 그 원숭이의 가족들조차 조금도 걱정하는 것 같은 모습을 보이지 않았기 때문이다. 몇 번이나 더 실패한 후 이탈리아의 과학자 가브리엘레 스키노

Gabriele Schino는 만약 분명히 위로가 있으리라 기대하는 상황이 있다면, 그건 가장 가까운 유대관계인 어미 원숭이와 가장 어린 원숭이 사이일 것이라고 추론했다. 하지만 스키노가 로마 동물원에서 커다란 바위에 앉아 있는 원숭이에게 이것을 실험해봤을 때 나온 결과는 완전히 의아스러웠다. 어미들은 새끼들이 공격받고 물린 후에도 거의 관심을 기울이지 않았고, 적극적인 위로도 하지 않았다. 이것이 더욱 놀라운 이유는 원숭이 어미들은 자기 새끼들이 공격을 받을 때 방어하며 피하고 싶은 일로 인식하기 때문이다. 또한 어린 원숭이들도 공격을 받고 나면 엄마에게 달려가서 젖꼭지를 입에 물고 웅크리며 위안이 되는 접촉을 받으려 한다. 단지 어미가 만사 제치고 달려와 그렇게 해주길 기대할 수 없을 뿐이다.

원숭이가 공감이 없다는 것을 나타내는 다른 증거도 있다. 보츠와나공화국의 오카방가 델타에서 물을 건너야 하는 새끼의 두려움에 아랑곳하지 않는 어른 개코원숭이의 '짜증나는' 사례를 지켜본 관찰자의 이야기다. 물가에서 공황 상태에 빠진 어린 개코원숭이는 천적에게 당할 위험이 있는데도 어미 개코원숭이들이 새끼를 데리러 돌아가는 일은 거의 없다. 그냥 계속 가던 길을 간다. 어미 개코원숭이가 완전히 무관심해서 그런 것은 아니다.

어미는 새끼의 불안해하는 비명 소리에 진정으로 염려하는 것처럼 보인다. 하지만 비명 소리의 원인을 이해하지 못하는 것 같다. 어미는 마치 자기가 물을 건널 수 있으면 모두가 건널 수 있는 것으로 여기는 것처럼 행동한다. 다른 관점으로는 볼 수 없다.[27]

디킨스의 소설에 나오는 것 같은 또 다른 관찰 사례가 있다. 이례적으로 큰 홍수가 나서 개코원숭이들이 섬에서 섬으로 헤엄쳐 갈 수밖에 없었을 때였다. 그날 어른들은 다른 섬으로 넘어가고, 어린 개코원숭이들은 모두 남겨져 발이 묶였다. 어린 개코원숭이들은 굉장히 스트레스를 받고 있었고, 한 나무에 빽빽하게 모여 불안하게 짖어대고 있었다. 어른 개코원숭이들을 따라가던 현장 작업자들은 어린 개코원숭이들이 멀리서 부르는 소리를 들을 수 있었고, 어른 개코원숭이들은 때때로 그쪽을 향하긴 했지만 대답하는 소리를 내지는 않았다. 어린 개코원숭이들은 나중에 겨우 헤엄쳐 건너올 수 있었고, 무리와 재회했다.

감정 전이는 온전했지만 다른 이의 관점을 수용하는 능력이 없음을 이 모든 것이 보여준다. 이는 어린아이들과 여러 동물들에게 흔히 있는 결손이다. 때로는 재미있는 형태로 나타난다. 우리 집에는 검은색 점박이 수고양이 로크Loeke가 있는데, 낯선 사람을 죽도록 무서워하고 특히 큰 신발을 신은 남자를 무서워한다. 우리가 입양하기 전에 트라우마를 겪은 게 틀림없다. 로크는 집에 손님이 들어오는 순간 완전히 패닉 상태가 되어 위층으로 달려가 우리 침대 커버 밑으로 꿈틀거리며 들어간다. 한번 들어가면 몇 시간이고 그곳에 머무를 수도 있지만, 물론 너무 잘 보이는 채로다. 우리는 침대에 눈에 띄게 불룩한 곳을 보고 로크가 어디 있는지 정확하게 알지만, 로크는 분명 자기가 아무도 못 보니까 아무도 자기를 못 볼 거라고 생각할 것이다. 불룩한 곳은 심지어 우리가 속삭이면 가르랑거리기도 한다. 손님이 떠나는 걸 보면서 현관문을 닫자마자 우리는 로크가 살아 있는 상태로 돌아오는 데 얼마나 걸리는지 보려고 시계를 본다. 20초 이상 걸리는 일은 거의 없다.

하지만 관점 바꾸기를 못하는 것은 위의 개코원숭이들처럼 가슴 아픈 형태로도 나타날 수 있다. 일본 원숭이 공원에 방문했을 때 처음 엄마가 된 원숭이들이 아기를 익사시키기 쉽기 때문에 어떻게 온천에 못 들어가게 해야 하는지 공원 관리인이 내게 말해줬던 게 기억난다. 어린 엄마들은 분명 배에 아기가 매달려 있는 상황에 충분히 주의를 기울이지 않는 것 같은데, 아마도 자기 머리가 수면 위로 올라와 있으면 누구에게도 문제가 생길 일은 없다고 생각하는 것 같다. 또한 사육 상태의 원숭이들을 본 적이 있는데, 아기 원숭이들이 놀고 있는 큰 회전 바퀴 안에서 원숭이들이 위험한 곡예를 해서 아기 원숭이들은 바퀴 틀에 죽도록 매달려야 했다. 부상당한 한 어린 암컷 짧은꼬리원숭이가 팔이 부러져서 맥없이 덜렁거리는 채로 엄마를 따라 다니고 있었는데, 엄마는 자기 딸의 장애를 조금도 배려하지 않았다.

내가 알던 침팬지 엄마와는 너무 다르다. 그녀는 손목이 부러진 어린 아들이 해달라는 대로 모두 맞춰줬고, 심지어 이미 몇 년 전에 젖을 뗐는데도 다시 젖을 먹게 해줬다. 그녀는 아들의 팔이 나을 때까지 더 어린 동생보다 그 아들을 우선시했다. 다른 이의 분명하게 드러나는 상처가 아닌 부상을 알아채려면 누군가의 움직임이 어떻게 제한되는지 이해해야 한다. 유인원은 단연 이를 눈치채고, 돌고래와 코끼리도 그렇다. 코끼리가 사람을 돕는 예는 얻기 어렵지만, 암컷 우두머리 코끼리가 낙타를 돌보던 사람을 공격해 다리를 부러뜨린 일에 대해 조이스 풀[Joyce Poole]은 이런 설명을 제시한다.[28] 그 코끼리는 후에 다시 돌아와 코와 앞다리를 이용해 남자를 나무 밑 그늘로 옮기고, 보호하면서 남자 옆을 지키고 서 있었다. 때때로 코로 남자를 건드려보고 버팔로 떼를 쫓아내기도 했다. 하루 낮과 밤을 꼬박 지켜보고, 다음 날 수색대가 나타났을 때는 동료들이 그를 데려가지 못하게 저항했다.

반대로 원숭이들은 장애를 무시하고, 비통함이나 상실에 대해서는 거의 아무것도 모르는 것 같다. 대표적인 연구는 자기 가족 구성원이 표범이나 사자, 하이에나에게 끌려가는 걸 목격한 개코원숭이들의 스트레스 레벨을 측정한 앤 엥[Anne Engh]의 연구다. 포식은 사망의 높은 부분을 차지하고, 그래서 엥은 연구할 케이스가 많았다. 어떤 개코원숭이들은 실제로 무시무시한 포식자가 자기 혈족의 뼈를 씹어 먹는 소리를 듣기도 했다. 엥은 배설물로부터 코르티코스테론corticosterone(스트레스 호르몬)을 추출해 측정했고, 누구나 예상하듯이 남겨진 원숭이들은 스트레스 수치가 높아졌다. 또한 가족이나 친지와 사별한 개코원숭이는 다른 이들에게 털 고르기를 더 많이 해줬다.[29] 아마 스트레스를 줄이고 잃어버린 관계를 대신할 새로운 관계를 만들기 위한 방법일 것이다. 한 암컷에 대해서는 이렇게 언급했다. "사회적 유대관계가 너무나 필요한 나머지 실비아는 훨씬 낮은 계급의 암컷에게 털 고르기를 해줬다. 평소대로라면 자신이 받았을 행동이다."

엥은 사람처럼 개코원숭이도 스트레스를 해소하는 데 도움을 받고자 친한 관계에 의존한다고 결론짓는다. 확실히 비슷한 점은 분명하지만, 뚜렷한 대비도 있지 않은가? 개코원숭이들은 방금 친구나 가족을 잃은 개코원숭이를 향해 결코 행동을 바꾸지 않았다는 점에서 인간과 근본적으로 다르다. 우리는 다른 이의 상실에 대해 아주 잘 알고 몇 년 동안 기억한다. 우리 암컷 침팬지의 청소년쯤 된 딸이 다른 시설로 보내졌을 때를 보면 침팬지들도 이를 아는 것으로 보였다. 연이은 몇 주 동안 다른 침팬지들이 그 엄마에게 털 고르기를 엄청나게 많이 해줘서 우리는 굉장히 깊은 인상을 받았었다. 침팬지들은 우리 인간이 이해하는 방식의 진정한 위로를 해주는 반면 가족을 잃은 개코원숭이들은 자기의 내면 상태를 스스로 조절하도록 내버려둔다. 같은 것을 필요로 하는 것 같긴 하지만, 다른 원숭이들로부터 큰 배려를 기대할 수는 없다. 선구적인 개코원숭이 관찰자가 이 원숭이들의 삶을 "끊임없이 계속되는 불안감의 악몽"이라고 한 것은 놀랍지 않다.[30]

원숭이들이 다른 원숭이들에 대해 민감하지 않은 것은 감정적인 요소보다는 인지적인 요소 때문인 것으로 보인다. 다른 원숭이의 괴로움을 느끼긴 하지만 그에게 무슨 일이 일어나고 있는지는 잘 이해하지 못한다. 원숭이들은 상황에서 한 발 물러나서 다른 이들이 필요한 것이 무엇인지 판단하지 못한다. 원숭이들은 자기 자신의 작은 비눗방울 안에서 산다.

노란 눈

과학의 진보는 종종 예외를 주목하는 데에서 왔다. 동시발생 가설도 마찬가지로 몇 가지 예외가 있다.

원숭이들도 가끔은 이해하는 것처럼 보일 때가 있다. 이러한 이해는 우리가 속한 가계도의 가지에서 전형적으로 나타나는 높은 수준의 공감과 연결되어 있다. 이런 일은 흔치 않기 때문에 예외가 되지만, 이해의 경계를 보여준다. 예를 들면, 길들인 흰목꼬리감기원숭이를 키우는 주인이 한 번은 내게 손님이 그의 흰목꼬리감기원숭이에게 손으로 포도를 주려고 하자 손님을 물었다고 얘기해줬다.[31] 아주 살짝 깨물었고 피는 나지 않았지만, 손님은 다친 것처럼 보였고 포도를 떨어뜨렸다. 그러자 원숭이는 즉각적으로 부드럽게 양팔을 손님의 목에 두르며 안아줬다. 이 원숭이는 바닥에 떨어진 포도를 무시하고 그 손님의 괴로움에 반응했다. 어떻게 보아도 이것은 정확히 사람이 주는 위로와 같아 보인다. 우리도 우리가 보호하는 흰목꼬리감기원숭이 무리에서 그런 일을 본 적이 있지만, 영장류가 위로를 하는가를 판단하기 위해 매우 엄격한 조건을 사용했기에 우리의 흰목꼬리감기원숭이들이 이를 만족시킨 적은 한 번도 없었다.

다음으로 우리 흰목꼬리감기원숭이들에게 있었던 일은 임신으로 너무 몸이 무거워져 땅으로 내려오지 않으려는 암컷들에 관한 일이다. 흰목꼬리감기원숭이들은 높은 곳에서 더 안전하게 느낀다. 하지만 흰목꼬리감기원숭이 무리에게 주는 과일과 채소가 담긴 쟁반은 매일 저녁 바닥에 놓인다. 우리는 가까운 친구와 가족들이 입과 손에 한가득 음식을 쥐고 (때로는 꼬리에도 음식을 감고) 임신한 암컷이 있는 곳으로 올라가 그 앞에 전부 펼쳐놓고 기분 좋게 같이 먹는 것을 봤다.

또 다른 사례는 스위스의 대단히 존경받는 망토원숭이 전문가 한스 쿠머Hans Kummer의 사진에서 보았는데, 그것은 그때부터 수십 년간 내 마음에서 사라지지 않고 있다.[32] 사진에는 어린 원숭이가 바위에서 기어 내려오기 위해 한 어른 원숭이의 등을 이용하고 있고, 한스 쿠머는 이런 설명을 달았다. "한 살배기 원숭이 한 마리가 어려운 길로 내려오려고 헛된 시도를 한 다음 소리를 지르기 시작했다. 결국 어미가 돌아와 자기 등을 계단처럼 내어줬다." 여기서 내 질문은 그런 도움을 주려면 어미가 어린 원숭이에게 필요한 것을 이해했어야 하지 않는가이다.

인도 영장류학자 아닌디아 신하Anindya Sinha는 야생 보닛원숭이들에게서 비슷한 일을 목격했다.[33] 세 번의 다른 상황에서 어린 원숭이가 난간을 기어오르거나 뛰어넘으려고 시도했지만 잘 되지 않았다. 반복해서 시도한 후에 지켜보던 어른 수컷이 내려와 어린 원숭이의 팔을 잡고 위로 끌어올렸다. 한 경우에만 어린 원숭이의 울음소리가 수컷의 주의를 끌었고, 다른 두 경우엔 수컷들은 움직이지 않았다. 도와주는 이는 관찰된 모든 경우마다 다른 개체였지만 모두 무리의 으뜸 수컷이었다.

원숭이들은 때때로 다른 원숭이가 기어 올라가려 할 때 도와준다. 개코원숭이 어미가 자기의 아기를 도와주고 있다.

바버라 스머츠Barbara Smuts는 어른 수컷 개코원숭이가 가끔 흥분한 아기들에게 부드럽게 그르렁거리며 안심시키는 방법을 설명한다.[34] 이는 소리로 위로하는 것을 보여주기 때문에 그 자체로 매우 흥미롭다. 그런데 스머츠는 앞의 원숭이들처럼 수컷이 아기의 의도를 알아보는 듯한 행동을 하는 것을 봤다. 수컷 원숭이 아킬레스Achilles는 한 암컷 아기의 엄마에게 기분 좋게 털 고르기를 받으면서 아기가 익살스럽게 모래언덕을 오르려고 하는 모습을 보고 있었다. 거의 꼭대기에 도달했을 때, 아기가 미끄러져서 바닥까지 내려왔다. 이 일이 일어나자마자 아킬레스는 아기에게 안심시키는 그르렁거리는 소리를 냈다.

개코원숭이들은 심지어 난처한 상황이 끝났을 때 안심하는 소리를 내서 표현하기도 한다. 이는 다른 이에게 일어난 상황을 이해한다는 것을 보여준다. 늘 재미있는 글을 쓰는 로버트 새폴스키Robert Sapolsky는 자기 새끼를 수시로 꼬리에 매달리게 만드는 유난히 서툰 엄마에게서 태어난 아기에 대해 얘기해준다.

하루는 그녀가 또 그 불안정한 위치에 아이를 달고 한 나뭇가지에서 다른 가지로 뛰었는데, 아들이 손을 놓쳐 3미터 아래 땅으로 떨어졌다. 다양한 영장류들은 그 일을 보고 반응할 때 동시에 정확히 똑같은 행동을 함으로써, 우리가 모두 가까운 친족관계이며 아마도 정확히 똑같은 수의 시냅스가 뇌에서 이용되었음이 증명되는 것을 목격했다. 나무에 있던 다섯 마리의 암컷 개코원숭이와 한 명의 인간이 모두 하나가 되어 헉 하고 숨을 멈췄다. 그리고 침묵이 흐르고 눈은 아이를 향했다. 잠깐의 순간이 지나고 아이는 일어나 나무 위의 엄마를 올려다보고는 가까이 있던 친구들을 따라 냅다 달아났다. 그리고 합창하듯 우리는 모두 안심하며 서로에게 혀를 차기 시작했다.[35]

이런 관찰은 개코원숭이들이 소리나 얼굴 표현 같은 외적인 괴로움의 표시에만 반응할 뿐 아니라 떨어진 아기가 다시 일어나는 것이나 엄마와 아기가 재상봉하는 게 그들에게 중요함을 보여준다.

다음으로는 염소 목장 주인에게 고용된 알라^Ahla라는 개코원숭이의 신기한 사례가 있다.[36] 알라는 염소 떼의 모든 엄마와 아기 염소 관계를 알고 있었다. 엄마와 아기 염소가 서로 다른 외양간에 있을 때, 아기가 매애 울기 시작하면 즉시 알라가 행동에 들어간다. 알라는 아기 염소를 들어서 팔에 끼고 반대편 외양간으로 갔다. 거기서 맞는 암컷의 밑에 아기를 밀어 넣어 젖을 먹이게 했는데, 절대로 실수하는 법이 없었다. 이 일엔 분명히 관계에 대한 지식이 필요하지만, 어쩌면 그 이상이다. 나는 아기 염소가 왜 우는지에 대해 조금이라도 이해를 못 하는 동물이라면 과연 이런 일을 하도록 훈련시킬 수 있을지 매우 의심스럽다. 그리고 정말로 알라는 엄마와 자식을 함께 놓는 데 열정적일 뿐만 아니라 '광적'이었다고 했다.

물론 우리는 확대 해석을 하지 않도록 조심해야 하지만, 이 사례들은 전부 원숭이에게 관점 바꾸기가 있음을 나타낸다. 원숭이들이 일관적으로 그렇게 하지 않고 아마도 한정된 환경 설정 안에서만 그렇게 나타난다는 사실이 왜 원숭이의 위로나 맞춤 돕기에 대한 체계적인 연구에서는 보통 아무것도 나오지 않았는지 설명해줄 수도 있다. 이 원숭이들은 너무 드문드문 이런 행동을 하는 것이다.

유일하게 자연스러운 상황이면서 제대로 연구할 만큼 충분히 흔한 행동은 소위 말하는 다리 놓기 행동이다.[37] 몇몇 남미 영장류들은 물건을 잡을 수 있는 꼬리를 갖고 있는데, 조금 큰 새끼들을 위해서 나무 사이에 살아 있는 다리를 만든다(어린 새끼는 이동하는 동안 그저 어미한테 매달려 있다). 숲우듬지^canopy에서 이동할 때 어미는 꼬리로 한쪽 나무를 잡고 손으로 다른 나무의 가지를 잡고 새끼가 다 건너갈 때까지 그렇게 공중에 매달려 있다. 위험천만한 숲의 바닥으로 내려가지 않는 한, 어린 원숭이들은 어미의 다리가 없으면 이동이 불가능할 것이다. 이는 굉장히 흥미로운 일상적인 돕기 행동으로 어떤 원숭이까지 다른 이의 능력을 계산하는지 밝혀낼 수 있기 때문에 면밀히 관찰할 수밖에 없다. 내가 숲에서 흰목꼬리감기원숭이들을 따라다닐 때는 한 번도 보지 못했지만, 그건 이 원숭이들이 점프를 아주 잘하기 때문이다. 고함원숭이와 거미원숭이처럼 더 크고 더 무거운 영장류일수록 다리 놓기를 하고, 때로는 심지어 친척이 아닌 어린 원숭이들을 위해서 할 때도 있다. 암컷들은 새끼의 팔이 부러졌을 때, 또는 유난히 나무 사이의 거리가 먼 숲처럼 새로운 상황에는 자기 행동을 조절한다고 알려져 있다.

어린 원숭이들은 때로 어미의 도움을 받으려고 우는데, 대개 어미는 즉시 다리를 만들어준다. 어미는 새끼가 어느 정도 거리까지 감당할 수 있는지 판단하는데, 이는 확실히 나이에 따라 변한다. 관점 바꾸기를 실험해보기 얼마나 좋은 설정인가? 특히 이런 원숭이의 행동은 오랑우탄처럼 같은 행동을 하는 유인원과 직접 비교할 수 있기 때문이다. 오랑우탄은 새끼가 건너갈 수 있도록 작은 나무들을 흔들어서 맞잡는다. 오랑우탄들이 남미 원숭이들보다 새끼가 필요한 것을 더 잘 꿰뚫어 보고 하는 행동일까? 난 그러리라 기대하지만 누군가가 확인해야 할 것이다.

지금으로서는 본래 제시됐던 원숭이와 유인원 사이의 공감의 차이가 온전하게 남아 있다. 비록 덜 확고해 보이긴 하지만 말이다. 그럼 동시발생 등식의 다른 부분인 거울 반응은 어떨까? 극명한 차이가 있는 것으로 보인다. 원숭이들에게 모든 종류의 상황에서 아주 많은 시도를 해봤지만, 루즈 실험을 통과하지 못한다. 긍정적인 결과를 주장하는 경우도 있었지만 철저히 조사에 나선 경우는 없었다. 그리하여 원숭이는 통과하지 못한다고 널리 알려져 있다.[38] 원숭이들이 거울을 보고 전혀 이해하지 못하거나 자신에 대한 감각이 전혀 없다는 걸 의미하진 않는다. 원숭이에게도 자기인식이 조금은 있어야 한다. 어떤 동물도 자기인식 없이는 행동할 수 없기 때문이다. 모든 동물은 자신의 몸을 주변 환경으로부터 분리하고, 이른바 행위자 감각이 있어야 한다. 나무 위의 원숭이가 자신이 발을 디디려는 아래쪽 나뭇가지에 내 몸이 어떻게 영향을 미칠지 인식하지 못하면 안 될 일이다. 혹은 친구와 엎치락뒤치락 놀면서 자기 발을 물고 괴롭히면 무슨 재미겠는가? 원숭이들은 이런 실수를 절대 하지 않고 상대방의 발을 대신 신나게 물고 괴롭힌다. 자아는 동물이—어떤 동물이든—행하는 모든 행동의 일부이다.[39]

"대체된 노란 눈의 이야기"라는 흥미로운 부제를 가진 연구에서 마크 베코프Mark Bekoff는 콜로라도 볼더에서 자신의 개 제쓰로Jethro가 색깔이 다른 눈에 어떻게 반응하는지 조사했다. 베코프는 제쓰로가 보지 못하는 곳에서 장갑을 끼고 다른 개가 방금 마킹을 해서 오줌이 스며든 눈 조각을 들고 와 제쓰로가 발견할 수 있게 자전거 길 옆에 뒀다. 베코프는 제쓰로가 자신의 마킹과 다른 개의 마킹을 구별할 수 있는지 보기 위해 지나가던 사람이 보면 분명히 이상해 보였을 이 실험을 수행했다. 물론 제쓰로는 구별했다. 제쓰로는 다른 개의 오줌에 비해 자기 오줌 위에는 훨씬 덜 마킹하려고 했다. 자기인식은 여러 가지 형태로 일어난다.

거울 실험에 관한 것도 보기보다는 선명하지 않다. 예를 들면, 원숭이들은 음식을 찾는 데 거울을 이용할 수 있다. 거울을 사용해서 코너 반대쪽을 봐야지만 찾을 수 있는 곳에 음식을 숨겨두면 원숭이는 아무 어려움 없이 꺼낸다. 개도 같은 일을 할 수 있다. 개가 거울을 통해 보고 있을 때 개의 뒤에서 과자를 들고 있으면 바로 뒤로 돌아선다. 하지만 개가 거울의 기본적인 면을 이해하는데도 불구하고 몰래 표시를 하려고 하면, 원숭이도 마찬가지이지만 갑자기 어쩔 줄 몰라 한다. 이들이 유독 파악하지 못하는 것은 거울과 자신의 몸, 자기 자신과의 관계다.

한편 원숭이가 거울을 보고 낯선 원숭이처럼 대한다는 일반적인 주장은 미심쩍다. 이를 알아보기 위해 놀랍게도 그동안 아무도 시도해보지 않았던 간단한 실험을 해봤다. 우리는 원숭이들의 거울에 대한 반응과 낯선 원숭이에 대한 반응을 비교해보았다. 흰목꼬리감기원숭이에게 플렉시글래스Plexiglas 판 건너편으로 친근한 원숭이, 같은 종의 낯선 원숭이, 또는 거울을 마주 보도록 했다. 다른 점을 알아차릴 수 있었을까?

흰목꼬리감기원숭이들은 실제 원숭이와 비교해 거울 상에 상당히 다르게 반응했으며, 순식간에 반응했다. 흰목꼬리감기원숭이들이 차이를 알아차리는 데에는 시간이 전혀 걸리지 않았다. 자명한 것은 거울을 이해하는 데에는 여러 가지 단계가 있고, 우리 원숭이들은 단 한 번도 다른 원숭이와 자기의 상을 헷갈리지 않았다는 점이다.[40] 예를 들면, 원숭이들은 낯선 원숭이에게는 등을 돌리고 거의 쳐다보지 않았지만, 자기 상에는 아주 신나 흥분한 듯 오래도록 눈을 떼지 못했다. 실험에 참가한 원숭이들 중 몇몇은 어린 자식이 있었고, 우리는 절대로 어미와 자식을 떼어놓지 않기 때문에 실험할 때 어린 원숭이들도 있었다. 이 전 연구를 통틀어 내게 가장 주목할 만한 발견은 반대편에 낯선 원숭이가 있을 때는 어미들이 자기 새끼를 꽉 붙잡고 돌아다니지 못하게 했다는 점이다. 반면 거울 실험 중에는 새끼가 마음대로 걸어 다니도록 했다. 다른 무엇보다도 어미 원숭이가 위험에 대해 얼마나 보수적인가를 생각해보면 원숭이들이 자기 상을 낯선 원숭이로 여기지 않았음에 더없이 확신하게 된다.

공감이나 자기인식에 있어 종간의 구분을 짓는 선은 여전히 온전하게 남아 있지만, 아마 처음 나왔을 때보다는 조금 모호해졌다. 언제나 이렇다. 즉 우리는 인간과 유인원, 혹은 유인원과 원숭이처럼 날카로운 경계를 상정해놓고 시작하지만, 사실 우리가 다루는 문제는 지식의 바다가 한번 씻어 내려가면 그 구조를 많이 잃어버리는 모래성과 같다. 모래성은 언덕으로 변하거나 더 평평해지기도 하며, 결국 진화론이 이끌어주는 곳으로 항상 돌아오게 된다. 완만하게 경사진 해변인 것이다. 나는 동시발생 가설이 그 해변이 얼마나 경사졌는가에 대해 유용한 실마리를 준다는 것은 믿는다. 하지만 그것이 결국 일시적인 강박관념으로 판가름 난다 해도 놀라지는 않을 것이다. 우리는 이미 새로운 연구들의 산사태를 대면하고 있다. 원숭이뿐 아니라 큰 뇌를 가진 새와 개과 동물들의 관점 바꾸기, 위로, 거울 자기인식에 대해 다루는 연구들이 있다. 지금 파도가 평평하게 고르는 작업을 한창 진행 중이다.

까치를 예로 들어보자. 돌고래와 코끼리에게 했던 것과 같은 위장 표시 실험 설계를 적용한 최근 연구에서 까치가 거울 자기인식을 하는 것으로 나타났다. 말하자면 이제 까치는 그저 아무 새가 아니다. 까치는 갈까마귀, 까마귀, 어치 등 예외적으로 큰 뇌를 타고난 까마귀과 새다. 까치를 거울 앞에 두면 목 깃털에 붙여놓은 아주 작은 색깔 스티커를 떼려고 한다. 스티커가 없어질 때까지 계속해서 발로 목을 긁지만, 검은색 스티커는 까치 목의 검은 깃털에 묻혀 보이지 않기 때문에 건드리지 않는다. 자기를 비춰볼 거울이 없을 때에는 미친 듯이 긁는 행동을 하지 않는다. 헬무트 프라이어Helmut Prior와 독일 과학자들의 영상 자료는 눈을 뗄 수 없게 만든다. 그 영상을 까마귀류 전문가들로 가득 찬 곳에서 봤는데, 그때 '그들의' 새에 대한 대단한 자부심이 느껴졌다.

이런 연구 결과는 까치의 유명세를 생각해볼 때 더 흥미롭다. 어릴 때 나는 티스푼처럼 작고 빛나는 물건을 바깥에 내버려두면 절대 안 된다고 배웠다. 거칠고 시끄러운 새들이 그 고약한 부리를 갖다 댈 수만 있으면 뭐든 훔쳐가기 때문이었다. 심지어 이 민속 신앙에서 영감을 얻은 로시니 Gioacchino Rossini의 오페라 〈도둑 까치La Gazza Ladra〉도 있다. 현대에 와서는 이런 관점에 생태적 균형감이 반영돼서 순결하고 목소리 고운 새들의 둥지를 덮치는 살기등등한 강도로 묘사된다. 어느 쪽이든 까치는 깡패처럼 괄시를 받는다.

하지만 까치를 멍청하다고 하는 사람은 아무도 없다. 내게 중요한 의문은 까치가 자기인식을 한다는 점 때문에 동시발생 가설이 지지되는가 혹은 약화되는가이다. 지금은 전자라고 믿는다. 남의 둥지를 약탈하거나 사람에게서 물건을 훔치는 종은 관점 바꾸기가 매우 중요할 수 있다. 심지어 자기와 같은 종에 관련해서는 한층 더 유용할 수 있다. 까치는 어치와 마찬가지로 음식을 숨기고 아주 명백히 서로 음식을 훔친다. 이런 일을 하려면 누군가 자기를 보고 있는지를 살펴야 한다. 만약 내가 먹이를 어디에 숨겼는지 다른 새가 본다면, 음식은 분명 사라질 것이기 때문이다. 이 주제는 영국 과학자 니키 클레이튼[Nicky Clayton]이 캘리포니아주립대학교 데이비스 캠퍼스에서 점심시간에 덤불어치를 관찰하면서부터 시작되었다. 클레이튼은 새들이 남은 음식물 한 조각을 두고 치열한 경쟁을 벌이며 서로를 피해 숨기는 것을 알게 됐다. 그런데 몇몇 어치들은 멀리 갔다가 상대방이 자리를 뜨면 되돌아와 자기 보물을 캐내 다시 묻었다.

케임브리지대학교의 네이선 에머리[Nathan Emery]가 수행한 후속 연구는 "도둑을 알려면 도둑이 돼야 한다"는 흥미로운 주제로 이어졌다.[41] 어치는 분명 자기 경험으로부터 다른 이의 의도를 추론해냈다. 그래서 과거에 다른 새가 숨겨놓은 먹이를 훔쳐본 새들이 자신에게 똑같은 일이 일어나지 않도록 지키는 데 유난히 민감했다. 아마 이 과정 또한 자신을 남으로부터 구분할 줄 아는 능력이 필요할 것이다. 심지어 최고의 도둑 새인 까치는 남의 의도를 잘 맞춰야 할 필요가 더 클 것이다. 그래서 기묘하게도 까치의 자기인식은 범죄의 삶과 연관되었을 것이다.

최소한 '도둑 까치'에 대한 이 새로운 관점은 반짝이는 물건에 대한 그들의 열광에 참신한 의미를 부여한다.

가리키는 영장류

한번은 침팬지 니키Nikkie가 사람의 시선을 어떻게 조종하는지 본 적이 있다. 내가 일하던 동물원에는 해자가 있었는데, 그 너머로 산딸기를 던져주면 니키는 익숙히 받아먹곤 했다. 하루는 내가 데이터를 기록하느라 내 뒤의 키 큰 덤불에 줄줄이 매달려 있는 산딸기를 까맣게 잊고 있었다. 하지만 니키는 아니었다. 니키는 내 바로 앞에 앉아 그 적갈색 눈동자를 내 눈동자에 고정시켰다가, 일단 내 주의를 끌고 나면 그다음에 갑자기 머리와 눈을 내게서 홱 돌려 내 왼쪽 어깨 너머의 한곳을 같은 강도로 응시했다. 그러고는 다시 나를 쳐다보는 이 동작을 반복했다. 내가 침팬지에 비하면 멍청할 수도 있지만, 두 번째에야 나는 니키가 뭘 보고 있는지 보려고 뒤를 돌아봤고, 산딸기를 포착했다. 니키는 자기가 원하는 것을 단 한 번의 소리나 손짓 없이 보여준 것이다.

이 간단한 소통 행동은 가리킴을 언어와 연관시키는 바람에 언어가 없는 동물은 아예 제외시킨 수많은 문헌들에 반론을 제기했다. 흔히 지시적 동작이라고 불리는 가리킴은 손이 안 닿는 곳에 있는 물체를 공중에 표시하여 다른 이의 주의를 그 물체로 이끄는 것으로 정의된다. 만약 자신이 본 것을 다른 이가 보지 '못했다'는 점을 이해하지 못한다면, 즉 모두가 똑같은 정보를 갖고 있지 않다는 점을 깨닫지 못한다면 가리킴엔 의미가 없다. 가리킴은 관점 바꾸기의 또 다른 예다.

인간은 늘 가리키며, 자동적으로 가리키는 곳에 주목한다.

학계가 가리킴에 대해 엄청난

이론적 포격을 퍼부은 것은 예상한 대로였다. 사람의 전형적인 가리킴인 팔과 집게손가락을 뻗는 동작에 중점을 둔 사람들도 있었다. 이 동작은 상징적 의사소통으로 여겨져왔으며, 사바나를 걸어 다니는 초기 인간이 물체를 가리키면서 단어를 부여하는 이미지를 떠올리게 한다. "저기 저 동물을 얼룩말이라고 부르고, 여기 이걸 배꼽이라고 부르자." 그런데 이런 시나리오는 우리 조상들이 언어가 진화하기 전에 가리킴을 이해했다는 점을 암시하고 있지 않은가? 그렇다면 언어를 사용하지 않는 우리의 친척이 가리킨다는 발상에 흥분해서는 안 될 일이다.

가장 먼저 해야 할 일은 집게손가락을 뻗어야 한다는 등의 어리석은 서양 정의에서 벗어나는 것이다. 우리 인간 종의 경우에도 가리키는 데 손을 쓰지 않을 때가 많으며 세계 많은 곳에서 사실 손은 금기시되어 있다. 2006년에 한 대표적인 건강 기관에서는 사업상의 여행을 가는 미국인들에게 아예 손가락질을 삼가라고 충고했다. 너무나 여러 문화에서 손가락질을 무례하다고 여기기 때문이었다. 예를 들어, 미국에서 태어나 자란 사람들 사이에서 가리킴으로 공인된 것에는 입술을 오므리는 것, 턱을 움직이는 것, 고개를 끄덕이는 것, 또는 무릎, 발, 어깨로 가리키는 것 모두가 포함되어 있다. 나는 심지어 이와 관련된 미국식 농담도 들은 적이 있다. 백인이 새로 산 사냥개를 인도인 조련사에게 재훈련받도록 되돌려 보냈는데, 그 이유가 개가 사냥을 표시하는 방법으로 입술을 내미는 것밖에 몰랐기 때문이란다.[42]

파티에서 포악한 성격의 X가 방에 들어서서 자기 일행에게 다가오면 대부분의 사람들은 친구에게 경고를 해줘야 할 필요를 느낀다. 그런 상황에서는 자연스럽게 그냥 가리키거나 소리치고 싶은 느낌이 들어도 아무도 그렇게 하지 않는다. 대신 친구를 향해 눈썹을 올리거나, 다가오는 X 쪽으로 머리를 살짝 흔들거나, 입을 다물고 있으라는 경고로 두 입술을 꽉 다물거나 한다.

그러니 어떤 것들이 가리킴을 구성하는지 넓게 봐야 한다. 더구나 우리 인간이 키우는 개 중에는 메추라기 떼를 보면 특정한 자세로 경직되어 알려주는 견종('포인터'라는 종)이 있다. 원숭이들도 싸움 도중에 자기편 원숭이를 불러들이려고 온몸과 머리를 가리키는 데 사용한다. 만약 원숭이 A가 원숭이 B를 위협하면, 원숭이 B는 평소 자기를 보호해주는 C에게 갈 것이다. C 옆에 앉아 쳐다보면서 으르렁거리는 소리를 내며 A를 향해 위협적으로 머리를 홱홱 흔드는 동작을 여러 번 반복한다. 마치 C에게 "쟤 좀 봐, 날 괴롭혀!"라고 말하는 듯. 짧은꼬리원숭이들은 공격 중인 원숭이가 턱을 들어 올리고 눈으로 상대방을 주시하며 가리키는데, 사이사이에 자기편 원숭이를 눈에 띄게 흘끗흘끗 쳐다본다. 개코원숭이들에게서는 같은 행동이 너무나 자주, 그리고 과장되게 나타나기 때문에 현장 연구자들은 이를 '머리로 표시하기head-flagging'라고 부른다. 목적은 자기편에게 누가 적수인지 똑똑히 밝혀두는 것이다.

에밀 멘젤의 고전적인 지식 권한knowledge attribution 연구에서는 음식이나 위험한 것을 숨겨놓고, 한 마리의 침팬지만 알게 하고 나머지 침팬지들은 모르게 했다. 나머지 침팬지들은 첫 번째 침팬지의 보디랭귀지를 지켜보는 것으로 숨겨진 물건이 좋은 것인지, 무서운 것인지와 거의 정확한 위치까지 재빠르게 알아챘다. 멘젤은 몸의 방향이 상당히 정확한 지표라고 여겼다. 특히 나무와 같은 높은 곳에서 관찰하는 동물에게 그렇다고 하며 이렇게 덧붙였다. "주로 두 발로 서는 인간 같은 동물—몸의 자세로 가리키는 게 네발로 서는 동물보다 덜 정확한 동물—이 실제로 방향을 정확하게 나타내려면 몸의 다른 부속 기관까지 사용할 필요가 있다."[43]

의도적으로 가리켰다고 인정받기 위한 조건은 가리키는 자가 자기 행동의 결과를 확인한다는 것이다. 가리키는 자가 자신이 가리킨 물체와 상대방을 번갈아 쳐다보면서, 상대방이 주의를 기울이고 있으며 자신이 헛되게 가리키고 있는 것이 아님을 확인해야 한다. 니키도 자기 눈을 내 눈에 고정시킴으로써 이를 확인했다. 최근에 대형 유인원great ape에서 이를 확인하는 많은 실험들이 있었고, 여기서 손으로 하는 가리킴을 사용했다. 대형 유인원에게 가장 자연스러운 방식이기 때문에 사용한 것이 아니라, 갇혀 있는 유인원들은 사람의 반응을 끌어내려면 손짓이 가장 효과적이라는 점을 쉽게 배우기 때문이다.

여키스 영장류센터의 데이비드 리븐스David Leavens는 사람들이 걸어 지나가는 모습을 늘 보는 침팬지들을 데리고 연구했다. 그 침팬지들은 우리 밖에 떨어져 있는 과일 조각처럼 자기가 원하는 것에 주의를 끌게 하는 법을 익히는 게 당연했다. 특정 장소에 먹이를 두어 이를 체계적으로 실험해보았다. 그 결과 100마리 이상의 침팬지들 중 3분의 2가 실험자에게 손짓을 했다. 몇몇은 손바닥을 펼쳐 뻗는 행동을 했다. 하지만 대부분은 손 전체를 사용해 우리 밖의 바나나를 가리켰다. 한 번도 이런 식으로 가리키는 것을 배운 적이 없었음에도 말이다. 몇몇은 심지어 집게손가락으로 가리켰다.

유인원들은 아이들의 행동과 똑같은 방식으로 자기 손짓의 효과를 관찰하는 듯 보였다. 사람과 눈을 마주친 다음에 먹이와 사람을 번갈아 쳐다보면서 가리켰다. 한 침팬지는 잘못 알아들을까 봐 먼저 자기 손으로 바나나를 가리킨 다음 손가락으로 자기 입을 가리켰다.

내가 얼마 전에 겪었던 전형적인 일을 보면 침팬지들이 얼마나 창의적일 수 있는가를 알 수 있다. 현장 연구지에서 리자Liza라는 한 어린 암컷이 그물로 된 울타리 너머에서 나에게 그르렁대는 소리를 냈다. 눈을 반짝이며 나를 쳐다보다가(뭔가 흥분되는 일을 알고 있다는 뜻으로) 내 발 근처의 풀을 가리키는 시선을 번갈아 보여줬다. 리자가 원하는 게 뭔지 알아낼 수가 없었는데, 리자가 풀 속으로 침을 뱉었다.⁴⁴ 그 궤도를 따라가다가 작은 청포도를 발견했다. 내가 그걸 주워 주자, 다른 지점으로 가더니 자기만의 동작을 반복했다. 리자는 아주 정확히 침을 뱉을 수 있다는 걸 증명하면서 그 방식으로 모두 세 번의 보상을 얻어냈다. 리자는 관리인이 과일을 떨어뜨린 위치를 기억해두었을 것이다. 그리고 자기 명령에 따라줄 나를 발견했다.

또 다른 증거를 제시하는 연구는 아마 유인원의 참조 신호, 즉 외부 물체나 사건에 대해 보내는 신호를 가장 잘 증명하는 연구일 것이다. 조지아주립대학 언어연구센터에서 찰스 멘젤(에밀의 아들)이 수행한 연구인데, 멘젤은 팬지Panzee라는 암컷 침팬지가 우리 안에서 보고 있는 동안 주변 숲에 물건을 숨겼다. 다음 날 아침 관리인들은 멘젤이 무슨 일을 했는지 몰랐다. 팬지는 관리인들에게 가리키기, 손짓으로 부르기, 헐떡거리기, 소리로 부르기를 이용해서 결국 숲 속의 물건을 찾아 자신에게 주도록 했다. 팬지는 아주 고집스러웠고, 가끔 손가락으로 가리키기를 하면서 방향을 분명하게 알려줬다.

그렇지만 유인원이 다른 이에게 뭔가를 가리키는 건 매우 흔치 않은 일이다. 어쩌면 유인원들은 믿기 어려울 정도로 기민하게 몸짓을 읽어내기 때문에 우리가 하는 것처럼 공공연한 신호가 필요 없을지도 모른다. 하지만 손으로 하는 가리킴에 대한 몇 개의 보고서가 존재하며, 그중 하나는 내가 1970년대에 관찰한 것이다.

위협받은 암컷은 싸우는 상대에게 높은 음의 분에 찬 짖는 소리로 싸움을 거는 동시에, 수컷에게 키스를 하고 지나칠 정도로 애정을 보인다. 때로는 싸우는 상대를 가리킨다. 흔치 않은 동작이다. 침팬지는 손가락이 아닌 손 전체로 가리킨다. 내가 실제로 가리키는 걸 봤던 몇 안 되는 경우는 상황이 헷갈릴 때였다. 예를 들면, 제3자가 누워서 자고 있거나, 처음부터 싸움에 참여하지 않은 경우였다. 그런 경우에 공격적인 암컷은 싸우는 상대를 가리켜 보여준다.[45]

다른 사례는 1989년 콩고민주공화국 밀림의 야생 보노보에 관한 것으로 스페인 영장류학자 조르디 사바테 피Jordi Sabater-Pi가 수행한 연구다. 한 보노보가 함께 이동하던 동료들에게 숨어 있는 과학자의 존재에 대해 경계경보를 알렸다.

풀 속에서 요란한 소리가 들려왔다. 젊은 수컷 한 마리가 나뭇가지를 타고 내려와 나무 속으로 뛰어 들어갔다. (…) 수컷은 날카로운 소리를 냈고, 보이지 않는 다른 보노보들이 답했다. 그는 오른팔을 뻗어 집게손가락과 약지를 남기고 나머지 손을 반 접어서 덤불 속(30미터 떨어진 곳)에 있던 위장한 두 그룹의 관찰자들을 가리켰다. 동시에 소리를 지르며 무리의 다른 구성원들이 있는 쪽으로 고개를 돌렸다. 그 수컷은 먼저 가리킨 다음 소리를 지르는 일련의 과정을 두 번 반복했다. 근처에 있던 다른 구성원들이 다가왔다. 그리고 관찰자들 쪽을 향해 쳐다봤다. 젊은 수컷도 그들과 합류했다.[46]

두 사례에서 맥락은 완전히 적합했고(유인원들은 다른 이들이 알아채지 못한 물체를 가리켰다), 행동의 효과가 시각적으로 확인되었다. 또한 가리킴은 다른 이들이 그쪽을 보고 나서나 보여준 방향으로 걸어간 다음 사라졌다. 우리 야외 연구소의 침팬지들 사이에서도 비슷한 경우를 봤고 그중 하나는 비디오로 녹화했다. 한 암컷이 팔을 쭉 뻗어 방금 자기를 때린 수컷을 향해 거의 고발하는 것처럼 손가락으로 가리켰다.

인간과 다른 영장류의 가리키기에 있어 한 가지 다른 점은 다른 영장류들은 음식이나 위험한 일처럼 긴급하다고 생각될 때만 아주 드물게 이 행동을 한다는 점이다.[47] 다른 영장류들은 자유롭게 정보를 교환하는 일이 흔치 않지만 인간은 항상 그렇게 한다. 박물관을 걷는 두 사람은 작품을 지나칠 때마다 서로의 주의를 끌며 고대 공예품에 대해 토론할 수 있다. 어린아이는 공중에 떠 있는 풍선을 가리키면서 부모가 놓치지 않도록 한다. 혹은 누군가 밤에 내 자전거 램프를 가리키면서 고장 났다고 말해줄 것이다. 다른 영장류가 이런 행동을 하지 않는다는 점은 주요한 인지적 차이를 보여주는 데 쓰여왔지만, 내 추측으로는 그보다는 동기의 결여와 더 관련이 있는 것 같다. 무엇보다도 음식을 가리켜 사람으로 하여금 가져오게 하는 종이 먹을 수 없는 물체에는 같은 행동을 못 했을 이유를 찾기가 어렵다. 만약 그렇게 하지 않는다면 그건 틀림없이 그럴 생각이 없기 때문이다.

하지만 여기에도 예외가 발생한다. 보노보들은 뭔가 흥미로운 걸 발견하면 작은 찍찍거리는 소리를 낸다. 짧고 높은 소리다. 내가 매일같이 샌디에이고 동물원에서 보노보를 지켜봤을 때, 굉장히 인상 깊었던 한 어린 보노보 무리가 있었다. 매일 아침 큰 잔디밭 울타리로 방사되면 여러 가지 것들(내가 거의 알아볼 수 없는 것들)에 대고 찍찍거리는 소리를 냈고, 그러면 다른 보노보들이 급하게 달려와서 그 물체를 확인했다. 아마 곤충이나 새똥, 꽃 같은 것들을 발견해서 주의를 끌었을 것이다. 다른 보노보들의 반응을 봤을 때, 찍찍거리는 소리는 "여기 와서 이거 좀 봐!" 같은 뜻을 전달했을 것이다.

우리 침팬지 무리에서는 항상 용감무쌍한 케이티Katie가 큰 트랙터 타이어 밑의 진흙을 파낼 때 적극적인 정보 교환이 일어났다. 케이티는 그 일을 하면서 "후" 하는 부드러운 경고음을 내고는 살아 있는 구더기처럼 보이는 꿈틀거리는 걸 끄집어냈다. 집게손가락과 가운뎃손가락 사이에 약간은 담배를 드는 것처럼 자기한테서 멀리 떨어지게 들었다. 먼저 냄새를 맡은 다음 돌아서서 팔을 길게 펴고 들어 올려 엄마를 포함한 다른 침팬지들에게 보여줬다. 그다음 그 물체를 떨어뜨리고 자리를 떴다. 케이티의 엄마 조지아^{Georgia}가 다가가서 똑같은 자리를 파기 시작했다. 뭔가를 끄집어내고, 냄새를 맡고, 곧바로 경고하는 짖는 소리를 냈는데, 딸이 했던 것보다 훨씬 큰 소리를 냈다. 조지아는 물체를 떨어뜨리고 멀리 떨어진 곳에 앉아서 자기 혼자서 계속 경고 소리를 냈다. 그다음엔 조지아의 자매의 어린 딸(케이티의 사촌)이 타이어 밑의 정확히 똑같은 자리로 가서 뭔가를 꺼냈다. 그녀는 두 발로 조지아에게 걸어가서 그 물체를 들어서 보여줬다. 조지아는 이제 심지어 더 강한 경고 소리를 냈다. 그렇게 일이 모두 끝났다.

이 일련의 과정을 관찰한 비키 호너$^{Vicky Horner}$는 흥미를 끈 물체가 아마 틀림없이 죽은 쥐나 다른 혐오스러운 것으로서 타이어 밑에서 유인원들에게 냄새를 풍기며 구더기에 둘러싸여 있었던 것이라 생각했지만, 확신할 수는 없었다.

정보 교환이 흥미로운 것은 그것이 자신의 관점과 다른 이의 관점을 동일하게 놓고 비교할 필요가 있다는—다른 이가 알 필요가 있는 것을 알아내기 위한—점이고, 이는 높은 수준의 공감에 기초가 되기도 한다. 어쩌면 그렇게 할 수 있는 능력은 강한 자아 감각이 있는 몇 안 되는 종에게만 나타났을 것이고, 그래서 두 살배기 어린이도 그런 행동이 가능한 것이다. 하지만 아이들은 더 나아가서 금방 정보 교환에 집착하게 된다. 아이들은 모든 것에 한마디씩 하고, 모든 것에 대해 물어볼 필요를 느낀다. 이는 인간만의 독특한 점인데 우리의 언어적 특화에 관련된 것일 수도 있다. 언어에는 합의가 필요하고, 끊임없는 비교와 검증을 하지 않고서는 성취될 수 없다.

만약 내가 멀리 있는 동물을 가리키며 '얼룩말'이라고 하고 당신이 '사자'라고 하며 동의하지 않는다면, 나중에 우리를 큰 위험에 빠뜨릴 수도 있는 문제가 생길 수 있다. 이는 인간에게만 있는 독특한 문제이지만 우리에게는 매우 중요하기 때문에 지시 동작과 언어의 진화는 긴밀하게 엮여 있다.

공평하게 합시다

6장

누구든지 당연히 자신에게 유리한 것을 추구하고,
올바른 것은 평화 유지를 위해서나 우연에 의해 추구할 뿐이다.[1]

토머스 홉스Thomas Hobbes(1651)

1940년 이른 봄 나치 부대가 도시를 행진할 때 파리 시민들은 짐을 싸서 도망갔다. 《스윗 프랑세즈Suite Française》에서 목격자 이렌 네미롭스키Irène Némirovsky — 몇 년 후 아우슈비츠에서 죽는다 — 는 이 대탈출에서 부자들이 그들의 특권을 포함한 모든 것을 어떻게 잃었는지 묘사한다. 처음에는 하인과 차를 가지고 보석도 챙기고 소중한 도자기도 조심스럽게 포장해서 탈출을 시작하지만, 곧 하인들은 떠나고 기름은 떨어지고 차는 고장 난다. 생존이 중요한 마당에 도자기를 누가 신경이나 쓰겠는가?

비록 네미롭스키 자신도 부유한 배경을 갖고 있었지만, 독자들은 그녀의 소설 행간에서 위기의 순간에는 계층 차이가 흐려진다는 분명한 만족감을 감지한다. 모두가 고통받을 때는 상류층도 고통받는다는 사실에 공정함의 요소가 있다. 예를 들면, 평소 귀족들이 호텔을 드나들며 보였던 건방진 매너는 모든 방이 가득 찼을 때에는 도움이 되지 않고, 귀족의 빈 배도 다른 누구나와 똑같이 반응한다. 유일한 차이점은 상류층이 모욕적인 상황을 더 예민하게 느낀다는 점이다.

그는 자신의 아름다운 손, 단 하루도 일을 해본 적 없이 오로지 조각상이나 은 골동품, 가죽 책, 또는 때때로 엘리자베스풍 가구만을 어루만지던 손을 쳐다봤다. 그의 교양, 양심, 고결함—그의 성품의 진수였던 것—을 갖고 이 미친 군중 속에서 그가 뭘 하겠는가?[2]

이런 구절들은 공감의 반대, 즉 남의 불행에 대해 갖는 쾌감을 유도하기 위해 쓰인 것같이 보인다. 부자들의 불행에 대해 우리가 갖는 은밀한 만족감을 이용하는 것이다. 가난한 사람들에 대해선 결코 그렇지 않다는 점이 주목할 만하다. 우리 인간은 복잡한 생물체로서 사회적 서열을 쉽게 형성하지만 사실은 그에 대한 혐오감을 갖고 있고, 부러움이나 위협감, 자신의 안녕에 대한 걱정이 없는 한 다른 사람에게 선뜻 동정심을 갖는다. 우리는 사회적인 다리와 이기적인 다리라는 두 개의 다리로 걷는다. 우리는 지위와 수입의 격차를 어느 정도까지만 인내하고, 이 선을 넘는 순간 약자를 지지하기 시작한다. 우리는 평등주의자로 산 긴 역사 동안 깊숙이 배인 공정함의 감각을 갖고 있다.

토끼를 사냥할까, 사슴을 사냥할까

우리와 유인원들은 사회 서열을 대하는 태도가 다르다. 내게 너무나 웃겼던 일에 대해 침팬지들이 아무 반응을 보이지 않았을 때 이 점을 절실히 느꼈다.

첫 번째 사건은 대단히 권력이 센 으뜸 수컷인 예론Yeroen이 온몸의 털을 곤두세우고 위협적인 과시를 한창 하고 있을 때 일어났다. 이건 전혀 웃기는 일이 아니다. 나머지 유인원들은 공포에 떨면서 보고 있는데, 이들은 테스토스테론이 넘치는 이 수컷이 지금 열성적으로 자기가 대장이라는 점을 확실히 해두고 있다는 걸 알고 있다. 여기에 끼어들면 누구든 심하게 맞을 각오를 해야 한다. 예론은 털 달린 증기 기관차처럼 누구든 뭐든 닥치는 대로 다 밀어버릴 기세로 뛰어다니다가 육중한 걸음걸이로 기울어진 나무 기둥 위에 올라갔다. 예론은 종종 그 나무 위에 올라가 나무 전체가 흔들리고 삐걱거릴 때까지 꾸준한 리듬으로 쾅쾅 내리밟아서 자기 힘과 체력을 증폭시켜서 전달했다. 모든 으뜸 수컷은 자기만의 특수 효과가 있다. 그런데 그날은 비가 내려서 나무 기둥이 미끄러웠고, 그 강력한 대장은 화려한 쇼가 정점으로 치달았을 때 미끄러져서 그만 떨어지고 말았다. 예론은 몇 초간 나무를 붙잡고 있다가 잔디로 떨어져 방향을 잃은 채 주변을 둘러보며 앉아 있었다. 곧 예론은 '쇼는 계속돼야 한다'는 태도로 구경꾼 무리에게 달려가 공포에 질린 비명 소리를 지르게 하며 내쫓고는 공연을 마무리했다.

나는 예론의 지위가 추락하는 모습에 큰 소리로 웃었지만, 내가 아는한 침팬지들은 어느 한 마리도 조금도 재미있어 하지 않았다. 그들은 마치 쇼의 일부를 보는 것처럼 예론에게서 눈을 떼지 않았는데, 예론이 의도한 바가 아닌 게 분명했는데도 그랬다. 비슷한 사건이 다른 집단에서도 있었다. 으뜸 수컷이 과시 행동을 하는 중에 딱딱한 플라스틱 공을 집어 들었다. 그 수컷은 종종 이 공을 공중으로 있는 힘을 다해 던져—더 높을수록 더 좋았다—어딘가에 크게 쿵 하는 소리를 내며 떨어지게 했다. 하지만 이번엔 공을 던진 다음에 어리둥절한 표정으로 주변을 돌아봤다. 신기하게도 공이 사라졌기 때문이었다. 수컷이 모르는 새에 공은 수직으로 출발한 궤도를 그대로 떨어지면서 수컷의 등을 강타했다. 수컷은 깜짝 놀라서 과시 행동을 멈췄다. 이때도 나는 꽤나 우스운 광경이라고 생각했지만, 내가 아는 한 어느 침팬지도 그 어떤 반응도 보이지 않았다. 만약 인간들이었다면 떼굴떼굴 구르며 배를 잡고 웃거나 혹은—무서워서 그러지 못하면—서로를 꼬집으며 표정 관리를 하느라 얼굴이 빨개졌을 것이다.

13세기 신학자 성 보나벤투라Bonaventura의 격언 "원숭이는 높이 올라갈수록 엉덩이가 많이 보인다"는 고위층에 대한 우리의 생각을 드러낸다. 사실 이 격언은 원숭이보다 사람에게 더 잘 적용된다. 내 반응도 이 틀에 맞아 보이는데, 나는 높은 지위에 있는 사람이 대단하게 권력을 자랑하다 바보 같은 행동을 하면 한심하게 느낀다. 정치 지도자들이 공식적인 자리에서 황당한 실수를 할 때나 스트립 바에서 팬티만 입고 기둥에 붙어 춤추고 있을 때 우리가 웃음을 참지 못하는 것도 마찬가지다.[3] 경찰의 불시 단속에 걸린 호주의 정치가는 이 일로 두 가지 교훈을 얻었다고 얘기했다. "그 누구도 내 손을 기둥에 수갑 채우게 놔두지 말 것, 그리고 항상 깨끗한 속옷을 입을 것."

우리 인간은 체제를 파괴하려는 면이 아주 뚜렷하게 있어서, 권력자를 얼마나 우러러보는지와 상관없이 언제든 그들의 콧대를 꺾어줄 준비가 되어 있다. 수렵·채집인들에서 소규모 농경인들까지 다양한 오늘날의 평등주의자들은 모두 똑같은 경향을 보인다.[4] 나눠 가질 것을 강조하고, 부와 권력의 차별을 억제한다. 지도자가 되려는 사람이 다른 사람들을 마음대로 부릴 수 있다고 생각하면 공개적으로 웃음거리가 된다. 사람들은 그를 뒤에서든 면전에서든 결국 비웃는다. 부족 공동체에서 계층 간 평등이 어떻게 이루어지는지에 관심을 기울였던 미국의 인류학자 크리스토퍼 보엠Christopher Boehm은 약자를 괴롭히는 지도자, 자기 권력을 확장하려는 지도자, 물건 배분을 잘 못하는 지도자, 자기만의 이익을 위해 이방인들과 거래하는 지도자는 빠르게 존경을 잃고 지지받지 못한다는 것을 알아냈다. 평등주의자들은 그런 지도자들에게는 비웃음, 험담, 불복종을 무기로 대항하지만 그보다 더 극단적인 조치를 취하기도 한다. 다른 사람들의 가축을 무단으로 도용하거나 그들의 아내에게 성관계를 강요하는 지도자는 살해를 당할 수도 있다.

우리 조상들이 작은 사회를 이루고 살던 시절에는 사회 계층이 한물간 것이었는지 모르지만, 농업이 정착되고 부가 축적되면서 확실하게 복귀했다. 하지만 수직 구도를 전복하려는 경향은 우리를 떠난 적이 없다. 우리는 태생적인 혁명가들이다. 심지어 지그문트 프로이트도 이런 무의식적인 욕망을 알아보고 인간의 역사는 모든 여자를 독차지한 오만한 아버지를 제거하기 위해 불만에 가득 찬 아들들이 단결했을 때부터 시작되었다고 추측했다.[5] 프로이트의 원작에서 성적인 암시는 어쩌면 우리의 정치적·경제적인 문제들에 대한 은유로 작용했을 수 있다. 성과 정치, 경제 사이의 연관성은 뇌 연구로 확인된 바 있다. 인간이 경제적인 결정을 어떻게 내리는가에 대한 경제학 연구에서 금전적 위험 부담을 가늠해보는 동안, 성적으로 자극적인 이미지를 볼 때와 똑같은 뇌 영역이 밝혀진다는 점을 알아냈다. 실제로 남자들은 그런 이미지들을 보고 나면 모든 걱정을 던져버리고 평소보다 더 많은 돈을 승부에 건다. 한 신경경제학자의 말을 빌리자면, "섹스와 탐욕의 연결점은 수만 년 전 남자의 진화적 역할, 즉 여자를 유혹하기 위해 자원을 제공하거나 수집하던 역할로 거슬러 올라간다"[6].

인간이란 이성적이며 이익을 최대화한다는 경제학자들의 의견과는 그리 비슷하지 않은 것 같다. 인간의 공정성에 대한 관념이 경제적 결정에 영향을 미친다는 것이 명백한데도 불구하고, 전통적인 경제학 모델은 그런 부분을 고려하지 않는다. 게다가 '호모 이코노미쿠스Homo economicus'의 뇌가 섹스와 돈을 거의 구별하지 못하고 있는데도 전통적인 경제학 모델에서는 인간의 감정을 전반적으로 무시한다. 광고를 하는 사람들은 이 모든 것을 아주 잘 알고 있기 때문에 차나 시계처럼 고가의 물품에 매혹적인 여성을 짝지어놓곤 한다. 하지만 경제학자들은 시장의 힘과 자기 이익을 위한 이성적인 선택에 의해 돌아가는 가상적인 세계를 상상하려고 한다. 인간이 완전히 이기적이고 전혀 죄책감 없이 남을 이용한다면 이런 세계가 잘 들어맞겠지만, 대부분의 실험에서 그런 사람들은 소수였다. 대다수의 사람들은 이타적이고, 협동적이었으며, 공정성에 민감했고, 공동체의 목표를 지향했다. 이들의 신뢰도와 협동 수준은 경제학 모델에서 나온 예측 이상이었다.

전제한 것이 실제 인간의 행동과 제대로 맞지 않으면 우리는 분명 곤란해진다. 우리가 계산적인 기회주의자일 뿐이라고 생각하는 것은 우리를 정확히 그런 행동으로 밀어 넣기 때문에 위험하다. 그런 생각은 다른 이들에 대한 신뢰를 약화시키고 우리를 관대하기보다는 조심스러워지게 만든다. 미국의 경제학자 로버트 프랭크Robert Frank는 이렇게 설명했다.

우리가 우리 스스로에 대해, 우리의 능력에 대해 어떻게 생각하는지가 우리가 어떤 사람이 되기를 열망하는지 결정한다. (…) 자기 이익 이론이 미치는 치명적인 영향은 정말 충격적이다. 우리가 다른 이들에게 최악을 기대하도록 만듦으로써 우리에게서 최악을 이끌어낸다. 우리는 멍청한 역할을 떠안게 될까 두려워 우리의 고귀한 본능에 귀를 기울이지 않으려고 한다.[7]

프랭크는 완전히 이기적인 세계관이 아이러니하게도 우리의 최고의 이익이 아니라고 생각한다. 그런 세계관으로 인해 우리가 감정으로 엮인 장기적인 약속을 꺼려한다고 생각하면서 관점이 좁아지는데, 사실 감정적인 약속은 수백만 년 동안 우리 종족에게 너무나 잘 작용해왔다. 만약 우리가 정말로 경제학자들의 말대로 교활한 책략가였다면 우리는 수사슴이라는 먹이를 두고도 영원히 토끼를 사냥했을 것이다.

수사슴과 토끼는 딜레마에 관한 비유로, 장 자크 루소의 《인간 불평등 기원론A Discourse on Inequality》에 가장 처음 등장해 게임 이론 학자들 사이에 인기를 얻고 있다. 수사슴과 토끼는 집단행동의 큰 보상과 개인주의의 작은 보상 사이의 선택을 말한다. 두 명의 사냥꾼은 혼자 토끼를 쫓으러 갈지, 아니면 반으로 나누더라도 훨씬 더 큰 사냥감인 수사슴을 둘이 함께 사냥해 올 것인지를 정해야 한다.[8] 우리 사회는 여러 단계의 신뢰를 공식화하는 데 성공했다(예를 들면 신용카드로 결제가 가능한데, 이것은 가게 주인이 우리를 믿기 때문이 아니라 우리를 믿는 카드 회사를 믿기 때문이다). 즉 우리가 복잡한 수사슴 사냥에 참여한다는 뜻이다. 하지만 아무 조건 없이 참여하지는 않는다. 우리는 특정 사람들과 함께라면 더 적극적으로 협동적인 모험에 착수한다. 생산적인 파트너십은 서로 주고받은 역사가 있고 충실함이 증명되었어야 한다. 그럴 때에야 비로소 우리는 우리 자신보다 더 큰 목표를 달성한다.

차이는 극명하다. 1953년 8명의 등반가들이 세계에서 가장 높고 위험한 산 중 하나인 K2에서 위험에 처했다. 영하 40℃의 기온에서 한 팀원의 다리에 혈전이 생겼다. 몸을 움직이지 못하는 동료를 데리고 하산하는 것은 생명을 위협하는 일이었음에도 아무도 그를 내버려두고 갈 생각은 하지 않았다. 이 팀의 연대는 전설로 남았다. 최근 이와 대비되는 극적인 사건은 2008년 K2에서 11명의 등반가들이 공동의 목적을 저버린 후 목숨을 잃은 일이다. 한 명의 생존자는 자기 이익만을 추구한 행동에 대해 애통해했다. "모두가 자기 자신을 위해 싸웠어요. 전 아직도 왜 모든 사람들이 서로를 버렸는지 이해를 못 하겠어요."⁹

첫 번째 팀은 사슴을, 두 번째 팀은 토끼를 사냥한 것이다.

눈을 찌르는 신뢰

요즘 회사 야유회에서는 너도나도 신뢰도 증진trust-boosting 게임을 한다. 남자가 테이블 위에 서고, 뒤에 동료가 서서 그가 떨어지면 팔로 받아줄 준비를 한다. 여자는 눈가리개를 한 동료가 여기저기 장애물이 흩어져 있는 지뢰밭 같은 곳을 지나오도록 말로 안내해준다. 신뢰 쌓기는 서로에 대한 믿음이 스며들게 하여 개인 간의 장벽을 허물고, 결국은 공동 사업을 할 준비를 시켜준다. 모두가 나머지 모두를 돕는 법을 배우는 것이다.

하지만 이런 게임은 코스타리카의 흰목꼬리감기원숭이들에 비하면 아무것도 아니다. 사실 사람은 절대로 이 원숭이들의 게임을 해서는 안 된다. 어떤 변호사라도 하지 말라고 충고할 것이다. 조그마한 원숭이들이 높은 나무 위에서 하는 일은 정말 말도 안 되는 일이라, 나는 미국인 영장류학자 수전 페리Susan Perry의 비디오를 볼 때까진 믿을 수 없었다. 보는 사람으로 하여금 감정을 이입하도록 만들어 불안하게 하는 영상이다. 대표적인 두 개의 게임은 '손 냄새 맡기'와 '눈알 찌르기'[10]이다.

첫 번째 게임에서 두 원숭이는 나뭇가지 위에 서로를 보고 앉아 손가락 첫 번째 관절이 안 보일 때까지 상대방의 콧구멍에 최대한 깊숙이 집어넣는다. 부드럽게 흔들거리며 두 원숭이는 마주 앉아 '꿈결 같은' 표정을 하고 있는다. 원숭이들은 보통 극도로 활동적이고 서로 잘 어울리지만, 집단에서 멀리 떨어져 손 냄새를 맡으며 앉아 있는 두 원숭이는 30분 동안이나 서로에게만 집중한다.

더 신기한 것은 두 번째 게임이다. 한 원숭이가 손가락 한 개를 거의 끝까지 다른 원숭이의 눈꺼풀과 눈알 사이에 집어넣는다. 원숭이 손가락이 작긴 하지만, 원숭이 눈과 코에 비교해보면 우리보다 전혀 작지 않다. 또한 손가락에는 손톱이 있고 분명히 그다지 깨끗하지 않기 때문에, 어쩌면 각막이 할퀴어지거나 감염될 수도 있는 행동이다. 자, 이번엔 정말로 가만히 앉아 있어야 한다. 그렇지 않으면 누군가 한쪽 눈을 잃을 수도 있다. 정말 지켜보기 고통스러운 게임이다! 한 쌍의 원숭이는 몇 분간 움직이지 않는 상태로 눈을 찔리며 상대방의 콧구멍에 손가락을 집어넣기도 한다.

이 이상한 게임이 어떤 쓸모가 있는지 확실하지 않지만, 한 가지 의견은 원숭이들이 서로의 유대감을 시험해본다는 것이다. 이런 설명은 인간이 스스로를 위험에 노출시키는 의식들에 대해서도 제시되어왔다. 예를 들어, 혀를 맞대는 키스는 질병 전염의 위험이 있다. 키스는 상대방에 따라 즐거울 수도 있고, 완전히 혐오스러울 수도 있다. 따라서 키스를 한다는 것은 상대방과의 관계를 어떻게 받아들이는지에 관해 많은 것을 말해준다. 연인 관계에서 키스를 하는 것은 사랑, 열정, 심지어 상대방의 신뢰도를 시험하는 것으로 여겨진다. 어쩌면 흰목꼬리감기원숭이들도 서로를 얼마나 좋아하는지 알아봄으로써, 집단 내 싸움이 벌어졌을 때 누가 자신의 편을 들어줄지 결정하는 데 참고하려는 것일 수도 있다. 두 번째 설명은 이런 게임들이 원숭이들의 극심한 스트레스를 줄이는 데 도움이 된다는 것이다. 이 원숭이들의 삶은 극적인 사건들로 가득 차 있다. 눈 찌르기와 손 냄새 맡기를 할 때 원숭이들은 평소와 다르게 차분하며 꿈꾸는 듯한 상태에 빠지는 것처럼 보인다. 이들이 고통과 기쁨 사이의 경계를 오가며 그 과정에서 엔도르핀을 방출하고 있는 걸까?

내가 '신뢰 게임'이라고 하는 이유는 누군가가 내 눈을 찌르게 하기 위해서는 높은 수준의 신뢰가 있어야 하기 때문이다. 다른 이가 나를 이용하지 않을 거라고 가정하고 나를 위험에 노출시키는 것이 바로 깊은 신뢰다. 이 원숭이들이 서로에게 말하는 바는—뒤에 서 있는 다른 사람의 팔로 떨어지는 사람과 비슷하게—서로에 대해 알기 때문에 모두 잘 끝날 거라는 믿음이 있다는 것이다. 우리가 주로 친구와 가족에게서 느끼는 분명 아주 멋진 느낌이다.

동물들은 꽤 쉽사리 그런 관계를 형성한다. 다른 종 사이에서도 마찬가지다. 애완동물들도 우리와 신뢰관계를 형성하기 때문에 우리가 애완동물을 거꾸로 들거나 우리 옷 속에 집어넣거나 할 수 있다. 무서운 움직임이기 때문에 모르는 사람에게는 허락하지 않을 것이다. 혹은 반대로 우리는 덩치 큰 개의 입속에 팔을 집어넣기도 한다. 그걸 씹어 먹도록 만들어진 육식동물에게 말이다. 동물들은 서로 신뢰하는 법을 익히기도 한다. 한 구식 동물원에서는 하마와 우리를 같이 쓰는 원숭이가 하마의 치아 세정사가 됐다. 하마가 오이와 샐러드를 신나게 씹어 먹은 후 작은 원숭이가 다가와 하마의 입을 톡톡 치면 하마가 입을 크게 열었다. 전에도 해본 게 틀림없었다. 정비공이 자동차 후드를 열어보는 것처럼 원숭이는 입안에 기대어 체계적인 손놀림으로 하마의 이빨 사이에 낀 음식 찌꺼기를 뽑아 내 뭐든 먹어치워버렸다. 하마는 서비스를 즐기는 듯 원숭이가 바쁘게 움직이는 동안 얼마든지 오랫동안 입을 열고 있었다.

원숭이가 가지는 위험 부담은 보이는 것만큼 심하진 않았다. 하마는 거대한 입과 무시무시한 이빨을 갖고 있긴 하지만, 육식동물은 아니다. 이런 일을 정말로 천적에게 하기는 훨씬 더 어려운데, 실제로 그런 일도 있다. 청소부인 양놀래기는 작은 바닷물고기로서 더 큰 물고기의 외부 기생충을 먹고 산다. 청소부들은 각각 산호초 위에 자기만의 '구역'이 있어서, 고객들이 들러 가슴지느러미를 펼치고 청소부들이 서비스를 제공할 수 있도록 자세를 취한다. 이따금 청소부들이 너무 바쁘면 고객들이 뒤에 줄을 서기도 한다. 완벽한 상호 부조다. 청소부는 고객의 몸 표면, 아가미, 심지어 입속에 있는 기생충까지 야금야금 먹어치운다.

청소부 물고기는 큰 물고기가 기생충을 먹는 걸 허락할 것이며, 중간에 갑자기 다른 마음을 먹지 않을 것을 믿는다. 그런데 큰 물고기도 신뢰가 필요한 게, 청소부라고 해서 모두가 충실히 일을 하지는 않기 때문이다. 가끔씩 재빠르게 고객을 깨물어 건강한 피부를 먹는다. 그러면 커다란 물고기는 깜짝 놀라거나 헤엄쳐 가버린다. 홍해에서 이 상호작용을 연구한 스위스의 생물학자 레두안 비샤리Redouan Bshary에 따르면, 청소부는 황급히 훼손된 관계를 회복하고 고객을 다시 끌어들인다. 큰 물고기 주위를 돌며 등지느러미로 배를 간지럽혀 '촉감 메시지'를 보낸다. 이걸 받는 물고기는 상당히 좋

동물원에서 원숭이가 하마의 입을 청소하는 모습. 상호 간 신뢰를 보여준다.

아해 마비 상태가 된다. 움직임 없이 물에 떠다니다가 산호초에 부딪힌다. 큰 물고기가 대부분 청소를 계속 받으려고 머무르는 걸 보면 이 촉감 메시지로 인해 신뢰가 회복되는 것 같다.

청소부들이 유일하게 절대로 부정행위를 하지 않는 물고기는 큰 포식자들이다. 이 포식자들에게는 비샤리가 "무조건적인 협조 전략"이라고 부르는 현명한 방법을 채택한다. 그 작은 물고기들이 어떻게 어떤 고객이 자기를 먹어버릴지 아는 걸까? 경험해보는 즉시 끝장이므로 직접 경험해봐서 알 리는 없다. 그 포식자가 다른 이들을 먹는 걸 본 적이 있거나 혹은 빨간 망토 소녀처럼 그 커다란 이빨을 보고 알아차린 걸까? 우리는 흔히 물고기들이 아는 게 많지 않을 거라 가정하지만, 이는 우리가 대부분의 동물들에게 그렇듯이 물고기를 과소평가하는 것이다.

신뢰란 다른 사람의 정직함이나 협조, 혹은 최소한 그가 나를 속이지 않을 거라는 기대에 의존하는 것으로 정의된다. 청소부 물고기가 손님 물고기의 아가미나 입속에 들어갈 때 어떻게 관계를 맺어야 하는지에 대한 완벽한 묘사다. 또는 흰목꼬리감기원숭이가 눈 찌르기 게임을 누구와 할 것인지 결정할 때 근거로 삼을 수 있는 정의다. 신뢰는 사회가 매끄럽게 굴러가도록 하는 윤활유다. 만약 우리가 누구와 무슨 일을 하기 전에 번번이 상대를 미리 시험해봐야 한다면 아무것도 성취하지 못할 것이다. 우리는 과거의 경험을 통해 누구를 믿을 것인지 결정하며, 때로는 사회 구성원들과의 경험을 일반화시켜 의존한다.

두 사람이 각자 적은 양의 돈을 받는 실험이 있었다.[11] 만약 한 명이 자기 돈을 포기하면 상대방의 돈이 두 배가 됐다. 상대방도 똑같은 상황이었다. 즉 가장 좋은 것은 둘 다 자기 돈을 포기해 둘 다 돈을 받는 것이었다. 하지만 이 사람들은 서로 모르는 사람이었고, 이야기를 나누는 것이 허락되지 않았다. 게다가 게임은 단 한 번만 진행됐다. 이런 상황에서는 상대방에 대해 확신할 수 없으니 자기가 가진 돈을 그냥 유지하는 게 더 현명해 보이지만, 어떤 사람들은 그래도 자기 돈을 포기했고, 만약 둘 다 포기한 경우에는 다른 사람들보다 더 많은 돈을 받았다. 이 연구를 비롯한 다수의 연구가 주는 주요 메시지는 우리 인간이 이성적 선택 이론으로 예측한 것보다 더 높은 신뢰를 보인다는 것이다.

다른 이를 신뢰하는 건 적은 돈을 걸고 한 번만 하는 게임에서는 괜찮을 수도 있지만, 장기전에서는 더 신중해야 한다. 어느 협동 체계든지 문제는 자기가 일한 것보다 더 많은 걸 얻어가려고 하는 사람들이 있다는 점이다. 무임승차를 저지하지 않는다면 전 체계가 무너져버릴 것이기 때문에, 인간은 남들과 거래할 때 천성적으로 조심스러워한다.

이런 조심성이 없으면 이상한 일이 벌어진다. 유전적 결함으로 인해 태어날 때부터 누구에게나 개방적이고 누구나 믿는 극소수의 사람들이 있다. 윌리엄스증후군Williams syndrome을 앓는 환자들인데, 7번 염색체의 비교적 적은 수의 유전자가 발현되지 않아 생기는 질환이다. 윌리엄스증후군 환자들은 남들까지 호의적으로 만들 만큼 친절하고, 굉장히 사교적이며, 놀라울 정도로 장황하게 말이 많다. 자폐나 다운증후군이 있는 10세 아이에게 "네가 만약 새라면 어떨까?"라고 물어보면 아마 거의 대답을 못 듣겠지만, 윌리엄스증후군 아이들은 "좋은 질문이네요! 저는 자유롭게 공중을 날아다닐 거예요. 만약에 어떤 애를 보면 어깨에 앉아서 쩍쩍거릴 거예요"라고 말할 것이다.[12]

이 매력적인 아이들은 쉽게 거부할 수 없는데도 불구하고 친구가 없다. 이 아이들이 모든 사람을 분별없이 믿고 이 세상 전부를 똑같이 사랑하기 때문이다. 우리는 그런 사람을 믿어도 되는지 모르기 때문에 가까이하지 않는다. 그 사람들이 부탁을 들어준다고 고마워하거나, 싸움이 났을 때 내 편을 들어주거나, 내 목표를 성취하는 걸 도와줄까? 아마 이것들 중 하나도 하지 않을 것이다. 우리가 친구에게 기대하는 바를 전혀 갖고 있지 않다는 뜻이다. 또한 윌리엄스증후군 환자들은 다른 이의 의도를 알아차리는 기본적인 사회 능력이 부족하다. 이들은 나쁜 의도라는 것을 생각조차 하지 못한다.

윌리엄스증후군은 안타까운 자연의 실험이다. 윌리엄스증후군 환자들처럼 아주 친절하고 잘 믿는 것만으로는 관계를 유지할 수 없다는 것을 보여준다. 우리는 사람들이 분별하기를 기대한다. 적은 수의 유전자로 이런 결함이 일어난다는 사실은 신중을 기하는 보통 사람들의 경향이 선천적인 것임을 알려준다. 우리 인간은 신뢰할 것인가 불신할 것인가를 신중하게 선택하며, 다른 많은 종들도 마찬가지다.

예를 들어, 어린 침팬지는 엄마를 신뢰하는 법을 배운다. 어미는 나무 위에 앉아서 아기 침팬지의 손이나 발 한쪽을 잡고 흔든다. 만약 어미가 손을 놓으면 아기가 떨어져 죽겠지만, 그런 짓을 하는 어미는 없다. 아기 침팬지들은 이동할 때 엄마의 배에 매달려 있거나 조금 더 나이가 들면 등에 올라탄다. 어린 침팬지가 엄마에게 6년 가까이 의존하는 걸 생각하면, 사실 엄마의 등에서 '산다'고 할 수 있다. 한번은 정글에서 침팬지 무리를 따라가다가 한 어린 침팬지가 엄마의 등 위에 일어서서 공중제비를 도는 걸 봤다. 어미는 아이를 돌아보며 툭 쳐서 바로잡았는데, 우리가 차 뒷좌석에서 마구 날뛰는 아이에게 하는 것과 다르지 않았다.

어린 침팬지들은 불신하는 법도 배운다. 예를 들어, 동료와 놀 때 배운다. 두 어린 녀석들은 웃음소리를 내고 뛰어다닌다. 즐거워하는 것 같지만 여기에는 누가 누구를 아래로 누를 수 있는지, 누가 때리고 누가 맞아서 아파하며 훌쩍일지 경쟁하는 요소도 있다. 특히 젊은 수컷들은 거친 게임을 매우 좋아한다. 하지만 큰형님이 가까이 오면 상황은 완전히 뒤바뀐다. 옆에 형이 서 있는 동료는 갑자기 용기를 얻어 더 세게 때리고, 심지어 같이 놀던 친구를 물기도 한다. 싸움이 시작되면 누가 엄호를 받을지는 두 침팬지 모두 알고 있다. 놀이였던 것이 불편한 일로 바뀐다. 이런 일은 비일비재하다. 침팬지들은 아주 어릴 때부터 재미있게 노는 것도 그때뿐이라는 걸 배운다. 그 어떤 놀이 친구라도 자기 엄마만큼 믿을 수는 없다.

우리는 신뢰를 극단적으로 중요하게 여긴다. 부시먼은 누구나 독화살을 갖고 있는데, 화살통에 아래로 향하게 넣어 아이들의 손이 닿지 않는 높은 나무에 걸어놓는다. 이 화살은 우리가 수류탄을 취급하듯 다룬다. 만약 사람들이 이 화살을 사용해 끊임없이 협박했다면 집단생활이 가능했겠는가? 우리 문화권에서도 마찬가지로 관계가 긴밀한 공동체에서 아주 높은 수준의 신뢰를 볼 수 있다. 미국의 소도시 사람들은 서로 간의 지지와 사회적 감시를 믿어 문을 열어놓고 다니거나 차도 잠그지 않는다. 메이베리Mayberry에서 범죄가 일어난 적이 있던가?

큰 도시는 전혀 얘기가 다르다. 1997년에 한 덴마크인 엄마가 14개월 된 딸을 유모차에 태워 맨해튼 레스토랑 밖에 놔뒀다. 아기는 다른 가정에 맡겨졌고, 엄마는 감옥에 수감되었다. 대부분의 미국인들은 그 엄마를 정신이 나갔거나 범죄자 수준으로 부주의하다고 여기겠지만, 사실 그녀는 덴마크인들이 늘 하는 대로 한 것뿐이었다. 덴마크는 믿어지지 않을 만큼 범죄율이 낮으며, 부모들은 아이에게 가장 필요한 게 그저 신선한 공기라고 생각한다. 그 엄마는 레스토랑 바깥이 안전하며 공기가 좋으리라 믿었지만, 뉴욕에선 둘 다 해당되지 않았다. 공소는 결국 철회되었다.

내가 최근 덴마크에 갔을 때 친구들에게 아이를 지키지 않고 밖에 놔두기도 하는지 물어보자 모두 고개를 끄덕이며 다들 그렇게 한다고 말했다. 자기 아이를 좋아하지 않아서가 아니라 개방된 바깥에 있는 것이 아이에게 정말 좋기 때문이다. 아무도 유괴될 위험이 있다고는 생각하지 않았다. 나를 초대한 친구들은 그런 사악한 짓을 할 수 있는 사람이 있는지 진심으로 의아해하며 유괴한 아이를 데리고 어디로 가는지 궁금해했다. 만약 아이를 데리고 집으로 돌아가면 당연히 이웃들이 전부 아이가 어디서 왔는지 물어볼 거라고 예상했다. 또 신문에 실종된 아기가 실리면 금방 전해지지 않겠냐고 했다.

덴마크인들이 서로에게 무심코 갖는 믿음은 아마 현존하는 자본 중 가장 귀중한 자본이라고 할 수 있을 만한 '사회적 자본social capital'으로 알려져 있다. 여러 차례의 설문 조사 결과 덴마크인들의 행복 점수가 세계에서 가장 높았다.

최근에 나한테 뭘 해줬니?

내가 이사를 나가면 내 사무실에 머지않아 누군가 들어오는 것과 마찬가지로, 자연의 부동산도 수시로 주인이 바뀐다. 딱따구리가 뚫어놓은 구멍에서부터 버려진 굴까지 다양한 집들이 있다. '공석 연쇄vacancy chain'의 전형적인 예 중 하나가 소라게의 부동산 시장이다. 소라게는 자기방어용으로 각자 자기 집인 빈 복족류 껍데기를 갖고 다닌다. 다만 게는 자라지만 집은 자라지 않는다는 게 문제다. 소라게는 항상 새집을 찾아다닌다. 한 소라게가 더 널찍한 껍데기로 업그레이드하는 순간, 빈 집을 차지하기 위해 다른 게들이 줄을 선다.[13]

이 헌 집 넘겨받기 경제에서 공급과 수요가 작용하는 모습을 쉽게 볼 수 있다. 하지만 상당히 비인간적인 수준으로 벌어지기 때문에 인간의 거래와는 전연 다른 모습이다. 소라게가 만약 "그 죽은 물고기를 주면 내 집을 줄게"라고 하며 거래를 했다면 더 재미있었겠지만, 소라게에게 거래란 없으며 실제로는 전혀 거리낌 없이 힘으로 집주인을 내쫓는다.

애덤 스미스는 이런 식의 접근이 모든 동물에 적용된다고 생각했다. "아무도 개가 공정하고 세심하게 다른 개와 뼈를 거래하는 걸 본 적이 없다."[14] 맞는 말이지만 동물이 절대 거래를 하지 않는다거나 동물에게서 공정성이란 찾아볼 수 없다는 것은 잘못된 생각이었다. 스미스는 동물들은 서로를 필요로 하지 않는다고 믿었기 때문에 동물의 사회성을 과소평가했다. 하지만 내 생각엔 스코틀랜드의 이 위대한 철학자가 동물의 '행동경제학behavioral economics'이라는 새로운 분야가 얼마나 발달했는지 보면 아주 기뻐했을 것 같다.

먹이가 담긴 접시를 당기는 걸 배운 흰목꼬리감기원숭이에게 있었던 일로 설명해보자. 우리는 접시를 혼자서 당기기엔 너무 무겁게 만들어 원숭이들에게 힘을 합칠 이유를 만들어줬다. 바이어스Bias와 새미Sammy라는 두 암컷이 접시를 당겼다. 이 둘은 전에도 여러 번 해봤기 때문에 성공적으로 먹이를 먹을 수 있었다. 하지만 새미가 자기 먹이를 너무 빨리 채 가고 접시를 놓는 바람에 바이어스가 자기 먹이를 집을 새가 없었다. 접시는 반대쪽으로 튕겨 돌아가 이제 손에 닿지 않게 됐다. 새미는 자기 먹이를 즐겁게 먹었지만, 바이어스가 성질을 부렸다. 바이어스가 수십 초 동안 죽을힘을 다해 소리를 지르자 새미가 바이어스를 흘끗 쳐다보며 다시 손잡이로 다가갔다. 그리고 바이어스가 접시를 다시 가져오도록 도와줬다. 새미 앞에는 빈 컵밖에 없었으므로 새미는 이번에는 자기를 위해서 당긴 것이 아니었다.

바이어스가 보상을 받지 못해 항의를 하자 새미가 그에 대한 직접적인 반응으로 자기 행동을 교정했다. 이런 행동은 인간의 경제적 거래와 비슷한 모습이다. 협동, 의사소통, 기대 충족, 어쩌면 심지어 의무감까지 그렇다. 새미는 받은 것에 대한 대가에 민감한 것 같았다. 바이어스가 자기를 도와줬으니 어떻게 바이어스를 안 도와줄 수 있겠는가? 이 원숭이들의 집단생활에는 우리와 마찬가지로 협동과 경쟁이 공존한다는 점을 생각해보면 그리 놀랄 것도 없다.

주목할 것은 새미와 바이어스가 혈연지간이 아니라는 점이다. 동물이 친척을 돕는 경향은 벌통이나 개미탑에서뿐 아니라 포유류와 새들에게서도 뚜렷하게 나타난다. 우리가 "피는 물보다 진하다"라고 말하듯이 우리 사회에서도 가족 간의 지원을 많이 볼 수 있다. 친척을 돕는 것은 유전적인 이익이 있기 때문에 생물학자들은 이를 친척이 아닌 남을 돕는 것과 상당히 다르게 구분한다. 남을 도와 얻는 이익은 훨씬 불분명하다. 그런데 동물들이 왜 남을 돕는 걸까? 러시아 공자 표트르 크로폿킨이 20세기 초 《상호부조론》에서 설명을 제시했다. 만약 돕는 행동이 한 집단 내에서 일어나면 모두가 이익이라는 것이 그의 주장이었다.

하지만 크로폿킨은 이런 체계가 모든 일원이 거의 똑같이 기여하지 않으면 잘 돌아가지 않을 거라고 덧붙이는 걸 깜빡했다. 어떤 이들은 나무에 물을 주지 않고 열매를 따 먹으려고 할 것이다. 다시 말해 협동은 무임승차자에 취약하다. 《상호부조론》이 나오고 몇 년 후 크로폿킨은 이를 바로잡아 '게으름뱅이'에 대해 언급했고, 해답을 제시했다.

어떤 특정한 계획을 위해 모인 자원봉사자 집단을 예로 들어보자. 성공을 위해 모두 의지를 갖고 일할 것이다. 자기 자리를 자주 비우는 동료가 한 명 있다. 사람들이 스스로 손해를 보며 모임을 해체하거나, 벌금 제도를 이행할 대표를 뽑거나, 혹은 일을 제대로 했는지 확인하는 채점자를 보내야 할까? 이중 하나도 이루어지지 않을 게 확실하지만, 이들의 계획을 위태롭게 하는 동료는 언젠가 이런 말을 들을 것이다. "친구, 우린 자네와 일하는 게 좋아야 하네. 하지만 자네가 자주 자리를 비우고 자네 일을 소홀히 하니 갈라서야겠네. 가서 자네의 무관심을 견뎌줄 다른 친구를 찾아보게!"[15]

동물들도 마찬가지로 같이 일할 동료를 까다롭게 고른다. 때로는 서로가 도움이 되는 동업관계로 '버디 시스템buddy system'을 구성하기도 한다. 섬뜩하게 하려는 건 아니지만, 첫 번째 예로 흡혈박쥐는 매일 밤 순진한 희생양의 피를 빠는 데 성공하면 파트너와 나눠 먹는다. 순진한 희생양은 주로 소나 당나귀처럼 큰 포유류지만 잠든 인간일 때도 있다. 두 마리의 박쥐 중에서 박쥐 A가 어느 날 밤 운이 좋았으면, 공동 횃대로 돌아와 B에게 피를 토해낸다. 다음 날 박쥐 B가 운이 좋으면 A에게 똑같이 해준다. 흡혈박쥐는 피가 없이는 하루도 살지 못하기 때문에 이런 방식으로 위험을 분산한다.[16]

침팬지는 이를 넘어선다. 원숭이 사냥은 3차원 공간에서 극도로 어려운 일이다. 혼자 사냥할 때보다 팀으로 사냥할 때가 훨씬 성공적이므로 사슴 사냥 유형이라 할 수 있다. 이 광경을 직접 본 적 있는데, '현장 연구자의 샤워'만 빼면 아주 흥미로웠다. 침팬지들은 흥분하면 아낌없이 배변을 하는데, 이 때문에 샤워를 하게 된다. 침팬지들의 고함과 비명 소리, 원숭이들이 혼비백산하여 비명을 지르는 소리가 섞여 있어서 사냥 중이라는 것을 알 수 있었다. 침팬지들이 매우 좋아하는 먹이인 붉은콜로부스원숭이의 시체 주변에 수컷들이 모여 있었고, 나는 그 나무 밑에 있었다. 내 몸에서 냄새가 났지만 그것도 전혀 불만스럽지 않았다. 이 모든 과정과 고기 배분까지 지켜본 일은 말할 수 없이 흥분되는 일이었기 때문이다. 수컷들은 자기들끼리 고기를 나눠 먹고 가임기 암컷 두 마리에게도 나눠주었다.

보통 먹잇감을 잡는 침팬지는 한 마리이며, 먹이가 반드시 모두에게 조금씩 다 돌아가는 건 아니다. 수컷이 고기를 나눠 받을 기회는 사냥에서 어떤 역할을 했느냐에 따라 달라지는 것으로 보이며, 여기서 호혜주의를 엿볼 수 있다. 심지어 가장 서열이 높은 수컷도 만약 사냥에 가담하지 못한 경우엔 헛된 애원을 할 것이다.[17]

동물원에서 한 침팬지에게 수박이나 잎이 무성한 나뭇가지처럼 큰 먹이를 주고서 어떤 일이 벌어지는지 보면 호혜주의를 분석해볼 수 있다. 마치 레이건의 감세와 통화 조정 경제 정책을 보여주듯이, 주인이 중심에 있고 주인을 둘러싼 무리가 있다. 그리고 잠시 후 어느 정도의 먹이를 얻어가며 파생된 무리가 생기고, 이렇게 해서 모든 먹이가 모두에게 조금씩 돌아간다. 침팬지들이 징징거리고 훌쩍거리며 애원하긴 하지만, 공격적인 대치 상황은 거의 벌어지지 않는다. 그나마 몇 번 벌어지는 경우는 먹이 주인이 누군가를 무리에서 떨어뜨려놓으려고 할 때이다. 나뭇가지로 머리를 후려치거나 날카로운 소리로 짖어서 떠나게 한다. 서열에 상관없이 먹이를 가진 침팬지가 먹이의 흐름을 통제한다. 일단 호혜주의가 시작되면 사회 계층은 뒷전으로 밀려난다.[18]

1980년대에 히트한 노래 〈최근에 나한테 뭘 해줬니What Have You Done for Me Lately?〉처럼 침팬지들은 털 고르기 등 예전에 받았던 호의를 기억해내는 것 같다. 우리는 먹이 주인에게 접근하는 경우에 누가 성공하는지 보기 위해 적어도 7000개 이상의 사례를 분석했다. 먹이를 주기 전 아침마다 자연스럽게 일어나는 털 고르기를 녹화했다. 그다음 먹이와 털 고르기라는 두 가지 '화폐'의 흐름을 비교했다. 예를 들어, 만약 대장 수컷인 소코Socko가 메이May에게 털 고르기를 해준 경우, 오후에 메이에게서 나뭇가지를 받을 확률은 훨씬 더 높아졌다.[19] 우리는 집단 전체에 이런 효과가 있는 것을 알아냈다. 도움을 받았으면 갚는 것이 명백했다. 이런 교환을 하려면 이전의 일을 기억해야 하고, 그와 더불어 기억 속의 친절한 행위를 한 사람에 대한 따뜻한 감정인 '감사'라 불리는 심리적 기작이 결합되어야 한다. 흥미로운 것은 호의를 되돌려주는 경향이 모든 관계에 똑같이 적용되지 않는다는 점이다. 오랜 시간을 함께 보낸 친한 친구 사이에서는 한 번의 털 고르기가 큰 영향을 미치지 않았다. 이들은 아마 주의 깊게 따지지 않고 서로 많이 털 고르기를 해주고 먹이도 자주 나눠 먹을 것이다. 더 거리가 있는 관계에서만 작은 호의가 두드러졌고, 그에 대한 보상을 받았다. 소코와 메이는 특별히 가까운 사이가 아니었기 때문에 소코가 해준 털 고르기가 예상대로 보상을 받았다.

인간 사회에서도 같은 차이가 드러난다. 호혜주의에 관한 학회에서 한 중견 과학자가 자신이 아내에게 해준 일과 아내가 자신에게 해준 일을 스프레드시트에 적어가며 추적한 것을 보여줬을 때, 우리는 말문이 막혔다. 옳은 일 같지 않았다. 그 부인이 세 번째 부인이었고, 이제는 그 과학자가 다섯 번째 부인과 결혼했다는 점을 보면, 주의 깊게 점수를 매기는 건 가까운 관계에서 하는 일은 아닌 듯싶다. 배우자들도 분명 호혜를 따지긴 하지만, 서로가 받는 이익은 긴 여정에 걸쳐서 얻는 것이지 곧바로 주고받는 것은 아니다. 우리는 가깝고 친밀한 관계에서는 애착과 신뢰를 기반으로 삼고, 우리의 경이로운 계산 능력은 동료, 이웃, 친구의 친구 등을 위해 아껴놓는다.

거리가 먼 관계에서의 맞대응식 주고받기는 그것이 위반되었을 때 가장 절실하게 깨닫는다. 내 처남에게 있었던 실화다. 제이는 프랑스의 작은 해변 마을에 사는데, 거기서 제이는 집 안팎으로 고치거나 설치하는 잔손질 재주가 좋은 사람으로 소문이 나 있다. 제이는 목수일, 배관, 석조, 지붕 작업 등을 할 줄 알아서 혼자서 집 한 채를 완성할 수도 있다. 집에서 매일 이런 일을 하면서 입증해 보이니 사람들은 자연스럽게 제이에게 도움을 청한다. 제이는 더할 수 없이 친절해서 대부분 어떻게 하는지 가르쳐주거나 직접 도와주기도 한다. 어떤 이웃이 제이와 거의 모르는 사이였는데, 천장에 채광창을 어떻게 달아야 할지 계속해서 물어봤다. 그 일에 쓰라고 사다리를 빌려줬지만, 그 사람이 계속 다시 물어보러 왔기 때문에 제이는 한번 가서 봐주기로 약속했다.

제이는 아침부터 저녁 늦게까지 그 이웃 사람의 집에서 사실상 직접 일을 해줬고(그 사람은 거의 망치를 제대로 잡지도 못했다고 했다), 도중에 그의 아내가 집에 와 요리를 해서 남편과 점심을(프랑스에선 가장 중요한 식사다) 먹으며, 제이에게는 같이 먹자는 말도 하지 않았다. 하루가 끝나갈 때쯤 제이는 정상적으로는 600유로가 넘었을 정도의 전문 인력을 발휘해 채광창을 성공적으로 달았다. 제이는 당시에는 아무것도 요구하지 않았지만, 그 이웃이 며칠 후 스쿠버다이빙 코스에 대해 얘기하며 같이하면 정말 즐거울 것 같다고 얘기하자, 그 코스가 약 150유로였으므로 이때가 보답을 받을 절호의 기회라고 생각했다. 그래서 제이는 정말 하고 싶지만 아쉽게도 예산에 그만한 돈이 없다고 말했다. 지금쯤 예상할 수 있으리라. 그 이웃은 혼자 가버렸다.

이런 이야기를 들으면 우리는 심기가 불편하거나 심지어 화가 난다. 우리는 호혜주의를 엄중히 지켜보는데, 호혜주의가 사회의 핵심적인 원칙임을 생각하면 마땅한 일이다. 지난 호의를 상기시켜주는 것이 예의 없는 행동으로 여겨지기 때문에 호혜주의는 대부분 암묵적으로 지켜진다. 이 주제를 다루는 학술 문헌에서는 제이의 이웃처럼 자기가 준 것보다 많은 걸 얻어가려는 '사기꾼'을 응징하려 하는 우리의 경향을 강조하지만, 실제 생활에서 응징하는 일은 드물다. 제이가 뭘 할 수 있었겠는가? 채광창에 돌을 던질까? 전혀 모르는 사람들끼리 심리학 실험실에서 게임을 하는 경우에는 응징이 가능하지만, 모든 사람이 서로 알고 수년 동안 때로는 수세대 동안 함께 지내는 작은 마을에서 악의적인 행동을 하려면 조심해야 할 것이다. 보통 사람으로서 제이에게 주어진 유일한 선택은 무슨 일이 있었는지 험담을 퍼뜨리는 것뿐이다.

하지만 더 쉬운 방법은 감사할 줄 모르는 사람은 피하는 것이다. 만약 여러 명 중에 파트너를 고를 수 있다면 당연히 지난번 주고받은 일을 존중하리라 믿을 수 있는 좋은 사람을 고르지, 있어봤자 전혀 도움이 안 되는 형편없는 무임승차자를 왜 고르겠는가? 우리는 파트너를 고르는 시장의 고객들과 같다. 프랑스인들이 과일을 고를 때와 마찬가지로 찔러보고 냄새도 맡아보며 파트너를 고른다. 우리는 최고를 원한다. 제이의 이웃 같은 사람들은 운이 없을 것이다.

이는 내가 오래전에 침팬지들에 대해 제의했던 '서비스 시장'이라는 개념과 관련이 있다.[20] 수요와 공급의 법칙은 벌과 꽃에서부터(꽃과 벌의 비율에 따라 꽃이 벌에 의해 수분되려면 얼마나 매력적이어야 하는지 결정된다) 개코원숭이들과 그 새끼들에게 있었던 신기한 일에까지 어디에나 적용된다. 암컷 개코원숭이는 자기의 새끼뿐 아니라 다른 이의 새끼에게도 거부할 수 없는 매력을 느낀다. 새끼들에게 친근하게 그르렁거리는 소리를 내며 만지기를 좋아한다. 하지만 어미는 방어적이며, 갓 태어난 소중한 새끼를 누구라도 만지지 못하게 한다. 새끼에게 관심 있는 암컷들은 어미의 털을 골라주며 어깨 너머나 팔 사이로 아기를 엿본다. 긴장을 풀어주는 시간이 끝나면 어미가 가까이서 보게 해줄 수도 있다. 그러니까 아기와의 시간을 '사는' 것이다. 시장 이론에 따르면 주변에 새끼가 적을 때 새끼의 가치가 올라갈 것이다. 남아프리카의 야생 차크마개코원숭이를 연구한 피터 헨지Peter Henzi와 루이즈 배럿Louise Barrett은 실제로 어미가 털 고르기를 받는 시간이 집단 내의 새끼 공급량에 반비례하는 것을 알아냈다. 흔치 않은 새끼의 어미는 베이비붐이 일었던 집단의 어미들에 비해 상당히 높은 가격을 받아냈다.

영장류가 물품을 거래하는 방식은 우리의 경제와 놀라울 만큼 닮았다. 심지어 우리는 흰목꼬리감기원숭이들 사이에 본능적인 사냥 행동에 영감을 받은 축소판 '노동 시장'을 만들어내는 것에 성공했다. 흰목꼬리감기원숭이들이 큰다람쥐를 포위하는 것은 침팬지가 원숭이를 잡는 것만큼 힘든 일인데, 이럴 때 흰목꼬리감기원숭이들은 진정한 협력자가 된다. 그리고 그다음에는 고기를 나눠 먹는다.[21]

똑같은 상황을 만들어내기 위해 원숭이들이 힘을 합쳐야 성공할 수 있지만 보상은 한쪽에만 주는 실험을 했다. 새미와 바이어스에게 했던 협동해서 당기기 실험을 응용하여 같이 당긴 원숭이들 중 한 마리만 사과 조각이 가득 담긴 컵을 받도록 했다. 우리는 이 원숭이를 '사장'이라고 지칭했다. 사장의 파트너는 빈 컵을 받게 되므로 사장의 이익을 위해 당기는 것이었다. 이 원숭이는 '노동자'라고 지칭했다. 두 원숭이는 철망을 사이에 두고 옆으로 나란히 앉아서 두 컵을 모두 볼 수 있었다. 우리는 이전 실험을 통해 먹이를 가진 원숭이가 종종 철망으로 먹이를 가져가 이웃이 먹이에 손을 뻗을 수 있게 허용한다는 걸 알고 있었다. 드물게는 파트너에게 먹이 조각을 내밀기도 했다.

실험 결과 사장은 둘이 같이 먹이를 끌어온 경우에 혼자 어렵게 먹이를 획득했을 때보다 철망을 통해 먹이를 더 많이 공유했다. 다시 말해 사장은 도움을 받은 후에 더 많이 공유했다. 우리는 또한 공유를 함으로써 협동이 더 잘되는 걸 알아냈다. 사장이 먹이를 가지고 인색하게 구는 경우에는 성공 확률이 현저하게 떨어졌다. 충분한 보상을 받지 못하면 노동자는 그냥 파업을 해버렸다.

간단히 말해 원숭이들은 노력과 보상을 연관 짓는 것 같았다. 어쩌면 흰목꼬리감기원숭이들은 야생에서의 집단 활동 덕분에 사슴 사냥의 첫 번째 규칙, 즉 함께 노력하면 함께 보상받아야 한다는 것을 이해했을지도 모른다.

동물 없는 진화

◇◇◇◇◇◇◇◇◇◇◇◇◇◇◇◇◇

원숭이들이 호의를 얼마나 오랫동안 마음에 담아두는지는 알려져 있지 않다. 원숭이들의 호혜주의는 어쩌면 그저 '태도에 대한 반응attitudinal'일지도 모른다. 원숭이들은 눈앞의 태도를 따라 하기 때문이다. 만약 다른 이가 위협적으로 나오면 똑같이 위협적으로 대할 것이고, 다른 이가 친절하게 나오면 자기도 친절하게 대할 것이다. 따라서 다른 원숭이가 무거운 접시를 당기는 걸 도와주면 답례로 먹이를 공유할 것이다.

하레 크리슈나Hare Krishna(힌두교에서 가장 인기 있는 신 중 하나인 크리슈나를 숭배하는 종교로 1966년 뉴욕에서 창설된 '크리슈나 의식을 위한 국제협회ISKCON'의 활동으로 서양에도 알려졌다 – 옮긴이) 교단의 신도들은 이 원칙을 믿고 보행자들에게 꽃을 건넨다. 꽃이 받아들여지는 즉시 돈을 요구한다. 단순히 돈을 거저 달라고 구걸하는 대신 우리가 그들의 행동을 그대로 따라 하리라 믿는다. 우리는 매일같이 기차에서, 파티에서, 운동 경기 등에서 사람들을 마주칠 때마다 이를 적용한다. 상대의 태도에 반응하는 호혜주의는 기록 관리할 필요도 없으며 정신적인 부담도 없다.

하지만 인간처럼 어떤 동물들은 호의를 장기 기억으로 저장하며, 더 복잡한 체계를 따른다. 우리의 먹이-털 고르기 실험에서 침팬지들은 적어도 두 시간 동안 호의를 기억했다. 하지만 나는 몇 년을 두고 고마워하는 유인원들을 알고 있다. 그중 하나는 내가 인내심을 갖고 가르쳐 입양한 새끼에게 병으로 우유를 먹일 수 있게 된 암컷이다.[22] 그 암컷은 이전에 젖을 충분히 먹이지 못해 여러 마리의 새끼를 잃었다. 침팬지는 도구를 사용하는 동물이기 때문에 그 암컷은 수유용 병을 다루는 데 전혀 문제가 없었다. 그 후 수년간 그 암컷은 자기의 새끼까지도 그렇게 키웠다. 몇십 년이 지난 후에도 그 암컷은 내가 동물원에 들르면 나를 열렬하게 반겼다. 열성적으로 이빨을 딱딱거리면서 나에게 털 고르기를 해주며 내가 자신의 영웅임을 보여줬다. 우리의 이야기를 잘 모르는 대부분의 사육사들은 그 암컷이 내게 호들갑을 떠는 걸 보면 매우 놀란다. 나는 이게 그 암컷에게 상상도 못 할 비탄을 안겨줬던 문제를 극복하도록 내가 도와준 것과 연관이 있다는 확신을 갖게 됐다.

만약 침팬지가 원숭이보다 더 먼 과거를 돌아볼 수 있고 예전에 있었던 일을 더 명확히 기억한다면, 침팬지의 호혜주의는 더 정교하고 계산적이 된다. 예를 들어, 어떤 야생 침팬지가 밀렵꾼의 덫에 손목이 끼여 고통스러운 비명을 지르고 있는데, 다른 침팬지가 풀어준다면 이때 도와준 일을 기억하고 있을 거라고 믿어도 좋다.[23] 침팬지들은 심지어 과거를 돌아볼 뿐 아니라 앞을 내다보고 다른 이들에게 잘해주며 환심을 살 수도 있다. 증명된 건 아니지만 증거가 쌓이고 있다. 예를 들면, 수컷 침팬지가 지위 다툼을 벌이는 중에는 최대한 많은 잠재적인 지지자들과 친해지려 한다. 암컷들에게 돌아가며 털 고르기를 해주고 새끼들을 간지럽힌다. 수컷 침팬지들은 평소대로라면 어린 침팬지들에게 관심이 없지만, 집단의 지지가 필요할 때는 내버려둘 수 없다. 수컷들이 가장 연약한 새끼를 어떻게 다루는지 모든 암컷들의 눈이 지켜보고 있다는 사실을 아는 걸까?

무서울 정도로 인간 같은 전략이다. 나는 미국 정치인들이 부모들이 지켜보는 앞에서 아기를 안아 드는 사진을 정기적으로 다운로드한다. 부모들은 기쁨과 불안이 교차하는 표정을 짓고 있다. 정치인들이 군중 앞에서 얼마나 자주 아기를 들어 올리는지 알아차린 적이 있는가? 아기를 다루는 방식이라기엔 주목받는 주체인 아기가 그리 좋아하는 것은 아닌 이상한 방법이다. 하지만 사람들이 알아차리지 못하는 어떤 부분이 과시되는 걸까?

또한 새롭게 떠오르는 젊은 수컷 침팬지처럼 정치적인 도전자가 지도

정치 후보자들은 아기를 들어 올리는 것을 매우 좋아한다.

자에게 도전하려고 하는 시기에는 암컷에게 유난히 관대해지는 일도 있다. 몇 달이 걸리기도 하는 중간 과정 동안 도전자는 안정적인 으뜸 수컷을 하루에도 몇 번씩 건드려 어떤 반응을 보이는지 알아본다. 동시에 자기를 도와줄 만한 특정 침팬지들과 먹이를 나눠 먹는다. 아르넴 동물원에서 떠오르는 수컷들이 간식을 확보하려고 유난히 애를 쓰는 걸 봤다. 나무 주변에 둘러진 전기선 위를 용감하게 뛰어넘어 나뭇잎이 있는 곳으로 기어 올라가 아래에 몰려든 군중에게 주려고 나뭇가지를 꺾었다. 이런 행동은 수컷의 인기를 북돋우는 것 같아 보였다.

야생에서 서열이 높은 수컷 침팬지들이 다른 침팬지들에게 뇌물을 준다고 알려져 있다. 잠재적인 동맹들에게만 선택적으로 고기를 나눠주고 경쟁자들에게는 나눠주지 않는다. 기니의 보수에 있는 수컷 침팬지들은 주변의 파파야 농장을 주기적으로 습격해서—매우 위험한 프로젝트이지만—맛있는 과일을 가지고 돌아와 짝짓기와 맞바꾼다.[26] 즉 가임기의 암컷들에게만 먹이를 나눠준다. 영국 과학자 킴벌리 호킹스Kimberly Hockings에 따르면 "그런 도전적인 행동은 확실히 매력적인 속성으로 보이며, 파파야처럼 인기가 많은 먹을거리를 갖고 있으면 암컷들로부터 긍정적인 주목을 끌 수 있는 것으로 보인다".

정확히 스미스가 마음속에 그렸던 뼈를 거래하는 개들은 아니지만 그에 가까워지고 있다. 침팬지들은 '내가 이걸 해주면 저걸 답례로 받을 수 있을 거야'라고 생각하는 통찰력을 갖고 있을 수 있다. 영국의 체스터Chester

동물원에서 있었던 일을 이런 계산으로 설명할 수 있을 것이다.[25] 큰 침팬지 무리에서 싸움이 일어나면, 각 침팬지들은 그 전날 털 고르기를 해준 편에게 지지를 받을 수 있었다. 그뿐 아니라 침팬지들은 누구와 싸울지 계획하며 며칠 전부터 미리 잠재적인 지지자들에게 털 고르기를 해주며 싸움 결과가 자기에게 유리하도록 만드는 것으로 보였다.

우리의 가까운 친척들이 어쩌면 계획과 예측까지 하면서 정교하게 교환하는 걸 생각해보면, 왜 인간의 호혜주의를 연구하는 일부 학자들이 자기 분야를 동물의 행동과 반대되는 것이라고 정의 내리는지 궁금하다. 그들은 인간의 협동을 자연의 세계에서 '엄청난 변칙'이라고 한다.[26] 그런 생각을 가진 학자들이 반진화주의자들이라는 것은 아니지만—오히려 그들은 자칭 다윈주의자들이다—이들은 털 달린 생물을 열외로 취급하는 데 적극적이다. 나는 반농담, 반진담으로 이들의 접근법을 '동물 없는 진화론'이라고 부른다. 이들은 침팬지의 협동을 유전적 친족주의의 산물이라고 빠르게 단념하면서 개미와 벌들의 공동생활과 같은 카테고리에 넣어버린다. 오직 인간만이 친척이 아닌 이들과 큰 규모의 협동을 벌인다고 한다.

동물원 연구들에서 침팬지가 친족이어야만 가깝게 협동하는 것은 아니라는 점이 명확하게 밝혀지자, 이는 자연적인 상태를 보여주는 것이 아니라며 일축했다. 야생 유인원들 또한 친척이 아닌 이들과 주기적으로 협동하는 모습을 보이자, 의문들이 제기되었다. 정확히 누가 누구랑 친척인지 알기가 어렵지 않은가? 연합을 형성했던 수컷들이 형제나 사촌지간일 가능성을 정말 배제할 수 있을까? 어떤 방법으로도 회의주의를 피할 순 없었다. 마침내 이 답 없는 논쟁은 새로운 기술로 해결됐다. 요즘은 영장류 학자들이 현장에서 조심스럽게 채집한 배변 샘플을 한가득 들고 돌아오는 모습을 흔히 볼 수 있다. 이 샘플에서 DNA를 추출하면 누가 몇 번째 세대이고, 어느 수컷이 누구를 낳았고, 누가 외부에서 집단 내로 이주해왔는지 등을 알 수 있어 이전의 그 어떤 방법보다도 정확하게 유전관계를 그려낼 수 있다.

현장에서 가장 하기 힘든 프로젝트 중 하나가 우간다의 키발레Kihale 국립공원에서 진행됐다. 몇 년간 침팬지의 사회 행동과 숲 바닥에서 수거한 배변물을 맞춰보는 것이었다. 이런 유전자 분석 프로젝트에 얼마나 많이 땀을 흘리고 냄새 나는 일을 겪었을지 상상하기도 어렵지만, 결과는 더할 수 없이 가치 있었다.[27] 이 독일-미국 팀은 우선 친족관계가 의미가 있다는 걸 입증했다. 즉 형제 사이인 침팬지는 친척이 아닌 수컷들보다 더 많은 시간을 함께 보냈고, 서로를 더 잘 지지했으며, 더 많은 먹이를 공유했다. 물론 이것은 침팬지뿐 아니라 작은 규모의 인간 사회 어디에서나 당연히 그러리라 예상되는 그대로다. 하지만 또한 친척이 아닌 사이에서 광범위하게 협동을 한다는 것이 입증됐다. 사실 키발레 집단에서는 가까운 파트너십을 이룬 대다수는 가족관계가 아닌 수컷들이었다.

이는 협동의 근거가 상호부조와 호혜주의에 있다는 점을 제시하며, 따라서 침팬지를 사회성 곤충보다는 인간에 훨씬 가깝게 놓는 것이다. 전혀 놀라울 건 없지만, 이는 또한 인간 호혜주의의 심리를 이해하려고 할 때 유인원이 완벽한 비교 대상이 될 수 있다는 것을 의미하기도 한다. 인간의 협동과 몇 가지 다른 점이 있다는 것을 부정하려는 게 아니다. 인간은 제 할 일을 못하는 사람들을 처벌하려는 경향이 더 크다는 점도 그런 차이 중 하나일 것이다. 하지만 이런 차이조차도 생각보다 절대적이지 않다. 침팬지는 자기에게 등을 돌린 자들에게 보복한다.[28] 침팬지 여러 마리가 함께 모여 서열이 높은 수컷을 괴롭히면, 몇 시간 후 그 수컷은 자기를 괴롭혔던 수컷들이 혼자 앉아 있는 걸 하나씩 찾아내 절대 잊지 못할 교훈을 가르쳐준다. 침팬지들은 그저 호의를 돌려주는 것만큼 쉽게 빚을 갚는 것이기 때문에 나는 침팬지들이 다른 이들을 처벌한다는 게 놀랍지 않다.

나는 인간은 이런 모든 경향이 좀 더 많이 발달되었고, 그래서 더 복잡하고 큰 규모의 협동이 가능한 것이라고 생각한다. 수백 명의 사람들이 모두 서로를 신뢰하며 하나의 제트 여객기를 만들거나 여러 다른 단계의 직원들이 하나의 회사를 구성하는 것은 다름 아니라 우리가 조직화하고, 일을 분담하고, 과거에 교류했던 것을 기억하고, 노력에 맞는 보상을 하고, 신뢰를 쌓고, 무임승차자를 막는 능력이 뛰어나기 때문에 가능한 일이다. 인간의 심리는 동물 세계의 그 어떤 것도 넘어서는 가장 크고 복잡한 사슴 사냥을 할 수 있게 진화되었다. 실제로 큰 먹잇감을 잡으려 한 것이 진화를 유도했을 수는 있지만, 우리 조상들은 아이들을 서로 돌봐줄 때나 전투를 할 때, 다리를 지을 때, 천적으로부터 방어할 때 등 다른 일도 협동적으로 했다. 그들은 무궁무진한 방법의 협동을 통해 이익을 얻었다.

우리 조상이 집단 협동을 잘하게 된 건 낯선 이와의 거래 때문이라는 학설이 있다. 이 때문에 보상과 처벌 체계를 개발해야만 했고, 이는 한 번도 만나보지 않았거나 다시는 보지 않을 이방인에게도 효과가 있었어야 했다. 실험실에 낯선 사람들을 모아두면 엄격한 협동 규칙을 채택하며 준수하지 않는 사람에게 등을 돌린다는 사실은 잘 알려져 있다. 이를 '강한 호혜주의'라 한다. 마치 같이 노력하는 것처럼 행동하지만 사실은 우리를 이용하는 사람이 있어서 노력을 열심히 했음에도 적절한 대가를 받지 못하면 우리는 굉장히 속상해한다. 수많은 방법으로 그런 사람들을 배제하거나 처벌한다. 우리가 사기꾼을 못마땅해한다는 점은 누구도 의심의 여지가 없지만, 이런 감정의 진화적 기원은 토론할 만한 쟁점이다. 우리가 낯선 사람을 대하는 행동 방식이 있다는 사실은 반드시 그 행동 방식이 그 특정 목적을 위해 진화했다는 뜻은 아니다. 낯선 사람이 정말 인간의 진화에 그렇게 중요한 영향을 미쳤을까? 호혜적 이타주의 이론의 창시자인 로버트 트리버스Robert Trivers는 그렇게 생각하지 않는다.

인간이 단 한 번 일어나는 일, 즉 모르는 사람과 마주칠 때 공정성을 꼭 지키려는 굳센 기질을 보인다고 해서 이런 기질이 단 한 번 일어나는 일, 즉 모르는 사람과 마주칠 때 기능하기 위해 진화되었다고 보긴 어렵다. 이는 아이들이 만화에 강한 감정적인 반응을 보인다고 그런 반응이 만화 속 맥락에 맞게 진화되었다고 주장하는 것이나 마찬가지다.[29]

우리가 논의했던 '동기의 자율성', 즉 X 때문에 진화한 행동이라도 현실에서는 X, Y, 그리고 Z 때문에 쓰일 수도 있다는 논의를 기억하는가? 부모의 돌보는 행동은 자식에게 이로웠기 때문에 진화되었지만, 입양한 아이나 집에서 키우는 개에게도 종종 적용된다는 예를 들었다. 이와 마찬가지 방식으로 트리버스는 거래할 때 우리의 행동 방식이 서로 알고 함께 사는 사이에서 시작되었고, 후에 낯선 이에게까지 확장된 것이라고 생각한다. 따라서 낯선 사람과의 만남에 너무 초점을 맞춰선 안 된다. 진정한 협동의 발상지는 공동체이기 때문이다.[30] 유인원이 사회적으로 거래를 하는 것도 물론 같은 맥락이기 때문에 인간과의 차이가 본래 생각했던 것만큼 크지는 않을 것이다.

사실 진화는 '엄청난 변칙'을 만들어내는 법이 없다. 기린의 목이라도 여전히 목은 목이다. 자연에는 여러 가지 변주곡이 있을 뿐이다. 협동에 관해서도 마찬가지다. 인간의 협동을 유인원이나 원숭이, 흡혈박쥐, 청소부 물고기를 포함하는 더 큰 자연의 체계에서 따로 분리해 생각하려는 것은 진화적 접근이라고 보기 힘들다.

나중 된 자가 먼저 된다

◇◇◇◇◇◇◇◇◇◇◇◇◇◇◇◇◇◇◇◇◇◇◇◇◇◇◇◇◇◇

부자들이 거리를 행진하며 나는 돈을 너무 많이 벌고 있다고 외치는 걸 몇 번이나 봤는가? 혹은 증권 중개인이 '보너스에 책임을 져라!'라고 불평하는 것은? 잘사는 사람들은 밥 딜런Bob Dylan의 "사람은 공정한 게임을 반대한다. 전부 다 갖길 원하고 자기 방식대로 하길 원한다"[31]라는 논평에 잘 맞는다. 그에 반해 일반적으로 항의하는 사람들은 최저임금을 올려야 한다거나, 일자리를 외국인에게 줘선 안 된다고 부르짖는 육체노동자들이다. 좀 더 이국적인 사례를 들자면, 2008년 스와질란드의 수도에서 수백 명의 여성들이 행진을 했다. 이 여성들은 극빈한 경제 상황을 고려했을 때 왕의 아내들이 전세기를 빌려 유럽에서 흥청망청 쇼핑을 하는 게 특권의 도를 넘은 것이라고 느꼈다.[32]

공정성이란 것은 가진 자와 가진 게 없는 자에 따라 다르게 보인다. 당연한 말을 읊는 이유는 우리의 공정성은 자기 이익을 넘어서는 것이며, 우리 자신보다 더 큰 무언가와 관련된 일이라는 흔한 주장 때문이다. 우리 대부분은 이 이상적인 말에 동의하며, 그에 따른 많은 제도들이 있다. 하지만 공정성이 처음에 이렇게 시작된 것이 아니라는 것 또한 분명하다. 공정성에 숨어 있는 감정과 욕망은 그 이상적인 말의 반만큼도 고결하지 않다. 가장 쉽게 눈에 띄는 감정은 억울함이다. 아이들이 자기 피자가 다른 형제의 것보다 작을 때 그 사소한 불일치에 보이는 반응을 보라. 아이들은 "불공평해!"라고 외치지만, 이것은 자기 자신의 욕망을 넘어서는 그 어떤 것도 아니다. 사실 나도 더 젊었을 때 이 문제로 아내와 싸웠고, 결국 훌륭한 해결책이 나왔는데 한 명이 나누고 한 명이 고르자는 것이었다. 사람이 완벽하게 자르는 기술을 얼마나 빨리 익히는지 정말 놀라웠다.

우리는 우리에게 도움이 되는 한 공정한 것에 찬성한다. 이에 관한《성경》우화도 있다. 포도밭 주인이 하루 중 여러 번에 걸쳐 일꾼들을 모았다. 주인은 아침 일찍 사람을 찾으러 나가서 노동의 대가로 1데나리온씩을 주겠다고 했다. 그리고 정오에 다시 나가서 똑같은 제안으로 사람들을 모았다. 그리고 거의 하루가 다 끝나갈 때 똑같은 제안으로 사람을 몇 명 더 고용했다. 하루가 끝나고 모두에게 품삯을 주는데, 제일 마지막에 고용된 사람들부터 각자 1데나리온씩 받았다. 이를 보면서 다른 일꾼들은 자기는 대낮부터 일을 했으므로 더 받을 거라고 기대했지만, 똑같이 1데나리온을 받는다. 주인은 약속했던 돈보다 조금도 더 줘야 할 의무를 느끼지 않았다. 이 문단은 이런 유명한 문구로 결론을 내린다. "이와 같이 나중 된 자로서 먼저 되고 먼저 된 자로서 나중 되리라."[33]

이번에도 불평은 한쪽에서만 나왔다. 일찍 고용된 사람들이었다. 이들은 주인을 사나운 눈초리로 흘겨본 반면 제일 일을 적게 한 사람들은 눈짓을 주지 않았다. 일을 적게 한 사람들이 불만을 품을 유일한 이유는 이 상황이 분명 자신이 사랑받을 만한 상황은 아니라는 점이다. 이들이 현명하다면 흡족해하거나 자축하지는 않을 것이다. 질투에 눈을 부라릴 가능성이 있다는 점이 바로 우리가 심지어 이득을 볼 수 있는데도 애써 공정성을 추구하려는 주된 이유다. 여기서 나는 놀랍게도 '맘스베리의 악마 Monster of Malmesbury'라 불린 토머스 홉스의 편을 들고 있다. 그는 우리가 정의에 관심 있는 이유는 오직 평화 유지를 위해서라는 발언을 해 맘스베리의 악마라고 알려졌다.

내가 평소답지 않게 냉정한가? 우리가 얼마나 믿을 수 없을 만큼 공감적이고, 이타적이고, 협동을 잘하는지 구구절절 지금까지 설명해놓고, 왜 공정성에 대해서는 자기 이익을 위해서일 뿐이라고 하는가? 그래도 내가 일관성이 그렇게 없지는 않다. 왜냐하면 나는 모든 인간(또는 동물)의 행동은 결국 행동하는 이에게 이익을 줘야 한다는 것은 확실히 믿기 때문이다. 진화는 공감과 동정의 영역에서는 우리에게 직접적인 이익이 있든 없든 작용되는 독립형 메커니즘을 만들어냈다. 우리는 다른 이에게 자동적으로, 종종 무조건적으로 공감할 의욕이 넘친다. 진심으로 다른 이들에게 관심을 갖고, 우리에게 어떤 이득이 있는지와 상관없이 그들의 행복하고 건강한 모습을 보길 바란다. 장기적으로는 이것이 보편적으로 우리의 조상에게 이익을 줬기 때문에 우리가 이렇게 진화했다. 하지만 나는 정의에도 똑같은 것이 적용된다고 보지 않는다. 타인 지향적인 점이 정의에 있어서는 아주 일부일 뿐인 듯하다. 가장 주된 감정은 자기중심적인 것들이며, 다른 이와 비교해 우리가 뭘 얻는지, 다른 이들에게 우리가 어떻게 보일지(공정한 사람으로 보이길 좋아한다)에 정신이 쏠려 있다.[34] 다른 이에 대해 정말로 걱정하는 것은 이차적일 뿐이며, 그것도 대부분은 살기 좋고 조화로운 사회를 열망하기 때문이다. 이런 욕망은 우리 외에 다른 영장류들이 한창 싸우는 중에 분쟁을 끝내거나 서로 싸운 이들을 함께 데려다놓는 데서도 볼 수 있다. 하지만 우리는 한 단계 더 나아가 자원의 배분이 우리 주변의 모든 사람들에게 어떤 영향을 미치는지에도 민감해졌다.

어린아이들이 불평등을 느꼈을 때 어떻게 반응하는지 보면 이런 정서가 얼마나 뿌리 깊은 것인지 알 수 있고, 수렵·채집인들의 평등주의를 보면 얼마나 긴 역사를 갖고 있는지 볼 수 있다. 어떤 문화권에서 사냥을 한 사람은 심지어 자기가 직접 잡은 먹잇감을 직접 분할하는 것도 허락되지 않는다. 자기 가족에게 이익을 주는 것을 방지하기 위해서이다. 공정성은 고대부터 존재해왔지만 그 오래됨은 잘 알려지지 않았다. 공정성이 최근 프랑스 계몽주의 시대 때 현인들이 만들어낸 고결한 원칙이라고 여기는 사람들 때문이다.[35] 나는 우리가 수백만 년이 아니라 불과 2세기 정도를 되돌아봄으로써 인간의 조건에 대해 이해할 수 있으리라고는 생각하지 않는다. 현인들이 뭔가 새로운 걸 한 번이라도 만들어낸 적이 있던가? 아니면 현인들은 그저 모두가 아는 걸 달리 표현하는 데 뛰어난 걸까? 현인들이 때론 존경받을 만큼 그런 일을 잘하기도 하지만, 그런 개념을 그들이 만들어낸 것이라고 믿는 것은 마치 그리스인들이 민주주의를 발명해낸 것이라고 말하는 것과 같다. 선사시대 여러 부족의 연장자들은 중요한 결정을 내리기 전에 모든 구성원들의 의견을 몇 시간, 때로는 며칠에 걸쳐 들었다. 이것이 민주주의가 아니면 무엇인가? 이와 비슷하게 공정성의 원칙도 우리 조상들이 처음 협동해서 얻어낸 전리품을 분배해야 했을 때부터 존재해왔다.

연구자들이 이 원칙을 시험해보기 위해 참가자들에게 돈을 나눠 가질 기회를 줬다. 참가자들은 단 한 번만 실험에 참여했다. 한 참가자에게는 돈을 자기가 가질 돈과 파트너에게 줄 돈으로 배분해 파트너에게 제안하도록 했다. 제안을 하는 즉시 권한은 파트너에게 넘어가기 때문에 이는 '최후통첩 게임ultimatum game'이라고 불린다. 만약 배분한 것을 거절하면 돈은 사라지고 두 참가자 모두 아무것도 받지 못하고 끝난다.

만약 인간이 이득을 최대화하려는 동물이었다면 당연히 '어떤' 배분이라도, 아무리 작은 돈이라도 받아들여야 한다. 예를 들어, 만약 첫 번째 참가자가 1달러를 양보하고 9달러를 자기가 가지려고 하면, 두 번째 참가자는 그냥 동의했어야 한다. 어쨌든 1달러가 아무것도 없는 것보다는 낫다. 배분을 거절하는 것은 비이성적인 것 같지만, 이것이 9대 1의 배분에 대한 일반적인 반응이다. 미국의 인류학자 조지프 헨리치Joseph Henrich의 연구팀이 규모가 작은 15개의 사회를 비교한 결과, 일부 문화권이 다른 문화권보다 더 공정한 것을 알아냈다. 이 머나먼 곳들에서 나온 배분은(지역의 통화로 했으며 돈 대신 담배를 사용하는 경우도 있었다) 평균적으로 첫 번째 참가자가 8달러, 두 번째 참가자가 2달러인 경우에서부터 첫 번째 참가자가 4달러, 두 번째 참가자가 6달러인 경우까지 있었다. 심지어 굉장히 관대한 후자의 제안조차도 큰 선물을 주는 것이 상대방이 하급이라 느끼게 하는 문화권에서는 거절되었다. 하지만 대부분의 문화권에서는 첫 번째 참가자가 약간 더 이득을 보는 6달러 대 4달러의 배분을 포함해 평등에 가까운 배분이 제안되었다. 이것은 또한 현대적인 사회, 예를 들어, 대학교에서 학생들이 전형적으로 내놓는 제안이기도 하다.

공정성은 전 세계에 걸쳐 통용되며, 프랑스 계몽주의 시대의 손길이 닿지 않았던 곳도 마찬가지이다. 참가자들은 심하게 편향된 제안은 하지 않으려고 한다. 탐욕스러워 보이지 않고 싶어 하는 것은 당연하다. 불공평한 제안을 받는 참가자의 뇌 영상을 찍어보니 경멸이나 화내기처럼 부정적인 감정들이 드러났다.[36] 최후통첩 게임의 묘미는 바로 이런 감정을 배출할 수 있다는 것이다. 경시되고 있다고 느낀 사람들은 비록 자기까지 벌을 받게 될지라도 제안한 사람을 벌 줄 수 있다.

우리가 이렇게까지 하려 한다는 것은 수입보다 우선순위에 오는 어떤 목표들이 있다는 걸 보여준다. 우리는 불공평한 분배를 보면, 그걸 알고 그에 대응하려 한다. 이는 대부분 좋은 관계를 유지하기 위해서이다. 위에서 설명한 다문화권 연구에서 가장 공평한 제안을 하는 사회가 가장 협동을 잘하는 사회였던 이유도 그와 같다. 한 가지 좋은 예는 인도네시아 라말레라에서 거의 맨손으로 고래를 잡는 고래 사냥꾼들이다.[37] 망망대해에서 펼쳐지는 극도로 위험한 일에 가족이 함께하는데, 대개 12명의 남자들이 하나의 큰 카누에 올라탄다. 이 사람들은 말 그대로 한 배를 탔기 때문에 풍성한 음식을 공평하게 나누는 것을 굉장히 중요시한다. 반대로 모두가 각자 자기 가족을 돌보는 자급자족을 더 많이 하는 사회는 최후통첩 게임에서 불공평한 제안을 하는 특징이 뚜렷했다. 여기서 사슴 사냥과 토끼 사냥 시나리오를 쉽게 읽어낼 수 있다. 인간의 공정성은 공동체의 생존과 함께 가는 것이다.

라말레라의 고래 사냥은 막대한 보상이 따르는 위험한 대규모 사업이다. 즉 공정한 배분이 특히 중요하게 여겨지는 집단 활동의 한 종류이다.

이 연관성이 상당히 오래됐을 거라는 점은 세라 브로스넌Sarah Brosnan이라는 학생과 내가 원숭이들에게서 그런 연관성을 발견해내면서 분명해졌다. 세라가 흰목꼬리감기원숭이들을 둘씩 짝지어 실험하면서 원숭이들이 파트너가 더 좋은 보상을 받는 걸 얼마나 싫어하는지 볼 수 있었다. 처음에는 그저 원숭이들이 실험 참여를 거부하는 걸 보고 그런 인상을 받았을 뿐이었다. 우리로서는 그리 놀라운 일은 아니었다. 하지만 나중에 경제학자들이 이런 반응을 두고 '불평등 혐오inequity aversion'라는 세련된 이름을 붙여서 진지하게 학술적인 주제로 논의한다는 걸 알았다.[38] 그 논의들은 분명히 인간의 행동을 두고 벌어진 것들이었지만, 만약 원숭이가 똑같은 혐오를 보이면 어떨까?

세라는 두 마리의 원숭이를 동시에 실험했다. 각 원숭이에게 자갈을 주고서 오이 조각과 바꿔 먹을 수 있도록 손을 내밀었다. 두 마리에게 번갈아가면서 했을 때 둘 다 25번이나 연속으로 신나게 물물교환을 했다. 하지만 우리가 불평등을 만들어내자마자 분위기가 안 좋아졌다. 한 원숭이는 계속 오이를 받았지만, 파트너는 이제 더 좋아하는 먹이인 포도를 즐기고 있었다. 이익을 보는 원숭이는 확실히 아무런 문제도 없었지만, 오이를 대가로 받는 원숭이는 흥미를 잃었다. 그 원숭이는 파트너가 촉촉한 포도를 먹는 게 눈에 보이면 더 안 좋아져서 불안해하며 실험 부스 밖으로 자갈을 던졌고, 때로는 오이 조각을 집어 던지기까지 했다. 평소에 입맛을 다시며 집어 먹던 먹이가 혐오스러운 것으로 바뀐 것이다.

다른 누군가 더 좋은 걸 받는다는 이유만으로 아무 이상 없는 먹이를 버리는 것은 우리가 불공평하게 배분한 돈을 거부하는 모습이나, 약속했던 1데나리온을 받고 툴툴거리는 모습과 닮아 있다. 이런 반응들은 어디서 오는 걸까? 아마 협동을 하면서 진화했을 것이다. 다른 이들이 뭘 받는지 신경 쓰는 것이 하찮고 비이성적인 듯 보일 수도 있지만, 장기적으로는 손해 보지 않도록 해준다. 어느 누구든지 부당하게 이용당하지 않으려고 하고, 무임승차자를 막으려고 하며, 남들이 자신의 이익도 중요하게 생각하도록 하려 한다. 이런 행동은 동물들이 맞대응식 거래를 해왔던 만큼 오랫동안 유지된 행동일 수 있다는 점을 우리의 실험이 처음으로 보여주었다.

세라와 내가 그저 '분함'이나 '부러움'이라고 말했다면 발견하지 못하고 지나쳤을 수도 있다. 하지만 우리는 우리 원숭이들이 불평등 혐오를 보이지 않을 이유가 없다고 봤기 때문에 원숭이와의 비교라면 숨부터 막혀 하는 철학자, 인류학자, 경제학자들의 거세고도 다소 당황스러워하는 관심을 끌어냈다. 명망 있는 학술지에 분개에 찬 논평이 실리기도 했고, 급격히 많은 강연 초청을 받기도 했다. 공교롭게도 우리 연구가 나왔던 시기가 뉴욕 증권거래소 회장 리처드 그라소[Richard Grasso]가 2억 달러가 넘는 보수를 챙긴 일 때문에 대중의 거센 비판으로 사임 요구를 받고 있던 때였다.[39] 아나운서들은 인간 사회의 고삐 풀린 탐욕과 우리의 원숭이들을 대조하며 인간이 원숭이들에게 배울 점이 있겠다고 말할 수밖에 없었다.

나는 2008년 미국 정부가 금융계에 막대한 구제금융을 제안했을 때 이 비교를 돌이켜봐야 했다. 상상도 할 수 없는 양의 세금과 도박으로 돈을 너무 많이 날려버린 '배부른 자본가' 사장들의 깊은 분개가 결합되자, 격노한 대중들이 언론에 실렸다. 한 경제 잡지에 실렸듯이, "부자들에 대한 대중의 근본적인 불신과 1000억 달러의 구제금융 융자에 대한 인식으로 인해 대형 은행들과 돈 많은 사장들은 앞으로도 계속 구조책의 실행에 있어 주요한 걸림돌과 위험 요소가 될 것이다"[40]. 어떤 이들은 베를린 장벽의 붕괴가 공산주의에 미친 영향과 구제금융이 자본주의에 미친 충격을 비교하며 이 구제금융을 자유방임주의 경제의 종말로 보았다. 하지만 내게 더 흥미로운 부분은 사람들의 반응이었다. 예를 들면 사람들은 사장들이 사치스러운 고급 사무실에서 덜 호사스러운 위치로 좌천되는 것을 보면서 굉장히 고소해했다. 리먼 브라더스의 회장인 리처드 펄드Richard Fuld에게 이런 일이 일어났을 때 화가 제프리 레이먼드Geoffrey Raymond는 해고당한 고용자들이 작별 인사 낙서를 남길 수 있는 〈주석 달린 펄드The Annotated Fuld〉라는 초상화를 그렸다. 고용자들이 수백만 달러짜리 보스에게 크게 애정을 보이진 않았다는 건 말할 나위도 없다. '피를 빨아먹는 자!', '탐욕!', '저택이 안전하길 빈다!' 등의 문구가 쓰였다.

반응이 더 악화될 수도 없었지만, 더 악화된 건 어떤 기업들이 정부의 원조를 교섭하는 와중에 사치스러운 휴가를 즐겼다는 것이 알려졌을 때였다. 한 기업은 임원들을 마사지가 포함된 값비싼 휴양 시설에 보내줬다. 다른 한 기업은 잉글랜드에서 꿩 사냥을 주최해 직원들이 사냥 전용 바지까지 갖춰 입고 사냥을 즐기며 와인을 홀짝이는 호화로운 잔치를 열었다. 한 중역은 위장한 기자에게 "불황은 거의 2011년까지 계속되겠지. 그래도 오늘 사냥은 아주 좋았고 우린 잘 쉬고 있어"라고 말했다. 한 달 뒤 디트로이트의 거대 3대 자동차 회사가 제대로 관리하지 못한 자동차 산업에 경제적 지지를 요청하러 워싱턴에 왔을 때, 각 사장들이 개인 전용 제트기를 타고 왔다는 사실이 대중에게 알려지자 맹렬한 비난이 쏟아졌다. 그들은 정말 이 나라가 상위층의 도를 넘는 행위에 얼마나 신물이 났는지 몰랐을까? 언제나 절묘한 기사를 쓰는 칼럼니스트 모린 도드Maureen Dowd는

이렇게 외쳤다. "머리를 굴려야 한다."⁴¹

이 분노와 영장류의 행동 간에는 분명히 똑같은 부분이 있지만, 그럼에도 불구하고 우리 원숭이들의 반응이 무엇이 '아니었다'는 걸 짚어보는 것도 의미가 있다. 가장 단순한 설명과 가장 복잡한 설명을 제외해갈 수 있겠다. 가장 단순한 설명으로는 마치 사람들이 물 옆에 맥주가 있으면 아무도 물 잔을 들지 않는 것과 마찬가지로, 포도가 눈에 보였기 때문에 오이의 매력도가 떨어졌다는 것이다. 다시 말해 우리 원숭이들은 파트너가 뭘 받는지에 대해서는 크게 신경 쓰지 않았고, 단순히 더 나은 걸 받을 수 있겠다는 가능성을 본 것이다. 이를 알아보기 위해 실험을 살짝 비틀어봤다. 두 원숭이 모두 오이를 먹는 공평성 실험을 하기 전에 언제나 우리에게 포도가 있다는 걸 보여주기 위해 포도를 흔들어 보였다. 잔인해 보일 수도 있겠지만, 원숭이들이 괴로워하는 요소는 전혀 아니었다. 원숭이들은 여전히 오이를 만족스럽게 바꿔 먹었다. 오로지 실제로 포도가 자기 파트너에게 갔을 때만 항의 태도에 돌입해 실험을 거부했다. 원숭이들이 괴로워하는 건 진정으로 불평등이었다.⁴²

가장 복잡한 설명은 우리의 원숭이들이 '표준적인' 공정성을 따르지 않는 것 같아 보였다는 것이다. 표준이란 모두에게 똑같이 적용되는 것으로, 이 경우에는 원숭이들이 덜 받는 것만 신경 쓰는 게 아니라 남들보다 더 받는 것도 신경 쓴다는 뜻이다. 하지만 더 받는 것에 신경을 쓴다는 증거는 없었다. 예를 들어, 더 좋은 것을 받은 원숭이가 배분을 동등하게 하기 위해 자기 포도를 줘버리는 일이 절대로 없었다. 따라서 '공정성'에 대해 말한다면 이것은 어린아이들이 울어대는 것과 비슷하게 아주 자기중심적인 것으로 받아들여야 한다.

원숭이의 경우에는 그렇다. 하지만 반면 유인원의 경우에는 표준적인 공정성을 배제할 수 없다. 유인원들은 상호작용을 더 면밀하게 관찰하고 공동의 목표에 누가 어떤 기여를 하는지 더 잘 파악하고 있는 것처럼 보인다. 예를 들면, 침팬지들은 먹이를 놓고 싸우다가 얻는 게 없이도 싸움을 끝내는 경우가 많다. 나는 한 젊은 암컷이 나뭇잎이 풍성한 가지를 두고 다툼을 벌이는 두 어린 침팬지들 사이에 끼어드는 걸 본 적이 있다. 그 암컷은 나뭇가지를 뺏어 두 개로 부러뜨려 두 침팬지에게 하나씩 줬다. 단지 싸움을 끝내고 싶어서 그랬을까, 아니면 배분에 관한 뭔가를 이해하고 있었던 걸까? 심지어 너무 많이 받는 것에 대해 걱정하는 보노보의 사례도 있다.[43] 인지 연구실에서 실험에 참가하던 한 암컷 보노보는 우유와 건포도를 한가득 받았지만, 멀리서 자기를 쳐다보는 친구들의 눈을 느꼈다. 잠시 후 이 보노보는 보상을 아예 거부했다. 실험자가 친구들에게도 간식을 줄 때까지 계속해서 실험자를 쳐다보며 몸짓으로 친구들을 가리켰다. 그런 다음에야 자기 것을 받아먹었다.

이 보노보는 잘 처신했다. 유인원은 앞일을 생각하며, 만약 다른 친구들 앞에서 자기만 실컷 먹었다면 실험이 끝난 후 친구들에게 돌아갔을 때 안 좋은 반응이 돌아왔을 수도 있었다. 특권이란 항상 의심을 사는 법이다. 인간의 역사에는 언제나 "그럼 케이크를 먹으면 되잖아요" 하는 순간처럼, 억울한 사람들을 만들어내고 때로는 분노가 넘쳐 유혈이 낭자한 반란을 일으키게 하는 일들이 있다. 나는 침팬지가 사람을 공격한 끔찍한 사건에 똑같은 잣대를 대지 않을 수 없다. 절묘하게도 이 사건도 케이크를 둘러싼 반란이었다. 사건의 주인공은 사람이 기른 침팬지로, 살면서 여러 가지 사건으로 방송에 잘 알려진 '모Moe'였다. 모가 마지막으로 뉴스에 났던 건 2008년 덤불이 무성한 산으로 둘러싸여 있는 캘리포니아의 보호소에서 탈출했다는 소식이었다. 근처의 나체주의자 야영지에서 '원숭이'가 보였다는 확인되지 않은 경우 외에 헬리콥터, 탐지견, 감시 카메라를 모두 동원해서 찾아봤지만, 모는 다시는 발견되지 않았다.

모는 아기 때 아프리카에서 데려와 미국인 부부에 의해 자식처럼 사랑을 받으며 자랐지만, 어쩔 수 없는 때가 왔다. 유인원은 애완동물로 키우기에는 너무 힘이 세고 영리하다. 모가 어떤 여성과 경찰을 공격한 뒤 부부는 모를 보호소로 보낼 수밖에 없었다. 부부는 정기적으로 보호소에 '아이'를 보러 방문했다. 마지막 탈출 몇 년 전 모의 39번째 생일을 맞아 부부는 달콤한 간식을 한 바구니 가져왔다. 모는 휘황찬란한 라즈베리 케이크, 음료수, 새 장난감들을 받았다. 만약 주변에 아무 침팬지도 없었다면 문제가 없었을 것이다. 하지만 그렇지 않았다. 보호소에는 가정에서나 할리우드 조련사들에게 학대받다가 구조된 침팬지들이 있었다. 양부모가 보는 앞에서 모가 케이크를 허겁지겁 먹고 있을 때, 다른 우리에 있던 두 마리의 수컷 침팬지가 탈출에 성공했다. 이들은 남편에게 곧장 달려갔다. 만약 모가 철창 너머에 있지 않았다면 아마 모를 공격했을 것이다. 이 공격은 동물이 인간을 공격한 사건들 중 가장 끔찍한 사건으로 기억되고 있지만, 수컷 침팬지들이 자기 종을 공격하는 방식과 똑같은 것이었다. 두 수컷 침팬지는 남자의 코, 얼굴, 엉덩이를 거의 남김없이 물어뜯어버렸고, 발 한쪽을 뜯어냈으며, 고환을 물어 끊어버렸다. 남자는 운이 좋게도 살아남았지만, 두 침팬지들을 총으로 쏴 죽인 다음에나 가능한 일이었다.⁴⁴

공격의 동기가 영역 때문이었는지(침팬지들은 이방인을 친절히 받아주지 않는다), 아니면 그보다는 모에게만 모든 주목과 간식이 쏠린 것 때문이었는지는 분명하지 않다. 이 의도하지 않았던 실험의 불평등성은 우리의 어떤 실험보다도 격렬했다. 만약 원숭이들이 자기는 오이에 만족해야 하는데 다른 원숭이가 포도를 먹는다고 화가 난다면, 누군가가 사탕 가게를 소유하는 걸 봤을 때 어떻게 반응했을지 상상이 갈 것이다. 모의 주인은 아마 침팬지들이 불평등한 대우를 받는 데 대해 얼마나 예민한지, 특히 이득을 보는 쪽이 친구도 아닐 때는 어떤지 몰랐을 것이다.

나는 인간이 공정성을 추구하는 주된 이유는 이런 부정적인 반응을 막기 위해서라고 생각한다. 맘스베리의 악마조차 그렇게 생각했으며 '볼티모어의 현자'인 H. L. 멩켄Henry Louis Mencken(미국의 언론인이자 사회풍자가. 대공황 시절에 루스벨트 대통령의 뉴딜 정책을 통렬하게 비판하는 등 정치, 사회, 문학, 음악을 비롯한 다양한 분야에 내놓은 현명한 의견 때문에 '볼티모어의 현자'로 불렸다 – 옮긴이) 역시 "평화를 원한다면, 정의를 지켜라"[45]라고 했다. 타인에 대한 배려심의 역할을 부정하려는 것이 아니다. 저 황금률은 세계 어느 곳에서나 받아들여지며, 우리 대부분은 결국 다른 사람들도 내가 받고 싶은 대우와 똑같은 대우를 받을 자격이 있다고 진심으로 느끼는 시점에 도달한다. 우리는 이렇게 아주 간단히 공정성을 이성화하고, 분명히 이 이성화로 인해 공정성에 힘이 더해지지만, 우리는 내심 정말로 중요한 게 무엇인지도 깨닫는다. 우리가 공정성과 정의에 대해 어떤 고결한 이유를 들든지 간에 그 배경에는 조화롭고 생산적인 사회 환경에 대한 우리의 편파적인 흥미가 단단히 근저를 이루고 있다.

다른 영장류들은 눈앞의 이익에 초점을 맞추는 더 좁은 시각을 갖고 있는 듯 보이지만, 그들에게 표준적인 공정성이 없다고 결론짓기에는 아직 이르다.[46] 동물의 불평등 혐오에 대한 연구는 이제 막 시작되었을 뿐이다. 세라와 나는 침팬지들에게 포도와 오이 교환하기 실험을 하며 흰목꼬리감기원숭이들과 비슷한 반응을 하는 것을 알아냈다. 하지만 또한 가까운 관계에서는 원칙을 느슨하게 적용하는 인간에게 잘 알려진 경향도 볼 수 있었다. 우리는 가족, 친구, 배우자에게는 면식만 있는 사람이나 이웃, 동료에게만큼 호의와 불평등을 심각하게 따지지 않는다. 침팬지들의 연구 결과에서도 이런 차이가 드러났다. 함께 보내는 시간이 거의 없었던 관계(모와 그 보호소의 다른 침팬지들과 비슷한 관계)에서는 상대보다 덜 받았을 때 단연코 더 거센 반응을 보였지만, 30년 전부터 안정적인 무리의 구성원 간에는 거의 눈도 깜박하지 않았다. 이 침팬지들은 어릴 때부터 같이 놀고 함께 자라면서 불평등에 거의 면역되다시피 됐다. 인간과 마찬가지로 유인원도 사회적인 친밀감으로 인해 불평등에 대해 덜 민감해지는 게 분명하다.

불평등 혐오에 대해 다양한 분야의 연구가 많기 때문에 더욱더 영장류에만 국한되어 있다고 생각할 이유는 없다. 나는 사회적인 동물이라면 어느 동물이든 불평등 혐오가 있으리라 생각한다. 가장 재미있는 사례는 아이린 페퍼버그Irene Pepperberg와 두 마리의 회색 앵무, 고故 알렉스Alex와 그의 어린 친구 그리핀Griffin의 일상적인 저녁 대화이다.

그리고 나는 알렉스와 그리핀과 함께 저녁식사를 했다. 두 녀석이 내 음식을 나눠달라고 고집을 부렸기 때문에 정말로 함께 저녁식사를 하는 것이다. 두 녀석은 그린 빈과 브로콜리를 정말 좋아했다. 둘이 공평하게 나눠 먹도록 확실히 하는 게 내 일이었다. 안 그러면 시끄러운 불만이 터져 나올 것이다. 알렉스는 만약 그리핀이 그린 빈을 너무 많이 먹는다 싶으면 '그린 빈'이라고 소리쳤다. 그리핀도 마찬가지였다.[47]

그런 반응이 예상되는 또 다른 종은 협동해서 사냥을 하고 먹잇감을 나눠 먹는 종의 후예인 개이다. 빈대학교의 영리한 개 연구소에서 프리데리케 랑에Friederike Range는 개들이 사람에게 앞발을 내밀어 '악수'를 할 때 동료는 보상을 받는데 자기는 받지 못하면 앞발 내밀기를 거부하는 걸 알아냈다. 불복종하는 개는 긴장의 징후인 바닥을 긁는 행동이나 눈길을 돌리는 행동을 했다. 보상 자체가 문제는 아니었다. 동료도 '같이' 보상을 받지 못하면 완벽하게 복종하기 때문이다. 개도 부당함에 민감한 듯하다.[48]

원숭이 화폐

1930년대 여키스 국립영장류연구센터가 아직 플로리다의 오렌지 파크에 있었을 때 과학자들은 유인원에게 돈의 경이로움을 가르쳐주기로 결심했다.[49] 유인원에게 포커용 칩을 주고 '침팬지 자판기'에서 사용하도록 했다. 토큰을 넣으면 먹이를 주는 자판기였다. 먼저 침팬지들은 칩이 축적될 수도 있고 바꿀 수도 있는 약속 어음이라는 것을 이해해야 했다. 침팬지들이 이걸 이해하고 난 다음 과학자들은 하얀색 칩은 포도 한 개, 파란색은 포도 두 개 등 가치가 다른 칩들을 도입했다. 침팬지들은 빠른 속도로 가장 가치가 높은 칩을 선호하게 됐다.

우리의 흰목꼬리감기원숭이들도 간식을 바꿔 먹는 토큰을 사용하는 법을 배웠다. 한 연구를 진행하면서 세라는 심지어 흰목꼬리감기원숭이들이 서로를 보고 배우게 했다. 원숭이는 피망을 바꿔 먹을 수 있는 토큰과 달콤한 프루트 룹스Froot Loops라는 과자를 바꿔 먹을 수 있는 토큰, 두 종류로 물물교환을 했다. 피망은 선호도에서 가장 낮은 순위였고, 프루트 룹스는 거의 최고의 순위였다. 물물교환을 하는 원숭이 옆에 앉아서 과정을 지켜보는 것만으로 흰목꼬리감기원숭이는 가장 좋은 거래를 할 수 있는 토큰을 선호하게 되었다.

우리는 이 화폐 사용 기술을 이용해 앞서 얘기했던 자기에게만 보상을 주는 '이기적인' 토큰과 파트너와 자기에게 같이 보상을 주는 '친사회적인' 토큰 중에 하나를 선택하는 실험을 했다. 우리 원숭이들은 열성적으로 친사회적인 선택을 선호하며 남들을 배려한다는 걸 증명했다. 이 점은 침팬지에게서도 잘 알려진 부분이다. 경쟁자를 물리칠 때 서로 도와주거나, 괴로워하는 동료를 위로해주거나, 표범에게서 서로 보호해주거나, 실험에서 맞춤 돕기 행동을 보이는 방식이다. 친사회성에는 긴 진화적인 역사가 있다.

그럼에도 불구하고 자기중심주의는 언제나 도처에 도사리고 있다. 흰목꼬리감기원숭이들에게 이기적인 선택과 친사회적인 선택을 하는 실험을 했을 때, 우리는 세 가지 방법으로 원숭이들의 친절을 베푸는 경향을 없앨 수 있었다. 첫 번째는 낯선 원숭이와 짝을 지어주는 것이었다. 원숭이들은 한 번도 만난 적 없었던 파트너와 있을 때 훨씬 더 이기적인 경향을 보인다. 협동의 발상지는 내 집단이라는 의견에 들어맞는다.

다른 흰목꼬리감기원숭이가 보는 앞에서 한 흰목꼬리감기원숭이가 구멍으로 팔을 내밀어 무늬가 다른 파이프 조각을 선택한다. 파이프 조각은 먹이와 바꿀 수 있다. 하나는 두 원숭이 모두에게 먹이를 주고 다른 하나는 선택하는 원숭이에게만 먹이를 준다. 흰목꼬리감기원숭이들은 보통 '사회적인' 토큰을 선호한다.

두 번째로 친사회성을 낮추는 한층 더 효과적인 방법은 두 원숭이 사이에 판을 끼워 넣어 다른 원숭이를 보지 못하게 하는 것이었다. 선택하는 원숭이가 다른 편에 있는 원숭이와 잘 아는 사이이고, 작은 구멍을 통해 보았다고 하더라도 친사회적인 선택을 거부했다. 마치 다른 원숭이가 없는 것처럼 행동하며 완전히 이기적으로 바뀌었다. 먹이를 나눠 먹기 위해선 파트너가 보여야 하는 게 확실하다. 사람은 좋은 일을 할 때 기분이 좋다고 하며, 뇌 스캔을 해보면 우리가 다른 이들에게 베풀 때 보상 부위가 활성화된다. 원숭이들도 베푸는 데서 같은 만족감을 가질 수 있지만, 그건 오로지 결과가 눈에 보일 때뿐이다. 인간의 동정심에 대한 아주 오래된 정의 중 하나가 떠오른다. 그 정의에 따르면 우리는 다른 이의 행복한 모습을 보는 데서 즐거움을 느낀다.[50]

인간은 훌륭한 상상력을 갖고 있다. 우리가 보낸 옷을 입고 있는 가난한 가족이나 세계 반대편에 우리가 도와 설립된 학교에 앉아 있는 아이들을 시각화할 수 있다. 단지 이런 상황을 상상하는 것만으로도 우리는 기분이 좋아진다. 원숭이들은 아마 시간과 공간을 넘어서 자기 행동의 영향을 떠올릴 수 없을 것이다. 그래서 수혜자가 눈에 보일 때에만 베풂의 '따뜻한 빛'을 느낀다. 여기에 관련된 감정은 인간과 원숭이 사이에 큰 차이가 없을 수도 있지만, 원숭이들은 더 한정된 환경에서만 표현한다.

친절한 행동을 없애는 세 번째 방법은 불평등과 관련이 있기 때문에 아마 가장 흥미로울 것이다. 만약 파트너가 더 좋은 보상을 받으면 우리 원숭이들은 친사회적인 선택을 하기 싫어했다. 나눠 먹을 의향은 충분히 있지만, 파트너가 눈에 보이고 자기와 똑같은 걸 받을 때만 그렇다. 파트너가 더 부유해지는 순간 경쟁이 시작되며 베푸는 일에 지장이 생긴다.

경제가 경쟁을 이용해 사람들을 더 쥐어짜는 것과 같이 이와 같은 경쟁을 이용해 영장류들을 더 쥐어짤 수 있다. 만약 우리가 사회적 지위가 비슷한 사람들을 따라잡고 싶다면, 그저 조금만 더 열심히 하면 된다. 페퍼버그는 앵무들의 경쟁심을 이용했고, 우리는 우리 침팬지들이 보상품을 남에게 줘버리면 일을 더 잘 수행하는 걸 알게 됐다. 예를 들어, 침팬지가 터치스크린의 그림을 고를 때는 100번까지도 할 것이다. 하지만 어쩔 수 없이 주의가 산만해지며, 틀리면 과일을 더 적게 받는다. 만약에 이 과일을 그냥 주지 않고 갖고 있는 대신 가까이 있는 동료에게 줘버리면 실험하던 침팬지는 갑자기 작업에 아주 열성적이게 된다. 스크린에서 눈을 떼지 않고 자기의 간식이 남에게 가는 걸 막기 위해 일에 전념한다. 우리는 이걸 '경쟁적인 보상competitive reward' 패러다임이라고 부른다.

이렇게 경쟁에 관심이 있는 우리를 보고 '공산주의자들'임에 틀림없다고 하는 난데없는 이메일을 받고 우리가 얼마나 황당했을지 상상이 가리라. 그 이유는 누가 공정성을 인간의 본성이라고 하겠냐는 것이었다. 우리는 정말 이상한 이메일을 많이 받지만(가장 최근의 예는 털이 정말 무성한 자기 가슴 사진을 보내면서 자기에게 유인원 조상이 있는 것 같다는 남자였다. 물론 우리는 부정할 수가 없었다) 특히 이 메일은 상당히 화가 나서 본인이 심지어 인간에게조차 있을 수 없다고 생각하는 사회적인 경향을 정당화했다며 비난했다. 공정성, 정의. 얼마나 낭만적이고 쓸데없는 말인가! 재미있는 것은 우리가 우리 원숭이들에 대해 갖고 있는 인상은 정확히 그 반대라는 것이다. 우리는 그들을 꼬리 달린 작은 자본주의자들로 본다. 서로의 노동에 대해 대가를 지불하고, 맞대응을 하고, 돈의 가치를 이해하고, 불평등한 대우를 받았을 때 불쾌해한다. 그들은 모든 것의 값을 아는 것처럼 보인다.

사람들이 헷갈리는 이유는 공정성이 두 가지 얼굴을 갖고 있기 때문이다. 동등한 수입이 한 가지의 공정성이고, 노력과 보상 간의 연관성이 다른 한 가지 공정성이다. 우리의 원숭이들은 우리와 마찬가지로 두 가지 모두에 민감하다. 오래전부터 공정성이라는 동전의 양면을 부각시켜온 유럽과 미국을 대조하여 그 차이를 설명해보자.[51]

나는 처음 미국에 왔을 때 엇갈린 인상을 받았다. 한편으로는 미국이 내가 익숙했던 데 비해 덜 공평하다는 느낌이었고, 다른 한편으로는 더 공평하다는 느낌이었다. 나는 제3세계로만 알던 극빈을 겪는 사람들을 봤다. 어떻게 세계에서 가장 부자인 나라가 이걸 허용할 수 있는가? 가난한 아이들은 가난한 학교에 가고 부자 아이들은 부자 학교에 가는 걸 알았을 때는 더 의아했다. 공립학교는 주로 주와 지역의 세금으로 자금을 대기 때문에 주마다, 도시마다, 동네마다 격차가 심했다. 배경에 상관없이 모든 아이들이 똑같은 학교를 다녔던 내 경험과 대조됐다. 어디서 태어났느냐에 따라 교육의 질이 달라지는 사회가 어떻게 기회가 동등하다고 주장할 수 있는가?

하지만 나는 또한 내가 분명히 작정했던 것처럼 일에 전념하는 사람은 대단히 멀리 나아갈 수 있다는 걸 알았다. 그들을 가로막는 건 아무것도 없었다. 그렇다고 결코 부러움이 없는 것은 아니다. 사실 학계에서는 부러움에 관한 농담도 있지만("학계는 왜 그렇게 싸우는 걸까? 중요한 게 별로 없으니까!") 일반적으로 사람들은 성공을 거두면 기뻐해주고, 축하해주고, 상을 주고, 봉급도 올려준다. 성공은 자랑스러워할 만한 것이다. 튀어나온 못은 망치질을 당한다는 말이 있는 문화권이나, "평범하게 굴어라, 그래도 충분히 미쳤다!"라는 훌륭한 표현이 있는 우리나라 네덜란드에 비하면 얼마나 안심이 되는지 모른다.

얼마나 관습에 잘 따랐는가 측정하면서 사람들의 목을 죄어 성취를 저지하는 일은 노력과 보상의 관계를 흐트러뜨린다. 만약 두 사람의 노력, 진취성, 창의성, 재능이 다른데 똑같은 돈을 번다면 공정하다고 할 수 있을까? 일을 더 열심히 한 사람이 돈을 더 받을 자격이 있지 않은가? 이런 자유주의적인 공정성의 이상은 철저히 미국적인 것이며, 모든 이민자들에게 꿈과 희망을 준다.

대부분의 유럽 사람들에게 이와 같은 이상은 뒷전이며, 1969년 〈헬로, 돌리Hello, Dolly!〉라는 영화에서 바브라 스트라이샌드Barbra Streisand가 연기한 돌리 레비Dolly Levi의 조언이 먼저다. "이런 표현을 써서 미안하지만 돈은 거름과 같다. 여기저기 퍼지지 않으면 가치가 없다." 한 유럽 신문의 사설에서는 연예인들이 국가 원수보다 돈을 더 벌면 절대로 안 되며, 사장의 봉급이 노동자의 봉급에 비해 훨씬 더 큰 비율로 오르는 일이 있어선 절대 안 된다고 했다. 결과적으로 유럽은 가장 살기 좋은 곳이다. 거의 문맹인 미국의 거대한 최하층민처럼 식료품 할인 구매권으로 살아가며 의료 서비스는 응급실에 의존하는 계층이 유럽에는 없다. 하지만 유럽에는 또한 우대책도 적어서 실업자가 직장을 구하거나 사람들이 사업을 시작할 동기가 낮다. 그래서 젊은 사업가들이 프랑스에서 런던이나 다른 곳으로 이탈하게 된다.

미국의 사장들은 평균 노동자들보다 몇백 배나 더 많은 돈을 벌기가 쉽고, 미국의 지니 계수$^{Gini\ index}$(나라의 소득 불평등 측정치)는 전례 없이 높은 수치에 달했다.[52] 미국의 가장 부유한 1퍼센트의 소득 비율이 최근 들어 대공황 때의 수준으로 돌아갔다. 로버트 프랭크가 말했듯이 미국은 승자가 모든 걸 가져가는 사회가 됐으며, 소득 격차가 사회를 심각하게 위협하고 있다. 가난한 자들이 부자들에 대해 분하게 여길수록 부자들은 점점 더 가난한 자들을 무서워하며 자기들만의 울타리 안으로 멀어져간다. 하지만 심지어 더 무거운 짐은 건강이다. 미국의 기대수명은 이제 최소한 40개국보다 낮은 순위다. 이론상으로는 최근에 이민 온 사람들 때문이거나, 건강 보험이 없어서이거나, 혹은 나쁜 식습관 때문일 수도 있지만, 사실 이런 요소들로는 건강과 소득 배분과의 관계를 설명할 수 없다. 이 관계는 미국 내에서 입증된 바 있다. 덜 평등한 주일수록 사망률이 높았다.[53]

이 통계치를 모은 영국의 전염병학자이자 건강 전문가 리처드 윌킨슨 Richard Wilkinson은 이를 두 단어로 요약했다. "불평등이 죽인다$^{inequality\ kills}$."[54] 그는 소득 격차가 사회적 격차를 낳는다고 확신한다. 소득 격차로 인해 상호 간의 신뢰가 줄어들고, 폭력이 증가하며, 부자나 가난한 자 모두의 면역 체계를 위태롭게 할 거라는 불안이 늘어난다. 전 사회에 부정적인 효과가 스며든다.

소득 불평등이 건강과 연관되는 가장 그럴듯한 이유는 그것이 한 사회의 사회 계층 간의 차이가 얼마나 큰지를 대신 보여주기 때문이다. 아마 소득 불평등이 사회적 거리감의 정도와 그에 동반하는 우월감과 열등감 혹은 무시당하는 기분을 반영할 것이다.

이제 나를 오해하지 말기 바란다. 소득을 전부 다 똑같이 조정해야 한다고 제정신으로 주장하는 사람은 아무도 없다. 그리고 가난한 자에 대한 의무가 없다고 생각하는 건 오로지 극도로 완고한 보수주의자들뿐이다. 두 종류의 공정성, 즉 공평함을 추구하는 공정성과 보상을 노력에 연결 짓는 공정성은 모두 필수적이다. 유럽과 미국은 서로 다르지만, 한 가지 공정성의 이상에 중점을 두기 위해 다른 한 가지를 희생하는 너무 비싼 대가를 치렀다. 미국에서 오랫동안 살아온 후 나는 어떤 체계를 더 선호하는지 말하기 어려워졌다. 양쪽의 장점과 단점이 다 보인다. 하지만 또한 잘못된 선택이었다는 것도 보인다. 두 공정성의 이상이 결합될 수 없는 것은 아니다. 정치가들이나 정당들이야 이 방정식의 좌변과 우변 중 한쪽에만 헌신적일 수 있지만, 모든 사회는 국가의 성격에 맞으면서도 최상의 경제적 전망을 제안하는 균형 상태를 찾아 양 극단을 지그재그로 나아간다. 프랑스 혁명의 세 가지 이상인 자유, 평등, 박애 중에서 미국인은 계속해서 첫 번째만을 강조하고, 유럽인들은 두 번째만을 강조할 것이다. 하지만 세 번째만이 포괄, 신뢰, 공동체에 대해 말한다. 도덕적 측면에서 말하자면 박애가 셋 중에 가장 고결하며, 다른 두 가지를 무시하고는 얻을 수 없는 것이다.

또한 애착, 유대, 집단의 화합에 생존이 매우 의존적인 영장류의 관점에서 봤을 때 박애는 가장 이해하기 쉽다. 영장류는 집단을 구성하도록 진화되었다. 그럼에도 불구하고 영장류는 평등화하려는 경향이 충분히 있으며, 노력에 보상을 연관 짓는다. 바이어스가 자기 먹이에 닿지 못하게 해서 새미에게 소리를 질렀을 때에는 자기가 '일한' 것에 대한 보상을 받지 못해서 항의하는 것이었다. 단지 평등에 관한 것이 아니었다. 바이어스는 포도밭의 일꾼처럼 자기의 노력을 계산한 것 같았다. 실제로 우리가 했던 어떤 연구에서 영장류들은 보상을 받기 위한 노력이 더 많이 들어갈 수록 남이 더 좋은 걸 받는 데 더욱 민감해졌다. 마치 이렇게 말하는 듯하다. "이걸 다 했는데 아직도 쟤가 받는 걸 못 받는단 말이야?!"

이런 반응은 영장류의 평등주의적 경향을 나타내지만 개코원숭이처럼 엄격한 계층 구조를 갖고 있는 영장류들에게는 그대로 적용되지 않는다. 개코원숭이는 사회적인 관용과 공감이 덜한 특징을 갖고 있다. 미국의 영장류학자 벤저민 벡Benjamin Beck이 시카고 근처의 브룩필드Brookfield 동물원에서 한 수컷을 도와주는 암컷을 관찰했는데, 벤저민의 설명은 우월함에 대한 흥미로운 성찰을 보여준다.[55] 수컷 개코원숭이는 암컷보다 두 배는 더 크고 단검 같은 긴 송곳니를 갖고 있기 때문에, 이들의 서열에는 의심의 여지가 있을 수 없다. 팻Pat이라는 이름의 암컷은 수컷 피위Peewee가 갈 수 없는 우리 반대쪽에 있는 긴 막대기를 집어 드는 방법을 알게 되었다. 반대로 피위는 그 막대기를 사용해서 먹이를 끌어오는 법을 알고 있었다. 이전에 피위는 혼자 막대기를 사용했고, 팻에게 나눠주는 건 부스러기뿐이었다. 하지만 팻과 피위가 서로 한참 동안 털 골라주기를 한 뒤에 처음으로 팻이 자연스럽게 피위의 막대기를 가져왔다. 그러자 피위는 마치 완전히 다른 개코원숭이가 된 것 같았다. 먹이를 풍성하게 끌어모으더니 팻과 반반씩 나눠 먹었다. 마치 팻이 기여한 바를 알아주는 것 같았다. 하지만 협동이 계속될수록 팻의 지분은 줄어들었다. 결국 팻은 단 15퍼센트만으로 만족해야 했다. 그래도 아무것도 없는 것보다는 낫기 때문에 계속 막대기를 가져온 이유가 설명되지만, 그 배분은 인간이 최후통첩 게임에서 당당하게 거절했던 배분이다. 게다가 인간만이 아니다. 팻이 흰목꼬리감기원숭이나 침팬지였다면 아마 자기 보상물에 대고 비명을 지르면서 성질을 부렸을 것이다.

나는 《스윗 프랑세즈》처럼 귀족들이 서민들과 어우러지는 걸 묘사한 글을 읽으며 위에서 본 서열, 평등, 불평등, 합당한 대가와 부당한 대가 간의 모든 세세한 구분을 다시 생각할 수밖에 없다. 산업화, 다층화된 사회라는 맥락은 새롭지만, 이런 만남의 기저에 흐르는 감정은 모든 영장류에서 나타난다. 현대 사회는 낮은 계층이 높은 계층을 두려워할 뿐 아니라 증오하는 계층 형성의 오래된 역사를 활용한다. 우리는 언제든지 사회 계층을 흔들 준비가 되어 있다. 이는 작은 평등주의자 무리를 이루며 사바나를 활보하던 조상들로부터 물려받은 우리의 유산이다. 이 유산은 덜 가진 자가 더 가진 자보다 불평등에 더 거세게 반응하는 비대칭성을 물려주었다. 가진 자라 해서 완전히 무관심하진 않지만, 정말 울화가 치밀어 음식을 내던지는 자들은 보통 밍밍한 채소를 든 쪽이지 달콤한 과일을 먹는 행복한 소수는 아니다.

로빈 후드가 옳았다. 인류의 가장 깊은 소망은 부를 나누는 것이다.

구부러진 나무

창

인간이라는 굽은 나무에서
곧은 것이 나온 적은 한 번도 없다.[1]

임마누엘 칸트Immanuel Kant(1784)

우리는 오랫동안 무작정 자기 이익만 추구하는 것이
비도덕적이라는 것을 알고 있었다.
우리는 이제 그게 비경제적이라는 것을 알게 되었다.[2]

프랭클린 루즈벨트Franklin D. Roosevelt(1937)

어느 종교 잡지에서 내게 '내가 만일 신이라면' 인간의 어떤 점을 바꿀 것인지 물어봤을 때 나는 치열하게 고민해야 했다. 생물학자라면 누구나 의도치 않은 결과의 법칙이 머피의 법칙과 사촌관계라는 걸 알고 있다. 우리는 생태계에 새로운 종을 도입해 개선해보려 할 때마다 엉망진창을 만든다. 빅토리아 호수에 나일 강의 농어를 도입했을 때, 호주에 토끼를 도입했을 때, 혹은 미국 남동부에 칡[3]을 도입했을 때에도 우리가 과연 개선한 게 있나 싶다.

우리 인간을 포함해 모든 생명체는 그 자체가 복잡한 시스템인데, 의도치 않은 결과를 피하는 게 어찌 쉽겠는가? 스키너Burrhus F. Skinner는 《월든 투Walden Two》라는 유토피아 소설에서 부모가 자녀들과 필요 이상의 시간을 보내지 않고 사람들이 서로 감사해하지 않으면 인간이 훨씬 더 행복해지고 생산성도 높아질 수 있다고 생각했다. 소설 속에서 사람들은 자신이 속한 공동체에 의해 은혜를 입었다고 느낄 수는 있지만, 서로에게 감사할 수는 없다. 스키너는 다른 기묘한 행동 수칙들도 제시했지만, 내게는 특히 그 두 가지가 모든 사회의 기둥, 즉 가족의 유대와 호혜주의를 흔드는 것이라는 인상을 줬다. 스키너는 분명히 자신이 인간의 본성을 향상시킬 수 있다고 생각했을 것이다. 비슷한 맥락에서 한 심리학자가 아이들을 하루에 몇 번씩 서로 껴안는 훈련을 시켜야 한다고 진지하게 제안하는 걸 들은 적이 있다. 껴안는 행동이 어떻게 보더라도 좋은 관계를 형성하는 긍정적인 행동이기 때문이란다. 그렇긴 하지만, 시켜서 껴안는 행동이 똑같은 효과가 있다고 누가 그러던가? 완전히 의미 있는 행동을 더 이상 믿지 못할 행동으로 바꿔놓을 위험이 있지 않을까?

우리는 행동심리학자가 생각해낸 아기 공장의 실험 대상이 된 루마니아 고아원 아이들이 어떻게 됐는지 보았다. 나는 여전히 인간의 본성을 어떤 식으로든 '재구성'한다는 발상이 대단히 의심스럽다. 그 발상이 수세기 동안 인기를 끌었을지라도 그렇다. 1922년 레온 트로츠키^{Leon Trotsky}(러시아의 마르크스주의 이론가이자 사회 혁명가. 레닌의 혁명 동지로 활동했으나 스탈린의 정책을 비판하다 암살당했다.《문학과 혁명》,《러시아 혁명사》등 그의 저술들은 소련이 해체된 후 더 주목을 받았다 – 옮긴이)는 영예로운 신인류를 예측하며 이렇게 묘사했다.

> 미래의 인간, 공동체의 시민은 흥미롭고 매력적인 창조물이 될 것이며, 그 심리가 우리와 매우 다를 것이라는 점에 의심의 여지가 없다.[4]

마르크스주의는 문화적으로 제조된 인간이라는 환상 때문에 실패했다. 마르크스주의는 우리가 타불라 라사^{tabula rasa}, 즉 빈 서판^{blank slate} 상태로 태어나 조건 형성, 교육, 세뇌 등 무엇이든 우리가 이름 붙이는 것들로 채워져 놀랍도록 협동적인 사회를 구성할 준비가 되어 있다고 가정했다. 이와 비슷한 환상 때문에 골치를 앓은 미국 여성주의 운동은 (남자와의 차이를 추구하는 유럽의 여성주의 운동과는 다르게) 성 역할을 완전히 새롭게 정비될 수 있는 것으로 보았다. 비슷한 시기에 한 유명한 성 연구가는 성기의 일부를 잃게 된 소년이 거세 수술을 받고 여성으로 키워진 일을 제시하며 아무 문제 없이 행복할 것이라 예측했다.[5] 이 실험은 심각한 혼란에 빠진 한 인간을 만들어냈고, 그는 몇 년 후 자살했다. 성 정체의 생물학은 간단히 무시해버릴 수 없다. 이와 같은 방식으로 우리 인간 종에게는 그 어떤 문화에서도 절대로 없앨 수 없었던 행동 성향들이 있다. 임마누엘 칸트가 말했듯이 인간의 본성은 지독하게 억센 나무뿌리보다 조금이라도 더 쉽게 깎이거나 다듬어지지 않는다.

어떤 사람의 성격에서 가장 안 좋은 면이 종종 가장 좋은 면이기도 한 걸 눈치챈 적이 있는가? 어쩌면 지인 중 사소한 것에 몹시 집착하고 세부적인 것에 치중하는 회계사가 있을 것이다. 농담이라곤 일절 하지도, 이해하지도 못하지만, 사실은 그런 면들이 그를 최고의 회계사로 만들어준다. 혹은 어디서나 대담하고 수다스러워 사람들을 당황시키지만, 모든 파티의 생명과도 같은 역할을 하는 이모가 있을지도 모른다. 이와 똑같은 이중성이 우리 인간 종에게도 적용된다. 우리는 분명 인간의 공격적인 면을 좋아하지 않는다. 최소한 대부분의 날에 그렇다. 하지만 공격적인 면이 없는 사회를 만드는 게 과연 얼마나 좋은 발상일까? 모두가 양처럼 온순해지지 않을까? 스포츠 팀들은 이기든 지든 신경 쓰지 않을 것이고, 사업가는 찾아볼 수도 없을 것이며, 팝스타들은 지루한 자장가만 부르려 할 것이다. 공격성이 좋은 것이라는 말은 아니다. 하지만 공격성은 살인이나 폭동에만 들어 있는 것이 아니라 우리가 하는 모든 일에 들어 있다. 따라서 인간에게서 공격성을 없애는 일은 신중하게 다룰 문제다.

인간은 양극성의 유인원이다. 우리에겐 온화하고 섹시한 보노보와 같은 면이 있고, 우리는 이를 따르고 싶어 한다.[6] 하지만 적당해야 한다. 그렇지 않으면 이 세계는 평화와 자유로운 사랑을 부르짖는 하나의 거대한 히피 축제로 돌변할 것이다. 행복할 수는 있겠지만 아마 생산적이진 않을 것이다. 또한 우리 인간 종에겐 잔인하고 지배하려 드는 침팬지 같은 면도 있다. 우리가 억누르고 싶어 하는 면이지만 완전히 그럴 것은 아니다. 그렇지 않으면 어떻게 우리가 국경을 넘어 남을 정복하며 또 우리 국경을 방어하겠는가? 만약 '모든' 인간이 동시에 평화롭게 바뀌면 아무 문제 없을 것이라고 주장할 수도 있겠지만, 돌연변이의 침범에 영향을 받는 한 그 어떤 집단도 안정적이지 않다. 어느 한 명의 미치광이가 군대를 모아 다른 사람들의 유순한 점을 공략하지 않을까 나는 여전히 걱정할 것이다.

따라서 이상하게 들릴지 모르지만 나는 인간의 조건을 근본적으로 바꾸는 것이 그다지 내키지 않는다. 하지만 만약 내가 한 가지를 바꿀 수 있다면, 유대감의 범위를 넓히고 싶다. 너무나 많은 서로 다른 집단들이 발디딜 곳 없는 지구에서 서로 어깨를 부대끼며 살아가는 오늘날의 가장 큰 문제는 자기 자신의 나라, 집단, 혹은 종교에만 지나치게 충실하다는 점이다. 인간은 자신과 다르게 생겼거나 생각이 다르면 누구나 심하게 멸시하는 성향이 있다. 심지어 거의 똑같은 DNA를 갖고 있는 바로 이웃 집단인 이스라엘인과 팔레스타인인 사이에서도 벌어진다. 국가들은 자신이 이웃 나라보다 우월하다고 생각하며, 종교인들은 자신만이 진실을 지니고 있다고 생각한다. 다른 대안이 없다면 그들은 서로를 짓밟거나 심지어 제거할 준비가 되어 있다. 우리는 몇 년 전에 비행기가 거대한 두 오피스 타워로 의도적으로 날아가 무너뜨리는 것을 보았는가 하면, 한 나라의 수도에서 일어난 대량 폭탄 습격도 보았다. 두 경우 모두 수천 명의 무고한 죽음이 악을 이긴 선의 승리라고 경축되었다. 낯선 사람의 생명은 때로 무가치하게 여겨진다. 미국 국방장관 도널드 럼스펠드Donald Rumsfeld는 이라크 전쟁에서 죽은 시민의 수에 대해 왜 전혀 언급하지 않는지 질문을 받자 이렇게 답했다. "글쎄요, 우린 다른 사람들의 시체 수는 측정하지 않습니다."[7]

'다른 사람들'에 대한 공감은 이 세계에서 석유보다 더 부족한 게 되었다. 우리가 최소한 아주 약간만이라도 만들어낼 수 있다면 굉장히 좋을 것이다. 그랬을 때 어떤 변화가 일어날지 엿볼 수 있었던 것이 2004년 이스라엘의 법무장관 요세프 라피드Yosef Lapid가 저녁 뉴스에 난 팔레스타인 여성의 사진에 감동받았던 일이다. "TV에서 한 노년의 여자가 폐허가 된 집에서 약을 찾느라 네발로 엎드려 바닥 타일 밑을 보는 사진을 봤을 때, 정말 이런 생각이 들었습니다. '저분이 만약 내 할머니였다면 나는 뭐라고 말했을까?'"[8] 비록 라피드의 감상에 이스라엘의 강경파들이 극도로 화를 내긴 했지만, 이 사건은 공감이 확장될 때 어떤 일이 일어나는지 보여줬다. 한 찰나의 인간적인 순간에 라피드 장관은 팔레스타인인을 자신의 걱정 테두리 안에 끌어들였다.

만약 내가 신이라면 나는 공감의 범위를 손보겠다.

러시아 인형

우리가 본질적으로 경쟁적인 동물이라고 확고부동하게 주장하는 법학계, 경제학계, 정치계의 회랑에서 공감을 조성하는 일은 쉬운 일이 아니다. 사회적 다윈주의는 빅토리아 시대의 잔여물로 일축됐을 수도 있지만, 여전히 우리 안에 많이 남아 있다. 2007년 〈뉴욕타임스〉에 정부의 사회 프로그램을 비웃는 데이비드 브룩스David Brooks의 칼럼이 실렸다. "우리 유전자의 내용물을 보면, 즉 우리 신경세포들의 본성을 알고 진화생물학에서 배운 바를 들여다보면, 자연은 경쟁과 이익 다툼으로 가득 차 있다는 것이 분명해진다."⁹ 보수주의자들이 좋아하는 말이다.

그들의 관점에 실체가 없다는 것은 아니다. 하지만 사회를 구성하는 방법에 대한 근거를 찾는 사람이라면 이것이 반쪽짜리 진실이라는 것을 깨달아야 한다. 그들은 우리 인간 종의 강한 사회적 본성을 완전히 오해하고 있다. 공감은 우리 진화의 일부분이며, 그것도 최근의 것이 아닌 아주 오래된 선천적 능력이다. 인간은 얼굴, 신체, 목소리에 자동적인 반응을 하며, 이 세상에 나온 첫날부터 공감을 시작한다. 공감은 정말 그렇게 복잡한 능력이 아니다. 그동안 공감은 다른 사람에 의해 만들어진 심적 상태, 또는 의식적으로 자신의 경험을 상기시키는 능력에 의한 것이라고 이해되어왔다. 이러한 더 높은 단계의 공감은 나이가 들수록 발달되며, 이에 대한 중요성을 부정하는 사람은 없다. 하지만 여기에만 초점을 맞추는 것은 훌륭한 성당을 쳐다보며 그것이 벽돌과 회반죽으로 만들어졌음을 잊고 있는 것과 같다.

이 주제를 광범위하게 다루며 글을 써온 마틴 호프만은 다른 사람과의 관계는 우리가 생각하는 것보다 더 기초적인 것이라는 정확한 말을 했다. "인간은 다양한 사회적 상황에서 인지 과정에 지나치게 의존하지 않고 효과적으로 대응할 수 있도록 생물학적으로 준비되어 있다."[10] 상상하는 방식으로 다른 사람을 이해하는 것도 분명히 가능하지만, 평상시에 우리가 이런 방식을 사용하는 것은 아니다. 우는 아이를 무릎에 앉힐 때나 배우자와 서로 이해의 미소를 주고받을 때, 우리는 매일같이 공감을 하며 이 공감은 우리의 마음뿐 아니라 신체에도 뿌리 깊게 자리하고 있다.

공감을 완전히 발가벗겨 뼛속까지 들여다보려고 시도하면서 나는 인간이 아닌 동물들을 통해 명백하게 보여줄 수 있다고 말해왔다. 모두가 동의하는 것은 아니다. 어떤 과학자들은 다른 동물의 내면이라는 말만 나오면 '나쁜 것은 듣지도 말하지도 말라'는 태도로 돌변해 양손으로 귀와 입을 가린다. 사람의 행동에 감정이란 이름을 붙이는 것은 괜찮지만, 다른 동물에게라면 이런 습관을 자제해야 한다는 것이다. 대부분의 사람들이 이렇게 하는 게 거의 불가능한 이유는 사람이 자동적으로 '심리화[mentalize]' 하기 때문이다.[11] 심리화는 우리 주변의 행동에 지름길을 제공해준다. 우리가 지각을 했을 때 상사가 어떻게 반응하는지 단편적인 관찰을 하는 대신(눈살을 찌푸리고, 얼굴이 붉어지고, 책상을 내리친다) 이 모든 정보를 종합해 하나의 평가를 내린다(화가 났구나). 우리는 주변의 행동을 목표, 욕구, 바람, 감정 등을 감지해 틀에 넣는다. 이 방법은 우리의 상사에게도 잘 적용되며(비록 우리의 상황을 개선시켜주긴 어렵지만), 우리에게 깡충거리면서 꼬리를 뒤흔드는 개나 머리를 낮추고 털을 곤두세운 채 으르렁거리는 개에게도 똑같이 잘 적용된다.[12] 우리는 첫 번째의 개를 '기분이 좋다'고 하고 두 번째의 개를 '화났다'고 하지만, 그럼에도 많은 과학자들은 심리 상태를 함축한다며 비웃고, '활발하다' 혹은 '공격적이다'라는 말을 더 좋아한다. 불쌍한 개들은 자신의 감정을 알리기 위해 모든 행동을 불사하지만, 과학은 그것을 입에 담지 않기 위해 언어적 매듭에 자신을 묶는다.

물론 나는 이런 경계에 동의하지 않는다. 다윈주의자들에게는 감정의 연속성을 상정하는 것만큼 논리적인 것이 없다. 궁극적으로 나는 동물의 감정에 대해 말하길 꺼려하는 것은 과학보다 오히려 종교와 연관이 있다고 믿는다. 아무 종교가 아니라 우리처럼 생긴 동물들을 볼 수 없었던 곳에서 생성된 특정 종교들을 말이다. 어딜 가든 원숭이와 유인원이 있는 열대 우림의 문화에서는 인간을 자연 바깥에 두는 종교가 단 한 번도 생겨난 적이 없다. 마찬가지로 야생 영장류가 흔한 인도, 중국, 일본과 같은 동양의 종교들도 인간과 다른 동물 간에 날카로운 경계를 긋진 않는다. 다양한 형태와 방식으로 환생이 일어난다. 사람이 물고기가 되고 물고기가 신이 된다. 하누만Hanuman과 같은 원숭이 신도 흔하다. 유태계 기독교만이 인간을 동상으로 만들어 영혼이 있는 유일한 종으로 취급한다. 사막 유목민이 어떻게 이런 관점을 갖게 되었는지를 이해하기는 그리 어렵지 않다. 그들에게는 거울을 비춰줄 동물이 없었기에 '우리는 혼자다'라는 관념이 자연스럽게 생겨났다. 그들은 자신이 신의 모습으로 창조되었다고 보았으며, 이 세계에서 유일하게 지능이 있는 생물이라 여겼다. 심지어 오늘날까지도 우리는 이를 전적으로 확신하기 때문에 저 멀리 떨어진 은하계에 최첨단 망원경의 초점을 맞추며 그런 생물이 또 있는지 찾고 있다.

이는 서양 사람들이 마침내 이런 관념에 도전할 수 있는 동물을 보게 되었을 때 어떻게 반응했는지 보면 극명하게 드러난다. 처음으로 살아 있는 유인원이 전시되었을 때 사람들은 자신의 두 눈을 믿지 못했다.

1835년 수컷 침팬지 한 마리가 세일러복을 입고 런던 동물원에 도착했다. 그 뒤에는 드레스를 입은 암컷 오랑우탄이 따라왔다. 이 전시를 보러 간 빅토리아 여왕^{Queen Victoria}은 경악을 금치 못했다. 빅토리아 여왕은 그 유인원들을 "끔찍하며 고통스럽고 불쾌하게 인간 같은" 것이라고 했다[13] 이것이 널리 퍼져 있던 정서이며, 심지어 오늘날에도 나는 가끔 유인원이 '혐오스럽다'고 하는 사람들을 만난다. 유인원이 그들 자신에 대해 듣고 싶지 않은 무언가를 말해주는 게 아니라면 어떻게 그렇게 느끼겠는가? 젊은 찰스 다윈이 빅토리아 여왕이 본 런던 동물원의 그 유인원들을 연구했을 때, 혐오감을 제외하고 여왕과 똑같은 결론을 내렸다. 다윈은 인간이 우월하다고 확신하는 사람은 누구나 이 유인원들을 보러 가야 한다고 느꼈다.

이 모든 일이 일어난 게 그리 오래되지 않았다. 서양의 종교가 모든 지식의 구석마다 인간 예외론의 신조를 퍼뜨리고 난 한참 후였다. 철학은 신학과 섞이며 이 신념을 이어받았고, 사회과학은 철학으로부터 발생해 나올 때 이어받았다. 무엇보다도 심리학^{psychology}은 프시케^{Psykhe}라는 그리스 신화 속 영혼의 여신의 이름을 따랐다. 이런 종교적인 뿌리로 인해 진화론의 두 번째 메시지가 계속해서 저항에 부딪힌다. 첫 번째 메시지는 우리를 포함한 모든 동식물은 하나의 과정을 거친 산물이라는 것이다. 이는 이제 생물학을 넘어서도 널리 받아들여지고 있다. 하지만 우리의 몸뿐 아니라 마음도 다른 모든 생물들과 연속성을 갖는다는 두 번째 메시지는 여전히 받아들이기 어려운 것으로 남아 있다. 인간을 진화의 산물이라고 보는 이들조차도 계속 우리를 따로 분리시킬 수 있는 하나의 신성한 불꽃, 하나의 '엄청난 변칙'을 찾는다. 종교적 관련성은 오랫동안 잠재의식으로 밀려들어왔고, 과학은 인간이라는 종을 자랑스럽게 만드는 특별한 어떤 것을 찾고 있다.

우리가 '좋아하지 않는' 우리의 특성일 경우에는 연속성이 거의 문제가 되지 않는다. 사람들이 서로를 죽이거나 버리거나 강간하거나 혹은 다른 방법으로 학대하는 즉시 우리는 이를 유전자 탓으로 돌린다. 전쟁과 공격성은 생물학적 특성으로 널리 알려져 있으며, 이와 동등하게 비교하는 대상으로 개미나 침팬지를 지목하는 데 대해 아무도 두 번 생각하지 않는다. 연속성이 문제가 되는 것은 고결한 특성일 때뿐이며, 공감이 바로 그런 경우이다. 많은 사람들이 긴 과학자로서의 생활이 끝나갈 때쯤 우리를 짐승으로부터 구분 짓는 것이 무엇인지에 대한 개요를 만들어내지 않고는 배길 수 없어 한다.[14] 미국의 심리학자 데이비드 프리맥David Premack은 인과추론, 문화, 그리고 타인의 관점 수용에 초점을 맞추었고, 그의 동료 제롬 케이건Jerome Kagan은 언어와 도덕성, 그리고 바로 공감을 말했다. 케이건은 아이가 다친 엄마를 안아주는 것과 같은 위로 행동도 포함시켰다. 실로 훌륭한 예이기는 하지만 물론 우리 인간 종에게만 한정된 행동은 아니다. 내 요점은 위에 제안된 구분이 사실인지 허구인지가 아니다. 왜 이 모든 것들이 우리 입맛에 맞아야 하는가이다. 인간은 최소한 고문, 대량 학살, 기만, 착취, 세뇌, 환경 파괴에 있어서도 마찬가지로 특별하지 않은가? 왜 인간을 구분 짓는 목록에는 기분 좋은 특징들만 있어야 하는가?

　하지만 나로 하여금 공감을 사회에 적용했을 때를 생각하게 하는 더 뿌리 깊은 문제가 있다. 만약 다른 이에 대해 민감한 것이 정말로 인간에 국한된 것이라면 이 특질은 최근에야 진화된 셈이 된다. 그러나 새로운 특질의 문제는 실험적인 경향이 있다는 점이다. 인간의 등뼈를 생각해보자. 우리 조상들이 두 다리로 걷기 시작했을 때 등뼈가 곧게 펴져 수직 자세를 취하게 되었다. 그로 인해 등뼈는 더 큰 무게를 감당해야만 했다. 척추는 본래 이런 용도로 설계된 것이 아니기 때문에 만성 요통은 인간의 보편적인 골칫거리가 되었다.

만약 공감이 정말 어제 우리 머리에 얹은 가발 같은 것이라면, 그것이 내일 날아가버릴 수도 있다는 사실이 나는 가장 두렵다. 공감을 지난 200만 년 동안 급속 성장한 우리의 전두엽과 연결 짓는다는 건, 우리의 존재와 정체성에 있어 공감이 차지하는 비중을 부정하는 것이다. 나는 정확히 그 반대가 사실임을, 즉 공감이 포유류의 계보만큼이나 오래된 유산임을 믿는다. 공감은 1억 년 이상으로 오래된 뇌 영역과 관련 있다. 이 능력은 오래전 근육성 운동 따라 하기 및 감정 전이와 함께 발생했고, 그 후 층층이 쌓이는 진화적 과정을 거쳐 결국 타인이 느끼는 바를 느낄 뿐 아니라 타인이 원하거나 필요로 하는 바를 이해하는 조상을 낳게 되었다. 온전한 공감 능력은 러시아 인형처럼 겹쳐 있는 것 같다. 가장 안쪽에는 여러 종과 공유하는 자동화된 과정이 있으며, 그 바깥에는 목표와 범위를 미세하게 조정하는 외층이 둘러싸고 있다. 모든 종이 모든 층을 갖고 있는 것은 아니다. 오직 몇 종만이 타인의 관점을 수용할 수 있으며 이 부분이 바로 우리가 능숙한 부분이다. 하지만 인형의 가장 복잡한 층이라 할지라도 그 가장 안쪽의 핵심과 단단히 연결되어 있다.

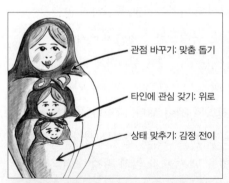

관점 바꾸기: 맞춤 돕기

타인에 관심 갖기: 위로

상태 맞추기: 감정 전이

공감은 러시아 인형처럼 여러 겹으로 되어 있으며, 그 가장 안쪽에는 다른 이의 감정적 상태와 맞추려는 아주 오래된 경향이 있다. 진화는 이 핵심을 둘러싸는 바깥쪽으로 타인을 생각하는 감정이나 타인의 관점에서 보는 것과 같은 점점 더 복잡한 능력을 만들어왔다.

진화는 뭔가를 내다버리는 일이 거의 없다. 구조가 변형되거나, 수정되거나, 다른 기능으로 사용되거나, 또는 다른 방향으로 뒤틀린다. 그래서 물고기의 앞지느러미는 육지동물의 앞다리가 되었고, 시간이 지나면서 발굽, 발톱이 달린 발, 날개, 손이 되었다. 앞지느러미는 또한 물로 되돌아간 포유류의 지느러미발이 되었다. 이것이 생물학자로서 러시아 인형이 만족스러운 장난감 같고, 특히 역사적인 면이 있을 때 더 재미있는 이유이다. 내게는 블라디미르 푸틴Vladimir Putin 러시아 대통령의 나무 인형이 있다. 바깥쪽에 푸틴이 그려져 있으며, 그 안을 보면 옐친Boris Yeltsin, 고르바초프Mikhail Gorbachev, 브레즈네프Leonid Brezhnev, 흐루쇼프Nikita Khrushchyov, 스탈린Iosif Stalin, 레닌Vladimir Lenin이 순서대로 들어 있다. 푸틴의 안에서 아주 작은 레닌과 스탈린을 볼 수 있다는 것은 대부분의 정치 분석가들에게 별로 놀랄 일이 아닐 것이다. 그런데 생물학적인 특성도 이와 똑같다. 즉 오래된 것은 현재의 새것 안에 남아 있다. 이는 공감을 이야기할 때도 밀접하게 관련이 있다. 우리가 남에게 하는 가장 사려 깊은 행동조차도 어린아이, 다른 영장류, 코끼리, 개, 그리고 설치류의 행동과 그 핵심 과정은 같다는 뜻이기 때문이다.

나는 공감이 진화적으로 오래된 것이라는 데서 굉장히 긍정적인 면을 본다. 그렇다면 공감이 거의 모든 인간에게서 발달될 확고한 특성이며, 그래서 사회가 공감에 의존하고, 공감을 포용해서 키울 수 있을 것이기 때문이다. 공감은 인류 보편적인 것이다. 이런 측면에서 공감은 우리가 다른 수많은 동물들과 공유하고 있는 성향인 사회 계층 구조를 형성하려는 성향과 같다. 어린아이들에게 가르치거나 설명할 필요가 없는 성향이다. 어린아이들은 우리가 알기도 전에 자연스럽게 자기들끼리 서열을 형성한다. 그 대신 사회가 하는 일은 남성의 요새인 교회나 군대에서 하는 것처럼 이런 성향을 끌어올리는 것, 또는 반대로 소규모 평등주의 사회에서 하는 것처럼 이 성향을 저지하는 것이다. 인간의 공감도 마찬가지로 너무나 뿌리 깊기 때문에 거의 항상 표현되며, 우리는 이를 갖고 조절한다. 우리가 적을 비인간화했을 때 그랬던 것처럼 공감을 자제하거나, 또는 장난감을 독차지하는 아이에게 친구들을 배려하라고 달래는 것처럼 공감을 끌어올린다.

우리는 신인류를 만들어낼 순 없을지 모르지만, 오래된 인류를 조정하는 데는 굉장히 뛰어나다.

공감의 어두운 면

공감에 호소함으로써 공감의 부족에 맞서 싸우는 기관에 대해 들어본 적이 있는가? 이 세계가 국제사면위원회Amnesty International 같은 기관을 필요로 한다는 점은 우리 인간의 어두운 면에 대해 많은 걸 말해준다. 영국 작가 조앤 K. 롤링Joan K. Rowling은 국제사면위원회 런던 본부에서 일했을 때 겪었던 경험을 이렇게 묘사한다.

내가 살아 있는 한 기억이 날 것이다. 아무도 없는 복도를 걷고 있었는데, 갑자기 닫혀 있던 문 너머에서 내가 지금까지 전혀 들어본 적 없는 고통과 공포에 질린 비명 소리가 들려왔다. 문이 열리면서 연구원이 머리를 내밀고, 빨리 가서 자기와 앉아 있는 젊은 남자에게 줄 따뜻한 음료를 만들어 오라고 했다. 그 남자는 자국 정권에 반하는 발언을 거침없이 한 대가로 자신의 어머니가 붙잡혀서 처형됐다는 소식을 연구원에게 전해 들은 참이었다.[15]

만약 공감이 순수하게 지성적인, 우리 대뇌피질의 산물이었다면 이《해리 포터》의 작가는 남자의 비명을 듣고 특별히 느끼는 것도 없었을 것이고, 평생 그 일을 기억하지도 않았을 것이다. 하지만 공감은 1000배는 더 깊은 곳으로 파고든다. 즉 공감은 뇌에서 단순히 비명이 등록된 곳이 아니라, 비명으로 인해 공포와 혐오가 일어나는 곳을 건드린다. 우리는 말 그대로 비명을 '느낀다'. 이는 감사히 여길 일이다. 그렇지 않으면 공감을 좋은 일에 쓸 이유가 없을 것이기 때문이다. 다른 이의 관점을 취하는 공감 자체는 중립적인 능력이다. 즉 건설적인 목적에도 기여할 수 있고, 파괴적인 목적에도 기여할 수 있다. 비인도적인 범죄들은 대개 바로 이 능력에 의존한다.

고문은 다른 이가 생각하거나 느끼는 바를 아주 잘 알아야 한다. 수감자의 생식기에 전극을 연결하는 것이나, 오랜 시간 거꾸로 매달아두는 것, 익사시키는 듯이 하는 '물고문', 수감자의《성경》이나《코란》에 오줌을 누는 것은 상대의 관점을 추정하고 어떤 것이 그들을 가장 괴롭고 힘들게 할지 알아채는 능력에 기초한 것이다. 중세 고문박물관 어느 곳이든 가서 교수형틀, 의자, 쇠못들, 머리를 으깨는 도구, 엄지손가락을 죄는 기구들을 보라. 고통을 주기 위해 인간의 상상력이 만들어낸 것들이 무엇인지 보라. 우리 인간은 심지어 간접적인 고문도 한다. 한 여인을 그 남편 앞에서 강간하는 것은 그 여인에게 잔혹한 일일 뿐 아니라 남편에게도 고통을 주는 방법이다. 서로가 느끼는 유대감을 이용하는 것이다. 잔인함 또한 관점 바꾸기에 기초한다.

정신질환 중에 관점 바꾸기와 깊은 공감 간의 연결이 영구적으로 끊어진 것이 특징인 정신질환이 있다. '사이코패스psychopath'라는 이름표는 흔히 연쇄 살인자인 테드 번디Ted Bundy나 해롤드 시프먼Harold Shipman, 혹은 대량 학살자인 이오시프 스탈린Joseph Stalin, 베니토 무솔리니Benito Mussolini, 사담 후세인Saddam Hussein과 같은 폭력 행위에 연관되어 등장한다. 하지만 사이코패스는 여러 가지 양상으로 나타난다. 이 질환은 자기 자신을 제외한 누구에게도 신뢰를 보이지 않는 반사회적인 태도로 정의된다. 여자친구의 은행 계좌를 털어 떠났다가 몇 달 뒤 장미꽃 한 다발을 들고 나타나 눈물겨운 재회를 하고 다시 잘 지내며 모든 과정을 처음부터 반복하려는 남자친구를 생각해보라. 혹은 자기를 신뢰하는 회사 직원들에게 회사 주식을 사라고 설득하면서 바로 그 순간 자기 주식을 처분해 다른 사람을 등쳐 거액을 챙긴 사장을 생각해보라. 2001년 엔론이 무너지기 전 케네스 레이Kenneth Lay가 했듯이 말이다. 자비심과 도덕성이 없는 사람들은 우리 주변 어디에나 있고, 종종 대단한 지위에 있다. 한 책 제목에서 그들에게 붙여준 이름처럼 이 '양복 입은 뱀들snakes in suits'[16]은 인구의 작은 비율로 나타날지 모르지만, 그들은 무자비함에 보상을 주는 경제 체제에서 번성한다.

뱀에 대한 비유는 적절하다. 사이코패스들은 러시아 인형의 오래된 포유류의 정수가 없는 것처럼 보이기 때문이다. 그들은 인지적 바깥층은 모두 갖고 있어 다른 이들이 원하는 것과 필요한 것이 무엇인지는 물론 그들의 약점이 무엇인지도 이해하지만, 자신의 행동이 다른 사람에게 어떤 영향을 미치는지에는 전혀 관심이 없다. 한 이론에 따르면 사이코패스들은 발달 장애로 인해 어린 시절 잘못된 학습 경로를 겪는다.[17] 만약 어린 아이가 동생을 울게 만들었다면, 타인의 괴로움 때문에 힘들어할 것이다.

약한 자들에게 부드럽게 대하는 것은 썰매개와 함께 있는 이 북극곰처럼 모든 어린아이와 동물들이 놀면서 배우는 것이다.

그 결과 혐오 조건이 형성된다. 어린 아이는 다른 사람을 괴롭히거나 때리지 않는 법을 배운다. 다른 모든 사회적 동물과 마찬가지로 어린아이들은 재미있게 놀고 싶다면 친구가 아파서 소리를 지르게 만드는 건 좋은 생각이 아니라는 것을 알게 된다. 나이가 들수록 아이들은 더 어린 아이들, 즉 약한 대상에게 자신의 힘을 조절하며 부드러워진다. 이는 큰 개가 작은 개나 고양이와 노는 방법과 같다. 혹은 그 점에 있어서라면 500킬로그램이 넘는 북극곰이 허스키와 노는 방법과도 같다.[18] 반면 어린 사이코패스는 이런 감각이 없이 자란다. 연약한 사람들과 마주침도, 울음 섞인 반항도 전혀 그를 멈추게 하지 않는다. 반대로 그가 학습하는 유일한 것은 다른 사람을 다치게 하는 것이 이득을 낳는다는 점인 것 같다. 장난감을 얻거나 게임에서 이기는 훌륭한 방법이 아닌가? 어린 사이코패스는 다른 사람을 패배시킬 때 좋은 면만을 본다. 그 결과 다른 학습 곡선을 거쳐 결국은 고통에 대한 아무런 거리낌 없이 조종과 협박을 하기에 이른다.

이 세상의 많은 문제들의 원인을 따라가보면, 러시아 인형이 텅 빈 사람들에게로 귀결된다. 이들은 마치 다른 행성에서 온 외계인처럼 전혀 감정을 동반하지 않은 채 지성적으로 다른 사람의 관점을 수용하는 것이 가능하다. 이들은 공감을 훌륭하게 날조한다. 이들은 마키아벨리적 기술 덕분에 권력을 얻는 일이 흔히 있는데, 진실과 도덕성을 무시하기 때문에 다른 이들을 조종해서 자신의 사악한 계획을 수행하도록 할 수 있다. 그들의 권한으로 아랫사람들의 더 나은 판단이 기각돼버리고, 그래서 때로는 한 나라 전체가, 예를 들면, 지난 세기의 독일처럼 카리스마를 갖춘 한 사이코패스의 잔인한 환상에 속아 넘어간다.[19]

우리가 이 정신 장애를 이해하기가 너무나 어려운 것은 다른 이의 고통에 무감각해지는 것을 상상할 수 없기 때문이다. 《철학자와 늑대The Philosopher and the Wolf》에서 마크 롤랜즈Mark Rowlands는 자신이 집에서 키우던 동물을 대하는 것이 얼마나 힘든지 묘사했다. 늑대인 브레닌Brenin은 정기적으로 목욕을 하고 세균 감염을 예방하기 위한 항생제를 항문 근처에 맞았어야 했는데, 이 주사는 브레닌에게 견딜 수 없이 고통스러웠고, 더 나아가 그의 주인에게도 고통스러운 일이었다. 바로 이것이 공감이 하는 일이다. 그것은 심지어 좋은 의도라 해도 다른 이를 다치게 하는 일을 힘들게 만든다. 롤랜즈는 이를 철학적으로 돌려 초기 기독교 신학자인 카르타고의 테르툴리아누스Tertullianus를 고찰했다. 그 열성적인 진리의 수호자는 천국을 굉장히 독특하게 묘사했다. 지옥이 고문을 당하는 곳이라면, 천국은 구원받은 자들이 발코니로 나와 지옥을 내려다보며 사람들이 불타는 장관을 즐길 수 있는 곳이라고 했다. 축복받는 상황으로 영원한 악의를 상상하려면 그야말로 거의 사이코패스에 가까워야 한다. 우리 대부분은 다른 사람이 고통스러워하는 모습을 보는 걸 우리 자신이 고통스러운 것보다 어떤 면에서는 더 힘들어한다. 그래서 롤랜즈는 이렇게 덧붙였다. "브레닌이 죽어가던 즈음에 나는 내가 사랑하는 늑대를 고문해야만 하는 이것이 바로 지옥이라는 생각을 하곤 했다."[20]

이는 모두 공감을 하는 사람과 하지 않는 사람을 대조하기 위한 것이다. 그렇다 해도 공감을 하는 사람이 항상 공감을 한다는 말은 아니다. 우리가 세상의 모든 고통을 공유한다면 우리 삶이 어떻겠는가? 공감에는 우리가 반응해야 할 것을 걸러주는 필터와 꺼버리는 스위치가 있어야 한다. 모든 감정적 반응이 그렇듯 공감에도 전형적으로 공감을 촉발하거나 우리가 공감의 촉발을 허락하는 상황, 즉 '정문'이 있다. 공감의 가장 주된 정문은 일치화하는 것이다. 우리는 일치화하는 사람과 감정을 공유할 준비가 되어 있다. 그래서 핵심 그룹 안쪽에 있는 사람들과는 매우 쉽게 감정을 공유한다. 그 사람들에게는 정문이 항상 약간 열려 있다. 이 핵심 그룹 바깥이라면 선택이 가능하다. 우리가 영향을 받을 만한 여유가 되는지, 혹은 그러고 싶은지에 따라 다르다. 만약 길거리에서 거지를 봤다면 우리는 그를 쳐다봄으로써 동정심이 생길 수도 있고, 다른 곳을 쳐다보거나 심지어 마주치지 않기 위해 반대편으로 갈 수도 있다. 갖가지 방법으로 정문을 열거나 닫을 수가 있다.[21]

영화 티켓을 사는 순간 우리는 주인공과 일치화를 선택한 것이고, 우리

스스로를 공감에 취약하게 만든 것이다. 여주인공이 사랑에 빠지면 황홀해하고, 개인적으로 아는 사이도 아닌 사람이 연기한 가상의 인물임에도 불구하고 여주인공이 젊은 나이에 죽게 되면 눈물을 흘리며 극장을 떠난다. 다른 한편 우리는 고의로 정문을 닫아버리기도 한다. 예컨대 적군이라고 선언된 대상에 대해서는 일치화하기를 억제한다. 그들의 개인성을 무시하고, 이름 없는 불쾌한 무리이며 분류학적으로 다른 집단에 속한 열등한 것이라고 정의한다. 우리가 왜 저 더러운 '바퀴벌레들'(후투족이 투치족에게), 또는 질병이 들끓는 '쥐새끼들'(나치가 유대인들에게)을 받아들여야 하는가? 세계 종말의 다섯 번째 기수라 불려온 인간성 말살은 오랜 옛날부터 잔혹 행위에 대한 구실이 되어왔다.[22]

남성이 여성보다 더 영역 방어적이고, 전반적으로 대립하는 일도 더 많고 폭력성이 짙으므로 더 효과적으로 스위치를 끌 수 있다고 생각할 수 있다. 남성들은 분명히 공감은 하지만, 더 선택적으로 한다. 문화 간에 비교하는 연구에서 어느 문화든 여성이 남성보다 더 공감을 잘한다는 것이 확인되었고, 심지어 여성의 뇌는 남성과 다르게 공감을 잘하도록 설계되어 있다는 주장도 나왔다.[23] 그렇게까지 절대적인 차이가 나는지는 의심스럽지만, 갓 태어난 여자아기가 남자아기보다 사람의 얼굴을 더 오래 응시하고 움직이는 모빌을 더 오래 쳐다보는 것은 사실이다. 여자아이들은 자라면서 남자아이들보다 더 친사회적이 된다. 감정 표현을 더 잘 읽어내고, 목소리에 더 잘 반응하며, 다른 사람을 다치게 했을 때 양심의 가책을 더 크게 느끼고, 타인의 관점을 더 잘 수용하게 된다. 캐롤라인 잔 왁슬러가 괴로워하는 가족 구성원들에 대한 반응도를 측정했을 때, 여자아이들이 다른 사람의 얼굴을 더 자주 살피고, 신체적 위로를 더 많이 건넸으며, "괜찮아요?"라고 물어보는 등 걱정스러움을 더 자주 표현했다. 남자아이들은 타인의 감정에 덜 주의를 기울이며, 그보다는 행동과 물체에 주의를 기울이고, 더 거칠게 놀고, 가상사회 놀이는 꺼려한다. 남자아이들은 함께 뭔가를 만드는 등의 집단행동을 더 선호한다.

남자들은 공감을 묵살하기도 한다. 이를 인정하는 것이 특별히 남자다운 것도 아니다. 또한 이 분야의 연구가 뜨기 시작하는 데 그토록 오래 시간이 걸린 한 가지 분명한 이유는 공감이 학술계에서 나약한 성별에 적용되는 과한 동정심으로 받아들여졌기 때문이다. 이것이 전통적인 태도임은 18세기 네덜란드 철학자이자 풍자가였던 버나드 드 맨드빌Bernard de Mandeville에 의해 예증되었다. 그는 '동정'을 성격 결함으로 보았다.

동정, 그것은 굉장히 부드럽고 우리가 가진 강렬한 감정들 중에 가장 남에게 해를 덜 끼치지만, 화, 자존심, 혹은 두려움만큼이나 연약한 우리의 본성이다. 일반적으로 동정은 가장 약한 마음에 가장 많이 있으며, 그렇기 때문에 여성이나 아이들이 그 누구보다 연민이 많다. 우리가 갖고 있는 모든 연약함 가운데 그것이 가장 정감 있으며, 선과 가장 닮아 있다는 점을 인정해야 한다. 아니, 상당한 동정이 섞여 있지 않다면 사회는 존속되기 힘들 것이다.[24]

이 세상에 처음으로 탐욕에 대한 신념을 준 냉소가였으니, 동정을 이리도 길고 복잡하게 설명하는 것도 이해는 된다. 맨드빌은 상냥한 감정들을 어디에다 끼워 넣어야 할지는 몰랐으나 최소한 이런 감정들 없이는 사회에 문제가 생길 것이라 인정할 만큼 솔직하긴 했다.

공감을 남성보다 여성과 더 많이 연관시킴에도 불구하고, 일부 연구자들은 더 복잡한 그림을 그리고 있다.[25] 이런 연구자들은 공감에 있어 성차이가 '과장되었다'거나, 심지어 '존재하지 않는다'고 주장한다. 남자아이들과 여자아이들 간의 입증된 차이점들을 보면 헷갈리는 주장이다. 나이가 들수록 성별이 수렴된다고 믿는 걸까? 내 생각엔 성별은 수렴되지 않는다. 그리고 이런 혼란은 남성과 여성을 검사한 심리학적 방법의 문제인 것 같다. 부모님, 아내, 아이들, 가까운 친구들 등 사랑하는 사람에 대해 질문했을 때 대부분의 남성들은 풍부한 공감을 보였다. 친숙하지 않거나 중립적인 상대에 대해서도 똑같이 적용되었다. 남성들은 그런 환경에서는 완전히 공감할 수 있다. 낭만적이거나 비극적인 영화에서 눈물을 흘리지 않을 수 없듯이 말이다. 공감의 정문이 열려 있다면, 남성들은 여성들과 똑같이 공감할 수 있다.

하지만 남성이 자신의 이익이나 경력을 높이려고 할 때처럼 경쟁 모드에 돌입하면 상황은 완전히 달라진다. 갑자기 부드러운 감정을 위한 공간은 거의 없어진다. 남성은 잠재적 경쟁자에게는 잔인해질 수 있다. 앞길을 가로막는 자는 누구든 쓰러뜨릴 수 있다. 때로는 이것이 물리적 행동으로 튀어나오기도 한다. 오랜 시간 아프리카계 미국인의 으뜸 수컷이었던 제시 잭슨Jesse Jackson은 2008년 신참이었던 버락 오바마Barack Obama에 대한 감정을 표출했다. 몰래 촬영된 텔레비전 쇼에서 잭슨은 오바마에 대해 "불알을 잘라버리"고 싶다고 했다. 또 실제로 폭력적인 일이 일어난 적도 있다. 마이크로소프트의 사장인 스티브 발머Steve Ballmer는 자기 회사의 중견 엔지니어가 경쟁사인 구글로 가려 한다는 말을 들었을 때, 의자를 집어 들고 테이블을 내려치며 내동댕이쳤다고 한다.[26] 이렇게 침팬지 같은 과시 행동을 한 후 발머는 그 구글쟁이들을 어떻게 죽여버릴지 장황한 비난을 늘어놓기 시작했다.

많은 남자들이 액션영화를 좋아한다. 하지만 영웅의 적수들에게 조금이라도 동정심을 가졌다가는 처참한 경험을 할 영화들이다. 악당들은 폭파되어 조각나고, 총알로 벌집이 되고, 상어가 우글거리는 풀장에 던져지고, 하늘을 나는 비행기에서 떨어진다. 관객들은 이중 어느 하나에도 꿈쩍하지 않는다. 반면 이들은 대학살을 보기 위해 돈을 지불한다. 때로는 영웅이 붙잡히기도 한다. 쇠사슬에 묶이고 불타는 석탄으로 고문을 당하며 관객들이 괴로움에 몸을 비틀게 만든다. 하지만 어디까지나 영화이기 때문에 영웅은 항상 빠져나와 복수를 하고야 만다. 복수는 끔찍할수록 달콤하다.

수컷 영장류도 비슷하다. 가끔 야생 개코원숭이를 마취시키는 로버트 새폴스키Robert Sapolsky는 수컷을 그의 경쟁자 앞에서 마취총으로 맞히기가 얼마나 위험한지 어렵사리 깨닫게 되었다. 마취총을 맞은 수컷의 걸음걸이가 불안정해지면 바로 다른 수컷들이 가까이 와서 그를 잡을 완벽한 순간을 본다. 암컷들은 아무 문제가 없지만, 수컷 개코원숭이들은 항상 다른 수컷의 약점을 노릴 준비가 되어 있다. 그래서 약점은 숨겨진다. 내가 알던 수컷 침팬지들은 다치거나 아플 때면 유달리 격렬한 위협용 과시 행동을 보이곤 했다. 비참한 모습으로 상처가 난 곳을 핥다가도 주 경쟁자가 나타나면 갑자기 근력을 최대로 부풀린다. 최소한 결정적인 몇 분 동안은 그렇게 한다. 같은 방식으로 오래전 인간의 조상들도 그랬으리라 상상된다. 다리를 절뚝거리거나 시력이 나빠졌다거나 체력이 약화된 사실을 최대한 숨겨 다른 이들이 눈치채지 못하게 했을 것이다. 같은 이유로 구소련 정부는 병든 지도자들을 뒤에서 받쳐주었고, 애플사가 스티브 잡스Steve Jobs의 건강 문제를 숨겼던 것처럼 기업들은 사장의 건강 문제를 숨기려 한다. 현대 사회에서는 남자들이 터프하게 행동하도록 사회화됐기 때문에 여자들보다 병원을 쉽게 가지 않는다. 하지만 훨씬 더 근원적인 이유가 있다면? 어쩌면 수컷들은 언제나 자신이 비틀거리는 순간을 기다리는 사람들로 둘러싸여 있다고 느낄지도 모른다.

남자가 자신이 신뢰하는 그룹에 속해 있을 때는 또 정반대의 일이 일어난다. 대부분은 아내나 여자친구, 혹은 절친한 남자친구들인 경우이다. 남자들은 충성심을 최고의 가치로 여기며, 그런 상황에서는 남자라 해도 동정심을 끌어낼 수 있는 약점을 보인다. 이런 일은 스포츠 경기나 군부대에서 한 팀에 속한 남자들에게 많이 일어나기도 하는데, 나는 한번은 침팬지들 사이에서도 흥미로운 기색을 본 적이 있다. 한 늙은 수컷이 그보다 더 근육질이고 활동적인 젊은 수컷과 짝을 이뤘다. 늙은 수컷은 젊은 친구가 정상에 오르도록 도와줬는데, 하루는 새롭게 대장이 된 이 친구가 암컷을 두고 싸우면서 파트너를 때린 것이다. 결코 현명한 일이 아니었다. 그의 지위는 이 늙은 수컷의 지지를 받느냐에 따라 좌지우지되었기 때문이었다. 자연히 그 젊은 수컷은 다시 분위기를 풀기 위해 열심히 털 고르기를 해줬지만 이 늙은 여우는—아마 내가 알고 있는 침팬지 중에 최고로 교활할 것이다—자기가 얼마나 다쳤는지 생색을 내지 않을 리가 없었다. 그 후로 며칠 동안 그는 자신이 젊은 대장의 시야에 있을 때마다 불쌍하게 절뚝거렸지만 시야에서 벗어나면 똑바로 걸었다. 자, 만약 수컷들의 관계에 동정심이 아무런 역할을 하지 않는다면 왜 이런 행동을 보이는 걸까?

그렇다면 수컷의 다른 이에 대한 민감도는 조건적으로 나타나며, 대부분은 가족이나 친구들로 인해 나타난다고 할 수 있다. 자기 범위 안에 들지 않는 사람, 특히 경쟁자처럼 행동하는 사람에게는 정문이 닫혀 있고, 공감 스위치가 꺼져 있다. 인간의 이런 부분은 신경과학으로도 뒷받침된다. 독일 연구자인 타니아 싱어Tania Singer는 남자와 여자가 다른 이의 고통을 볼 수 있는 상황에서 뇌 사진을 찍었다. 남녀 모두 상대에게 동정을 표했다. 즉 상대의 손이 약한 충격을 받는 것을 볼 때 자기 자신의 뇌의 고통 부위가 반응했다. 마치 스스로가 따가움을 느끼는 것처럼. 하지만 이것은 상대가 호감이 가는 상대이고 그들이 우호적으로 게임을 했을 때에만 해당되는 일이었다. 이전에 부정하게 게임을 한 상대일 때는 상황이 완전히 바뀌었다. 실험 주체가 속임을 당했다고 느낀 후 상대방이 고통받는 걸 봤을 때는 효과가 낮아졌다. 여자들은 여전히 약간의 공감을 보였지만, 남자들은 아무것도 남아 있지 않았다. 반대로 남자는 부정한 상대방이 충격을 받는 것을 보면 뇌의 기쁨 부위가 반응했다. 이들은 공감에서 정의로 옮겨가 다른 이의 처벌을 즐기는 것처럼 보였다. 어쩌면 결국 적어도 남자들에게는 적이 불 속에서 타는 모습을 바라보는 곳인 테르툴리아누스가 말한 천국이 있는지도 모른다.

그럼에도 불구하고 남자들도 공감 스위치를 완전히 제로까지 내리지는 못하는 것 같다. 내가 최근 몇 년간 읽었던 것 가운데 가장 도움을 많이 받은 책 중 하나는 미 육군 중령을 지냈던 데이브 그로스먼^{Dave Grossman}의 《살인의 심리학^{On killing}》이다. 그로스먼은 《전쟁과 평화》를 남긴 레프 톨스토이가 취했던 방식을 따르는데, 톨스토이는 장군들이 전장에서 군대를 어떻게 지휘하는가보다 군인들이 어떻게, 왜 죽이는가, 그 과정에서 무엇을 느끼는가에 더 관심을 두었다고 했다. 물론 누군가를 실제로 죽이는 것은 그것을 영화로 보는 것과는 상당히 다른 일이다. 이 점과 관련해 거의 아무도 의심해보지 않았던 것이 데이터로 드러난다. 대부분의 사람들은 살인 본능이 없다는 점이다.

다수의 군인들이 제대로 무장을 하고 있다 해도 절대로 살인을 하지 않는다는 것은 흥미로운 사실이다. 제2차 세계대전 동안 미국 군인의 다섯 명 중 한 명만이 적에게 실제로 총을 쐈다. 나머지 네 명은 매우 용감하여 중대한 위험도 무릅쓰고, 해안에 상륙하고, 포격 속에서 전우를 구하고, 다른 이를 위해 탄약을 구해 오는 등 여러 가지 일은 했지만, 여전히 자신의 무기를 발포하지는 못했다. 한 장교는 다음과 같이 보고했다. "분대장과 중사들은 포열선^{砲列線}을 돌아다니며 군인들이 발포하도록 발길질을 해야 했다. 한 분대에서 두세 명이 발포하면 잘해냈다고 느꼈다." 비슷한 사례로 베트남전쟁 동안 계산에 따르면 미군들은 사망한 적군 한 명당 5만

개 이상의 총알을 발포했다. 대부분의 총알은 허공으로 발사됐을 것이다.

스탠리 밀그램Stanley Milgram의 유명한 실험이 떠오른다. 실험 대상이 된 사람은 다른 사람에게 높은 전압 충격을 주도록 요구받는 실험이었다. 실험 대상은 놀라운 수준까지 실험 조교에게 복종했지만 실험 조교가 불려 나가자마자 반칙을 하기 시작했다. 마치 충격을 주고 있는 것처럼 행동했지만 훨씬 낮은 전압을 집행하며 처벌을 가장했다. 그로스먼 또한 뉴기니 부족들과 비교했다. 그들은 활과 화살을 이용한 사냥에는 매우 뛰어났지만 전쟁에 나갈 때는 깃털을 제거해서 화살을 쓸모없게 만들었다. 그들은 적들도 똑같은 절차를 거칠 것을 알고 있었기 때문에 부정확한 무기로 싸우는 걸 선호했다.

다른 이들을 죽이거나 해하는 것은 우리가 너무나 참혹하다고 생각하는 일이기 때문에 전쟁은 보통 실제로 적대적인 대립이라기보다는 이를 피하기 위한 집단 음모, 무능함을 활용한 책략, 또는 가식적 태도의 게임이다. 요즘에는 항상 그렇지만은 않은 것 같다. 전쟁이 원거리에서 이루어져 본능적인 거리낌을 거의 배제한 채 마치 컴퓨터 게임처럼 일어날 수 있다. 하지만 가까운 거리에서의 실제 살해는 영광도 기쁨도 없으며 일반적인 군인이 어떤 비용을 치르고서라도 피하려 하는 것이다. 아마 1~2퍼센트 정도의 낮은 비율의 군인들만이 전쟁 중 대다수의 살해를 저지른다. 이 사람들은 앞서 논의한, 타인의 괴로움에 면역된 사람들 카테고리에 속할 것이다. 대부분의 군인들은 깊고 강한 혐오감을 보고한다. 죽은 적들을 보고 구토를 하고 결국 잊을 수 없는 기억을 갖게 된다. 일생 동안 유지되는 전투 트라우마는 소포클레스Sophocles의 '신성한 광기'에 대한 비극들에 반영되었듯이 이미 고대 그리스인들에게도 알려져 있었으며, 현재 우리는 이를 '외상 후 스트레스 장애'라 부른다.[27] 전쟁 후 수십 년이 지난 뒤에도 참전 군인들은 그들이 목격한 살해에 대해 물으면 여전히 눈물을 거두지 못한다. 이런 심상에 따라오는 슬픔과 혐오감은 우리 인간 종의 본능적인 몸짓에 의해 일어난다. 롤링이 머릿속에서 지울 수 없었던 비명 소리와 비슷하다. 이것은 또한 가까운 거리에서 하는 치명적인 공격을 그리도 어렵게 만드는 요인이다. "보통 군인들은 총검으로 같은 인간을 찌르는 데 강한 저항감을 갖고 있으며, 이 저항감을 능가하는 것은 오로지 총검으로 '찔리는' 데 대한 저항감뿐이다."

그러니 누구든 전쟁의 잔혹 행위를 인간의 공감에 반하는 근거로 삼으려 한다면 다시 생각해볼 필요가 있다. 이 두 가지는 상호배타적인 것이 아니거니와, 대부분의 사람들이 방아쇠를 당기는 것을 얼마나 힘들게 느끼는지 고려하는 것도 중요하다. 같은 인간에 대한 공감 때문이 아니라면 왜 그렇겠는가? 전쟁은 심리학적으로 복잡하며 무자비한 공격성보다는 계급과 명령 복종의 산물로 보인다. 인간은 분명 전쟁을 하는 게 가능하고 나라를 위해 살인도 하지만, 이런 행동은 인간성의 가장 깊은 수준에서 갈등을 일으킨다. 심지어 '초토화' 연방군 장군 윌리엄 셔먼^{William Sherman}도 이에 대해 좋게 말할 수 없었다.

나는 전쟁이 진절머리 난다. 영광은 다 헛소리다. 피와 복수, 초토화를 부르짖는 자들은 모두 단 한 번도 총을 쏴보지 않은 자들과 부상자의 비명과 신음 소리를 들어보지 못한 자들뿐이다. 전쟁은 지옥이다.[28]

보이지 않는 도움의 손

인간의 삶에서 공감이 하는 역할에 대한 최초의 논의 중 하나는 2000년보다도 더 이전에 공자의 뒤를 이은 중국 성인 맹자로부터 나왔다. 맹자는 누구든지 다른 이의 괴로움을 보는 것을 견디지 못하는 마음을 갖고 태어난다는 유명한 말을 하며 공감을 인간 본성의 일부로 보았다.

맹자의 이야기 중 하나이다. 왕이 성 앞으로 끌려가고 있는 황소를 보았다. 무슨 일이냐고 물어보자 의식에 필요한 피를 얻으려 도축하러 가는 길이라는 대답을 들었다. 왕은 황소가 겁에 질린 모습이 무슨 일이 일어날지 깨달은 것처럼 보였고, 견딜 수가 없었다. 왕은 그 황소를 구해주라고 명령했다. 하지만 의식이 취소되는 것은 원치 않았던 왕은 양을 대신 희생시키자고 했다.

맹자는 황소에 대한 왕의 동정심에 감명받지 않는다. 그는 왕이 동물의 운명만큼이나 자신의 예민한 감성도 중시했던 것으로 보인다고 말한다.

> 당신은 황소는 직접 보았고, 양은 보지 못했다. 군자도 동물에게서 영향을 받는다. 살아 있을 때 보았으면 그들이 죽는 것을 볼 수 없고, 죽어가며 비명 지르는 것을 들으면 그 고기를 먹을 수 없다. 그래서 군자는 도축장과 부엌을 멀리한다.[29]

우리는 우리 눈에 보이지 않는 것들보다 눈으로 직접 본 것들에 대해 더 신경 쓴다. 듣거나, 읽거나, 생각하는 것으로도 우리는 분명 다른 이들에 대해 감정을 가질 수 있지만, 순전히 상상력에만 의존한 관심은 그 강도나 시급성이 약하다. 친한 친구가 병에 걸려 병원에서 고생하고 있다는 소식을 들으면 우리는 연민을 느낄 것이다. 하지만 실제로 그 친구의 침대 머리맡에 서서 얼마나 창백한지, 얼마나 숨쉬기 힘들어하는지 알게 된다면 걱정이 열 배는 더 강해진다.

맹자는 우리에게 공감의 기원과 그것이 신체적 연결성에 얼마나 의존하는지를 생각해보게 만들었다. 이 신체적 연결성은 우리가 외부인과 공감하는 데 어려움을 겪는 이유도 설명해준다. 공감은 가까움, 비슷함, 친근함을 기반으로 형성되고, 이는 공감이 집단 내의 협동을 촉진하기 위해 진화되었다는 것을 생각하면 완전히 논리적인 일이다. 자원을 공정하게 배분해 사회의 평화를 유지함으로써 우리는 이익을 얻고, 이에 공감이 결합하며 결과적으로 우리는 평등성과 연대가 강조되는 작은 집단 사회를 향한 길을 걷게 되었다. 현대에서 우리는 대부분 이 강조점을 유지하기 더 어려운 훨씬 큰 사회에 살고 있지만, 여전히 심리적으로는 평등성과 연대에 가장 편안함을 느낀다.

순전히 이기적인 동기와 시장의 힘으로만 형성된 사회는 부를 생산해 낼 수는 있어도 삶을 가치 있게 만드는 단합이나 상호 신뢰를 이끌어내진 못한다. 이것이 가장 행복도가 높게 측정되는 곳은 가장 부유한 국가가 아닌 시민들 간에 신뢰도가 가장 높은 나라에서 나오는 이유이다.[30] 반대로 현대 사업계의 신뢰에 굶주린 분위기는 문제를 양산하고 최근 많은 사람들의 예금을 휩쓸어버림으로써 매우 불행하게 만들었다. 2008년 약한 사람을 이용해먹는 포식성 대출, 존재하지 않는 이윤의 보고, 피라미드 구조, 다른 사람의 돈으로 하는 무모한 투자들의 무게에 못 이겨 세계의 경제 제도가 붕괴되었다. 제도의 설계자 중 한 명인 전 미국 연방준비제도 의장 앨런 그린스펀Alan Greenspan은 이런 일이 일어날 줄 전혀 몰랐다고 말했다.[31] 미 하원위원회의 질문 공세에 그는 자신의 통찰력에 결함이 있었음을 인정했다. "그게 바로 정확히 제가 충격받은 이유입니다. 이례적으로 잘 성립된다는 상당한 증거를 갖고 제가 40년 이상을 선호해온 제도이기 때문입니다."

그린스펀과 공급자 측의 경제학자들이 했던 실수는 자유시장 자체가 도덕적인 기업 체제가 아닌데도 불구하고 모두에게 이득이 최적으로 돌아가는 상태로 사회가 나아갈 것이라고 가정한 것이었다. 그들이 신처럼 여기는 밀턴 프리드먼이 사회적 책임은 자유와 상충된다고 공표하지 않았는가? 심지어 그보다 더 권위 있는 애덤 스미스도 가장 이기적인 동기에서 나온다 해도 자동으로 공공의 이익을 발전시킬 것이라는 '보이지 않는 손'이라는 비유를 해주지 않았던가? 자유시장은 우리에게 무엇이 최상인지 알고 있다. 제빵사는 수입이 필요하고, 그의 고객은 빵이 필요하다. 양측 모두가 거래에서 이익을 취하는 입장이다. 도덕성은 전혀 상관없다.

불행하지만 이런 식의 스미스 인용은 선택적이다. 스미스의 사상에서 필수적인 부분, 내가 이 책에서 초지일관 취했던 입장과 훨씬 잘 맞는 부분을 빼버린다. 즉 탐욕을 원동력으로 삼고 의존하는 사회는 그 자신의 기본 짜임새를 약화시킬 수밖에 없다. 스미스는 사회를 하나의 커다란 기계로 보았다.[32] 그 바퀴는 미덕으로 닦여 있으며, 악덕은 바퀴를 삐걱거리게 한다. 이 기계는 모든 시민들의 강한 공동체 의식 없이는 매끄럽게 굴러가지 않는다. 스미스는 정직함, 도덕성, 동정심, 정의를 자주 언급했으며, 이들을 시장의 보이지 않는 손의 필수적인 동반자로 보았다.

사회는 실제로는 '다른 이에게 뻗는 손'이라는 두 번째 보이지 않는 손에 의존한다. 우리가 진정한 의미의 공동체를 이루고 싶다면, 한 인간이 다른 인간에게 무관심해서는 안 된다는 느낌이 바로 우리가 서로를 대하는 데 있어 기저를 이루는 또 다른 힘이다. 이 힘이 진화적으로 아주 오래됐다는 사실을 생각하면, 이 힘이 얼마나 자주 무시되는지가 더욱 놀랍다. 경영대학원에서 공동체에 대한 윤리와 의무를 그것이 경영에 어떻게 이익이 되는지 외에 다른 맥락에서 조금이라도 가르치는가? 그들이 이해 당사자와 주주에게 동등하게 주의를 기울이는가? 왜 '암울한 학문(경제학)'은 여성 학자를 거의 끌어들이지 못하고, 여성 노벨상 수상자를 단 한 번도 배출하지 못했는가?[33] 여성들은 인생의 유일한 목표를 이익을 최대화하는 것으로 삼는 이성적인 존재에 대한 풍자에 전혀 유대감을 갖지 못할 수 있는 걸까? 이 모든 것에서 인간관계는 어디로 갔는가?

우리가 인간에게 조금이라도 맞지 않는 것을 하라고 요구하고 있는 것처럼 보이지만, 이는 수백만 년 동안 동물 사회를 유지해온 옛 집단 본능을 토대로 하는 것이기 때문에 그렇지 않다. 그렇다고 우리가 맹목적으로 서로를 따라가야 한다는 것이 아니라 서로 뭉쳐야 한다는 것이다. 우리는 그냥 제각기 아무 데로나 흩어질 수 없다. 모든 개인은 그 자신보다 더 큰 것과 연결되어 있다. 이런 연결을 생물학적인 것이 아닌 부자연스러운 것으로 묘사하고 싶어 하는 이들은 최신의 행동학적·신경학적 자료를 갖고 있지 않다. 이 연결은 깊이 느껴지며 맨드빌이 인정해야 했던 것처럼 어떤 사회도 이러한 연결 없이는 존재할 수 없다.

무엇보다도 누군가 도움을 필요로 하고 우리가 그걸 제공할 기회가 있는 상황이 있다. 이는 무료 급식소, 재난 구조, 노인 돌봄, 저소득층 어린이를 위한 여름 캠프 등의 형태로 나타난다. 사회봉사 서비스로 측정한 바에 따르면 서양 사회는 실제로 상태가 좋아 보였고, 모두에게 돌아갈 만큼의 충분한 연민이 있었다. 하지만 연대가 중요한 두 번째 영역은 의료 서비스, 교육, 공공시설, 교통 체계, 국방, 자연으로부터의 보호 등을 포함한 공익이다. 사회의 이런 필수적인 부분이 순전히 따스한 친절에만 의존하는 걸 보고 싶어 할 사람은 없기 때문에 여기서 공감의 역할은 좀 더 간접적이다.

공익에 대한 가장 확실한 옹호는 자기 이익을 깨닫는 데서 온다. 우리가 협동하면 우리 모두 형편이 좋아진다는 깨달음이다. 만약 우리가 기여하는 데서 지금 이득을 못 보면 최소한 미래에 잠정적 이득을 볼 것이고, 개인적으로 이득을 못 보면 최소한 우리 주변 환경이 개선됨으로써 이득을 볼 것이다. 공감으로 인해 개인들이 함께 묶이고 서로가 서로의 행복에 관련되기 때문에, 공감은 '그중에서 내 것은?' 식의 직접적 이익의 세계와 약간 더 깊이 생각해야 파악되는 집단적 이익의 세계 사이에 다리를 놓아준다. 공감은 우리로 하여금 후자에 감정적인 가치를 부여함으로써 후자에 눈을 뜨게 하는 힘이 있다. 두 가지 구체적인 사례가 있다.

2005년 허리케인 카트리나가 루이지애나를 강타했을 때 텔레비전 화면에는 심각한 인류 절망이 보였다. 재난의 여파를 처리해야 할 기관들의 총체적인 무능함과 최고위급 정치인들의 냉정한 객관화 때문에 재난이 더욱 악화됐다. 나머지 국민들은 공포, 연민, 걱정이 섞인 시선으로 지켜봤다. 이 걱정은 자기 이익과 연관이 없지 않다. 한 거대한 재난이 다뤄지고 있는 방식이 분명 미래에 우리에게 닥칠 재난을 포함해 다른 재난들이 앞으로 어떻게 다뤄질지에 대해 말해주기 때문이다. 이런 신통찮은 공적 대응에는 두 가지 효과가 있었다. 대중의 놀랍도록 후한 인심과 정부의 책임감에 대한 인식의 전환이었다. 카트리나 이전까지 국가의 리더십은 '자기 일은 제 스스로'라는 철학으로 인해 휴식 상태였는데, 이 재난이 심각한 의문을 제기한 것이다. 그로부터 3년 뒤 버락 오바마는 이렇게 말했다. "우리는 퇴역 군인을 길바닥에서 자게 만들고 가정을 빈곤에 빠지게 하는 정부보다, 미국의 한 주요 도시가 우리 눈앞에서 물에 잠기는 동안 두 손을 놓고 있는 정부보다 연민이 많습니다."³⁴

공감이 공공 정책에 대한 논쟁 속에서 중요해지는 또 다른 예는 노예제도 폐지론에 관한 것이다. 다시 말하지만 그 추동력은 노예제도가 얼마나 나쁜지를 단지 상상하는 데서 나왔던 게 아니라 그 잔인성을 직접 본 데서 나왔다. 에이브러햄 링컨은 그가 켄터키의 한 노예 소유자인 친구에게 보낸 편지에서 설명한 대로 부정적인 감정으로 무척 괴로워했다.

1841년에 우리는 루이빌에서 세인트루이스까지 기선을 타고 지루한 간조 여행을 했었지. 루이빌에서 오하이오의 입구까지 가는 중에 선상에 있던 쇠고랑으로 연결된 열두 명쯤 되는 노예들을 기억할 걸세. 나는 잘 기억하고 있네. 그 광경은 나에겐 끊임없는 고통이었어. 그리고 나는 오하이오나 다른 모든 노예지대에서 그와 비슷한 걸 보고 있네. (그건) 나를 비참하게 만드는 힘을 갖고 끊임없이 그 힘을 행사하고 있네.[35]

그런 정서는 물론 링컨에게만 국한된 것은 아니었고, 많은 이들에게 노예제도와 싸울 동기를 부여했다. 노예제도 폐지 운동의 가장 강력한 무기 중 하나는 공감과 도덕적 분노를 발생시키기 위해 퍼뜨려진 노예선과 인간 화물을 그린 그림이었다. 이처럼 사회에서 연민의 역할은 단지 다른 이들의 곤경을 완화시켜주기 위해 시간과 돈을 희생시키는 것만이 아니라, 모든 사람의 존엄성을 인정하는 정치적 안건을 추진하는 것이기도 하다. 이런 안건은 비단 그것이 가장 필요한 사람들뿐 아니라 더 큰 전체를 돕는 안건이다. 막대한 소득 차이, 거대한 불안, 권리를 박탈당한 최하위 계층이 있는 사회에서는 높은 수준의 신뢰를 기대할 수 없다. 시민들이 사회에서 가장 높은 가치를 매기는 것이 신뢰라는 점을 기억해야 한다.

분명 이 목표를 성취하는 방법을 동물들의 사회를 지켜보거나 심지어 작은 규모의 인간 사회를 지켜봄으로써 쉽게 추론할 수는 없다. 우리가 사는 세계는 한없이 더 크고 더 복잡하다. 이런 규모에서 개인과 집단적 이익의 균형을 잡는 방법을 우리의 훌륭하게 발달된 지성으로 알아내야 한다. 하지만 우리가 확실히 활용할 수 있는, 우리의 생각을 대단히 풍성하게 하는 하나의 수단이 여러 세기에 걸쳐 선택되어왔다. 즉 그 생존 가치가 반복적으로 검증되었다는 뜻이다. 그것은 미국 시민들이 카트리나의 희생자를 볼 때와 링컨이 족쇄를 찬 노예들과 마주했을 때처럼 우리를 다른 이들에게 연결하고, 이해하고, 그들의 상황을 우리 자신의 상황으로 만드는 능력이다.

이 타고난 능력을 불러내는 것은 어떤 사회에서도 이익이 될 수밖에 없다.

주
—

서문

1   버락 오바마^{Barack Obama}, 2006년 노스웨스턴대학교 졸업식 연설, 노스웨스턴 통신, 2006년 6월 22일.

1장 좌와 우의 생물학

1   〈연방주의자 신문^{Federalist Paper}〉 No.51(Rossiter, 1961, p.322).
2   애덤 스미스^{Adam Smith},《도덕감정론^{The Theory of Moral Sentiments}》(1759, p.9).
3   뉴트 깅그리치^{Newt Gingrich}, 보수 정치 행동 컨퍼런스, 2007년 3월 2일. "어떻게 뉴올리언스에서 이 난리를 겪고서도 연방 정부, 주 정부, 시 정부, 그리고 9구역의 시민의식의 결여에 대해 심도 깊은 조사를 하지 않을 수 있습니까? 그곳은 2만 2000명의 사람들이 너무 무지하고 너무 준비가 안 돼 말 그대로 허리케인을 벗어나지도 못한 곳입니다."
4   찰스 다윈^{Charles Darwin}(1871, pp.71~72).
5   《영장류와 철학자: 도덕성은 어떻게 진화했나^{Primates and Philosophers: How Morality Evolved}》(de Waal, 2006)에서 논의 전체를 제시했다.
6   존 왓슨^{John B. Watson}(1878~1958)과 스키너^{B. F. Skinner}(1904~90)는 둘 다 동물의 행동과 그것과 인간의 행동과의 관계에 관심이 있었으며, 사회에 큰 영향을 미친 행동주의 학파를 세웠다.
7   당시엔 그다지 이례적이지 않았던 왓슨의 관점과 해리 할로^{Harry Harlow}에 대해서는 데보라 블럼^{Deborah Blum}의 뛰어난 책《사랑의 발견^{Love at Goon Park}》(2002)을 보라.
8   '부시먼'이라는 이름이 차별적인 말로 보일 수도 있지만 부시먼과 부시우먼을 모두 뜻하는 말로 쓰인다. 엘리자베스 마셜 토머스^{Elizabeth Marshall Thomas}는 이것이 현재 그들 스스로를 부르는 방식이라고 설명한다(2006, p.47). 인류학자들에 의해 사용된 '산^{San}'이라는 이름은 나마어로 '산적'이라는 단어에서 나온 경멸적인 용어인 것으로 보인다.
9   200만 년도 안 된 '호모 에렉투스^{Homo erectus}'는 여전히 나무 위 생활에 적응해 있었으며, 이는 안전을 위해 나무 위에서 잤음을 시사한다(Lordkipanidze et al., 2007).

10 킴벌리 호킹스^{Kimberley Hockings}와 동료들은 인간에게 둘러싸인 야생 침팬지들이 길을 건너는 상황들을 기록했다(2006).

11 "인간은 자유롭게 태어났다"는 유명한 말을 한 장 자크 루소^{Jean-Jacques Rousseau}는 이런 설명을 했다. "인간의 첫 번째 법은 스스로를 보호하는 것이다. 그 자신의 최초의 보호는 자신이 해야 한다. 그리고 이성적인 사고를 하는 나이가 되자마자 그는 자신을 지키는 최선의 방법에 대한 유일한 심판이 된다. 그 자신의 주인이 되는 것이다"(*The Social Contract*, 1762, pp.49~50). 루소는 우리 조상들이 정글 속 과일 나무 아래에서 자는 모습을 그렸다. 조상들의 배는 부르고 마음은 걱정이 전혀 없다. 이렇게 걱정 없는 존재가 얼마나 환상인가에 대한 생각을 루소는 하지 않았을 수도 있다. 그는 입주 가정부와 5명의 아이를 낳고 5명 모두를 고아원으로 보낸 사람이다.

12 윈스턴 처칠^{Winston Churchill}(1932).

13 이스라엘 고고학자 오페르 바르 요세프^{Ofer Bar-Yosef}(1986)는 제리코의 벽^{Walls of Jericho}을 연구했는데 이 도시는 알려진 적이 없었고, 잔해가 쌓여서 오를 수 있다고 말했으며(만일 군사적 목적을 위해 지어진 것이라면 이를 방지했어야 했다), 제리코는 배수 유역 옆의 경사진 평원에 위치해 있으므로 아마도 거대한 이류泥流의 영향을 받았을 것이다.

14 미토콘드리아 DNA 연구에서 우리 종의 전체 인구수가 약 2000명으로 거의 멸종되었다가 멸종 직전 인구수를 회복한 것으로 나타났다(Behar et al., 2008). 이스라엘 하이파의 가족사학자 도론 베하르^{Doron Behar}에 따르면 "초기 인류의 서로 고립된 작은 무리 형태는 종으로서 우리의 전체 역사의 절반을 차지하는 기간에 나타났다"(Breitbart.com, 2008년 4월 25일).

15 더글러스 프라이^{Douglas Fry}(2006)는 정치적 단체 간의 무장된 전투로 정의된 전쟁에 대한 인류학적 문헌을 검토하며, 윈스턴 처칠과 다른 이들의 '전쟁 추정'에 반박한다. 살인에 대한 고고학적 증거는 풍부한 반면(살인은 부시먼 같은 현재의 수렵·채집인들 사이에도 흔하다), 전쟁에 대한 확실한 증거는 최대 1만 5000년 전으로 거슬러 올라간다. 또한 존 호건^{John Horgan}의 글 〈과학은 모든 전쟁을 끝낼 방법을 찾았는가?〉를 보라(*Discover*, 2008년 3월).

16 보노보와 침팬지는 우리와 가장 가까운 친척이며, 그들과 우리는 500~600만 년 전 살았던 것으로 추정되는 공통 조상을 갖고 있다. '전쟁이 아니라 사랑을' 추구하는 영장류로 알려진 보노보는 유난히 평화적인 것으로 유명하다(de Waal, 1997). 영역 경계에서 성적인 '어우러짐'을 처음 관찰한 것은 콩고 민주공화국에서 현장 연구에 평생을 바친 타카요시 카노^{Takayoshi Kano}가 이끈 일본 과학자들이었다(Kano, 1992). 사육 상태나 야생 보노보를 통틀어 보노보들 사이에 죽을 정도의 공격은 단 한 번도 목격된 적이 없는 반면 침팬지들 사이에서는 이런 공격이 수십 건이나 기록되어 있다(예를 들어, de Waal, 1986. Wrangham and Peterson, 1996). 최근 보노보가 원숭이를 사냥하고 죽인 것이 관찰되어 이

런 평화로운 이미지와 맞지 않는 것으로 해석되고 있는데, 포식은 싸움과 같지 않다. 포식은 공격성이 아닌 배고픔으로부터 동기가 부여되며, 다른 뇌 회로에 의해 일어난다. 따라서 초식동물들도 상당히 공격적일 수 있다. 이상의 논의는 〈이스켑틱eSkeptic〉에 실린 드 발의 글 〈좌와 우의 보노보Bonobos, Left & Right〉를 보라(2007년 8월).

17 폴리 위스너Polly Wiessner(개인적 소통). 원시시대 전쟁이 그룹 간의 연대로 인해 제약받은 점에 대해 더 알아보려면, 라스 로드세스Lars Rodseth 등(1991)과 위스너Wiessner(2001)를 보라.

18 엘리자베스 마셜 토머스Elizabeth Marshall Thomas(2006, p.213).

2장 다른 다윈주의

1 찰스 다윈은 나폴레옹의 착취에 대해 〈맨체스터 가디언The Manchester Guardian〉에 〈국가적·개인적 탐욕, 자연의 법칙에 따라 정당하다〉란 글을 쓴 저명한 지질학자에게 편지를 보내 항의했다(2782번 편지, 1860년 5월 4일, www.darwinproject.ac.uk).

2 캘리포니아 시미 밸리의 로널드 레이건Ronald Reagan 대통령 기념 도서관에서 열린 공화당 대통령 후보 토론 중(2007년 5월 3일).

3 허버트 스펜서Herbert Spencer(1864, p.414).

4 경쟁의 법칙에 대해 앤드루 카네기Andrew Carnegie(1889)는 이렇게 말했다. "이 법칙이 때로 개인에게 힘들 수는 있지만, 모든 부분에서 적자생존을 확실히 하기 때문에 종을 위해서는 최고입니다."

5 리처드 호프스태터Richard Hofstadter의 책 《미국 사상에서의 사회적 다윈주의Social Darwinism in American Thought》에 인용되었다(1944, p.45).

6 미국 사회의 연민(또는 그 결여) 문제에 대해서는 캔디스 클라크Candace Clark의 《미저리 앤드 컴퍼니Misery and Company》(1997)를 보라. 미국 인구의 약 3분의 1은 부유한 사람들이 가난한 사람들에게 빚진 것이 아무것도 없다고 생각한다(Pew Research Center, 2004). 하지만 《성경》에는 더 이상 명료할 수 없을 정도로 우리에게 "무력한 자의 방패가, 괴로움을 받는 궁핍한 자에게 방패가, 폭풍의 피난처가, 폭양의 그늘이" 되라고 촉구한다(〈이사야〉 25장 4절).

7 사회적 다윈주의자들은 자신의 이데올로기를 진화론과 동일시하는 오류를 저지를 뿐 아니라 그의 반대자들 또한 진화론을 비난하는 데 두 번 생각하지 않는다. 이 혼란은 미국 배우 벤 스타인Ben Stein이 이런 진술을 할 정도로 분명하게 오늘날까지 남아 있다. "다윈주의는 아마도 제국주의와 혼합되어 우리에게 사회적 다윈주의를 선사했다. 이는 잔인한 인종차별주의로서 진화적 절차를 가속화한다는 이름으로 유대인에 대한 홀로코스트와 다른 많은 이들의 대량 학살을 뒷받침했다"(www.expelledthemovie.com, 2007년 10월 31일).

8 특정한 성격 유형으로 스스로 선택된 미국인에 대해서는 피터 와이브로Peter Whybrow의
  《아메리칸 마니아American Mania》(2005)를 보라.

9 알렉시스 드 토크빌Alexis de Tocqueville, 《미국의 민주주의Democracy in America》(1835, p.284).

10 아인 랜드Ayn Rand의 《아틀라스 슈러그드Atlas Shrugged》(1957, p.1059)의 대표적인 구절에서
   소설의 주인공 존 갤트John Galt는 이렇게 주장한다. "당신의 행복의 성취는 당신의 삶에
   있어 유일한 도덕적인 목표라는 사실을 받아들여라. 그리고 그 '행복'은 당신의 도덕적
   진실성을 입증해준다. 당신의 가치를 성취하는 데 대한 충성심의 증거이자 결과이기 때
   문이다."

11 제시카 플랙Jessica Flack 등(2005).

12 60세인 스티브 스크바라Steve Skvara는 지난 10년 사이 의료 보험을 잃거나 의료비로 파산
   한 수백만 명의 미국인들 중 한 명이다. 그는 시카고에서 열린 AFL-CIO 대통령 후보
   포럼에서 진심 어린 질문을 해 유명인사가 됐다.

13 미국은 다른 어떤 나라보다 1인당 의료 서비스를 위해 돈을 가장 많이 내지만 대가로
   받는 것은 가장 적다. 종합적인 질적 수준으로서는 미국 의료 서비스가 세계 37위이고
   (세계보건기구, 2007), 가장 중요한 건강 지표(평균 수명)는 42위밖에 되지 않는다(국립보
   건통계센터, 2004). 또한 샤론 베글리Sharon Begley의 글 〈'세계 최고'의 신화The Myth of 'Best in the
   World'〉를 보라(Newsweek, 2008년 3월 31일).

14 밀턴 프리드먼Milton Friedman, 《자본주의와 자유Capitalism and Freedom》(1962, p.133).

15 〈비지니스 퍼스트 오브 콜럼버스Business First of Columbus〉에 실린 마이클 밀러Michael Miller의 글
   (2002년 3월 29일).

16 베서니 매클린Bethany McLean과 피터 엘킨드Peter Elkind의 《엔론 스캔들: 세상에서 제일 잘난
   놈들의 몰락Smartest Guys in the Room》(2003).

17 철학자 메리 미드글리Mary Midgley(1979)는 도킨스의 경고를 자신이 쓴 비유인 마피아 단
   원들의 주기도문에 신랄하게 비교했다. 나는 도킨스의 다음과 같은 주장처럼 이 비유를
   지나치게 확대하는 것에 항의했다(de Waal, 1996). "관대함과 이타주의를 가르치도록 해
   보자. 우리는 이기적으로 태어났으니까." 이는 유전자의 이기성을 심리적 이기성과 동
   일시한다. 《이기적 유전자The Selfish Gene》(2006, p.ix) 30주년 수정판에 이 문장이 빠져서 다
   행이다

18 주지사 소니 퍼듀Sonny Perdue는 2007년 11월 13일 애틀랜타에서 기도회를 열었다.

19 우리는 둘 다 행동생물학자이다. 즉 동물행동학 분야에서 일해온 동물학자이다. 게다가
   도킨스는 네덜란드인이자 1947년 옥스퍼드로 옮겨 간 행동생물학의 아버지 니콜라스
   틴베르헌Nikolaas Tinbergen의 제자이다. 틴베르헌은 네덜란드의 나의 스승들과 같은 전통의
   산물이다.

20 생물학자들은 다음 두 가지를 구분한다. (1) 한 종의 어떤 행동이 수백만 년을 거쳐 진화한 이유와 (2) 개체들이 지금 여기에서 어떻게 그 행동을 만들어내는지. 첫 번째를 어떤 행동이 존재하는 '궁극적' 이유라 하고, 두 번째를 그것을 만들어내는 '근접' 과정이라고 한다(Mayr, 1961. Tinbergen, 1963). 근접/궁극의 구분은 진화 사상에서 가장 어려운 것 중 하나이며, 의심의 여지 없이 가장 심하게 위반된 것이다. 생물학자들은 종종 근접적 단계를 희생하면서 궁극적 단계에 초점을 맞추고, 심리학자들은 정반대로 한다. 심리학에 관심이 있는 생물학자로서 나는 진화적인 틀이 잘 드러나는 근접적 시각(감정, 동기, 인지에 집중된)을 추구한다. '자율적 동기'에는 행동을 하게 되는 동기가 행동이 존재하는 궁극적 이유로부터 자유롭다는 개념이 숨어 있다. 만약 어떤 행동이 스스로에게 이익이 되기 때문에 진화되었더라도, 이 이유가 행동하는 자의 동기의 일부가 되어야 하는 것은 아니다. 그것은 마치 거미가 거미줄을 칠 때 파리를 잡으려고 작정해야 하는 것과 다름없다.

21 리처드 도킨스는 그의 다큐멘터리에서 '오발된 이기적 유전자들misfiring selfish genes'에 대해 말하며 같은 문제로 힘들어했다. 그가 뜻한 것은 인간의 친절함이 본래 진화됐던 이유보다 더 넓은 범위의 상황에 적용된다는 것이었다. 즉 자율적 동기를 갖고 있다는 것을 다른 방식으로 말한 것이다. 매트 리들리Matt Ridley(1996, p.249)가 《이타적 유전자The Origins of Virtue》에서 말했듯이 "우리의 마음은 이기적인 유전자들에 의해 만들어졌지만, 사회적이고 믿음직하고 협동적이도록 만들어졌다."

22 동물에서 희생이 큰 이타주의의 증거는 대체로 일화들이지만, 이는 우리 종에서도 마찬가지다. 우리가 의거할 수 있는 것은 가끔 미디어에 나오는 사례들뿐이다. 세 가지 전형적인 예는 다음과 같다.

- 50세의 공사장 노동자 웨슬리 오트리Wesley Autrey는 역으로 들어오고 있는 뉴욕 지하철 열차 앞으로 떨어진 남자를 구했다. 남자를 안전한 곳으로 끌어올리기엔 너무 늦었기 때문에 오트리 씨는 철로 사이로 뛰어내려서 남자를 아래로 누르고 자신이 그 위에 누워서 5량의 열차가 지나갈 때까지 있었다. 그는 이 영웅적인 행동을 대단치 않게 여겼다. "내가 그렇게 굉장한 일을 한 것 같진 않아요."(New York Times, 2007년 1월 3일).

- 캘리포니아 로즈빌에서 제트Jet란 이름의 검정색 래브라도는 방울뱀에게 위협당하고 있는 자신의 여섯 살 난 친구 케빈 하스켈Kevin Haskell 앞에 뛰어들어서 뱀의 독을 자신이 받았다. 그 소년의 가족은 반려견을 살리기 위해 수혈과 수의사 비용으로 4000달러를 썼다(KCRA, 2004년 4월 6일). 이 밖에 개가 행한 희생적인 이타주의를 보려면, 차들이 많이 달리는 칠레의 고속도로에서 다친 동료를 끌어내는 놀라운 영상을 보라. (www.youtube.com/watch?v=DgjyhKN_35g).

- 뉴질랜드 북섬의 해안에서 롭 호웨스Rob Howes와 수영 중이던 세 명의 사람들은 돌

고래들에 의해 둘러싸여 보호받았다. 돌고래들은 이들 주변에 밀착된 원을 만들어 함께 이들을 몰았다. 호웨스가 마음대로 헤엄치려고 하자 가장 큰 돌고래 두 마리가 그를 다시 둘러쌌고, 그때 그는 2.7미터 크기의 백상아리가 다가오는 걸 목격했다. 돌고래들은 이들을 40분 동안 둘러싸고 있다가 보내줬다(New Zealand Press Association, 2004년 11월 22일).

23 마이클 기셀린Michael Ghiselin(1974, p.247).

24 로버트 라이트Robert Wright(1994, p.344).

25 〈몬티 파이튼의 비행 서커스Monty Python's Flying Circus〉 중 '머천트 뱅커The Merchant Banker'라는 촌극, 1972.

26 《침팬지 폴리틱스Chimpanzee Politics》는 힘과 공격성에 초점을 맞춘 아르넴 동물원Arnhem Zoo의 정치 드라마에 관해 내가 쓴 책으로서 니콜로 마키아벨리Niccolò Machiavelli의 글에 상응하여 썼다. 그럼에도 불구하고 유리한 위치를 차지하려는 이 모든 행동의 맥락 중에서 나는 유인원들이 사회적인 관계를 유지하기를, 싸운 뒤에 화해하기를, 괴로워하는 이들을 위로하기를 대단히 필요로 한다는 것을 알게 되어 공감과 협동에 대해 생각하게 됐다. 루이Luit의 죽음은 나로 하여금 갈등 관리가 제대로 되지 않았을 때 이 동물들이 빠지는 심연에 대해 눈을 뜨게 해줬다.

27 모든 인간 사회는 세 가지의 기둥 사이에 고유의 균형 상태를 만들어야 한다. (1) 자원에 대한 경쟁 (2) 사회적 화합과 연대 (3) 지속가능한 환경. 세 가지의 기둥 사이에는 모두 팽팽한 긴장감이 있지만, 내 책은 첫 번째와 두 번째 사이의 긴장감에 대해서만 초점을 맞추고 있다.

3장 몸이 몸에게 하는 말

1 토머스 홉스Thomas Hobbes,《리바이어던Leviathan》(1651, p.43). "갑작스러운 기쁨은 그들을 찡그리게 만드는 '웃음'이라 불리는 정념이다. 이를 일으키는 것은 그들 스스로를 유쾌하게 하는 자신의 갑작스러운 행동이거나 혹은 다른 이의 추한 점을 자신과 비교해서 갑자기 스스로를 칭찬하는 때이다." 리처드 알렉산더Richard Alexander(1986)도 비슷한 관점을 표명했다.

2 로버트 프로빈Robert Provine은 《웃음: 과학적 연구Laughter: A Scientific Investigation》(2000)에서 뉴기니아 산악지대의 식인종에게서 발견되는 '쿠루Kuru'라는 퇴행성 질환에 대해 묘사한다. 이 병의 두드러진 특징은 과도한 웃음(누군가 혼자 발을 헛디뎌 넘어지는 걸 보고 웃는 것을 포함해서)인데, 심지어 걸리면 예외 없이 사망에 이르는 병인데도 그렇다.

3 오랑우탄의 영상을 프레임 단위로 분석한 결과 마리나 다빌라 로스Marina Davila Ross는 불수의적인 표정 모방을 발견했다. 한 유인원이 장난스러운 표정을 보이면—심지어 간지럽히기, 레슬링, 점프하기가 없을 때도—파트너는 곧바로 표정을 따라 했다(Davila Ross et al., 2007).

4 올리버 왈루신스키^{Oliver Walusinski}와 버트런트 데퓨트^{Bertrand Deputte}(2004). 찰스 다윈도 이미
   하품에 대해 보편적인 반사 작용이라고 언급했다. "개, 말, 그리고 사람이 하품하는 것
   을 보면, 모든 동물이 하나의 구조 위에 세워졌다는 것이 느껴진다"(Darwin's Notebook
   M, 1838). 우리 연구소에서도 매튜 캠벨^{Matthew Campbell}과 데빈 카터^{Devyn Carter}가 침팬지 연
   구를 진행하고 있다. 하지만 다른 형태의 기본적인 공감들처럼 하품이 옮는 것은 영
   장류에만 국한된 것이 아니다. 인간의 하품이 개의 하품을 유노하기노 한나(Joly-
   Mascheroni et al., 2008).

5 엄밀히 말해서 우리는 하품을 '따라' 하는 것이 아니다. 하품은 불수의적인 반사작용이
   기 때문이다. 우리가 말할 수 있는 것은 한 사람의 하품이 다른 이의 하품을 '유도'한다
   는 것이다. 스티브 플라텍^{Steve Platek}과의 인터뷰이다. "당신이 공감을 많이 하는 사람일
   수록, 하품하는 사람과 일치화를 많이 하고 스스로 하품하는 경험을 많이 할 것이다"
   (Rebecca Skloot, *New York Times*, 2005년 12월 11일).

6 이 일은 2007년 4월 네덜란드 에먼 동물원에서 일어났다. 또 다른 '집단 히스테리'는 샌
   프란시스코 동물원에 새로 들어온 여섯 마리의 펭귄이 이상한 습관을 무리에 유입하면
   서 일어났다. 모든 펭귄들이 몇 주 동안 원을 그리며 헤엄쳤다. 이들은 매일 아침부터
   시작해 땅거미가 질 때서야 완전히 지쳐 비틀거리면서 수영장을 나왔다. 펭귄 사육사는
   "전혀 통제가 안 된다"고 불평했다(Associated Press, 2003년 1월 16일).

7 이 말을 구출하는 장관에 음악을 붙인 영상이 있다(www.youtube.com/watch?v=i6vSv
   Ow-4U4).

8 이 개는 눈이 멀어 팀에서 빠졌는데 먹기를 거부해 다시 돌아왔다(*Canadian Press*, 2007년
   11월 19일). 나는 이소벨^{Isobel}의 이야기를 보면 다윈의 '늙고 완전히 장님인 아주 뚱뚱했
   던 펠리컨'에 대한 설명이 떠오른다. 다윈은 다른 새들이 그 장님인 새에게 먹이를 먹여
   줬을 것이라는 추측을 했지만, 나는 이 새가 이소벨처럼 밀집된 펠리컨 대형 속에서 소
   리와 공기 흐름에 의존해서 다른 새들을 따라 먹이를 먹는 장소로 간 것은 아닐까 의심
   한다. 하지만 그렇다면 눈이 먼 새가 어떻게 물고기를 잡는지 여전히 의문점으로 남는다.

9 제인 구달^{Jane Goodall}(1990, p.116).

10 자폐 범주성 장애가 있는 11세의 어린이들은 같은 나이의 다른 어린이들과 똑같은 양
   의 하품을 하지만, 하품하는 비디오를 보면서 하품을 하지는 않고, 반면 일반적으로 발
   달한 어린이들은 눈에 띄게 하품하는 횟수가 증가하였다(Senju et al., 2007).

11 거울 뉴런이 입의 움직임을 따라 하거나 표정을 흉내 내도록 하는 역할을 할 수 있다는
   것은 명백하다(예를 들어 Ferrari et al., 2003). 하지만 이는 여전히 다른 개체의 어느 신체
   부위가 나와 대응되는지 이미 알고 있어야만 하는 문제를 해결하지 못한다.

12 루이스 허먼^{Louis Herman}(2002)은 돌고래의 모방에 대해 설명했고, 브루스 무어^{Bruce}

^{Moore}(1992)는 아프리카 회색 앵무새에 대해 설명했다. 이 새는 소리뿐 아니라 몸의 움직임도 모방한다. 그는 무어가 보여준 그대로 "챠오"라고 말하면서 발이나 날개를 흔들어 인사하거나, "헛바닥 봐"라고 말하면서 혀를 내민다. 즉 이 새는 자신과 완전히 다른 종을 두고 대응 문제를 해결했다.

13 백악관 대언론 공식 발표(2004년 9월 2일)에서 조지 부시를 인용했다. "사람들은 저에게서 일종의 거들먹거림을 보죠. 텍사스에선 이걸 '걷는 것'이라고 합니다."

14 일레인 햇필드^{Elaine Hatfield}, 존 카치오포^{John Cacioppo}, 리처드 랩슨^{Richard Rapson}의 책 《감정 전이^{Emotional Contagion}》에 인용되었다(1994, p.83). 이 책은 모방과 감정 전이에 대해 훌륭한 개괄을 제공하는데, 내가 사용하는 인간의 예 몇 가지가 이 책에서 왔다.

15 앤 루슨^{Anne Russon}(1996)은 보호소의 오랑우탄들이 사람 관리인을 따라서 해먹을 달고 설거지를 하는 모습을 설명한다. 이들은 또한 드럼통에서 관을 이용해 휘발유를 옮기는 것처럼 달갑지 않은(즉 보상이 없는) 활동도 따라 했다.

16 실험을 하는 동안 유인원만 종의 장벽을 겪는 것처럼(예를 들어 Tomasello, 1999. Povinelli, 2000. Hermann et al., 2007) 유인원들은 전통적으로 인간 어린이와 불공평한 비교를 당해 왔다. 이젠 유인원 대 유인원 실험으로 나아갈 때이며, 이는 생태적 타당성이 훨씬 높고 최근 몇 년간 주목할 만한 발견을 배출해냈다(de Waal, 2001; Boesch, 2007; de Waal et al., 2008).

17 '모방^{imitation}'의 고전적 정의는 어떤 행동이 실행되는 걸 봄으로써 배우는 것이다 (Thorndike, 1898). 이 정의는 용어의 통상적인 의미—본문의 '손가락이 끼였어요' 시늉을 포함해서—를 포함하지만, 더 좁은 정의가 보편적이 되었다. 이른바 진정한 모방에는 다른 이의 목표를 달성하기 위한 기술을 따라 하는 것뿐 아니라 목표를 인식하는 것도 수반된다(Whiten and Ham, 1992). 하지만 나는 예전의 더 넓은 의미의 용어를 선호하는데, 이는 단순히 내가 모든 종류의 모방은 진화적으로, 그리고 신경학적으로 연속적이라고 생각하기 때문이다.

18 세인트앤드루스 대학교의 심리학과 영장류학 교수인 앤디 위튼^{Andy Whiten}은 유인원의 모방을 실험해보기 위해 두 가지 작동 방법 패러다임을 개발했다. 그는 애틀랜타의 우리 '리빙 링크스 센터^{Living Links Center}'와 팀을 이뤄 이 패러다임을 무리 생활을 하는 침팬지들에게 적용했다. 그 결과는 유인원의 모방을 강력하게 뒷받침했고(예를 들어 Bonnie et al., 2006; Horner and Whiten, 2007; Horner et al., 2006; Whiten et al., 2005), 여전히 논쟁 중인 동물의 '문화'와 연관된다(예를 들어 de Waal, 2001; McGrew, 2004; Whiten, 2005).

19 젊고 비교적 작은 침팬지라 해도 근육의 힘은 어른 남자 여러 명을 합친 것과 같다. 어른 침팬지는 무장이 안 된 인간의 통제를 완전히 벗어나며 사람들을 죽이는 것으로 알려져 있다.

20 리디아 호퍼Lydia Hopper는 투명한 낚싯줄로 조정되는 상자로부터 225번이나 음식을 꺼낸 다음 침팬지들에게 낚싯줄이 없는 똑같은 상자를 조작할 기회를 주는 실험을 했다. 침 팬지들은 뭘 해야 할지 감을 잡지 못했다(Hopper et al., 2007).

21 정신 작용이 '우리 몸을 통해서' 일어난다고 말하는 것은 정신 작용이 우리 뇌에서 신경 적 재현과 그와 동반되는 우리 신체의 자기 수용적 감각을 통해 일어난다는 말의 축약 이다. 그 예로 주어진 것은 지각(Proffitt, 2006)과 피아니스트의 자기 인지이나(Repp and Knoblich, 2004).

22 세라 마셜 페시니Sarah Marshall-Pescini와 앤드루 위튼Andrew Whiten(2008)이 찍은 영상. '모방으 로 가는 지름길'은 모든 모방이나 따라 하기에 있어 다른 이의 목표, 방법, 보상을 정말 로 이해해야 하는 것은 아니라는 뜻이다. 무의식적인 근육 운동 따라 하기는 그런 인지 적 판단을 건너뛰고 대상과의 신체적 근접성을 기반으로 빠르게 학습할 수 있게 한다 [유대감과 일치화 기반 관찰 학습, 또는 BIOL과 비교하라(de Waal, 2001)].

23 케이티 페인Katy Payne의 《소리 없는 천둥Silent Thunder》(1998, p.63).

24 앤드루 멜초프Andrew Meltzoff와 케이스 무어Keith Moore(1995). 마카크 원숭이들 또한 자신이 모방되고 있다는 것을 알아보며(Paukner et al., 2005), 유인원은 인간 어린이가 하듯이 모 방자를 실험해보기도 한다(Haun and Call, 2008).

25 네덜란드의 식당 계산서는 서비스 비용을 포함하기 때문에 팁이 적다. 그럼에도 불구하 고 주문을 따라 하라는 과학자들의 지시를 따른 웨이트리스는 팁을 더 많이 받았다(van Baaren et al., 2003).

26 인간의 따라 하는 습성은 실제로 '카멜레온 효과'라고 알려져 있다(Chartrand and Bargh, 1999).

27 조 마셜Joe Marshall과 지토 수가르드지토Jito Sugardjito(1986, p.155).

28 토마스 가이스만Thomas Geissmann과 마티아스 오르겔딩거Mathias Orgeldinger(2000). 〈슈피겔 온 라인Spiegel Online〉(2006년 2월)의 인터뷰에서 온 인용문이다. 동맹을 맺은 수컷 병코돌고래 쌍에게도 이와 비슷한 목소리 수렴이 나타난다. 유대가 강할수록 그들이 내는 소리는 서로 아주 비슷하다(Wells, 2003).

29 '감정 이입Einfühlung'이라는 단어는 더 이전의 독일인 심리학자 로버트 피셔Robert Vischer로 부터 왔다. 립스Lipps의 말에 따르면 '감정 이입'은 우리로 하여금 다른 자아das andere Ich나 외부의 자아das fremde Ich에 대한 지식을 얻게 해준다. 슐로스베르거Schloßberger(2005)와 갈 레세Gallese(2005)도 보라. 독일어에는 이 용어에 대한 변형이 풍부하다. 들어가 느끼다, 함께 느끼다, 다른 이와 함께 고통받다—각 과정은 고유의 한 단어로 표시된다. 그리고 그 반대도 있다. Schadenfreude(직역하면 다친 것에 대한 즐거움)는 다른 사람의 고통에서 즐거움을 얻는다는 뜻을 가진다.

30 울프 딤베리Ulf Dimberg 등(2000). 최근 스테파니 프레스턴Stephanie Preston과 브렌트 스탠스필

드Brent Stansfield(2008)의 연구에서 표정 정보를 살짝 흘려주는 것에 심지어 개념과 의미론적 수준의 정보까지 포함된다는 사실이 드러났다.

31 "다른 사람의 얼굴 표정, 목소리, 자세, 움직임을 자동적으로 따라 하고 그에 맞춰 결과적으로 감정을 수렴시키는 경향"으로 정의되어 있다(Hatfield et al., 1994 p.5).

32 전염성 울음에 대한 연구에서 여자 아기가 남자 아기보다 더 강한 반응을 보이는 것으로 나타났다. 어떤 연구들에서는 다양한 소리로 실험했다. 아기들은 자신의 울음소리, 더 나이 많은 어린이의 울음소리, 침팬지의 비명 소리, 컴퓨터로 만든 울음소리보다 다른 아기들이 내는 진짜 울음소리에 가장 강하게 반응했다(Sagi and Hoffman, 1976. Martin and Clark, 1982).

33 톰 스토파드Tom Stoppard(2002)의 희곡 〈유토피아의 해변The Coast of Utopia〉에서.

34 조지프 루커Joseph Lucke와 대니얼 배트슨Daniel Batson(1980)은 쥐가 자신이 충격을 주는 동료에 대해 걱정하는지 판단해보려 했으며 걱정하지 않는다고 결론 내렸다. 물론 이것은 쥐들이 다른 이의 괴로움에 감정적으로 영향을 받을 수 있다는 점을 부정하는 것은 아니다.

35 미국 공영 라디오 방송(2006년 7월 5일)에서 제프리 모길Jeffrey Mogil. 쥐의 측은지심에 대한 연구는 데일 랭퍼드Dale Langford 등(2006)이 발표했다.

36 노인의학 전문의인 데이비드 도사David Dosa(2007)는 〈고양이 오스카의 하루〉를 게재하며 이렇게 말했다. "침대 옆에 그가 있는 것만으로 의료진과 요양원 직원들은 임종이 임박했다는 거의 확실한 지표로 봤고, 이로써 직원들은 가족들에게 적절한 시간에 알릴 수 있었다. 오스카는 그가 아니면 혼자 죽었을 사람들에게 동무가 되어준 것이다"(p.329).

37 자기보호적 이타주의는 다른 이가 느끼고 있는 상태에 의해 일어난 부정적인 감정을 줄이기 위한 것이므로 공감에 기반한 것이다. 나는 여기에서 이타주의라는 말을 생물학적 의미로 사용하고 있다. 자신이 비용을 치르고 다른 이에게 이익을 주는 행동이며 그 다른 이에게 미치는 영향이 의도된 것인가는 관계없다(2장).

38 로버트 밀러Robert Miller(1967, p.131)를 인용.

39 동물 연구의 윤리라는 주제는 결코 끝나지 않는 논쟁이며 때론 험악한 논쟁이 된다. 내 연구는 긴급한 의학적 문제를 해결하기 위한 것이 아니므로 나는 침습적인 방식에 대한 정당성이 거의 없다고 느낀다. 경험상 생긴 나의 개인적인 두 가지 원칙은 (1) 무리 생활을 하는 (한 마리씩 가둬두는 것이 아닌) 영장류만 연구하며 (2) 사람 자원봉사자에게 똑같이 적용할 수 있을 정도로 스트레스가 없는 방법을 사용한다는 것이다.

40 이 원숭이 프로젝트는 필립포 아우렐리Filippo Aureli와 동료들이 수행하고 논문으로 발표했다(1999). 클라우디아 워셔Claudia Wascher 등(2008)이 수행한 거위의 심장 박동 연구에서는 송신기를 이식한 새들이 자신의 짝이 다른 새들과 문제를 겪는 것을 보는 것만으로도 감정적으로 흥분한다는 것을 밝혔고, 이는 새에게서 감정 전이가 일어난다는 것을 암시한다.

41 주목할 만한 예외는 심리학자인 윌리엄 맥두걸William McDougall(1980, p.93)이다. 그는 떼 지
    어 생활하는 동물들의 공감을 인식했으며 공감의 특성에 대해 다음과 같이 통찰력 있는
    설명을 제시했다. "모든 동물 사회를 단단히 묶어주고, 무리의 모든 구성원들의 행동을
    조화롭게 만들어주며, 사회생활에 있어 최고의 장점들을 성취할 수 있도록 결속시키는
    것."

42 공감은 신경계의 특성에 의손한다. 그 특성은 (1) 다른 이의 감정과 행동을 지각힘으
    로써 자신의 감정과 행동을 일으키는 신경 기질을 활성화시키고 (2) 이렇게 활성화
    된 내적 상태를 이용해 다른 이에게 접근하고 이해하는 것이다. 이 아이디어는 립스
    Lipps(1903)의 《내적 흥내innere Nachahmung/inner mimicry》에 대한 글로 거슬러 올라간다. 스테파
    니와 나는 이를 공감의 지각-행동 메커니즘으로 재구성했다(Preston and de Waal, 2002).
    사람은 다른 사람의 상황을 단지 상상만 해도 자동적으로 이 신경 기질이 활성화된다.
    따라서 실험 주체에게 역지사지로 생각해보라고 하면 이들의 뇌는 자기가 관여된 비슷
    한 상황을 떠올렸을 때와 유사하게 활성화된다(Preston et al., 2007).

43 핑크 플로이드Pink Floyd의 앨범 〈메들Meddle〉(1971)에 수록된 〈에코Echoes〉에 대해 밴드 멤
    버 로저 워터스Roger Waters가 인터뷰에서 이렇게 말했다고 한다. "여기에는 저의 반복된
    주제인 길에서 스쳐 지나가는 모르는 사람에 대한 가사를 담고 있습니다. 다른 사람에
    게서 자신을 발견하고 공감을 느끼고 인간 종에 연결됨을 느낀다는 발상입니다"(USA
    Today, 1999년 8월 6일).

44 빌라야너 라마찬드란Vilayanur Ramachandran. "나는 DNA가 생물학에 한 일을 거울 뉴런이 심
    리학에서 할 것이라 예상한다. 통일된 틀을 제공하고, 지금까지 불가사의로 남아 있으
    며 실험해볼 수 없었던 많은 정신적 능력을 설명하는 데 도움을 줄 것이다"(Edge.org,
    2000년 6월 1일). 하지만 거울 뉴런이 정확히 얼마나 모방과 공감으로 통역되는지는 불명
    확한 것으로 남아 있다. 그러나 비토리오 갈레스Vittorio Gallese 등(2004)과 마르코 야코보니
    Marco Iacoboni(2005)를 보라. 거울 뉴런은 새에게서도 발견되었으며, 따라서 지각-행동 메
    커니즘은 어쩌면 포유류와 새들의 파충류 공통 조상으로까지 거슬러 올라갈 수도 있다
    (Prather et al., 2008).

45 프레스턴Preston과 드 발de Waal(2002)에 대한 비평.

46 앞서 언급한 원숭이 실험에서도 친숙함이 공감적 반응을 향상시켰다(Miller et al., 1959.
    Masserman et al., 1964).

47 공감의 집단 내 편향에 관해서는 Stefan Stürmer et al.(2005)을 보라.

48 제인 구달Jane Goodall(1986, p.532).

49 붉은털원숭이는 동종의 두려워하는 자세의 사진을 피했고, 이는 부정적인 자극 조건보
    다 더 강한 반응을 일으켰다(Miller et al., 1959).

50 감정이 일치하는 사진(즉, 얼굴과 몸이 같은 감정을 표현하는)일 때 반응 시간은 평균 7.74초

였고, 감정이 불일치하는 사진(즉, 얼굴과 몸이 반대의 감정을 표현하는)일 때는 8.40초였다. 그래도 둘 다 1초 안에 일어난다(Meeren et al., 2005).

51 베아트리체 드 겔더^{Beatrice de Gelder}(2006)는 몸 우선론(제임스-랑게 이론이라고도 한다)과 감정 우선론을 대조한다. 후자는 두 개의 긴밀히 통합된 단계에 의해 일어난다. 지각-행동 메커니즘과 다르게 빠르고 반사적인 과정과 자극을 맥락 속에서 보다 느리고 인지적으로 평가하는 과정이다.

52 얼굴은 개인의 정체성이 자리 잡고 있는 곳이다. 우리가 누구와 상대하고 있는지가 일치화를 결정하며, 이는 다시 우리의 반응에 영향을 준다.

53 이 절묘한 문구와 파킨슨병 환자의 예는 조내선 콜^{Jonathan Cole}(2001)에게서 인용했다.

54 모리스 메를로 퐁티^{Maurice Merleau-Ponty}(1964, p.146).

55 얼굴 이식을 한 익명의 여인. "Je suis revenue sur la planète des humains. Ceux qui ont un visage, un sourire, des expressions faciales qui leurpermettent de communiquer"("La Femme aux Deux Visages," Le monde, 2007년 6월 7일).

4장 역지사지

1 애덤 스미스^{Adam Smith}(1759, p.317).

2 마틴 호프만^{Martin Hoffman}(1981, p.133).

3 풀네임은 나데즈다 니콜라예브나 라디기나 코츠^{Nadezhda Nikolaevna Ladygina-Kohts}. 1889년에서 1963년까지 살았고, 모스크바 다윈 박물관의 설립자인 알렉산드로 표도로비치 코츠^{Aleksandr Fiodorovich Kohts}의 아내였다.

4 2007년 모스크바 다윈 박물관은 100주년을 기념하며 역사적인 사진들을 전시했고, 박물관 스태프가 내게 선구적인 연구를 하는 코츠의 사진을 보여줬다. 요니 및 다른 영장류와 한 일 외에도 그녀가 큰 카커투앵무새로부터 물건을 받는 모습과 마코앵무새에게 세 개의 컵을 올린 쟁반을 내밀어 선택하도록 하는 사진도 봤다. 코츠의 실험은 매우 현대적인 모습을 하고 있었으며, 종종 얼굴에 미소를 띠고 있어 자신의 일을 좋아하는 것이 명백했다. 그녀는 볼프강 쾰러^{Wolfgang Köhler}와 같은 시기에 영장류의 도구 사용을 실험했고, 어쩌면 아직까지도 시각 인지 연구에 보편적으로 사용되는 표본 대응 기술의 창안자일 수도 있다. (7개의 저서 중) 유일하게 영어로 번역된 코츠의 책은 《아기 침팬지와 인간 어린이^{Infant Chimpanzee and Human Child}》(2002)로 본래 1935년 러시아에서 출판되었다.

5 라디기나 코츠^{Ladygina-Kohts}(1935, p.121).

6 로렌 위스페^{Lauren Wispé}(1991, p.68).

7 에이브러햄 링컨^{Abraham Lincoln}이 진흙탕에 빠져 울고 있는 돼지를 돌보기 위해 마차를 세우고 자신의 고급 바지를 더럽혀가며 돼지를 꺼냈다는 이야기가 있다. 심지어 《에이브 링컨과 진흙투성이 돼지^{Abe Lincoln and the Muddy Pig}》(Krensky, 2002)라는 어린이 책도 있다.

8   인간 동정심의 제약에 관한 이 실험은 고전이 되었다. 이 실험은 존 댈리[John Darley]와 대니얼 배트슨[Daniel Batson](1973)이 수행했다.

9   위로 행동은 유인원에게 너무 흔해서 이젠 양적으로 상세히 묘사한 연구가 최소한 10여 개는 된다. 최근에는 올라이츠 프레이저[Orlaith Fraser] 등(2008)이 위로에는 받는 이의 스트레스를 낮추는 효과가 있다는 것을 확인했다. 본문에서 언급된 대규모 분석은 우리 침팬지들 사이에 일어난 20만 건 이상의 사회석인 사선을 남은 컴퓨터 기록으로도 테레사 로메로[M. Teresa Romero]가 수행하고 있다.

10 로버트 여키스[Robert Yerkes](1925, p.131)에게서 인용했다. 여키스는 프린스 침이 죽을병에 걸린 자기 친구 팬지에게 보인 관심에 굉장히 감명받아서 이렇게 시인했다. "내가 만약 침팬지를 향한 그의 이타적이고 명백하게 동정적인 행동을 설명한다면 유인원을 이상화한다는 혐의를 받아야 할 것이다"(p.246).

11 피터 보스[Peter Bos](직접 소통).

12 벨기에의 연구로 안네미에케 쿨스[Anemieke Cools] 등(2008)이 수행했다.

13 늑대에 대해서는 아직 위로(예를 들면, 구경하던 늑대가 속상해하는 늑대를 안심시켜주는 것)에 대한 똑같은 증거가 없지만, 늑대의 화해(예를 들면, 싸운 늑대들끼리 재결합하는)에 대해서는 지아다 코르도니[Giada Cordoni]와 엘리자베타 팔라기[Elisabetta Palagi](2008)가 관찰한 일들이 있다.

14 앤서니 스워포드[Anthony Swofford](2003, p.303).

15 알 챙[Al Chang]의 1950년 사진에 영감을 받아 내가 그림을 그렸다.

16 케이트 머피[Kate Murphy]가 폴 로젠블라트[Paul Rosenblatt]와 한 인터뷰(*New York Times*, 2006년 9월 19일).

17 〈엄격한 스킨십 금지 규칙을 집행하는 학교〉(Associated Press, 2007년 6월 18일).

18 나는 위스콘신 매디슨의 빌라스파크 동물원에서 큰 붉은털원숭이 두 무리를 10년 동안 연구했다. 붉은털원숭이는 번식기를 가진다. 매년 봄 약 25마리의 아기들이 거의 같은 시기에 태어난다. 이 때문에 동갑내기 한 무리가 만들어지는데, 이들은 장난기, 졸음, 괴로움에 있어 서로 굉장히 일치했다(de Waal, 1989).

19 자연에는 한 종의 구성원이 아주 중요한 기술을 습득하는 데 도움이 되는 선천적 경향이 굉장히 많다. 예를 들면, 흰목꼬리감기원숭이는 자기가 열지 못하는 작은 물건을 탕 하고 치는 억누를 수 없는 경향을 갖고 태어나 몇 시간이고 열성적으로 그렇게 한다. 고양이는 자신이 덮칠 수 있을 정도로 작고 움직이는 물체라면 뭐든 시선을 고정시키는 억누를 수 없는 경향을 타고났다. 이런 경향들은 경험과 학습을 통해 점차 흰목꼬리감기원숭이가 야생에서 하듯 돌로 견과류를 깨뜨리는 기술에 포함되거나(Ottoni and Mannu, 2001), 모든 고양이가 하듯 몰래 추적하고 사냥하는 기술에 포함된다. 지레걱정은 추가 학습을 촉진하는 또 다른 선천적 경향이다.

20 공감은 여러 겹으로 된 러시아 인형과 같다. 오래된 지각-행동 메커니즘과 감정 전이가 그 중심에 있고 그 주변은 지금까지 만들어져온 것 중 가장 복잡한 것들로 둘러싸여 있다(de Waal, 2003. 7장).

21 에밀 멘젤Emil Menzel(1974, pp.134~135).

22 니콜라스 험프리Nicholas Humphrey(1978)의 동물을 '자연적 심리학자들'(즉, 다른 이의 마음을 모델링하는)로 보는 사상과 결합된 에밀 멘젤의 작업(예를 들면, Menzel, 1974; Menzel and Johnson, 1976)은 데이비드 프리맥David Premack과 가이 우드러프Guy Woodruff(1978)의 영향력 있는 개념 '마음 이론'보다 앞서거나 동시에 일어났다. 후자의 작업은 멘젤이 펜실베이니아 대학교에서 프리맥과 함께 일하기 시작한 지 몇 년 후에 발표되었다. 마음 이론은 다른 이의 정신적인 상태를 알아볼 수 있는 능력을 말한다.

23 맥시의 확신이 틀렸기 때문에 이는 '잘못된 확신' 과제라고 알려져 있다. 하지만 이 과제는 언어에 너무 많이 의존하기 때문에 언어 능력이 결과에 영향을 미친다. 만약 언어의 역할이 줄어들면 더 어린 나이의 어린이들이 이해하고 확신하는 증거를 보이며, 이는 지금까지 추정된 것보다 더 단순한 과정임을 시사한다(Perner and Ruffman, 2005).

24 〈이코노미스트The Economist〉(2004년 5월 13일)에서 토마스 부그니아Thomas Bugnyar와의 인터뷰. 부그니아와 베른트 하인리히Bernd Heinrich(2005)를 보라. 새의 관점 바꾸기에 대해 더 나아간 증거는 조앤나 댈리Joanna Dally 등(2006)에서 제시되었다.

25 사람만이 마음 이론을 갖고 있다는 주장에 처음으로 구멍을 낸 실험은 브라이언 헤어Brian Hare 등(2001)이 여키스 영장류 센터의 우리 침팬지들로 한 연구다. 이들은 계급이 낮은 유인원이 먹이에 다가가기 전 우월한 경쟁자의 지식을 참고한다는 것을 보여줬다. 더 발전시켜 성공한 유인원 연구에 대해서는 마이클Michael Tomasello과 조셉 콜Josep Call(2006)의 보고서가 있다. 하지만 또한 새(위), 개(Virànyi et al., 2005), 원숭이(Kuroshima et al., 2003; Flombaum and Santos, 2005)의 관점 바꾸기에 대한 증거도 주목하라.

26 동정심에 대한 애덤 스미스Adam Smith(1759, p.10)의 고전적인 묘사. 반면 냉정한 관점 바꾸기가 흔히 마음 이론으로 알려져 있는 것과 더 가까울 것이다. 비록 '이론'이라는 단어가 추론하는 방법으로 다른 이에 대한 자신의 추정과 추상적 생각이며 증거가 없다는 잘못된 인식을 주지만(de Gelder, 1987; Hobson, 1991). 관점 바꾸기는 그보다는 3장에서 논의한 무의식적인 몸의 연결에서부터 발달된다.

27 〈시드니 모닝 헤럴드The Sydney Morning Herald〉(2008년 2월 14일).

28 이 침팬지 밧줄 사건은 예블레의 푸루빅 공원에서 일어났으며 영장류 큐레이터 잉 마리 퍼슨Ing-Marie Persson이 내게 설명해줬다.

29 에밀Emil은 1929년에 태어났다. 인터뷰는 2000년에 했다. 몇 년 후 그의 전前 학생 중 하나가 나에게 글을 썼다. "저는 현재 발달심리학 교수로 일하고 있습니다. 한번은 우리 마모셋원숭이 무리가 있는 온실로 가는 길에 에밀 교수님의 침팬지들이 나와서 돌아다

니는 복도를 걸어 지나가야 했습니다. 저는 침팬지들 옆을 지나가기가 좀 무서웠는데, 어린 침팬지인 켄턴Kenton이 제게 걸어와 부드럽게 제 손을 잡고 다른 침팬지들을 지나 복도를 걸어가도록 이끌었습니다. 제가 침팬지의 공감 능력을 직접 본 겁니다!"(앨리슨 내시Alison Nash와 직접 소통).

30 이 강의는 웨슬리언대학에서 한 것이고 고압적인 의장은 리처드 헌스타인Richard Herrnstein (1930~1994)으로 당시 가장 유명한 스키너주의자 중 한 명이었다. 헌스타인은 비둘기가 침팬지를 쉽게 대체할 수 있다고 느꼈는데, 이는 스키너B. F. Skinner의 의견과 비슷하다. "비둘기, 쥐, 원숭이, 무엇이 무엇인가? 상관없다"(Bailey, 1986).

31 이 침팬지 탈출은 멘젤(1972)이 〈젊은 침팬지 무리의 즉흥적인 사다리 발명〉으로 발표했다.《침팬지 폴리틱스Chimpanzee Politics》에서 나는 이와 매우 유사한 협동 탈출에 대해 묘사했다(de Waal, 1982).

32 "경찰관이 지진 고아들에게 젖을 먹이다"(CNN International, 2008년 5월 22일).

33 데이비드 로드키파니체David Lordkipanidze 등(2007)이 180만 년 된 화석을 발견했다.

34 제인 구달Jane Goodall (1986, p.357).

35 가장 잘 알려지고 영상으로 녹화된 일화는 시카고 브룩필드 동물원에서 일어난 사람 아이를 구조한 일이다. 1996년 8월 16일 여덟 살의 고릴라 빈티 후아Binti Jua는 5.5미터 아래의 영장류 전시관으로 떨어진 세 살배기 남자아이를 구했다. 그 고릴라는 냇가의 통나무에 앉아 아이를 무릎에 고이 안고 부드럽게 등을 토닥거린 후 가던 길을 갔다. 이 동정 어린 행동은 많은 사람들의 마음에 감동을 줬고 하룻밤 새 빈티를 유명인으로 만들었다(빈티는 〈타임Time〉지의 1996년 '올해 최고의 인물' 중 하나로 뽑혔다). 비슷한 일화가 계속 늘어나고 있다. 나는《굿 네이처드Good Natured》(1996)나《보노보Bonobo》(1997)의 이야기처럼 이전에 사용한 이야기는 반복하지 않으려 한다. 체계적인 개관은 상지다 오코넬Sanjida O'Connell(1995)이 종합했다.

36 침팬지 실라Sheila와 세라 간의 관계는 침프 헤이븐에 근무하는 에이미 풀츠Amy Fultz가 내게 설명해줬다. 침프 헤이븐은 루이지애나 슈리브포트 근처에 있다. 에이미는 또 신장질병으로 정상적인 생활을 못 하는 침팬지에게 일부러 먹이를 갖다 주는 한 침팬지에 대해서도 설명해줬다. 침프 헤이븐(나도 관여하고 있다)에 대한 정보와 후원하는 방법은 www.chimphaven.org를 보라.

37 동물들이 다른 이를 대신해서 심각한 위험을 절대 감수하지 않는다는 의견은 제러미 케이건Jeremy Kagan(2000)이 주장했다. 유인원이 다른 이를 구하기 위해 물에 뛰어든 예시들은 제인 구달Jane Goodall(1990, p.213)과 로저 포츠Roger Fouts(1997, p.180)에게서 인용된 것이다. 워쇼Washoe가 알게 된 지 몇 시간밖에 되지 않은 다른 암컷을 구한 예시도 이에 포함된다. 익사한 어미와 아들 일은 더블린 동물원에서 일어났다(Belfast News Letter, 2000년 10월 31일).

38 돕는 행동은 혈연관계나 호혜의 맥락에서 진화했을 수도 있지만 침팬지들이 실제로 호의가 돌아오는 걸 기대한다는 증거는 거의 없다(6장). 분명히 그런 예측을 할 수 있는 인간조차도 불타는 건물로 뛰어 들어가거나 물속으로 뛰어들면서 호의가 돌아오길 생각하는 사람이 있을지는 의문이다. 그 충동은 감정적인 것일 공산이 크다. 다시 말하지만 행위자가 어떤 행동을 하는 이유와 그 행동이 진화된 이유가 반드시 겹쳐야 하는 것은 아니며, 정말로 자신의 이익을 위한 것일 수도 있다(2장).

39 크리스토퍼 보시Christopher Boesch(직접 소통)는 코트디부아르의 침팬지들이 주기적으로 포식당하는 일을 기록했다. 침팬지들은 표범의 공격에 대항해 서로를 도와주며, 이는 서로를 대신해 죽을 위험을 무릅쓰는 것이다.

40 아이들은 네 살쯤 되면 믿음에 초점을 맞춘 전통적인 마음 이론 과제를 통과한다. 하지만 다른 이들이 느끼는 것, 필요한 것, 원하는 것은 훨씬 더 일찍, 보통 두세 살에 이해한다(Wellman et al., 2000). 더 나이 많은 아이들이 빨간 망토 소녀 이야기에서 겪는 괴로움은 감정적 일치화 때문인 것으로 보이는데, 이는 믿음 때문이라는 의견에 손상을 주는 의견이다(Bradmetz and Schneider, 1999).

41 '문화 영장류학'이라고도 알려진 영장류 풍습과 전통은 《원숭이와 초밥 요리사The Ape and the Sushi Master》(de Waal, 2001)의 주제다. 마할레 침팬지들의 사회적 등 긁기에 대한 상세한 내용은 미치고 나카무라Michio Nakamura 등(2000)을 보라.

42 원숭이들이 다른 이의 지식이나 확신을 이해한다는 증거는 거의 없지만 그렇다고 다른 이의 관심, 의도, 또는 욕구를 이해하지 못하는 것은 아니다. 유코 하토리Yuko Hattori가 수행한 우리의 먹이 공유 실험은 방금 먹이를 먹은 파트너, 안 먹은 파트너, 그리고 통제 조건으로서 불투명한 판 뒤에 있어서 방금 먹이를 먹었는지에 대해 알 수 없는 파트너의 반응 검사였다.

43 흰목꼬리감기원숭이들은 파트너가 처음 보는 원숭이이거나 눈에 보이지 않으면 친사회적인 선택을 하지 않았다(de Waal et al., 2008. 6장). 이와 비슷한 친사회성 선호를 주디스 버캇Judith Burkart 등(2007)과 벤카트 락슈미나라야난Venkat Lakshminarayanan · 로리 산토스Laurie Santos(2008)가 원숭이에게서 입증했다.

44 이 문장은 조앤 실크 등(2005)이 과학 기사의 실제 제목으로 썼다. 비슷한 결과가 케이트 젠센Keith Jensen 등(2006)에 의해서도 보고됐다. 하지만 음성적 발견을 해석하기란 거의 불가능하다(de Waal, 2009). 한 가지 흔한 문제는 동물들이 과제를 완전히 이해하지 못할 수 있다는 것이다. 예를 들어, 이들이 눈으로 보지 않는 정례화된 일상을 만들어내거나 또는 파트너에게 무슨 일이 있는지 알아차리지 못할 정도로 멀리 떨어져 있으면 사회적으로 무관심한 선택을 하는 것으로 나타날 수도 있지만 사실 통계적으로 무작위적이라고 보는 편이 더 잘 설명된 것이다.

45 펠릭스 바르네켄Felix Warneken 등(2007)은 보상이 있는 조건과 없는 조건을 포함했다. 이 조건들은 아무런 영향을 미치지 않았기 때문에 침팬지들의 돕는 행동은 대가에 대한 기대로 일어나는 것은 아닌 것으로 보인다.

46 돌프 질만Dolf Zillmann · 조앤 캔터Joanne Cantor(1977, p.161)의 말을 인용했다. 란제타Lanzetta · 잉글리스Englis(1989)도 보라.

47 이는 대니얼 배슨Daniel Batson(1991, 1997)의 인간 이타주의의 뒤에 숨은 자기지향 대 타인지향에 대한 감탄할 만한 연구에서 실험적으로 탐구되었다. 하지만 이 문제에 대한 논쟁은 끝이 없는데 그 이유는 다른 이와의 관계에서 자기를 뽑아내기가 불가능하기 때문이다. 특히 공감에 관해서는 더 그렇다(예를 들면, Hornstein, 1991; Cialdini et al., 1997).

5장 방 안의 코끼리

1 나디야 코츠Ladygina-Kohts(1935, p.160).

2 대 플리니우스Pliny the Elder, 《내추럴 히스토리Natural History》(vol. 3, Loeb Classical Library, 1940).

3 1970년 고든 갤럽Gordon Gallup, Jr.은 거울 자기인식(MSR)에 관한 그의 첫 연구를 발표했고 10년 후 거울 자기인식이 어떻게 귀속과 공감을 포함해 '마음 표시'라 불리는 것들과 연관이 있는지를 추측했다. 갤럽(1983)은 고래목과 코끼리가 충분히 통찰력 있는 사회적 행동을 보여 어쩌면 이들도 거울 자기인식 능력을 가질 것이라고 명쾌하게 추측했다.

4 학부생 시절 나는 두 마리의 젊은 수컷 침팬지들과 일을 했다. 한 남자 동기와 나는 이 유인원들이 왜 여자들(예를 들어, 기록원들이나 학생들)을 볼 때마다 성적으로 흥분하는지, 특히 인간의 성별을 어떻게 분간하는지 알고 싶었다. 그래서 우리는 여장을 하고 목소리 톤을 바꿨다. 하지만 침팬지들은 헷갈리지 않았고, 특히 성별은 가장 헷갈리지 않았다.

5 이 가설의 기원은 계통학에 대한 고든 갤럽의 관점과 인간의 발생학에 대한 비쇼프 쾰러Bischof-köhler의 분리된 관점에서 왔다. 두 관점 모두 거울 반응을 사회 인지에 연결한다. 내가 기여한 부분은 이 두 관점을 하나의 가설로 결합한 것이다.

6 인칭 대명사 사용, 가상 놀이, 거울 자기인식(MSR)의 동시발생은 마이클 루이스Michael Lewis · 더글러스 램지Douglas Ramsay(2004)가 입증했다. 도리스 비쇼프 쾰러Doris Bischof-Köhler는 MSR과 공감의 동시 발생에 대해 가장 상세한 연구를 수행했고, 절대적인 연결성을 제시했다. 즉 '공감하는 자'는 거울 앞에서 루즈 실험을 통과하는 반면, '공감하지 않는 자'는 이 실험에 실패했다. 이 연결성은 나이를 보정해도 유지되며(Bischof-köhler, 1988, 1991), 존슨Johnson(1992)과 잔 왁슬러Zahn-Waxler 등(1992)에 의해서도 보고됐다.

7 공감에 있어 자아의 역할에 대한 뇌 영상 연구는 진 디세티Jean Decety(Decety and Chaminade, 2003)의 아이디어에 따라 이미 진행 중이다. 높은 수준의 공감은 지각-행동

메커니즘에 높은 자아-타자 구분이 결합된 것에 기반하는 것으로 예상된다(Preston and de Waal, 2002; de Waal, 2008). 인간에서는 측두 두정의 접합(TPJ)에 있는 우하 두정 피질이 자아가 한 행동과 타자가 한 행동 간의 구분을 도와준다(Decety and Grèzes, 2006).

8   대니얼 골먼Daniel Goleman의 《SQ 사회 지능》(2006, p.54).

9   현대 생물학이 에른스트 해켈Ernst Haeckel의 발생 반복 이론을 거부하고 있다 해도 어떤 해부학적 특성이 다른 특성보다 먼저 진화했다면 일반적으로 배아에서 더 일찍 발생하는 것, 그리고 종들 사이의 공통 조상이 때로 배아 발달의 초기 단계에 종종 반영된다는 것은 여전히 사실이다. 거울 자기인식과 사회 인지의 동시발생 가설은 개체발생과 계통 발생 사이에서 둘 간의 의무적인 연관성을 시사한다는 점을 빼고 유사성을 보인다. 게르하르트 메디쿠스Gerhard Medicus(1992)도 보라.

10   폴 메인저Paul Manger는 한 인터뷰에서 이렇게 주장했다. "동물을 박스에 넣어보세요. 심지어 실험용 쥐나 저빌도 제일 먼저 하려고 하는 게 상자에서 기어 나오려 하는 겁니다. 금붕어를 넣은 통 위에 뚜껑을 덮지 않으면 금붕어는 결국 자신이 사는 환경을 넓히기 위해 뛰어나올 겁니다. 하지만 돌고래는 절대 그러지 않아요. 해양 공원에서 돌고래들을 떨어뜨려놓기 위해 설치하는 분리대는 수면 위로 30cm에서 1m밖에 되지 않습니다"(Reuters, 2006년 8월 18일). 메인저는 사실 동물에게 자신이 아는 환경에 머무르는 것이 모르는 환경으로 뛰어넘는 것보다 현명할 수도 있다는 점은 짐작하지 않았다.

11   거울 자기인식은 훈련시킨 애완동물의 속임수가 아니라 어떤 동물은 갖고 있고 어떤 동물에겐 없는 자발적인 능력이다. 기준 행동을 훈련시키면(Epstein et al., 1981과 비교하라) 루즈 실험의 목적이 무산되고 기계도 할 수 있는 '사소한 통과' 같은 결과만 내게 된다. 게다가 다른 연구팀에서 이 비둘기 연구를 반복하려고 했지만 형편없이 실패했고 결국 제목에 '피노키오'라는 단어가 들어간 논문을 냈다(Thomson and Contie, 1994).

12   인간의 뇌는 약 1.3Kg이고 병코돌고래는 1.8Kg, 침팬지는 0.4Kg, 아시아 코끼리는 5Kg이다. 몸 크기와 뇌 크기를 비교하면 인간의 뇌는 다른 어떤 동물의 뇌보다 크고 고래목의 뇌는 비인간 영장류의 뇌보다 크다(Marino, 1998). 어떤 이들은 뇌의 서로 다른 부위를 강조해서 분석하는데, 이 경우 인간은 덜 특이해진다. 일반적인 믿음과는 다르게 인간의 전두 피질은 뇌의 다른 부분과 비교해 다른 대유인원의 전두 피질보다 크지 않다(Semendeferi 등, 2002).

13   메인저Manger(2006)의 글은 전 세계 여러 돌고래 전문가들의 공동 반박인 〈고래목은 복잡한 인지를 위한 복잡한 뇌를 갖고 있다〉(Lori Marino et al., 2007)라는 글을 유발했다.

14   J. B. Siebenaler · 데이비드 콜드웰David Caldwell(1956)에 기반해 그린 그림.

15   멜바 콜드웰Melba Caldwell · 데이비드 콜드웰David Caldwell(1966), 그리고 리처드 코너Richard Connor · 케네스 노리스Keneth Norris(1982)가 더 많은 예를 제공한다.

16 "물개가 물에 빠진 개를 구하다"(BBC News, 2002년 6월 19일).

17 이 사건은 피터 핌라이트Peter Fimrite가 〈샌프란시스코 클로니클The San Francisco Chronicle〉(2005, 12월 14일)을 통해 보도했다. 기사에는 거들먹거리며 부인하는 말이 덧붙여 있지만("고래 전문가들은 고래가 구조자들에게 고마워 한 거라고 생각하면 좋겠지만 정말로 뭐가 마음에 걸렸는지는 아무도 모른다고 말한다"), 복잡한 호혜성을 가진 종이라면 고마움이라는 감정을 가질 것으로 예상된다는 점에 주목해야 한다(Trivers, 1971; Bonnie and de Waal, 2004).

18 로스앤젤레스에서 2008년 4월에 열렸다.

19 마이클 가자니가Michael Gazaniga의 글 〈인간의 뇌는 독특한가?Are Human Brains Unique?〉(Edge, 2007년 4월 10일). 글쓴이는 자신의 질문에 이렇게 답한다. "인간이 되는 와중에 위상 변이 같은 것이 일어났다. 우리의 훌륭한 능력들을 설명하는 것은 그야말로 단 하나도 없고 앞으로도 없을 것이다." 이 답의 모호함은 인간의 뇌가 사실 그렇게 독특하지 '않다'고 인정할 정도다.

20 1983년 출판된 존 고드프리 색스John Godfrey Saxe의 시 〈장님과 코끼리Blind Men and the Elephant〉에서.

21 이 일은 2003년 10월 10일에 일어났으며 이언 더글러스 해밀턴Iain Douglas-Hamilton 등 (2006)이 기록하고 사진을 남겼다.

22 신시아 모스Cynthia Moss의 책《코끼리의 추억Elephant Memories》(1988, p.73)에서 인용한 예이다. 다른 이에게 물을 뿌려준 황소는 대릴 밸푸어Daryl Balfour · 샤나 밸푸어Sharna Balfour의 책《아프리카 코끼리, 장엄함을 기념하다African Elephants, A celebration of Majesty》(1998)에 나온다. 그리고 진창에 빠진 장면은 〈내셔널 지오그래픽National Geographics〉의 프로그램 〈코끼리에 관한 고찰Reflections on Elephants〉(1994)에 나왔다. 아프리카 코끼리의 공감에 관련된 행동에 대한 리뷰는 루시 베이츠Lucy Bates 등(2008)을 보라.

23 대니얼 포비넬리Daniel Povinelli(1989)의 코끼리 실험 구성을 보여주는 그림이 있다.

24 에스더 님친스키Esther Nimchinsky 등(1999)은 28종의 영장류 뇌를 비교해 VEN 세포가 네 종의 대유인원과 인간에게만 있다는 것을 알아냈다. 보노보 표본은 단 하나만 가능했다. 이 뇌는 인간과 가장 비슷한 VEN 세포의 밀도와 분포를 보였는데, 이는 보노보가 가장 공감을 잘하는 유인원이라는 가설(de Waal, 1997)을 고려하면 흥미로운 점이다.

25 전측두엽 치매를 앓고 있는 환자에 대한 연구는 윌리엄 실리William Seeley 등(2006)이 수행했다. 그는 이 환자들에겐 전방의 대상 피질에 있는 전체 VEN 세포의 4분의 3이 없다는 것을 밝혔다.

26 거울 자기인식을 하는 포유류는 모두 VEN 세포를 갖고 있고, 그 반대도 마찬가지다. 그러나 예외가 아직 발견되지 않은 것일 수 있고 이 세포들의 정확한 기능은 여전히 미스터리로 남아 있다. 영장류 외의 동물에서 나타난 VEN 세포는 아티야 하킴Atiya Hakeem 등 (2009)을 보라.

27 도로시 체니Dorothy Cheney · 로버트 세이파스Robert Seyfarth(2008, p.156)는 개코원숭이에서 공감적인 관점 수용이 없는 감정 전이에 대한 힌트를 준다.

28 조이스 풀Joyce Poole의 《코끼리와 함께한 성장Coming of Age with Elephants》(1996, p.163).

29 앤 엥Anne Engh 등(2005)이 수행한 연구로, 〈슬픔에 빠진 개코원숭이는 친구들에게서 위로를 찾는다〉(ScienceDaily.com, 2006년 1월 31일)에서 논의되었다.

30 남아프리카인 박물학자 유젠 마레스Eugéne Marais가 1939년 출판한《내 친구 개코원숭이My Friends the Baboons》.

31 존 앨먼John Allman(직접 소통). 만약 흰목꼬리감기원숭이가 위로를 할 능력이 있다 해도 항상 연구로 증명되는 것은 아니다. 왜냐하면 보통 수준의 갈등 후 데이터와 기준 데이터를 비교하기 때문이다. 하지만 피터 버빅Peter Verbeek은 공격받은 흰목꼬리감기원숭이 피해자들이 다른 이와 접촉하려 하고 예외적으로 친근한 대우를 받는다는 증거를 밝혔다(Verbeek and de Waal, 1997).

32 한스 쿠머Hans Kummer의 《망토원숭이들의 사회 구성Social Organization of Hamadryas Baboons》(1968, p.60)의 사진을 기반으로 그린 그림.

33 아닌디야 신하Anindya Sinha(직접 소통).

34 바버라 스머츠Babara Smuts(1985, p.112)의 사례. 그는 수컷의 그르렁거림이 특히 인상적이었던 것이 아기가 극도의 통증을 보이지 않았기 때문이라고 덧붙인다. "아킬레스는 마치 모래에서 미끄러져 내려오는 게 그가 보통 암컷 친구들의 아기가 괴로움에 비명을 지르거나 깽 소리를 낼 때 안심시켜주는 것과 같은 종류의 것을 받아야 하는 경험인 것처럼 행동했다."

35 로버트 새폴스키Robert Sapolsky의 《Dr. 영장류, 개코원숭이로 살다-어느 한 영장류의 회고록A Primate's Memoir》(2001, p.240).

36 개코원숭이는 남아프리카에서 염소몰이로 고용되곤 했고, 종종 큰 염소 중 하나를 타면서 몰기도 했다. 이를 월터 본 호시Walter von Hoesch(1961)가 묘사했다. 체니Cheney · 제이파르트Seyfarth(2008, p.34)는 개코원숭이를 길러본 사람의 말을 인용했다. 그에 따르면 개코원숭이들은 엄마-아기 염소 관계의 전문가가 되기 위해 특별한 훈련이 필요하지 않다.

37 필리포 아우렐리Filippo Aureli · 콜린 샤프너Colleen Schaffner(직접 소통)가 야생 거미원숭이를 관찰했다. 다리 놓기 행동과 그 의미를 최초로 묘사한 사람은 레이 카펜터Ray Carpenter(1934)이다. 나아가 대니얼 포비빈넬리Daniel Povinelli · 존 캔트John Cant(1995)의 나무 위의 이동과 자아 개념을 연결하려는 시도를 보라.

38 영장류의 거울 연구에 대해서는 제임스 앤더슨James Anderson · 골든 갤럽Gorden Gallup(1999)이 정리했다.

39 모든 동물의 의무적인 자기인식에 대해 에마누엘라 체나미 스파다Emanuela Cenami Spada 등(1995), 그리고 마크 베코프Mark Bekoff · 폴 셔먼Paul Sherman(2003)이 논한다. 종종 어떤 동물

들은 거울 자기인식을 하지 못하는데도 불구하고 자아-행위자를 이해한다(Jorgensen et al., 1995. Toda and Watanabe, 2008).

40 거울 속의 자신을 알아보는 종과 알아보지 못하는 종으로 나뉘는 것이 아니라 중간 단계의 이해가 존재한다. 사랑앵무나 베타물고기 같은 동물은 거울에 비친 자신을 보고 구애나 싸움을 멈추지 않는 반면 대부분의 개와 고양이는 최소한 거울에 점점 흥미를 잃는다. 흰목꼬리감기원숭이는 더 나아가 자신이 비친 모습을 곧바로 실제 원숭이와 다르게 받아들이는 것으로 보인다(de Waal et al., 2005). 거울 이해에 대한 점진주의자적 관점은 어린아이들에 대한 연구의 특징이다(Rochat, 2003).

41 브랜든 케임Brandon Keim이 쓴 흥미로운 글처럼. "우선 자기에 대한 인식이 있고 그다음 범죄가 있다. 마치 새를 위한 에덴동산 신화와 같다!"(Wired, 2008년 8월 19일). 분명 까마귀과 새들은 관점 바꾸기를 속이기 위해서만이 아니라 돕기나 위로를 위해서도 쓸 것이고, 정말로 몇몇 증거도 있다(Seed et al., 2007). 나아가 이 매력적인 새들에 대한 네이선 에머리Nathan Emery · 니키 클레이튼Nicky Clayton(2001, 2004)의 연구도 보라. 까치나 다른 까마귀과 새들이 VEN세포를 가지고 있느냐(거울 자기인식을 하는 포유류처럼)에 대한 의문은 관련 없을 수도 있다. 새의 뇌 구조는 너무 달라서 포유류와 유사한 능력은 수렴 진화를 통해 생겨났을 공산이 크고, 따라서 반드시 같은 신경 물질을 공유해야 하는 것은 아니다.

42 수전 스태니치Susan Stanich(직접 소통)에게서 인용한 예.

43 에밀 멘젤Emil Menzel의 미발표된 1974년 원고에서 인용. 저자는 침팬지들이 지식을 갖고 있는 다른 이의 행동에서 숨겨진 물건의 성질과 방향을 어떻게 추론해내는지 굉장히 상세하게 묘사하며 이렇게 결론짓는다. 침팬지들은 "손으로 추가 신호를 하지 않아도 될 정도로 매우 효율적인 방향 소통 체계를 갖고 있다."

44 이 사례는 인간을 모방하거나 훈련됐다는 설명에 반론을 제기한다. 아무도 리자에게 포도를 향해 침을 뱉도록 가르쳐준 적이 없기 때문이다.

45 《침팬지 폴리틱스Chimpanzee Politics》(de Waal, 1982, p.27).

46 조아킴 베아Joaquim Veà · 조르디 사바테 피Jordi Sabarte-Pi(1998, p.289).

47 마이클 토마셀로Michael Tomasello는 선언적인 가리킴을 인간의 언어 발달의 전형적인 부분으로 여긴다. "다른 유인원은 단순히 정보와 사고방식을 다른 이와 공유하려는 동기가 없거니와 다른 이가 이런 동기로 소통을 하려고 할 때 이해하지도 못한다"(Tomasello et al., 2007, p.718). 내가 본문에서 제시한 사례들─숨어 있는 과학자들을 가리킨 사례, 냄새 나는 구더기를 과시한 사례─은 이 관점을 반박하며 다른 유인원들에게 자발적인 정보 공유가 완전히 부재하는 것은 아니라는 걸 암시한다. 하지만 이들이 인간보다 그런 경향이 덜한 것은 사실이다.

6장 공평하게 합시다

1 토머스 홉스Thomas Hobbes, 《시민론De Cive》(1651, p.36).

2 이렌 네미롭스키Irène Némirovsky(2006, p.35).

3 호주 고위직 정치인 나이젤 스컬리온Nigel Scullion이 러시아 스트립 클럽에서 체포됐다 (*Skynews*, 2007년 12월 12일).

4 평등주의는 힘들게 일해서 얻는 일임을 크리스토퍼 보엠Christopher Boehm(1993)이 연구로 증명했다. 기본적인 인간의 경향은 사회적 계층화를 하는 것이지만 여러 소규모 사회에서 사람들은 '평등화 메커니즘'을 적극적으로 수용해 야심에 찬 수컷이 통제권을 얻는 것을 막는다. 이런 종류의 정치적 조직은 선사시대 인류의 많은 부분을 대표한다.

5 《토템과 터부Totem and Taboo》에서 지그문트 프로이트Sigmund Freud(1913)는 '다윈의 원시적 무리'를 질투심 많고 폭력적인 아버지가 모든 여성을 독차지하고 아들들을 다 자라는 즉시 몰아내는 것으로 묘사한다.

6 브라이언 넛슨Brian Knutson 등(2008)의 연구. 인용구는 케빈 맥케이브Kevin McCabe의 〈남자의 뇌는 섹스와 돈을 연결한다〉(CNN International, 2008년 4월 2일)에서.

7 로버트 프랭크Robert Frank의 《이성적 사고 내의 감정Passions within Reason》(1988, p.xi). 프랭크는 전통적인 자기 이익 모델이 인간 경제 활동의 여러 면을 설명하는 데 실패한다고 처음 주장한 인물들 중 한 명이다.

8 브라이언 스킴스Brian Skyrms(2004).

9 모리스 이서먼Maurice Isserman의 글 〈인간의 하강The Descent of Men〉(*New York Times*, 2008년 8월 10일).

10 눈을 찌르는 게임은 수전 페리Susan Perry 등(2003)이 설명한다. 페리Perry의 또 다른 저작(2008)도 보라.

11 실험은 안도경Toh-Kyeong Ahn 등(2003)이 설명한다. 경제에서 '이성적 선택' 모델에 이의를 제기하는 문헌은 허버트 진티스Herbert Gintis가 공동 편집한 《도덕적 감정과 물질적 이익Moral Sentiments and Material Interests》(2005), 폴 잭Paul Zak의 《도덕 시장Moral Markets》(2008), 마이클 셔머Michael Shermer의 《진화경제학The Mind of the Market》(2008), 폴린 로제나우Pauline Rosenau(2006)를 보라.

12 어슐러 벨루지Ursula Bellugi 등(2000). 인용된 아이의 말은 2007년 7월 8일 〈뉴욕 타임스 매거진New York Time Magazine〉에 실린 데이비드 답스David Dobbs의 글 〈사교적인 뇌〉에서 옮겨 온 것이다.

13 아이번 체이스Ivan Chase(1988).

14 애덤 스미스(1776), 《국부론The Wealth of Nations》.

15 표트르 크로폿킨Petr Kropotkin(1960, p.190), 《빵의 쟁취The Conquest of Bread》.

16 제럴드 윌킨슨Gerald Wilkinson(1988).

17 침팬지의 사냥 기여와 고기 접근권 사이에 일어날 만한 일은 크리스토프 보시Christophe Boesch · 헤드윅 보시Hedwige Boesch(2000)가 제시한다.

18 유인원이 먹이 공유 모드로 들어갔을 때에는 우위 계층이 얼마나 영향을 못 미치는지 놀라울 정도다. 현장 연구자들도 이에 대해 언급해왔으며 사육 상태에서는 잘 입증되어 있다(de Waal, 1989). 영장류학자들은 '소유권 존중'에 대해 말한다. 즉 어떤 서열이든 한 어른이 물건의 주인이 되면 다른 이들은 자기주장을 포기한다(예를 들면, Kummer, 1991).

19 우리의 먹이-털 고르기 연구는 자연스러운 서비스에 대한 막대한 양의 컴퓨터 데이터베이스를 포괄한다. 순차 분석에 의하면 침팬지들은 기억을 기반으로 한 호혜 교환에 능한 것으로 나타났다(de Waal, 1997).

20 《침팬지 폴리틱스Chimpanzee Politics》(1982)에서 나는 유인원들이 털 고르기와 지지하기부터 먹이와 섹스까지 광범위한 서비스를 거래한다고 제시했다. 로널드 노에Ronald Noë · 페테르 하머스타인Peter Hammerstein(1994)은 상품의 가치와 파트너의 가치가 가용성에 따라 달라진다고 상정하는 생물학적 시장 이론을 공식화했다. 이 이론은 거래를 하는 파트너가 누구와 거래할지 선택할 수 있을 때면 항상 적용된다. 새끼 개코원숭이 시장은 이를 보여주는 실례 중 하나(Henzi and Barrett, 2002)이며 이런 실례는 점차 많아지고 있다.

21 흰목꼬리감기원숭이의 사냥과 고기 공유에 대해서는 수전 페리Susan Perry · 리사 로즈Lisa Rose(1994)와 로즈Rose(1997)를 보라.

22 루셰Roosje의 입양과 한없이 고마워하는 그의 어미 쿠이프Kuif는 《내 안의 유인원Our Inner Ape》(de Waal, 2005, p.202)에 상세히 나온다.

23 스테판 아마티Stephen Amati 등(2008)은 때론 팔이나 다리의 절단으로 이어지는 덫으로 인한 피해를 설명한다. 한 수컷 침팬지는 한 암컷의 손에 걸린 나일론 덫을 상세히 살펴본 후 물어뜯어 제거해줬다.

24 유인원들 사이에 일어나는 미래를 위한 정치적 또는 성적 교환은 드 발de Waal(1982), 니시다Nishida 등(1992), 호킹스Hockings 등(2007)이 기록했다. 킴벌리 호킹스Kimberly Hockings는 〈사이언스 데일리Science Daily〉에 인용되었다(2007년 9월 14일).

25 니콜라 코야마Nicola Koyama 등(2006).

26 에른스트 페르Ernst Fehr · 우르스 피슈바허Urs Fischbacher(2003)는 이타주의에 대한 글을 이렇게 시작한다. "인간 사회는 동물 세계의 엄청난 변칙을 보여준다." 그들이 제시하는 이유는 인간은 친척이 아닌 이들과 협력하는 반면 동물은 가까운 친족끼리만 협력을 하기 때문이며, 다음과 같은 로버트 보이드Robert Boyd(2006, p.1555)의 특성 묘사도 마찬가지다. "인간이 아닌 영장류의 행동은 이해하기 쉽다. 개인적 비용이 큰 친사회적 행동이 자연선택에 의해 선택될 때는 그 행동에 의해 이익을 보는 자가 행동과 연관되는 유전자를 특별히 많이 공유했을 것으로 예상될 때뿐이다."

27 케빈 랭거그레이버Kevin Langergraber 등(2007, p.7788)은 야생 침팬지에 대해 이렇게 결론지으며 영장류가 친족만 돕는다는 관점에 반박했다. "아주 친화적이고 협동적인 수컷 쌍들의 대다수는 친척이 아니거나 먼 친척인 관계다." 아르넴 동물원에서도 친척이 아닌 수컷 침팬지들이 서로를 위해 심각한 위험 부담을 지며 가까운 파트너십을 형성했다(de Waal, 1982). 인류의 또 다른 가장 가까운 친척인 보노보는 암컷들이 높은 수준의 연대를 하며 그 결과로 수컷을 넘어서는 집단 우위를 갖는 것이 특징이다. 보노보는 암컷이 이주를 하기 때문에 어떤 보노보 사회든 암컷들 사이에 가까운 유전적 연결고리가 별로 없고, 이 때문에 '이차적 자매결연'을 형성하는 것으로 알려져 있다(de Waal, 1997). 이는 친척이 아닌 사이의 대규모 협동의 또 다른 예다.

28 침팬지의 응징과 보복은 드 발de Waal · 루트렐Luttrell(1988)에 의해 처음 통계적으로 입증되었으며 《굿 네이처드Good Natured》(de Waal, 1996)에서 더 설명한다.

29 로버트 트리버스Robert Trivers(2004, p.964).

30 급성장하고 있는 강한 호혜주의에 관한 문헌 자료는 인간의 친사회적 경향과 협동하지 않는 자에 대한 처벌을 상정하고 있다. 이런 행동은 실제로 잘 기록되어 있으나(Herbert Gintis et al., 2005), 강한 호혜주의가 익명의 낯선 사람에 대응하기 위해 진화했는가에 대해서는 논쟁이 있다. 이는 진화 모델에서 전형적으로 고려되는 범주는 아니다. 사실 강한 호혜주의는 집단 내에서 시작되었고 이후에 외부인에게 일반화되었다고 하는 편이 더 쉽게 이해된다(Burnham and Johnson, 2005).

31 1983년 노래 〈라이선스 투 킬License to Kill〉에서.

32 스와질란드의 많은 사람들이 식량 원조에 의지해 사는 데 반해 왕의 13명의 아내들이 해외로 쇼핑을 갔다(BBC News, 2008년 8월 21일).

33 포도밭 일꾼들의 우화(〈마태복음〉 20장 1~16절)는 금전적인 보상에 관한 것이라기보다는 천국에 가는 것에 대한 이야기이다. 하지만 이 우화가 효과가 있는 것은 우화 속의 공정성에 대한 우리의 민감성 때문이다.

34 공정성에 대한 욕망 너머의 이기적인 생각에 대해 제이슨 데이너Jason Dana 등(2004)이 권력자 게임을 통해 연구했다.

35 엘리사베타 비살베르기Elisabetta Visalberghi · 제임스 앤더슨James Anderson(2008, p.283). "타인에 대한 공정성을 중요시하는 것은 꽤 최근의 인간 도덕 원칙이다. 최소한 서양 문화에서는 그렇다. 이는 인간은 평등하다는 프랑스 계몽주의 철학자들에 의해 표현된 이론적 입장에 근거를 두고 있다."

36 웨너 거스Wener Guth가 발명한 최후통첩 게임이 대니얼 카너먼Daniel Kahneman 등(1986)의 영향력 있는 연구에 사용되었다. 앨런 샌피Alan Sanfey 등(2003)은 적은 돈을 제안받은 참가자의 뇌 영상을 찍어보았고, 부정적인 감정들과 연계된 뇌 부위가 활성화되는 것을 밝혀냈다.

37 이 사냥꾼들은 스스로의 근근한 생활 유지를 위해 한 해에 적은 수의 고래를 잡는다. 이 들은 고래를 향해 노를 저어 가고 그다음 작살잡이가 고래의 등으로 뛰어올라 작살을 고래에 찔러 넣는다. 이들은 고래를 몇 시간이나 따라다니며, 종종 놓치거나 혹은 과다 출혈이나 탈진으로 죽이기도 한다(Alvard, 2004).

38 에른스트 페르Ernst Fehr · 클라우스 슈미트Klaus Schmidt(1999).

39 제임스 서로위키James Surowiecki의 〈그라소의 한 방The Coup de Grasso〉, 〈뉴요커New Yorker〉, 2003년 10월 5일.

40 이 문구는 〈피닉스 비즈니스 저널Phoenix Business Journal〉(2008년 9월 30일)에서 마이크 서닉 스Mike Sunnucks를 인용했다. 〈허핑턴 포스트The Huffington Post〉에서 네이슨 가델스Nathan Gardels 가 진행한 인터뷰에서(2008년 9월 16일) 노벨상을 수상한 경제학자 조지프 스티글리츠 Joseph Stiglitz가 이렇게 말했다. "월스트리트가 무너진 것은 시장 기초주의 때문이다. 베를 린 장벽이 공산주의 때문에 무너진 것처럼, 이는 이런 방식의 경제적 조직이 지속 가능 하지 않은 것으로 드러났다는 것을 말해준다."

41 모린 도드Maureen Dowd, "After W., Le Deluge," 〈뉴욕 타임스New York Times〉, 2008년 10월 19일.

42 세라 브로스넌Sarah Brosnan과 내가 처음 수행한 흰목꼬리감기원숭이 연구는 2003년에 발 표되었고, 이후 더 많은 원숭이들과 더 엄격한 통제를 두고 메건 월켄튼Megan van Wolkenten 과 그의 동료들(2007)이 연구를 수행했다. 부분적으로 같은 실험에 성공하며 뒷받침한 연구가 그레이스 플래처Grace Flatcher(2008) · 줄리 네이워스Julie Neiworth 등(2009)에 의해 수 행되었다. 브로스넌Brosnan(2008)은 영장류 불평등 반응에 대한 진화적 설명을 제시한다.

43 이 일은 《보노보Bonobo》(de Waal, 1997, p.41)에 나오며 이를 관찰한 수 새비지 럼보Sue Savage-Rumbaugh는 보노보들이 모두가 같은 것을 받았을 때 가장 행복해한다고 생각했다. 이 종은 실제로 다른 유인원에 비해 불평등을 더 혐오할 수도 있다(Brauer et al., 2009).

44 에이미 아젯싱어Amy Argentsinger가 〈워싱턴 포스트Washington Post〉에 2005년 5월 24일 쓴 〈내 재하는 동물The Animal Within〉. 피해자를 거세하는 것은 야생 수컷 침팬지들 사이에 이상한 일은 아니다. 2장에 언급된 아르넴 동물원에서 관찰한 사례와 비슷하다.

45 이 인용문은 두 명의 미국인 수필가 멩켄Mencken(1880~1956)과 교황 폴 6세(1897~1978) 의 것으로 알려져 있다.

46 케이스 젠슨Keith Jensen 등(2007)은 최후통첩 게임의 한 버전을 침팬지들에게 시도했다. 하지만 유인원들은 모든 제안(0을 포함한)을 수용했기 때문에 아마도 그 게임에서 어떤 일이 일어날 수 있는지 아예 이해하지 못했을 것이다(Brosnan, 2008).

47 아이린 페퍼버그Irene Pepperberg, 《천재 앵무새 알렉스와 나Alex & Me》(2008, p.153).

48 프리데리케 랑에Friederike Range 등(2009)의 연구. 빌모스 차니Vilmos Csanyi(2005, p.69)는 개들 이 필요로 하는 것은 공평하게 대우받는 것이라 설명한다. "개들은 모든 음식 조각과 애

정 표현을 추적하고 모든 것의 한 부분을 차지하길 원한다. 만약 주인이 이걸 무시한다면 개들은 심각하게 우울해지거나 편애 받는 이를 향해 공격적이 된다."

49 존 울프John Wolfe의 토큰 교환 연구(1936).

50 이는 1장의 시작에 나오는 애덤 스미스의 인용문이다. 흰목꼬리감기원숭이의 이기적 대 친사회적 선택에 대한 연구는 드 발de Waal 등(2008)이 수행했다. 윌리엄 하보William Harbaugh 등(2007)은 자선이 인간 뇌의 보상 부위를 활성화시키는 것을 밝혔다.

51 조엘 핸들러Joel Handler(2004). 사업가들이 이탈하는 현상은 피터 검벨Peter Gumbel이 쓴 〈프 랑스 탈출The French Exodus〉, 〈타임Time〉, 2007년 4월 5일.

52 지니 계수는 소득 배분을 0%(최고 평등)부터 100%(최대 불평등)까지 측정한다. 《CIA 월 드 펙트북CIA World Factbook》(2008)에 따르면 지니 계수가 45%인 미국은 우루과이와 카메룬 사이에 위치한다. 심지어 인도(37%)와 인도네시아(36%)가 더 평등한 소득 배분을 보이 며, 대부분의 유럽 국가들은 지니 계수가 25%에서 35% 사이였다. 소득 불평등이 경제 를 어떻게 해치는지는 래리 바텔스Larry Bartels(2008)가 입증했다.

53 유타주와 뉴햄프셔주(소득 배분이 가장 평등한 곳)는 루이지애나주와 미시시피주(배분 이 가장 불평등한 곳)보다 더 건강했다. 수브라마니안S. V. Subramanian · 이치로 카와치Ichiro Kawachi(2003)는 이 결과가 주의 인종 구성에 의해 해명될 수 있는지 분석했지만 인종을 고려해도 상관관계가 유지된다는 것을 밝혔다.

54 윌킨슨Wilkinson(2006, p.712)에게서 인용. 하지만 아마도 기저의 감정은 제시된 것보다 더 기초적인 것일 수도 있다. 왜냐하면 파테메 헤이더리Fatemeh Heidary 등(2008)이 수행한 실 험에서 토끼에게도 비슷한 건강에 관한 부정적인 효과가 나타났기 때문이다. 토끼들은 8주 동안 고립된 상태에서 음식 부족을 겪거나(정상 식단의 3분의 1), 또는 음식을 잘 먹는 토끼들을 보고, 듣고, 냄새 맡을 수 있는 환경에서 같은 음식 부족을 겪었다. 두 번째 집 단이 현저하게 많은 스트레스와 연관된 심장 위축 징후를 보였다.

55 벤저민 벡Benjamin Beck(1973).

7장 구부러진 나무

1 칸트가 1784년 독일어로 한 말의 번역. "Aus so krummem Holze, als woraus der Mensch gemacht ist, kann nichts ganz Gerades gezimmert werden." 이 '굽은 나 무'라는 문구는 이사야 베를린Isaiah Berlin의 책 제목과 한 유명한 블로그 사이트의 이름 (Crookedtimber.org)에도 쓰였다.

2 대공황 시절 프랭클린 루즈벨트가 두 번째 취임식 때 한 연설 참조(1937년 1월 20일).

3 남부의 재앙이라 여겨지는 칡은 침식 통제를 위해 1930년대에 도입된 일본산 덩굴 식 물로, 뒤덮는 모든 것을 질식시킨다. 하루에 약 30cm까지 자랄 수 있고 이제는 통제를 넘어섰다.

4 레온 트로츠키[Leon Trotsky](1922)를 인용. 유연한 인간 본성에 대한 공산주의적 신념을 보려면 스티븐 핑커[Steven Pinker](2002)도 보라.

5 존 콜라핀토[John Colapinto]는《타고난 성, 만들어진 성[As Nature Made Him]》(2000)에서 포경 수술이 잘못된 한 소년이 성별은 환경으로 형성된다고 생각한 성 연구가의 실험 케이스가 된 실화를 다룬다. 이 소년은 수술로 고환이 제거되고 여성 호르몬 주사를 맞았으며 자신이 여자라고 들었다. 하지만 이것으로 소년이 태어나기 전 호르몬이 뇌에 미친 영향을 되돌릴 순 없었다. 아이는 남자아이처럼 걸었고 여자아이들의 옷과 장난감을 격하게 거부했다. 그는 38세의 나이에 자살했다. 성 정체성은 이제 생물학적으로 결정된다고 널리 알려져 있다.

6 《내 안의 유인원[Our Inner Ape]》(de Waal, 2005)에서 우리와 가장 가까운 두 영장류 친척들(보노보와 침팬지)과의 유사성에 대해 다룬다.

7 2001년 뉴욕 세계무역센터의 파괴는 무슬림 세계에서 기념되었고, 바그다드 폭격은 미국에서 수많은 깃발로 지지받았으며, 심지어 은퇴한 미군 소장 도널드 셰퍼드[Donald Shepperd]는 이를 교향곡에 비유했다. "언변이 좋다는 말을 들으려는 건 아니지만, 그건 정말 지휘자가 세심히 조직해야 하는 교향곡입니다"(CNN News, 2003년 3월 21일). 이라크인의 죽음에 대한 럼스펠드[Rumsfeld]의 진술은 '폭스 뉴스[Fox News]'에 나왔다(2003년 11월 2일).

8 요세프 라피드[Yosef Lapid] 법무장관은 이스라엘 가자 지구가 파괴된 이미지가 제2차 세계대전 당시 자신의 가족들이 처한 상황을 떠올리게 한다고 말했다. 라피드는 홀로코스트로 가족을 잃었다(〈가자의 정치적 폭풍 이스라엘을 덮치다[Gaza Political Storm Hits Israel]〉, BBC News, 2004년 5월 23일).

9 데이비드 브룩스[David Brooks], 〈돌아온 인간 본성[Human Nature Redux]〉, 〈뉴욕 타임스[New York Times]〉, 2007년 2월 17일.

10 마틴 호프만[Martin Hoffman](1981, p.79).

11 다른 사람의 의도적인 심리 상태(예를 들어 욕망, 욕구, 감정, 신념, 목표, 판단)는 관찰할 수 없는, 마음속으로 구성된 생각이며, 행동을 관찰해 추론된 것이다. 심리화는 우리 주변의 행동들을 이해할 수 있게 도와준다(Allen et al., 2008).

12 패트리샤 맥코넬[Patricia McConnell](2005)은 개의 행동을 감정 용어로 해석한다.

13 매트 리들리[Matt Ridley](2001)가 런던 동물원 최초의 유인원 전시에 대해 설명한다.

14 데이비드 프리맥[David Premack](2007)과 제롬 케이건[Jerome Kagan](2004).

15 조앤 롤링[Joan K. Rowling](2008).

16 폴 바비악[Paul Babiak] · 로버트 헤어[Robert Hare](2006)가 쓴 사업계의 사이코패스에 관한 책 제목.

17 제임스 블레어James Blair(1995).

18 많은 동물들이 어리거나 약한 파트너와 놀 때 '자기 불리화'를 한다. 수컷 고릴라는 어린 고릴라의 가슴에 손을 대고 힘을 싣는 것만으로도 죽일 수 있지만 레슬링과 간지럽히기 놀이를 할 땐 자신의 엄청난 힘을 조절한다. 북극곰과 줄이 묶여 있던 썰매 개 사이의 흔치 않은 놀이는 캐나다 허드슨 만에서 독일인 사진가 노베르트 로징Norbert Rosing이 기록했다.

19 로버트 웨이트Robert Waite의《정신병적 신: 아돌프 히틀러The Psychopathic God: Adolph Hitler》(1977). 히틀러도 편집증적 조현병을 진단받았다(Coolidge et al., 2007).

20 마크 롤랜즈Mark Rowlands(2008, p.181). 테르툴리아누스의 특성 연구에서 이 교부는 실제로 사이코패스에 가깝다고 결론 내렸다(Nisters, 1950).

21 이는 '평가' 메커니즘이라고 알려져 있다. 즉 어떤 신호가 공감 반응을 일으킬지에 대한 질문이다. 주 신호는 주체와 대상의 친밀도와 유사성이다(Preston and de Waal, 2002). 더 나아가 프레드리크 드 비느몽Frederique de Vignemont · 타니아 싱어Tania Singer(2006)를 보라.

22 애슐리 몬태규Ashley Montagu · 플로이드 맷슨Floyd Matson(1983).

23 영국 자폐증 연구가 사이먼 배런 코헨Simon Baron-Cohen(2003)은 여성의 뇌는 공감하는 데 특화되어 있고 남성의 뇌는 체계화하는 데 특화되어 있다고 주장한다. 아이들의 성별 차이는 캐롤라인 잔 왁슬러Carolyne Zahn-Waxler 등(1992, 2006), 여성이 남성보다 더 '마음이 약하고' 보살피기를 더 잘한다는 다문화권 증거는 앨런 파인골드Alan Feingold(1994)를 보라.

24 버나드 드 맨드빌Bernard de Mandeville의 〈미덕의 기원에 대한 조사An Enquiry into the Origin of Moral Virtue〉(Fable of the Bees, 제2개정판). 맨드빌(1670~1733)은 자기중심주의를 도덕적 선으로 찬양하고자 한 아인 랜드의 시도와 어쩌면 역사적으로 가장 유사한 주장을 제시한다. 맨드빌의 풍자적 우화의 부제 "개인의 악덕, 사회의 이익Private Vices, Publick Benefits"에서 이것이 드러난다. 탐욕스러움이 번영을 도모한다고 주장하며 그는 이기적인 동기와 그 경제적 결과를 인간의 다른 가치들 위로 승격시켰다.

25 낸시 아이젠버그Nancy Eisenberg(2000)와 세라 재피Sara Jaffee · 재닛 시블리 하이드Janet Shibley Hyde(2000)는 공감에 있어 확연한 성별 차이에 의문을 제기한다.

26 〈발머 '구글을 죽이기로 맹세'하다Ballmer 'vowed to kill Google'〉, 이나 프리드Ina Fried(CNET News, 2005년 9월 5일).

27 위대한 용사 아약스Ajax는 트로이 전쟁 이후 자살 충동을 느낄 정도의 우울증에 빠졌다. 소포클레스Sophocles는 그의 정신 이상에 대해 주목하며 언급했다. "이제 그는 외로운 사념으로 고통받는다." 미군은 그리스 연극을 외상 후 스트레스 장애에 대한 상담 도구로 사용한다(MSNBC.com, 2008년 8월 14일).

28 살인과 전쟁에 대한 셔먼과 다른 이들의 인용문은 데이브 그로스먼Dave Grossman(1995)의 《살인의 심리학On Killing》에서 인용했다.

29 《맹자The Works of Mencius》(Book 1, Part 1, Chapter 7).

30 폴 잭Paul Zak(2005)은 여러 나라에서 자기 보고식 행복도가 일반화된 신뢰도와 양의 상관 관계라는 것을 보였다.

31 짐 퍼쟁게라Jim Puzzanghera, 〈로스앤젤레스 타임스Los Angeles Times〉, 2008년 10월 24일.

32 조내선 와이트Jonathan Wight(2003).

33 경제학에서의 여성에 대해서는 존 케이John Kay의 〈경제학에 약간의 공감이 있다면 좋을 것이다〉(〈파이낸셜 타임스tmFinancial Times〉, 2003년 6월 12일)를 보라. '이해 당사자'(어떤 사업의 고용인, 고객, 은행가, 공급자, 지역 주민까지 포괄하는)라는 용어는 '주주'라는 말과 대조되어 점점 더 많이 쓰이고 있다. 에드워드 프리먼Edward Freeman(1984)의 이해 당사자 이론에서도 쓰였다.

34 콜로라도 덴버의 민주당 전당 대회에서 버락 오바마가 한 수락 연설 중에서(2008년 8월 28일).

35 에이브러햄 링컨이 조슈아 스피드Joshua Speed에게 쓴 편지(1855년 8월 24일).

1장 좌와 우의 생물학

Bar-Yosef, O. (1986). The walls of Jericho: An alternative interpretation. *Current Anthropology* 27: 157-162.

Behar, D. et al. (2008). The dawn of human matrilineal diversity. *American Journal of Human Genetics* 82: 1130-1140.

Blum, D. (2002). *Love at Goon Park: Harry Harlow and the Science of Affection.* New York: Perseus.

Churchill, W. S. (1991[orig. 1932]). *Thoughts and Adventures.* New York: Norton.

Darwin, C. (1981[orig. 1871]). *The Descent of Man, and Selection in Relation to Sex.* Princeton, NJ: Princeton University Press.

de Waal, F. B. M. (1986). The brutal elimination of a rival among captive male chimpanzees. *Ethology & Sociobiology* 7: 237-251.

de Waal, F. B. M. (1997). *Bonobo: The Forgotten Ape,* with photographs by Frans Lanting. Berkeley: University of California Press.

de Waal, F. B. M. (2006). *Primates and Philosophers: How Morality Evolved.* Princeton, NJ: Princeton University Press.

Fry, D. P. (2006). *The Human Potential for Peace: An Anthropological Challenge to Assumptions about War and Violence.* New York: Oxford University Press.

Haidt, J. (2001). The emotional dog and its rational tail: A social intuitionist approach to moral judgment. *Psychological Review* 108: 814-834.

Helliwell, J. F. (2003). How's life? Combining individual and national variables to explain subjective well-being. *Economic Modeling* 20: 331-360.

Hockings, K. J., Anderson, J. R., and Matsuzawa, T. (2006). Road crossing in chimpanzees: A risky business. *Current Biology* 16: 668-670.

Hume, D. (1985[orig. 1739]). *A Treatise of Human Nature.* Harmondsworth, UK: Penguin.

Kano, T. (1992). *The Last Ape: Pygmy Chimpanzee Behavior and Ecology.* Stanford,

CA: Stanford University Press.

Lemov, R. (2005). *World as Laboratory: Experiments with Mice, Mazes, and Men.* New York: Hill & Wang.

Lordkipanidze, D. et al. (2007). Postcranial evidence from early Homo from Dmanisi, Georgia. *Nature* 449: 305-310.

Marshall Thomas, E. (2006). *The Old Way: A Story of the First People.* New York: Sarah Crichton.

Martikainen, P., and Valkonen, T. (1996). Mortality after the death of a spouse: Rates and causes of death in a large Finnish cohort. *American Journal of Public Health* 86: 1087-1093.

Niedenthal, P. M. (2007). Embodying emotion. *Science* 316: 1002-1005.

Poole, J. (1996). *Coming of Age with Elephants: A Memoir.* New York: Hyperion.

Rodseth, L., Wrangham, R. W., Harrigan, A. M., and Smuts, B. B. (1991). The human community as a primate society. *Current Anthropology* 32: 221-254.

Rossiter, C. (1961). *The Federalist Papers.* New York: New American Library.

Rousseau, J-J. (1762[orig. 1968]). *The Social Contract.* London: Penguin.

Roy, M. M., and Christenfeld, N. J. S. (2004). Do dogs resemble their owners? *Psychological Science* 15: 361-363.

Saffire, W. (1990). The bonding market. *New York Times Magazine*(June 24, 1990).

Smith, A. (1937[orig. 1759]). *A Theory of Moral Sentiments.* New York: Modern Library.

Smith, A. (1982[orig. 1776]). *An Inquiry into the Nature and Causes of the Wealth of Nations.* Indianapolis, IN: Liberty Classics.

Thierry, B., and Anderson, J. R. (1986). Adoption in anthropoid primates. *International Journal of Primatology* 7: 191-216.

van Schaik, C. P., and van Noordwijk, M. A. (1985). Evolutionary effect of the absence of felids on the social organization of the macaques on the island of Simeulue. *Folia primatologica* 44: 138-147.

Wiessner, P. (2001). Taking the risk out of risky transactions: A forager's dilemma. In Risky Business,F. Salter(Ed.), pp.21-43. Oxford, UK: Berghahn.

Wrangham, R. W., andPeterson, D. (1996). *Demonic Males: Apes and the Evolution of Human Aggression.* Boston: Houghton Mifflin.

Zajonc, R. B., Adelmann, P. K., Murphy, S. T., and Niedenthal, P. M. (1987). Convergence in the physical appearance of spouses: An implication of the vascular theory of emotional efference. *Motivation & Emotion* 11: 335-346.

2장 다른 다윈주의

Carnegie, A. (1889). Wealth. *North American Review* 148: 655-657.

Clark, C. (1997). *Misery and Company: Sympathy in Everyday Life.* Chicago: University of Chicago Press.

Dawkins, R. (1976). *The Selfish Gene.* Oxford, UK: Oxford University Press.

de Tocqueville, A. (1969[orig. 1835]). *Democracy in America,* vol. 1. New York: Anchor.

de Waal, F. B. M. (1996). *Good Natured: The Origins of Right and Wrong in Humans and Other Animals.* Cambridge, MA: Harvard University Press.

de Waal, F. B. M. (1999). Anthropomorphism and anthropodenial: Consistency in our thinking about humans and other animals. *Philosophical Topics* 27: 255-280.

de Waal, F. B. M. (2007[orig. 1982]). *Chimpanzee Politics.* Baltimore: Johns Hopkins University Press.

Flack, J. C., Krakauer, D. C., and de Waal, F. B. M. (2005). Robustness mechanisms in primate societies: A perturbation study. *Proceedings of the Royal Society London* B 272: 1091-1099.

Ghiselin, M. (1974). *The Economy of Nature and the Evolution of Sex.* Berkeley: University of California Press.

Hofstadter, R. (1992[orig. 1944]). *Social Darwinism in American Thought.* Boston: Beacon.

Kropotkin, P. (1972[orig. 1902]). *Mutual Aid: A Factor of Evolution.* New York: New York University Press.

Lott, T. (2005). *Herding Cats: A Life in Politics.* New York: Harper.

Mayr, E. (1961). Cause and effect in biology. *Science* 134: 1501-1506.

McLean, B., and Elkind, P. (2003). *Smartest Guys in the Room: The Amazing Rise and Scandalous Fall of Enron.* New York: Portfolio.

Meston, C. M., and Buss, D. M. (2007). Why humans have sex. *Archives of Sexual Behavior* 36: 477-507.

Midgley, M. (1979). Gene-juggling. *Philosophy* 54: 439-458.

Rand, A. (1992[orig. 1957]). *Atlas Shrugged.* New York: Dutton.

Ridley, M. (1996). *The Origins of Virtue.* New York: Penguin.

Silk, J. B., Alberts, S. C., and Altmann, J. (2003). Social bonds of female baboons enhance infant survival. *Science* 302: 1231-1234.

Smuts, B. B. (1985). *Sex and Friendship in Baboons.* New York: Aldine.

Solomon, R. C. (2007). Free enterprise, sympathy, and virtue. In *Moral Markets: The Critical Role of Values in the Economy,* P. J. Zak(Ed.), pp.16-41. Princeton, NJ: Princeton University Press.

Spencer, H. (1864). *Social Statics.* New York: Appleton.

Tinbergen, N. (1963). On aims and methods of ethology. *Zeitschrift für Tierpsychologie* 20: 410-433.

Todes, D. (1989). *Darwin without Malthus: The Struggle for Existence in Russian Evolutionary Thought.* New York: Oxford University Press.

Whybrow, P. C. (2005). *American Mania: When More Is Not Enough.* New York: Norton.

Wright, R. (1994). *The Moral Animal.* New York: Pantheon.

3장 몸이 몸에게 하는 말

Alexander, R. D. (1986). Ostracism and indirect reciprocity: The reproductive significance of humor. *Ethology & Sociobiology* 7: 253-270.

Anderson, J. R., Myowa-Yamakoshi, M., and Matsuzawa, T. (2004). Contagious yawning in chimpanzees. *Proceedings of the Royal Society of London* B 271: S468-S470.

Aureli, F., Preston, S. D., & de Waal, F. B. M. (1999). Heart rate responses to social interactions in free-moving rhesus macaques: A pilot study. *Journal of Comparative Psychology* 113: 59-65.

Bard, K. A. (2007). Neonatal imitation in chimpanzees tested with two paradigms. *Animal Cognition* 10: 233-242.

Batson, C. D. (1991). *The Altruism Question: Toward a Social-Psychological Answer.* Hillsdale, NJ: Erlbaum.

Boesch, C. (2007). What makes us human(Homo sapiens)? The challenge of cognitive cross-species comparison. *Journal of Comparative Psychology* 121: 227-240.

Bonnie, K. E., Horner, V., Whiten, A., and de Waal, F. B. M. (2006). Spread of arbitrary conventions among chimpanzees: A controlled experiment. *Proceedings of the Royal Society of London* B, 274: 367-372.

Chartrand, T. L., and Bargh, J. A. (1999). The chameleon effect: The perception-behavior link and social interaction. *Journal of Personality & Social Psychology* 76: 893-910.

Church, R. M. (1959). Emotional reactions of rats to the pain of others. *Journal of Comparative Physiological Psychology* 52: 132-134.

Cole, J. (2001). Empathy needs a face. *Journals of Consciousness Studies* 8: 51-68.

Darwin, C. (1981[orig. 1871]). *The Descent of Man, and Selection in Relation to Sex.* Princeton, NJ: Princeton University Press.

Davila Ross, M., Menzler, S., and Zimmermann, E. (2007). Rapid facial mimicry in orangutan play. *Biology Letters* 4: 27-30.

de Gelder, B. (2003). Towards the neurobiology of emotional body language. *Nature Review of Neuroscience* 7: 242-249.

de Waal, F. B. M. (1996). *Good Natured: The Origins of Right and Wrong in Humans and Other Animals.* Cambridge, MA: Harvard University Press.

de Waal, F. B. M. (2001). *The Ape and the Sushi Master.* New York: Basic Books.

de Waal, F. B. M., Boesch, C., Horner, V., and Whiten, A. (2008). Comparing children and apes not so simple. *Science* 319: 569.

Dimberg, U., Thunberg, M., and Elmehed, K. (2000). Unconscious facial reactions to emotional facial expressions. *Psychological Science* 11: 86-89.

Dosa, D. M. (2007). A day in the life of Oscar the cat. *New England Journal of Medicine* 357: 328-329.

Eisenberg, N. (2000). Empathy and sympathy. In *Handbook of Emotion*(2nd ed.), M. Lewis and J. M. Haviland-Jones(Eds.), pp.677-691. New York: Guilford.

Ferrari P. F., Fogassi, L., Gallese, V., and Rizzolatti, G. (2003). Mirror neurons responding to the observation of ingestive and communicative mouth actions in the monkey ventral premotor cortex. *European Journal of Neuroscience* 17: 1703-1714.

Ferrari, P. F., Visalberghi, E., Paukner, A., Fogassi, L., Ruggiero, A., and Suomi, S. J. (2006). Neonatal imitation in rhesus macaques. *PLoS-Biology* 4: 1501-1508.

Gallese, V. (2005). "Being like me": Self-other identity, mirror neurons, and empathy. In *Perspectives on Imitation*, S. Hurley and N. Chater(Eds.), pp.101-118. Cambridge, MA: MIT Press.

Gallese, V., Keysers, C., and Rizzolatti, G. (2004). A unifying view of the basis of social cognition. *Trends in Cognitive Science* 8: 396-403.

Geissmann, T., and Orgeldinger, M. (2000). The relationship between duet songs and pair bonds in siamangs, *Hylobates syndactylus*. *Animal Behaviour* 60: 805-809.

Goodall, J. (1990). *Through a Window.* Boston: Houghton Mifflin.

Hatfield, E., Cacioppo, J. T., and Rapson, R. L. (1994). *Emotional Contagion.* Cambridge, UK: Cambridge University Press.

Haun, D. B. M., and Call, J. (2008). Imitation recognition in great apes. *Current Biology* 18: 288-290.

Herman, L. H. (2002). Vocal, social, and self-imitation by bottlenosed dolphins. In *Imitation in Animals and Artifacts*. K. Dautenhahn and C. L. Nehaniv(Eds.), pp.63-108. Cambridge, MA: MIT Press.

Herrmann, E., Call, J., Hernàndez-Lloreda, M. V., Hare, B., and Tomasello, M. (2007). Humans have evolved specialized skills of social cognition: The cultural intelligence hypothesis. *Science* 317: 1360-1366.

Hobbes, T. (1991[orig. 1651]). *Leviathan*. Cambridge, UK: Cambridge University Press.

Hoffman, M. L. (1978). Sex differences in empathy and related behaviors. *Psychological Bulletin* 84: 712-722.

Hopper, L., Spiteri, A., Lambeth, S. P., Schapiro, S. J., Horner, V., and Whiten, A. (2007). Experimental studies of traditions and underlying transmission processes in chimpanzees. *Animal Behaviour* 73: 1021 1032.

Horner, V., and Whiten, A. (2007). Learning from others' mistakes? Limits on understanding a trap-tube task by young chimpanzees and children. *Journal of Comparative Psychology* 121: 12-21.

Horner, V., Whiten, A., Flynn, E., and de Waal, F. B. M. (2006). Faithful replication of foraging techniques along cultural transmission chains by chimpanzees and children. *Proceedings National Academy of Sciences*, USA103: 13878-13883.

Iacoboni, M. (2005). Neural mechanisms of imitation. *Current Opinion in Neurobiology* 15: 632-637.

Joly-Mascheroni, R. M., Senju, A., and Shepherd, A. J. (2008). Dogs catch human yawns. *Biology Letters* 4: 446-448.

Langford, D. J., et al. (2006). Social modulation of pain as evidence for empathy in mice. *Science* 312: 1967-1970.

Lipps, T. (1903). Einfühlung, innere Nachahmung und Organempfindung. *Archiv für die gesammte Psychologie*, vol. I, part 2. Leipzig: Engelman.

Lucke, J. F., and Batson, C. D. (1980). Response suppression to a distressed conspecific: Are laboratory rats altruistic? *Journal of Experimental Social Psychology* 16: 214-227.

MacLean, P. D. (1985). Brain evolution relating to family, play, and the separation call. *Archives of General Psychiatry* 42: 405-417.

Marshall-Pescini, S., and Whiten, A. (2008). Social learning of nut-cracking behavior in East African sanctuary-living chimpanzees(Pan troglodytes schweinfurthii). *Journal of Comparative Psychology* 122: 186-194.

Marshall, J. T., and Sugardjito, J. (1986). Gibbon systematics. In *Comparative Primate Biology*, vol. 1, D. R. Swindler and J. Erwin(Eds.), pp.137-185. New York: Liss.

Martin, G. B., and Clark, R. D. (1982). Distress crying in neonates: Species and peer specificity. *Developmental Psychology* 18: 3-9.

Masserman, J., Wechkin, M. S., and Terris, W. (1964). Altruistic behavior in rhesus monkeys. *American Journal of Psychiatry* 121: 584-585.

McDougall, W. (1923[orig. 1908]). *An introduction to Social Psychology*. London: Methuen.

McGrew, W. C. (2004). *The Cultured Chimpanzee: Reflections on Cultural*

Primatology. Cambridge, UK: Cambridge University Press.

Meaney, C. A. (2000). In perfect unison. In *The Smile of a Dolphin: Remarkable Accounts of Animal Emotions*, M. Bekoff(Ed.), p.50. New York: Discovery Books.

Meeren, H. K. M., van Heijnsbergen, C. C. R. J., andde Gelder, B. (2005). Rapid perceptual integration of facial expression and emotional body language. *Proceedings of the National Academy of Sciences*, USA102: 16518-16523.

Meltzoff, A. N., and Moore, M. K. (1995). A theory of the role of imitation in the emergence of self. In *The Self in Infancy: Theory and Research*, P. Rochat(Ed.), pp.73-93. Amsterdam: Elsevier.

Merleau-Ponty, M. (1964). *The Primacy of Perception.* Evanston, IL: Northwestern University Press.

Miller, R. E. (1967). Experimental approaches to the physiological and behavioral concomitants of affective communication in rhesus monkeys. In *Social Communication among Primates*, S. A. Altmann(Ed.), pp.125-134. Chicago: University of Chicago Press.

Miller, R. E., Murphy, J. V., and Mirsky, I. A. (1959). Relevance of facial expression and posture as cues in communication of affect between monkeys. *AMA Archives of General Psychiatry* 1: 480-488.

Moore, B. R. (1992). Avian movement imitation and a new form of mimicry: Tracing the evoluting of a complex form of learning. *Behaviour* 122: 231-263.

Panksepp, J. (1998). *Affective Neuroscience.* New York: Oxford University Press.

Paukner, A., Anderson, J. R., Borelli, E., Visalberghi, E., and Ferrari, P. F. (2005). Macaques recognize when they are being imitated. *Biology Letters* 1: 219-222.

Payne, K. (1998). *Silent Thunder: In the Presence of Elephants.* New York: Penguin.

Platek, S. M., Mohamed, F. B., and Gallup, G. G. (2005). Contagious yawning and the brain. *Cognitive Brain Research* 23: 448-452.

Povinelli, D. J. (2000). *Folk Physics for Apes.* Oxford, UK: Oxford University Press.

Prather, J. F., Peters, S., Nowicki, S., and Mooney, R. (2008). Precise auditory vocal mirroring in neurons for learned vocal communication. *Nature* 451: 305-310.

Preston, S. D., and de Waal, F. B. M. (2002). Empathy: Its ultimate and proximate bases. *Behavioral & Brain Sciences* 25: 1-72.

Preston, S. D., and Stansfield, R. B. (2008). I know how you feel: Taskirrelevant facial expressions are spontaneously processed at a semantic level. *Cognitive, Affective, & Behavioral Neuroscience* 8: 54-64.

Preston, S. D., Bechara, A., Grabowski, T. J., Damasio, H., and Damasio, A. R. (2007). The neural substrates of cognitive empathy. *Social Neuroscience* 2: 254-275.

Proffitt, D. R. (2006). Embodied perception and the economy of action. *Perspectives* on *Psychological Science* 1: 110-122.

Provine, R. (2000). *Laughter: A Scientific Investigation.* New York: Viking.

Repp, B. H., and Knoblich, G. (2004). Perceiving action identity: How pianists recognize their own performances. *Psychological Science* 15: 604-609.

Russon, A. E. (1996). Imitation in everyday use: Matching and rehearsal in the spontaneous imitation of rehabilitant orangutans(*Pongo pygmaeus*). In *Reaching into Thought: The Minds of the Great Apes*, A. E. Russon, K. A. Bard, and S. T. Parker(Eds.), pp.152-176. Cambridge, UK: Cambridge University Press.

Sagi, A., and Hoffman, M. L. (1976). Empathic distress in the newborn. *Developmental Psychology* 12: 175-176.

Schloßberger, M. (2005). *Die Erfahrung des Anderen: Gefühle im menschlichen Miteinander.* Berlin: Akademie Verlag.

Senju, A., Maeda, M., Kikuchi, Y., Hasegawa, T., Tojo, Y., and Osanai, H. (2007). Absence of contagious yawning in children with autism spectrum disorder. *Biology Letters* 3: 706-708.

Singer, T., Seymour, B., O'Doherty, J. P., Stephan, K. E., Dolan, R. J., and Frith, C. D. (2006). Empathic neural responses are modulated by the perceived fairness of others. *Nature* 439: 466-469.

Sisk, J. P. (1993). Saving the world. *First Things* 33: 9-14.

Smith, A. (1976[orig. 1759]. *A Theory of Moral Sentiments*, D. D. Raphael, A. L. Macfie(Eds.). Oxford, UK: Clarendon Press.

Sonnby-Borgström, M. (2002). Automatic mimicry reactions as related to differences in emotional empathy. *Scandinavian Journal of Psychology* 43: 433-443.

Stürmer, S., Snyder, M., and Omoto, A. M. (2005). Prosocial emotions and helping: The moderating role of group membership. *Journal of Personality & Social Psychology* 88: 532-546.

Taylor, S. (2002). *The Tending Instinct.* New York: Times Books.

Thelen, E., Schoner, G., Scheier, C., and Smith, L. B. (2001). The dynamics of embodiment: A field theory of infant perseverative reaching. *Behavioral & Brain Sciences* 24: 1-86.

Thorndike, E. L. (1898). Animal intelligence: An experimental study of the associative process in animals. *Psychological Review & Monography* 2: 551-553.

Tomasello, M. (1999). *The Cultural Origins of Human Cognition.* Cambridge, MA: Harvard University Press.

van Baaren, R. B., Holland, R. W., Steenaert, B., and van Knippenberg, A. (2003). Mimicry for money: Behavioral consequences of imitation. *Journal of Experimental Social Psychology* 39: 393-398.

van Hooff, J. A. R. A. M. (1972). A comparative approach to the phylogeny of laughter and smiling. In *Non-verbal Communication*, R. Hinde(Ed.), pp.209-241. Cambridge, UK: Cambridge University Press.

van Schaik, C. P. (2004). *Among Orangutans: Red Apes and the Rise of Human Culture*. Cambridge, MA: Belknap.

Walusinski, O., and Deputte, B. L. (2004). Le bâillement: Phylogenèse, éthologie, nosogénie. *Revue Neurologique* 160: 1011-1021.

Wascher, C. A. F., Isabella Scheiber, I. B. R., and Kotrschal, K. (2008). Heart rate modulation in bystanding geese watching social and non-social events. *Proceedings of the Royal Society of London* B 275: 1653-1659.

Wells, R. S. (2003). Dolphin social complexity: Lessons from long-term study and life history. In *Animal Social Complexity*, F. B. M. de Waal and P. L. Tyack(Eds.), pp.32-56. Cambridge, MA: Harvard University Press.

Whiten, A., and Ham R. (1992). On the nature and evolution of imitation in the animal kingdom: Reappraisal of a century of research. In *Advances in the Study of Behavior*, vol. 21., J. B. Slater et al. (Eds.), pp.239-283. New York: Academic Press.

Whiten, A., et al. (1999). Cultures in chimpanzees. *Nature* 399: 682-685.

Whiten, A., Horner, V., and de Waal, F. B. M. (2005). Conformity to cultural norms of tool use in chimpanzees. Nature437: 737-740.

Zahn-Waxler, C., Radke-Yarrow, M., Wagner, E., and Chapman, M. (1992). Development of concern for others. *Developmental Psychology* 28: 126-136.

4장 역지사지

Bailey, M. B. (1986). Every animal is the smartest: Intelligence and the ecological niche. In *Animal Intelligence*, R. Hoage and L. Goldman(Eds.), pp.105-113. Washington, DC: Smithsonian Institution Press.

Batson, C. D. (1991). *The Altruism Question: Toward a Social-Psychological Answer*. Hillsdale, NJ: Erlbaum.

Batson, C. D., et al. (1997). Is empathy-induced helping due to self-other merging? *Journal of Personality & Social Psychology* 73: 495-509.

Bradmetz, J., and Schneider, R. (1999). Is Little Red Riding Hood afraid of her grandmother? Cognitive versus emotional response to a false belief. *British Journal of Developmental Psychology* 17: 501-514.

Bugnyar, T., and Heinrich, B. (2005). Ravens, Corvus corax, differentiate between knowledgeable and ignorant competitors. *Proceedings of the Royal Society of*

London B 272: 1641–1646.

Burkart, J. M., Fehr, E., Efferson, C., and van Schaik, C. P. (2007). Otherregarding preferences in a non-human primate: Common marmosets provision food altruistically. *Proceedings of the National Academy of Sciences*, USA104: 19762–19766.

Cialdini, R. D., Brown, S. L., Lewis, D. P., Luce, C. L., and Neuberg, S. L. (1997). Reinterpreting the empathy-altruism relationship: When one into one equals oneness. *Journal of Personality & Social Psychology* 73: 481–94.

Cools, A., van Hout, A. J. M., and Nelissen, M. H. J. (2008). Canine reconciliation and third-party-initiated postconflict affiliation: Do peacemaking social mechanisms in dogs rival those of higher primates? *Ethology* 114: 53–63.

Cordoni, G., and Palagi, E. (2008). Reconciliation in wolves(Canis lupus): New evidence for a comparative perspective. *Ethology* 114: 298–308.

Dally, J. M., Emery, N. J., and Clayton, N. S. (2006). Food-caching western scrub-jays keep track of who was watching when. *Science* 312: 1662–1665.

Darley, J. M., and Batson, C. D. (1973). From Jerusalem to Jericho: A study of situational and dispositional variables in helping behavior. *Journal of Personality & Social Psychology* 27: 100–108.

de Gelder, B. (1987). On having a theory of mind. *Cognition* 27: 285–290. de Waal, F. B. M. (2007[orig. 1982]). *Chimpanzee Politics: Power and Sex among Apes.* Baltimore: Johns Hopkins University Press.

de Waal, F. B. M. (1989). *Peacemaking among Primates.* Cambridge, MA: Harvard University Press.

de Waal, F. B. M. (1996). *Good Natured: The Origins of Right and Wrong in Humans and Other Animals.* Cambridge, MA: Harvard University Press.

de Waal, F. B. M. (1997). *Bonobo: The Forgotten Ape.* Berkeley: University of California Press.

de Waal, F. B. M. (2002). *The Ape and the Sushi Master.* New York: Basic Books.

de Waal, F. B. M. (2003). On the possibility of animal empathy. In *Feelings & Emotions: The Amsterdam Symposium*, T. Manstead, N. Frijda, and A. Fischer(Eds.), pp.379–399. Cambridge, UK: Cambridge University Press.

de Waal, F. B. M. (2008). Putting the altruism back into altruism: The evolution of empathy. *Annual Review of Psychology* 59: 279–300.

de Waal, F. B. M. (in press). The need for a bottom-up account of chimpanzee cognition. In *The Mind of the Chimpanzee: Ecological and Experimental Perspectives*, E. V. Lonsdorf, S. R. Ross, and T. Matsuzawa(Eds). Chicago: University of Chicago Press.

de Waal, F. B. M., Leimgruber, K., and Greenberg, A. R. (2008). Giving is self-rewarding for monkeys. *Proceedings of the National Academy of Sciences*, USA105: 13685-13689.

de Waal, F. B. M., and van Roosmalen, A. (1979). Reconciliation and consolation among chimpanzees. *Behavioral Ecology & Sociobiology* 5: 55-66.

Flombaum, J. I., and Santos, L. R. (2005). Rhesus monkeys attribute perceptions to others. *Current Biology* 15: 447-452.

Fouts, R., and Mills, T. (1997). *Next of Kin*. New York: Morrow.

Fraser, O., Stahl, D., and Aureli, A. (2008). Stress reduction through consolation in chimpanzees. *Proceedings of the National Academy of Sciences*, USA 105: 8557-8562.

Goodall, J. (1986). *The Chimpanzees of Gombe: Patterns of Behavior.* Cambridge, MA: Belknap.

Goodall, J. (1990). *Through a Window.* Boston: Houghton Mifflin.

Hare, B., Call, J., and Tomasello, M. (2001). Do chimpanzees know what conspecifics know? *Animal Behaviour* 61: 139-151.

Harris, P., Johnson, C. N., Hutton, D., Andrews, G., and Cooke, T. (1989). Young children's theory of mind and emotion. *Cognition & Emotion* 3: 379-400.

Hobson, R. P. (1991). Against the theory of "Theory of Mind." *British Journal of Developmental Psychology* 9: 33-51.

Hoffman, M. L. (1981). Is altruism part of human nature? *Journal of Personality & Social Psychology* 40: 121-137.

Hornstein, H. A. (1991). Empathic distress and altruism: Still inseparable. *Psychological Inquiry* 2: 133-135.

Humphrey, N. (1978). Nature's psychologists. *New Scientist* 78: 900-904.

Jensen, K., Hare, B., Call, J., and Tomasello, M. (2006). What's in it for me? Self-regard precludes altruism and spite in chimpanzees. *Proceedings of the Royal Society of London* B 273: 1013-1021.

Kagan, J. (2000). Human morality is distinctive. *Journal of Consciousness Studies* 7: 46-48.

Krebs, D. L. (1991). Altruism and egoism: A false dichotomy? *Psychological Inquiry* 2: 137-139.

Krensky, S. (2002). *Abe Lincoln and the Muddy Pig.* New York: Simon & Schuster.

Kuroshima, H., Fujita, K. Adachi, I., Iwata, K., and Fuyuki, A. (2003). A capuchin monkey recognizes when people do and do not know the location of food. *Animal Cognition* 6: 283-291.

Ladygina-Kohts, N. N. (2001[1935]). Infant Chimpanzee and Human Child: A Classic

1935 *Comparative Study of Ape Emotions and Intelligence.* F. B. M. de Waal(Ed.). New York: Oxford University Press.

Lakshminarayanan, V. R., and Santos, L. R. (2008). Capuchin monkeys are sensitive to others' welfare. *Current Biology* 18: R999-R1000.

Lanzetta, J. T., and Englis, B. G. (1989). Expectations of cooperation and competition and their effects on observers' vicarious emotional responses, *Journal of Personality & Social Psychology* 56: 543-554.

Lordkipanidze, D., et al. (2007). Postcranial evidence from early Homofrom Dmanisi, Georgia. *Nature* 449: 305-310.

MacNeilage, P. F., and Davis, B. L. (2000). On the origin of internal structure of word forms. *Science* 288: 527-531.

McConnell, P. (2005). *For the Love of a Dog.* New York: Ballantine.

Menzel, E. W. (1972). Spontaneous invention of ladders in a group of young chimpanzees. *Folia primatologica* 17: 87-106.

Menzel, E. W. (1974). A group of young chimpanzees in a one-acre field. In *Behavior of Non-human Primates*, vol. 5, A. M. Schrier and F. Stollnitz(Eds.), pp.83-153. New York: Academic Press.

Menzel, E. W., and Johnson, M. K. (1976). Communication and cognitive organization in humans and other animals. *Annals of the New York Academy of Sciences* 280: 131-142.

Nakamura, M., McGrew, W. C., Marchant, L. F., and Nishida, T. (2000). Social scratch: Another custom in wild chimpanzees? *Primates* 41: 237-248.

O'Connell, S. M. 1995. Empathy in chimpanzees: Evidence for Theory of Mind? *Primates* 36: 397-410.

Ottoni, E. B., and Mannu, M. (2001). Semi-free ranging tufted capuchin monkeys spontaneously use tools to crack open nuts. *International Journal of Primatology* 22: 347-358.

Perner, J., and Ruffman, T. (2005). Infants' insight into the mind: How deep? *Science* 308: 214-216.

Premack, D., and Woodruff, G. (1978). Does the chimpanzee have a theory of mind? *Behavioral and Brain Sciences* 1: 515-526.

Rosenblatt, P. (2006). *Two in a Bed: The Social System of Couple Bed Sharing.* New York: State University of New York Press.

Silk, J. B., et al. (2005). Chimpanzees are indifferent to the welfare of unrelated group members. *Nature* 437: 1357-1359.

Smith, A. (1937[orig. 1759]). *The Theory of Moral Sentiments.* New York: Modern Library.

Swofford, A. (2003). *Jarhead.* New York: Scribner.

Tomasello, M., and Call, J. (2006). Do chimpanzees know what others see—or only what they are looking at? In *Rational Animals?* S. Hurley and M. Nudds(Eds.), pp.371-384. Oxford, UK: Oxford University Press.

Virányi, Z., Topál, J., Miklósi, A., and Csányi, V. (2005). A nonverbal test of knowledge attribution: A comparative study on dogs and human infants. *Animal Cognition* 9: 13-26.

Warneken, F., Hare, B., Melis, A. P., Hanus, D., and Tomasello, M. (2007). Spontaneous altruism by chimpanzees and young children. #PLoS Biology# 5: 1414-1420.

Wellman, H. M., Phillips, A. T., and Rodriguez, T. (2000). Young children's understanding of perception, desire, and emotion. *Child Development* 71: 895-912.

Wispé, L. (1991). *The Psychology of Sympathy.* New York: Plenum.

Yerkes, R. M. (1925). *Almost Human.* New York: Century.

Zahn-Waxler, C., Hollenbeck, B., and Radke-Yarrow, M. (1984). The origins of empathy and altruism. In *Advances in Animal Welfare Science*, M. W. Fox and L. D. Mickley(Eds.), pp.21-39. Washington, DC: Humane Society of the United States.

Zillmann, D., and Cantor, J. R. (1977). Affective responses to the emotions of a protagonist. *Journal of Experimental Social Psychology* 13: 155-165.

5장 방 안의 코끼리

Anderson, J. R., and Gallup, G. G., Jr. (1999). Self-recognition in nonhuman primates: Past and future challenges. In *Animal Models of Human Emotion and Cognition*, M. Haug and R. E. Whalen(Eds.), pp.175-194. Washington, DC: APA.

Balfour, D., and Balfour, S. (1998). *African Elephants, A Celebration of Majesty.* New York: Abbeville Press.

Bates, L. A., et al. (2008). Do elephants show empathy? *Journal of Consciousness Studies* 15: 204-225.

Bekoff, M. (2001). Observations of scent-marking and discriminating self from others by a domestic dog: Tales of displaced yellow snow. *Behavioural Processes* 55: 75-79.

Bekoff, M., and Sherman, P. W. (2003). Reflections on animal selves. *Trends in Ecology and Evolution* 19: 176-180.

Bischof-Köhler, D. (1988). Über den Zusammenhang von Empathie und der Fähigkeit sich im Spiegel zu erkennen. *Schweizerische Zeitschrift für Psychologie* 47: 147-159.

Bischof-Köhler, D. (1991). The development of empathy in infants. In *Infant Development: Perspectives from German-Speaking Countries*, M. Lamb and M. Keller(Eds.), pp.245-273. Hillsdale, NJ: Erlbaum.

Bonnie, K. E., and de Waal, F. B. M. (2004). Primate social reciprocity and the origin of gratitude. In *The Psychology of Gratitude*, R. A. Emmons andM. E. McCullough(Eds.), pp.213-229. Oxford, UK: Oxford University Press.

Butterworth, G., and Grover, L. (1988). The origins of referential communication in human infancy. In *Thought without Language*, L. Weiskrantz(Ed.), pp.5-24. Oxford, UK: Clarendon.

Caldwell, M. C., and Caldwell, D. K. (1966). Epimeletic(care-giving) behavior in Cetacea. In *Whales, Dolphins, and Porpoises*, K. S. Norris(Ed.), pp.755-789. Berkeley: University of California Press.

Carpenter, C. R. (1934). A field study of the behavior and social relations of howling monkeys. *Comparative Psychology Monographs* 10: 1-168.

Cenami Spada, E., Aureli, F., Verbeek, P., and de Waal, F. B. M. (1995). The self as reference point: Can animals do without it? In *The Self in Infancy: Theory and Research*, P. Rochat(Ed.), pp.193-215. Amsterdam: Elsevier.

Cheney, D. L., and Seyfarth, R. M. (2008). *Baboon Metaphysics: The Evolution of a Social Mind.* Chicago: University of Chicago Press.

Connor, R. C., and Norris, K. S. (1982). Are dolphins reciprocal altruists? *American Naturalist* 119: 358-372.

de Waal, F. B. M. (2007[orig. 1982]). *Chimpanzee Politics: Power and Sex among Apes.* Baltimore, MD: Johns Hopkins University Press.

de Waal, F. B. M. (1988). The communicative repertoire of captive bonobos(Pan paniscus), compared to that of chimpanzees. *Behaviour* 106: 183-251.

de Waal, F. B. M. (1997). *Bonobo: The Forgotten Ape.* Berkeley: University of California Press.

de Waal, F. B. M. (2001). *The Ape and the Sushi Master.* New York: Basic Books.

de Waal, F. B. M. (2008). Putting the altruism back into altruism: The evolution of empathy. *Annual Review of Psychology* 59: 279-300.

de Waal, F. B. M., and Aureli, F. (1996). Consolation, reconciliation, and a possible cognitive difference between macaque and chimpanzee. In *Reaching into Thought: The Minds of the Great Apes*, A. E. Russon, K. A. Bard, and S. T. Parker(Eds.), pp.80-110. Cambridge, UK: Cambridge University Press.

de Waal, F. B. M., Dindo, M., Freeman, C. A., and Hall, M. (2005). The monkey in the mirror: Hardly a stranger. *Proceedings of the National Academy of Sciences*, USA102: 11140-11147.

Decety, J., and Chaminade, T. (2003). When the self represents the other: A new cognitive neuroscience view on psychological identification. *Consciousness & Cognition* 12: 577-596.

Decety, J., and Grèzes, J. (2006). The power of simulation: Imagining one's own and other's behavior. *Brain Research* 1079: 4-14.

Douglas-Hamilton, I., Bhalla, S., Wittemyer, G., and Vollrath, F. (2006). Behavioural reactions of elephants towards a dying and deceased matriarch. *Applied Animal Behaviour Science* 100: 87-102.

Emery, N. J., and Clayton, N. S. (2001). Effects of experience and social context on prospective caching strategies by scrub jays. *Nature* 414: 443-446.

Emery, N. J., and Clayton, N. S. (2004). The mentality of crows: Convergent evolution of intelligence in corvids and apes. *Science* 306: 1903- 1907.

Engh, A. L., et al. (2005). Behavioural and hormonal responses to predation in female chacma baboons. *Proceedings of the Royal Society of London* B 273: 707-712.

Epstein, R., Lanza, R. P., and Skinner, B. F. (1981). "Self-awareness" in the pigeon. *Science* 212: 695-696.

Gallup, G. G. Jr. (1970). Chimpanzees: Self-recognition. *Science* 167: 86-87.

Gallup, G. G. Jr. (1983). Toward a comparative psychology of mind. In *Animal Cognition and Behavior,* R. L. Mellgren(Ed.), pp.473-510. New York: North-Holland.

Goleman, D. (2006). *Social Intelligence: The New Science of Human Relationships.* New York: Bantam Books.

Gould, S. J. (1977). *Ontogeny and Phylogeny.* Cambridge, MA: Harvard University Press.

Hakeem, A. Y., Sherwood, C. C., Bonar, C. J., Butti, C., Hof, P. R., and Allman, J. M. (2009). Von Economo Neurons in the elephant brain. *Anatomical Record* 292: 242-248.

Johnson, D. B. (1992). Altruistic behavior and the development of the self in infants. *Merrill-Palmer Quarterly of Behavior & Development* 28: 379-388.

Jorgensen, M. J., Hopkins, W. D., and Suomi, S. J. (1995). Using a computerized testing system to investigate the preconceptual self in nonhuman primates and humans. In *The Self in Infancy: Theory and Research*, P. Rochat(Ed.), pp.243-256. Amsterdam: Elsevier.

Ladygina-Kohts, N. N. (2001[1935]). *Infant Chimpanzee and Human Child: A Classic 1935 Comparative Study of Ape Emotions and Intelligence.* F. B. M. de Waal(Ed.).

New York: Oxford University Press.

Krause, M. A. (1997). Comparative perspectives on pointing and joint attention in children and apes. *International Journal of Comparative Psychology* 10: 137-157.

Kummer, H. (1968). *Social Organization of Hamadryas Baboons.* Chicago: University of Chicago Press.

Leavens, D. A., and Hopkins, W. D. (1990). Intentional communication by chimpanzees: A cross-sectional study of the use of referential gestures. *Developmental Psychology* 34: 813-822.

Leavens, D. A., and Hopkins, W. D. (1999). The whole-hand point: The structure and function of pointing from a comparative perspective. *Journal of Comparative Psychology* 113: 417-425.

Lewis, M., and Ramsay, D. (2004). Development of self-recognition, personal pronoun use, and pretend play during the 2nd year. *Child Development* 75: 1821-1831.

Manger, P. R. (2006). An examination of cetacean brain structure with a novel hypothesis correlating thermogenesis to the evolution of a big brain. *Biological Review* 81: 293-338.

Marais, E. N. (1939). *My Friends the Baboons.* New York: McBride.

Marino, L. (1998). A comparison of encephalization between odontocete cetaceans and anthropoid primates. *Brain, Behavior, and Evolution* 51: 230-238.

Marino, L., et al. (2007). Cetaceans have complex brains for complex cognition. *PLoS-Biology* 5: e139.

Medicus, G. (1992). The inapplicability of the biogenetic rule to behavioral development. *Human Development* 35: 1-8.

Menzel, C. R. (1999). Unprompted recall and reporting of hidden objects by a chimpanzee(Pan troglodytes) after extended delays. *Journal of Comparative Psychology* 113: 426-434.

Menzel, E. W. (1973). Leadership and communication in young chimpanzees. In *Precultural Primate Behavior*, E. W. Menzel(Ed.). Basel: Karger.

Menzel, E. W. (1979). Communication of object-locations in a group of young chimpanzees. In *The Great Apes*, D. A. Hamburg and E. R. McCown(Eds.), pp.359-371. Menlo Park, CA: Benjamin Cummings.

Moss, C. (1988). *Elephant Memories: Thirteen Years in the Life of an Elephant Family.* New York: Fawcett Columbine.

Nimchinsky, E. A., et al. (1999). A neuronal morphologic type unique to humans and great apes. *Proceedings of the National Academy of Sciences*, USA96: 5268-5273.

Plotnik, J., de Waal, F. B. M., and Reiss, D. (2006). Self-recognition in an Asian elephant. *Proceedings of the National Academy of Sciences*, USA 103: 17053-

17057.

Poole, J. (1996). Coming of Age with Elephants: A Memoir.New York: Hyperion.

Povinelli, D. J. (1989). Failure to find self-recognition in Asian elephants(*Elephas maximus*) in contrast to their use of mirror cues to discover hidden food. *Journal of Comparative Psychology* 103: 122-131.

Povinelli, D. J., and Cant, J. G. H. (1995). Arboreal clambering and the evolution of self-conception. *Quarterly Review of Biology* 70: 393-421.

Preston, S. D., and de Waal, F. B. M. (2002). Empathy: Its ultimate and proximate bases. *Behavioral & Brain Sciences* 25: 1-72.

Reiss, D., and Marino, L. (2001). Mirror self-recognition in the bottlenose dolphin: A case of cognitive convergence. *Proceedings of the National Academy of Sciences*, USA98: 5937-5942.

Rochat, P. (2003). Five levels of self-awareness as they unfold early in life. *Consciousness & Cognition* 12: 717-731.

Sapolsky, R. M. (2001). *A Primate's Memoir: A Neuroscientist's Unconventional Life among the Baboons.* New York: Scribner.

Schino, G., Geminiani, S., Rosati, L., and Aureli, F. (2004). Behavioral and emotional response of Japanese macaque mothers after their offspring receive an aggression. *Journal of Comparative Psychology* 118: 340-346.

Seed, A. M., Clayton, N. S., and Emery, N. J. (2007). Postconflict third-party affiliation in rooks. *Current Biology* 17: 152-158.

Seeley, W. W., et al. (2006). Early frontotemporal dementia targets neurons unique to apes and humans. *Annals of Neurology* 60: 660-667.

Semendeferi, K., Lu, A., Schenker, N., and Damasio, H. (2002). Humans and great apes share a large frontal cortex. *Nature Neuroscience* 5: 272-276.

Siebenaler, J. B., and Caldwell, D. K. (1956). Cooperation among adult dolphins. *Journal of Mammalogy* 37: 126-128.

Smuts, B. B. (1999[orig. 1985]). *Sex and Friendship in Baboons.* Cambridge, MA: Harvard University Press.

Thompson, R. K. R., and Contie, C. L. (1994). Further reflections on mirror usage by pigeons: Lessons from Winnie-the-Pooh and Pinocchio too. In *Self-Awareness in Animals and Humans*, S. T. Parker et al. (Eds.), pp.392-409. Cambridge, UK: Cambridge University Press.

Toda, K., and Watanabe, S. (2008). Discrimination of moving video images of self by pigeons(*Columba livia*). *Animal Cognition* 11: 699-705.

Tomasello, M., Carpenter, M., and Liszkowski, U. (2007). A new look at infant pointing. *Child Development* 78: 705-722.

Trivers, R. L. (1971). The evolution of reciprocal altruism. *Quarterly Review of Biology* 46: 35-57.

Veà, J. J., and Sabater-Pi, J. (1998). Spontaneous pointing behaviour in the wild pygmy chimpanzee. *Folia primatologica* 69: 289-290.

Verbeek, P., and de Waal, F. B. M. (1997). Postconflict behavior in captive brown capuchins in the presence and absence of attractive food. *International Journal of Primatology* 18: 703-725.

von Hoesch, W. (1961). Über Ziegenhütende Bärenpaviane. *Zeitschrft für Tierpsychologie* 18: 297-301.

Zahn-Waxler, C., Radke-Yarrow, M., Wagner, E., and Chapman, M. (1992). Development of concern for others. *Developmental Psychology* 28: 126-136.

6장 공평하게 합시다

Ahn, T. K., Ostrom, E., Schmidt, D., and Walker, J. (2003). Trust in twoperson games: Game structures and linkages. In *Trust and Reciprocity*, E. Ostrom and J. Walker(Eds.), pp.323-351. New York: Russell Sage.

Alvard, M. (2004). The Ultimatum Game, fairness, and cooperation among big game hunters. In *Foundations of Human Sociality: Ethnography and Experiments in 15 Small-scale Societies*, J. Henrich et al. (Eds.), pp.413-435. London: Oxford University Press.

Amati, S., Babweteera, and Wittig, R. M. (2008). Snare removal by a chimpanzee of the Sonso community, Budongo Forest(Uganda). *Pan Africa News* 15: 6-8.

Bartels, L. M. (2008). *The Political Economy of the New Gilded Age*. Princeton, NJ: Princeton University Press.

Beck, B. B. (1973). Cooperative tool use by captive Hamadryas baboons. *Science* 182: 594-597.

Bellugi, U., Lichtenberger, L., Jones, W., Lai, Z., and St. George, M. (2000). The neurocognitive profile of Williams Syndrome: A complex pattern of strengths and weaknesses. *Journal of Cognitive Neuroscience* 12: 7-29.

Boehm, C. (1993). Egalitarian behavior and reverse dominance hierarchy. *Current Anthropology* 34: 227-254.

Boesch, C., and Boesch-Achermann, H. (2000). *The Chimpanzees of the Taï Forest*. Oxford, UK: Oxford University Press.

Boyd, R. (2006). The puzzle of human sociality. *Science* 314: 1555-1556.

Bräuer, J., Call, J., and Tomasello, M. (2009). Are apes inequity averse? New data on the token-exchange paradigm. *American Journal of Primatology* 71: 175-181.

Brosnan, S. F. (2008). Responses to inequity in non-human primates. In *Neuroeconomics: Decision Making and the Brain*, P. W. Glimcher et al. (Eds.), pp.283-300. New York: Academic Press.

Brosnan, S. F., and de Waal, F. B. M. (2003). Monkeys reject unequal pay. *Nature* 425: 297-299.

Brosnan, S. F., and de Waal, F. B. M. (2004). Socially learned preferences for differentially rewarded tokens in the brown capuchin monkey. *Journal of Comparative Psychology* 118: 133-139.

Brosnan, S. F., Schiff, H., and de Waal, F. B. M. (2005). Tolerance for inequity increases with social closeness in chimpanzees. *Proceedings of the Royal Society of London* B 272: 253-258.

Bshary, R., and Würth, M. (2001). Cleaner fish *Labroides dimidiatus* manipulate client reef fish by providing tactile stimulation. *Proceedings of the Royal Society of London* B 268: 1495-1501.

Burnham, T. C., and Johnson, D. D. P. (2005). The biological and evolutionary logic of human cooperation. *Analyse & Kritik* 27: 113-135.

Chase, I. (1988). The vacancy chain process: A new mechanism of resource distribution in animals with application to hermit crabs. *Animal Behaviour* 36: 1265-1274.

Clark, M. S., and Grote N. K. (2003). Close relationships. In *Handbook of Psychology: Personality and Social Psychology*, T. Millon and M. J. Lerner(Eds.), pp.447-461. New York: John Wiley.

Csányi(2005). *If Dogs Could Talk: Exploring the Canine Mind.* New York: North Point.

Dana, J. D., Kuang, J., and Weber, R. A. (2004). Exploiting moral wriggle room: Behavior inconsistent with a preference for fair outcomes. Available at *Social Science Research Network*, abstract 400900.

de Waal, F. B. M. (2007[orig. 1982]). *Chimpanzee Politics.* Baltimore: Johns Hopkins University Press.

de Waal, F. B. M. (1989). Food sharing and reciprocal obligations in chimpanzees. *Journal of Human Evolution* 18: 433-459.

de Waal, F. B. M. (1996). *Good Natured: The Origins of Right and Wrong in Humans and Other Animals.* Cambridge, MA: Harvard University Press.

de Waal, F. B. M. (1997). *Bonobo: The Forgotten Ape*, with photographs by Frans Lanting. Berkeley: University of California Press.

de Waal, F. B. M. (1997). The chimpanzee's service economy: Food for grooming. *Evolution of Human Behavior* 18: 375-86.

de Waal, F. B. M. (2000). Attitudinal reciprocity in food sharing among brown capuchins. *Animal Behaviour* 60: 253-261.

de Waal, F. B. M., and Berger, M. I.. (2000). Payment for labour in monkeys. *Nature* 404: 563.

de Waal, F. B. M., Leimgruber, K., and Greenberg, A. R. (2008). Giving is self-rewarding for monkeys. *Proceedings of the National Academy of Sciences*, USA105: 13685-13689.

de Waal, F. B. M., and Luttrell, L. M. (1988). Mechanisms of social reciprocity in three primate species: Symmetrical relationship characteristics or cognition? *Ethology & Sociobiology* 9: 101-118.

Fehr, E., and Fischbacher, U. (2003), The nature of altruism. *Nature* 425, 785-791.

Fehr, E., and Schmidt, K. M. (1999). A theory of fairness, competition, and cooperation. *Quarterly Journal of Economics* 114: 817-868.

Fletcher, G. E. (2008). Attending to the outcome of others: Disadvantageous inequity aversion in male capuchin monkeys. *American Journal of Primatology* 70: 901-905.

Frank, R. H. (1988). *Passions Within Reason*. New York: Norton.

Frank, R. H., and Cook, P. J. (1995). *Winner-Take-All Society*. New York: Free Press.

Freud, S. (1950[orig. 1913]). *Totem and Taboo: Some Points of Agreement between the Mental Lives of Savages and Neurotics*. New York: Norton.

Gintis, H., Bowles, S., Boyd, R., and Fehr, E. (2005). *Moral Sentiments and Material Interests*. Cambridge, MA: MIT Press.

Güth, W., Schmittberger, R., and Schwarze, B. (1982). An experimental analysis of ultimatum bargaining. *Journal of Economic Behavior & Organization* 3: 367-388.

Handler, J. F. (2004). *Social Citizenship and Workfare in the United States and Western Europe: The Paradox of Inclusion*. Cambridge, UK: Cambridge University Press.

Harbaugh, W. T., Mayr, U., and Burghart, D. R. (2007). Neural responses to taxation and voluntary giving reveal motives for charitable donations. *Science* 326:1622-1625.

Heidary, F., et al. (2008). Food inequality negatively impacts cardiac health in rabbits. *PLoS ONE* 3(11): e3705. doi:10.1371/journal.pone. 0003705.

Henrich, J., Boyd, R., Bowles, S., Camerer, C., Gintis, H., McElreath, R., and Fehr, E. (2001). In search of Homo economicus: Experiments in 15 smallscale societies. *American Economic Review* 91: 73-79.

Henzi, S. P. and Barrett, L. (2002). Infants as a commodity in a baboon market. *Animal Behaviour* 63: 915-921.

Hobbes, T. (2004[orig. 1651]). *De Cive*. Whitefish, MT: Kessinger.

Hockings, K. J., et al. (2007). Chimpanzees share forbidden fruit. *PLoS ONE* 9: e886.

Jensen, K., Call, J., and Tomasello, M. (2007). Chimpanzees are rational maximizers in an Ultimatum Game. *Science* 318: 107-109.

Kahneman, D., Knetsch, J., and Thaler, R. (1986). Fairness and the assumptions of economics. *Journal of Business* 59: 285-300.

Knutson, B., Wimmer, G. E., Kuhnen, C. M., and Winkielman, P. (2008). Nucleus accumbens activation mediates the influence of reward cues on financial risk taking. *NeuroReport* 19: 509-513.

Koyama, N. F., Caws, C., and Aureli, F. (2006). Interchange of grooming and agonistic support in chimpanzees. *International Journal of Primatology* 27: 1293-1309.

Kropotkin, P. (1906). *The Conquest of Bread*. New York: Putnam.

Kummer, H. (1991). Evolutionary transformations of possessive behavior. *Journal of Social Behavior and Personality* 6: 75-83.

Langergraber, K. E., Mitani, J. C., and Vigilant, L. (2007). The limited impact of kinship on cooperation in wild chimpanzees. *Proceedings of the National Academy of Sciences*, USA104: 7786-7790.

Neiworth, J. J., Johnson, E. T., Whillock, K., Greenberg, J., and Brown, V. (2009). Is a sense of inequity an ancestral primate trait? Testing social inequity in cotton top tamarins(*Saguinus oedipus*). *Journal of Comparative Psychology* 123: 10-17.

Némirovsky, I. (2006). *Suite Française*. New York: Knopf.

Nishida, T., Hasegawa, T., Hayaki, H., Takahata, Y., andUehara, S. (1992). Meat-sharing as a coalition strategy by an alpha male chimpanzee? In *Topics of Primatology*, T. Nishida(Ed.), pp.159-174. Tokyo: Tokyo Press.

Noë, R., and Hammerstein, P. (1994). Biological markets: Supply and demand determine the effect of partner choice in cooperation, mutualism and mating. *Behavioral Ecology & Sociobiology* 35: 1-11.

Pepperberg, I. M. (2008). *Alex & Me*. New York: Collins.

Perry, S. (2008). *Manipulative Monkeys: The Capuchins of Lomas Barbudal*. Cambridge, MA: Harvard University Press.

Perry, S., and Rose, L. (1994). Begging and transfer of coati meat by whitefaced capuchin monkeys, *Cebus capucinus*. *Primates* 35: 409-415.

Perry, S., et al. (2003). Social conventions in wild white-faced capuchin monkeys: Evidence for traditions in a neotropical primate. *Current Anthropology* 44: 241-268.

Range, F., Horn, L., Viranyi, Z., and Huber, L. (2009). The absence of reward induces inequity aversion in dogs. *Proceedings of the National Academy of Sciences*, USA106: 340-345.

Rose, L. (1997). Vertebrate predation and food-sharing in Cebus and Pan. *International Journal of Primatology* 18: 727-765.

Rosenau, P. V. (2006). Is economic theory wrong about human nature? *Journal of Economic and Social Policy* 10: 16-78.

Sanfey, A. G., Rilling, J. K., Aronson, J. A., Nystrom, L. E., and Cohen, J. D. (2003). The neural basis of economic decision-making in the ultimatum game. *Science* 300: 1755-1758.

Shermer, M. (2008). *The Mind of the Market*. New York: Times Books.

Skyrms, B. (2004). *The Stag Hunt and the Evolution of Social Structure*. Cambridge, UK: Cambridge University Press.

Smith, A. (1982[orig. 1776]). *An Inquiry into the Nature and Causes of the Wealth of Nations*. Indianapolis, IN: Liberty Classics.

Subramanian, S. V., and Kawachi, I. (2003). The association between state income inequality and worse health is not confounded by race. *International Journal of Epidemiology* 32: 1022-1028.

Trivers, R. (2004). Mutual benefits at all levels of life. *Science* 304: 964-965.

van Wolkenten, M., Brosnan, S. F., and de Waal, F. B. M. (2007). Inequity responses of monkeys modified by effort. *Proceedings of the National Academy of Sciences*, USA104: 18854-18859.

Visalberghi, V., and Anderson, J. (2008). Fair game for chimpanzees. Science 319: 283-284.

Wilkinson, G. S. (1988). Reciprocal altruism in bats and other mammals. *Ethology & Sociobiology* 9: 85-100.

Wilkinson, R. G. (2006). The impact of inequality. *Social Research* 73: 711-732.

Wolfe, J. B. (1936). Effectiveness of token-rewards for chimpanzees. *Comparative Psychology Monographs* 12 (5): 1-72.

Zak, P. (2008). *Moral Markets*. Princeton, NJ: Princeton University Press.

7장 구부러진 나무

Allen, J. G., Fonagy, P., and Bateman, A. W. (2008). *Mentalizing in Clinical Practice*. Arlington, VA: American Psychiatric Publishing.

Babiak, P., and Hare, R. D. (2006). *Snakes in Suits: When Psychopaths Go to Work*. New York: Collins.

Baron-Cohen, S. (2003). *The Essential Difference: The Truth About the Male and Female Brain*. New York: Basic Books.

Blair, R. J. R. (1995). A cognitive developmental approach to morality: Investigating the psychopath. *Cognition* 57: 1-29.

Colapinto, J. (2000). *As Nature Made Him: The Boy Who Was Raised as a Girl.* New York: HarperCollins.

Coolidge, F. L., Davis, F. L., and Segal, D. L. (2007). Understanding madmen: A DSM-IV assessment of Adolf Hitler. *Individual Differences Research* 5: 30-43.

de Mandeville, B. (1966[1714]). *The Fable of the Bees: or Private Vices, Publick Benefits*, vol. I. London: Oxford University Press.

de Vignemont, F., and Singer, T. (2006). The empathic brain: How, when and why? *Trends in Cognitive Sciences* 10: 435-441.

Eisenberg, N. (2000). Empathy and sympathy. In *Handbook of Emotion*, M. Lewis and J. M. Haviland-Jones(Eds.), pp.677-691. New York: Guilford Press.

Feingold, A. (1994). Gender differences in personality: A meta-analysis. *Psychological Bulletin* 116: 429-456.

Freeman, R. E. (1984). *Strategic Management: A Stakeholder Approach.* Boston: Pitman.

Grossman, D. (1995). *On Killing: The Psychological Cost of Learning to Kill in War and Society.* New York: Back Bay Books.

Hoffman, M. L. (1981). Perspectives on the difference between understanding people and understanding things: The role of affect. In *Social Cognitive Development*, J. H. Flavell and L. Ross(Eds.), pp.67-81. Cambridge, UK: Cambridge University Press.

Jaffee, S., and Hyde, J. S. (2000). Gender differences in moral orientation: A meta-analysis. *Psychological Bulletin* 126: 703-726.

Kagan, J. (2004). The uniquely human in human nature. *Daedalus* 133(4): 77-88.

Kant, I. (1784). Idee zu einer allgemeinen Geschichte in weltbürgerlicher Absicht. *Berlinische Monatsschrift*, November: 385-411.

McConnell, P. B. (2005). *For the Love of a Dog: Understanding Emotions in You and Your Best Friend.* New York: Ballantine.

Mencius (1895[orig. fourth century B.C.]). *The Works of Mencius.* Translation: J. Legge. Oxford, UK: Clarendon.

Montagu, A., and Matson, F. (1983). *The Dehumanization of Man.* New York: McGraw-Hill.

Nisters, B. (1950). Tertullian: Seine Persönlichkeit und sein Schicksal. *Münsterische Beiträge zur Theologie* 25.

Pinker, S. (2002). *The Blank Slate: The Modern Denial of Human Nature.* New York: Viking.

Premack, D. (2007). Human and animal cognition: Continuity and discontinuity.

Proceedings of the National Academy of Sciences, USA 104: 13861-13867.

Preston, S. D., and de Waal F. B. M. (2002). Empathy: Its ultimate and proximate bases. *Behavioral & Brain Sciences* 25: 1-72.

Ridley, M. (2001). Re-reading Darwin. *Prospect* 66: 74-76.

Rowlands, M. (2008). *The Philosopher and the Wolf.* London: Granta.

Rowling, J. K. (2008). Magic for Muggles. *Greater Good* V(1): 40.

Sapolsky, R. M., and Share, L. J. (1998). Darting terrestrial primates in the wild: A primer. *American Journal of Primatology* 44: 155-167.

Singer, T., Seymour, B., O'Doherty, J. P., Stephan, K. E., Dolan, R. J., and Frith, C. D. (2006). Empathic neural responses are modulated by the perceived fairness of others. *Nature* 439: 466-469.

Trotsky, L. (1922). The tasks of communist education. *Communist Review* 4(7).

Waite, R. (1977). *The Psychopathic God: Adolph Hitler.* New York: Basic Books.

Wight, J. B. (2003). Teaching the ethical foundations of economics. *Chronicle of Higher Education*(Aug. 15, 2003).

Zahn-Waxler, C., Crick, N., Shirtcliff, E. A., and Woods, K. (2006). The origins and development of psychopathology in females and males. In *Developmental Psychopathology*, 2nd ed., vol. I, D. Cicchetti and D. J. Cohen(Eds.), pp.76-138. New York: John Wiley.

Zahn-Waxler, C., Radke-Yarrow, M., Wagner, E., and Chapman, M. (1992). Development of concern for others. *Developmental Psychology* 28: 126-36.

Zak, P. J. (2005). The neuroeconomics of trust. Available at *Social Science Research Network*, abstract 764944.